U0288378

GIS引进版丛书

Building a GIS
System Architecture Design Strategies for Managers

地理信息系统设计策略与构建

[美]戴夫·彼得斯 著
Dave Peters

余 洁 陈江平 译

测绘出版社
·北京·

著作权合同登记号:01-2011-5008

Original English Language Edition

Building a GIS*:*System Architecture Design Strategies for Managers

by Dave Peters

Copyright © 2008 Environmental Systems Research Institute, Inc.

This Chinese version published by Surveying and Mapping Press, Beijing

Under license from Environmental Systems Research Institute, Inc.

All Rights Reserved

图书在版编目(CIP)数据

地理信息系统设计策略与构建 /(美) 彼得斯(Peters,D.)著;余洁,陈江平译. — 北京:测绘出版社,2012.8

(GIS引进版丛书)

ISBN 978-7-5030-2689-8

Ⅰ.①地… Ⅱ.①彼… ②余… ③陈… Ⅲ.①地理信息系统—系统设计 Ⅳ.①P208

中国版本图书馆 CIP 数据核字(2012)第 199755 号

责任编辑 吴 芸　　**封面设计** 李 伟　　**责任校对** 董玉珍

出版发行	测绘出版社	**电　话**	010—83060872(发行部)
地　址	北京市西城区三里河路 50 号		010—68531609(门市部)
邮政编码	100045		010—68531160(编辑部)
电子邮箱	smp@sinomaps.com	**网　址**	www.chinasmp.com
印　刷	北京柏力行彩印有限公司	**经　销**	新华书店
成品规格	184mm×260mm		
印　张	15.5	**字　数**	380 千字
版　次	2012 年 8 月第 1 版	**印　次**	2012 年 8 月第 1 次印刷
印　数	0001—4000	**定　价**	56.00 元

书　号 ISBN 978-7-5030-2689-8/P・604

本书如有印装质量问题,请与我社门市部联系调换。

序

为什么一个软件公司要出版一本大量谈及硬件的书？因为支持用户工作是我们的职责。不管你所在的机构是首次开发 GIS 还是扩展已有 GIS，向网络和硬件平台转化是支持 GIS 以及与其相关联的所有事务的一种变化趋势。要发挥 GIS 软件的潜能，某种程度上取决于支持 GIS 软件运行的硬件架构设计。早在 20 多年前，我们就已认识到了这一点，因而 ESRI 组建了一支专注于 GIS 系统设计的团队。

我们引进了曾经是物理学家、飞行员和为美国空军进行系统集成的工程师的戴夫·彼得斯(Dave Peters)，将他安排在我办公室隔壁的一个小办公室里以方便我了解他。现在他已成为了 ESRI 系统架构的负责人，非常有价值的技术参考文档《系统设计策略》的作者，目前这本书就是以此技术参考文档为基础的。

戴夫·彼得斯有着 27 年以上的系统集成经验，他始终认为我们应该感谢用户对这本书中所贡献的智慧。他是对的。通过体察和倾听用户使用 ESRI 软件技术的体会，我们积累了从咨询以及用户反馈中学到的经验。这本书中系统设计模型和工具的可靠性与有效性归功于这样的一个背景。

通过长期提供咨询服务，我们知道没有一种适合所有机构的系统配置模式。事实上，可能有多种有效方法去设计一个系统，而机构只需要其中一种。本书中的方法并不是设计一个系统的唯一方法，然而，它是一种基于 30 多年系统设计经验的方法，其系统设计的逻辑和原理是经历了时间检验的。

就像本书的作者，他既是老师也是创造性解决方案的发明者。这本书肩负着双重责任：为初学者提供标准的技术基础，同时为专家提供最新技术发展水平的规划工具和模型。这本书具有无可比拟的独特性，它也是 ESRI 致力于帮助机构和 GIS 开发规划者团队而出版的两本书中的第二本。第一本书是罗杰·汤姆林森(Roger Tomlinson)所著的《地理信息系统规划与实施》*，书中系统设计的章节，是由戴夫与罗杰一起合作的。罗杰发现戴夫的建议十分有参考价值，并且他的想法很有开创性，因此建议 ESRI 出版社让戴夫也写一本书。

戴夫·彼得斯是个非常务实并深谋远虑的人，他坚持不懈地运用他的远见和想象力朝着开发能解决现实复杂问题的简单通用工具目标前行。他的解决方案考虑了新的和改进的网络制图服务软件、多核服务器技术以及集成系统性能。戴夫关注如何利用这些能减少投入并能提高用户生产效率的技术进步。这本书中的平台规模估计模型反映了技术的最新发展，其他的工具也可用来帮助用户配置网络，处理增大的流量，充分利用扩展的网络服务。

当今，在世界范围内有一百万以上的人出于各种原因使用 GIS，这一技术在社会中持续发挥着较大的影响力，许多机构开始发现 GIS 就像他们办公场所的计算机一样必不可少。因此，GIS 设计规划从来没有像现在这样重要，这本书提供了一种 GIS 规划队伍中的每个人都能

---

* 英文原著名为《Thinking About GIS》(第 3 版)，中文版由测绘出版社于 2010 年 9 月出版。——编者注

方便使用的简单模式。同时，过去的两年多，在 ESRI 为许多国家开设的“GIS 系统架构设计”课程的教学过程中，戴夫发现了对能体现技术发展水平的容量规划工具*的广泛需求，课堂上介绍的容量规划工具已快速传播，因此，出版一本介绍容量规划工具的书应该是满足这种需求的最好方式。

我们希望当用户开发 GIS 的时候，对如何开始着手能有一个清晰的思路，不仅是对 GIS 软件的潜能，同时也对支持 GIS 软件所需的硬件设施。GIS 能否负荷较大的工作量，取决于用户如何使用它，我们希望用户能为此有所准备。GIS 能够处理很大的工作量，只要系统能够充分支持所有任务的执行。

最后，我们希望本书能对用户设计一个成功运行的 GIS 有所帮助。

Jack Dangermond

* 该容量规划工具可以在测绘出版社网站(http://www.chinasmp.com/)的下载中心栏目下的实验数据中下载。

目　录

第一部分　技术基础

第二部分 系统基本性能理解

第三部分 系统构建

Contents

Part Ⅰ: Understanding the technology

第一部分

技术基础

第1章　系统设计过程

概　述

本书介绍了成功实施地理信息系统(geographic information system,GIS)的系统架构设计方法,为规划满足需求的GIS提供帮助。了解需求十分重要,本书假定读者已经清楚了所在机构对GIS的需求,因为系统架构设计需要明确高峰用户工作流的运行需求与满足这种需求的系统硬件和网络设施之间的关系。

本书的目的是为管理者提供工具和信息,以帮助构建一个成功的GIS体系架构。书中对信息技术的基本理解,GIS性能和可扩展性,模型和方法等内容介绍了一种引导系统成功的管理模式。这些系统架构设计的基本原理有助于任何技术系统的构建,环境系统研究所(Environmental Systems Research Institute,ESRI)的技术顾问正是运用这些基本原理指导用户进行成功的GIS部署。

本书第1至6章将与读者分享作者对技术的理解,第7至9章介绍如何进行技术集成以满足用户性能要求,第10至12章阐述完成系统设计的过程,其中包括满足用户需求的硬件配置。作为系统体系构建者,或许想直接跳到介绍系统设计过程的第11章。最好别这么做,因前十章中技术的更新变化十分迅速,只有在理解了技术和容量规划工具(capacity planning tool,CPT)后,系统构建才能开始进行。

过去简单定义用户需求,选择软件解决方案,确定满足系统性能需要的硬件和网络类型就可以了。现在,这个过程变得更为复杂。选择合适的技术,要求对GIS客户需求以及系统基础设施限制有更确切的了解。今天企业GIS的运行需要多种软、硬件技术协同工作来支持,以满足用户在系统负载高峰时的操作需要。技术的选择必须考虑系统性能和可扩展性的要求,以及系统基础设施限制。根据系统的性能和可扩展性,分析GIS用户需求的一体化事务需求评估,将贯穿整个系统需求分析过程,这是保证GIS部署成功的有效途径。

因此,系统体系结构设计,或者说一体化事务需求评估,已不再仅仅是一个一步一步的过程,它更像是在进行一个拼图游戏。在系统设计过程中包含一系列步骤,比如系统实施时所必须遵循的步骤,这就像进行拼图游戏,首先,在系统被集成前,必须将系统作为一个整体来理解,再将如同拼图游戏中各个板块的相互关联的各个系统组件以特定的方式构成系统整体。在进行系统架构设计过程中,每一种特定关联的出现对设计都有重要的影响。这种类似拼图板块的系统组件就是我们在本书中所要讨论的,本书将分三个部分进行阐述。

第一部分　技术基础

第1章　系统设计过程。从一个非常高的视角介绍类似拼图板块的系统设计的各个组成部分(见图1-1)。第一部分余下的五章里分别讨论这些组成部分,并回答以下问题:

第2章　软件技术。什么是软件的技术选型?

第 3 章　网络通信。给定的技术解决方案对已有的系统设施将产生什么影响？

第 4 章　GIS 产品结构。选择什么样的配置能满足系统的实用性和可扩展性要求？

第 5 章　企业安全。如何调整体系结构解决方案以满足安全需要？

第 6 章　GIS 数据管理。对维护和提供所需求的 GIS 数据源，用户可以有哪些选择？

第二部分　系统基本性能理解

根据系统的性能和投资，阐述系统各部分之间的关系。在第二部分第 7 至 9 章中讨论系统性能关系。在确定了合适的解决方案后，可以从软、硬件供应商处获得系统投资的相关信息。

第 7 章　性能基础。类似拼图板块的系统设计各部分之间性能关系的总述。

第 8 章　软件性能。系统软件性能所需考虑的因素：技术的选择对系统的性能和可扩展性有着怎样的影响？

第 9 章　平台性能。供应商可以提供什么，如何选择能满足处理能力要求的硬件？

第三部分　系统构建

就像将所有的拼图板块拼好就完成一幅拼图一样，最后三章讲解容量规划工具和实际系统的设计过程。

第 10 章　容量规划。用一个完整实例，详细说明如何使用容量规划工具（包括几种信息管理工具的集成软件，用来确定用户工作流的要求，并选择合适的硬件和网络解决方案），包括如何定制用户系统。

第 11 章　系统设计。系统设计的过程示例，用一个实例说明如何在系统架构设计中将系统的各个组成部分集成起来。

第 12 章　系统实现。指导所选设计解决方案的实施，考虑系统的维护和协调问题。

容量规划工具

有助于系统成功实施的性能组件在容量规划工具中有明确的定义和模型。容量规划工具提供了收集用户需求的模板，作为标准的工作流模型，它阐释了从高峰用户负荷量到所选平台的处理环境。容量规划工具方便用户根据系统高峰用户负荷量来选择合适的平台和网络。利用第 7 章中的性能模型可以评估哪些技术组合能最好地满足系统的需求。在进行这些评估时，可能会发现，所选择的软件并不能支持网络结构中的所有用户，最喜欢的供应商不能为倾向的方案提供最好的硬件，或者需要升级网络结构或改变事务过程以适应分布式结构。当系统的某个组成部分改变时，它与其他组成部分的关系也将改变，整个解决方案将需要重新进行评估，容量规划工具可以使这个重新评估的过程更为容易。对每一个解决方案，容量规划工具都将考虑每一个组件并评估集成后系统的性能，如所选的解决方案能否满足机构的需求，如果不能，还有哪些可替代的方案能更好地满足系统需求？

一个系统强大与否往往与其最薄弱的环节相关联。企业级 GIS 的运行涉及许多基本环节，其中最薄弱的环节往往会限制系统的能力和用户的工作效率。选择正确的软件技术，开发满足需求的应用，确立有效的数据库设计，采购合适的硬件，这些在实现系统性能和可扩展性方面起着十分重要的作用。在采购之前，明确系统的基本需求不仅会影响到系统的成功与否，而且能够显著地减少整个系统部署的成本。系统设计成功的关键在于，在系统开发和部署的过程中，以性能和扩展性为目标，明确系统需求，确立系统性能测试的标志点，以及管理系统实施进程。

计算机现已成为我们生活不可或缺的一个部分，因为它节省了人们和机构的时间和资金。过去需要数小时或者数周完成的工作，现在只需几分钟甚至几秒钟就可以完成。人们使用GIS的原因跟使用计算机的一样，即GIS能提高人们的生产效率和效益。任何能提高生产率和有效性的事物都会受到欢迎。系统性能（计算机系统处理应用以及反馈结果的速度和可靠性）对用户生产效率的提高有着直接的影响。系统所有的组成部分——软件、硬件、网络、通信都需要进行配置，使它们能相互协调有效地完成人们的工作。

技术的发展日新月异，如果人们不花时间学习了解它，就会遇到问题。你是否曾有过这样的经历，原以为一个系统发生问题的地方在点A，结果却发现问题的真正所在是点E，两个似乎是完全不相关的区域？为找到问题的所在，通常要花费很多时间去测试大量系统的死角，而且这样往往也只能临时解决问题。毫无疑问，花费时间寻找问题症结所在会影响工作流，如果问题反复出现，就会大大地降低生产效率。这些现象也许就是系统设计出现了问题的表现。

当然最好是在一开始的时候，就有一个正确的系统架构。这样，就可以将处理上述问题的时间用于系统的规划和维护，使系统可及时根据技术的发展和机构目标的拓展而进行调整。一个适用的系统能按照用户想要的方式和需要的速度来运行。系统是能够利用各种发展机遇不断壮大的可扩展的系统。

系统获得良好性能和扩展性的关键在于：使系统架构设计合理和使系统随需求增长而扩展的前提条件是同样的，即了解系统每个组成部分的特性，各部分之间的相互关系以及相互作用和影响。每个部分的技术都会影响到系统的整体性能。上述例子中，不能马上明了点A和点E之间问题关联的原因是由于相互之间关系错综繁杂。这看起来很复杂，但当我们将这些关系梳理清楚后，就会发现其实系统设计真的很简单。

GIS系统架构设计

20世纪60年代末，计算机系统首先应用于自动化地图制图。在此之前，地理分析作为一种展现地理空间信息多个图层关系的手段，其所依赖的方法是相当耗时的。在对每个数据集创建多图层表达和进行空间数据图层叠加时，传统的方法生成一个简单的信息产品可能需要几周的时间。早期的计算机应用能使分析处理自动化，将地图制图的时间从几周减少到几小时。现在的计算机技术完成同样类型的分析，生成并显示动态地图的耗时则不到一秒。

“地理信息系统”这个术语是由罗杰·汤姆林森在20世纪60年代提出，然后在70年代被哈佛大学的教授们所推动，并且一些地理咨询公司受此激发开始开发并发展GIS技术，其中之一就是创立于1969年的ESRI公司。目前ESRI的软件已在300 000多个机构的超过100万台计算机上运行，GIS的发展与计算机技术的发展紧密相连。

20世纪90年代早期，地方政府和企业开始部署大型的GIS操作系统，很快人们就清楚地意识到，在分布式计算机环境下，这种分布式GIS操作的成功与GIS性能及扩展的理解密切相关。分布式 GIS 操作是以相关联的高性能计算机系统和高要求的网络通信为特征的。在数据迁移和用户应用开发方面，GIS 部署要求多年的投入，这与系统基础设施的投入一样，耗资巨大。对于一个成功的 GIS 部署，系统设计需求的理解至关重要。这也是为什么早期软件公司非常关注硬件系统性能的原因。

作者在 ESRI 公司的最初的职责是组建一支团队以支持全承包 GIS 软件销售模式的成功实施，部分职责就是进行软、硬件的购置和安装来满足企业 GIS 工作流的要求，或者说 GIS 运行高峰系统需求。为此成立了一个包括四个团队的系统集成部门（系统架构设计、项目管理、系统安装和项目监督）。在 1992 至 1998 年间，我们已成功地帮助完成了几百个 GIS 全承包项目的实施。在这个过程中我们获得了一些经验，推行全承包 GIS 销售模式实施的最佳实践是处理失败的系统开发。我们从我们的错误和客户那学到了许多。

虽然技术已发生了非常大的改变，但对于每一个项目实施的三个基本要求始终没变：

(1)对高峰用户工作流需求的明确定义（用户需求分析）。

(2)对支持高峰用户工作流的系统基础设施需求的充分理解（系统架构设计）。

(3)从最初的合同签订到最后的系统验收的系统集成管理的实施策略（项目管理）。

各种好的实践经验有助于用户需求分析。在 20 世纪 70 年代到 80 年代，早期的项目实施已经充分表明，明确用户需求，即确切地了解需要从 GIS 中获得什么样的信息产品，这是保证 GIS 成功实施的基础。没有明确目标和目的的 GIS 项目实施必将失败。

20 世纪 90 年代，分布式处理系统的出现要求合适的平台和网络结构，以保障在用户需求分析中已明确的 GIS 效益在分布式环境下能够得以实现。许多早期的系统因对系统基础设施要求没有清楚地了解，不能满足用户的要求而失败。

20 世纪 90 年代早期，作者开始致力于为 ESRI 公司研发能支持 GIS 成功实施的系统架构设计过程，其中包括确定合适的硬件和网络结构要求。就像系统本身一样，多年来，这个过程也在不断地开发、维护和调整。通过作者和他的同事以及客户们的努力，这才有了今天我们所看到的结果。GIS 通常是被集成到一个已有的系统中，因此设计过程中要考虑用户的基础设施限制，也就是在系统架构设计过程中关于硬件和网络解决方案的推荐一定要基于用户已经有的系统和用户要求。立足于实际的系统设计能降低实施的风险并有望获得通过。无论如何，系统设计是 GIS 项目能得到高层管理首肯而进行的前提。

系统设计方法学认为，人、应用技术和数据源在决定最合适的硬件解决方案时是同等重要的（见图 1-1）。

· 人：理解用户需求（信息产品和信息产品的生成），通过评估高峰系统工作流负载确定系统基本要求。

· 应用：软件技术决定系统处理过程需求（系统的负荷），处理过程需求与硬件的解决方案相关联。

· 数据：数据源的类型和数据访问需求将体现你如何在系统结构中分布数据处理工作量。

用户的需求是什么；如何让系统满足用户的需求；系统的所有组件如何可靠地协同工作，这些是系统设计的基本要素。

基于明确的工作流需求，ESRI 的系统架构设计过程提供了一个与硬件方案相关联的部署策略。

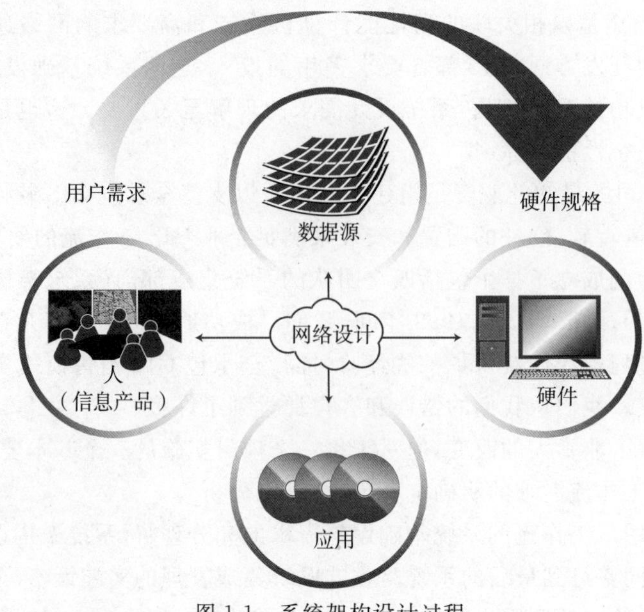

图 1-1 系统架构设计过程

系统架构设计的重要性

计算机硬件和网络基础设施的投入在部署和维护一个分布式 GIS 的整个系统花费中占了很大的比例。从许多实施的 GIS 项目来看，硬件的购置、信息技术管理和技术支持的费用都超过了 GIS 软件的投入。在 GIS 项目审批过程中，这些投入都必须明确，在系统部署时，经费的管理也必须到位，以保证技术实施时有效的财力支持。

为了明确整个项目的需求，必须了解 GIS 用户需求、GIS 软件处理需求以及计算机硬件和网络基础设施的性能和载荷量之间的关系。理解这些技术(GIS 软件与硬件)是必须的，只有合理的分布式计算机环境设计才能满足高峰用户的性能要求。

标准 IT 的实践经验是部署一个负载平衡的系统环境十分重要。设计中最薄弱环节将制约整个系统的性能水平。在系统设计中，通过监测系统的性能，明确系统性能的瓶颈，利用有效的系统资源更新和扩展那些薄弱环节的能力，可以提高用户的生产效率。了解软件处理载荷量的分布以及在 GIS 工作流高峰运行时段网络的流量，是正确选择合适的硬件和网络带宽以处理和传输工作流负荷的基础，对于系统架构设计过程而言，这些理解都是十分必要和基本的。

1992 年起，ESRI 公司就给作者的团队提供了维护并继续改进系统架构设计过程的机会，为平衡的 IT 解决方案提供规范。硬件和网络部分的投入基于平衡的系统载荷量模型，力求以最小的投入获得最优的系统性能，如图 1-2 所示。图 1-2 中的链表示影响系统性能的系统中相互关联的一些因素。设计用户工作流以优化交互效率；队列工作请求以管理巨大的批处理量提高用户的工作效率。由于有些信息产品的生成比其他的产品要慢一些，因此用户的可视化显示需求应该认真地被评估：当简单地图可行时，是否真的需要这样高质量的地图？简单形式的信息产品显示具有更快的显示操作，拥有更高效的用户界面。对于地理空间数据库

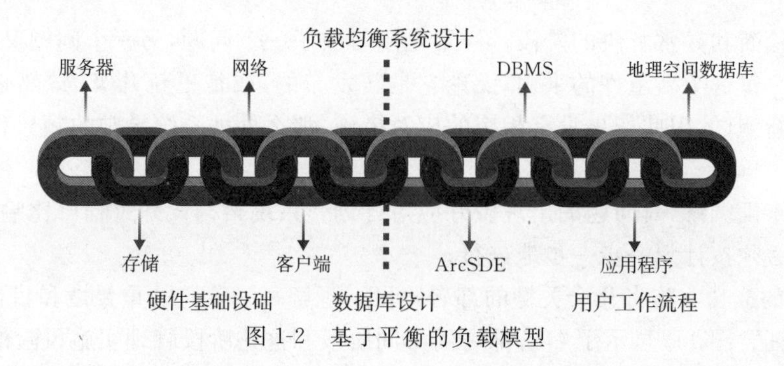

图 1-2　基于平衡的负载模型

(GeoDatabase)的设计和数据库选型也一样:如何优化数据库的设计和选择以使用户操作和效率达到最佳? 如果数据的维护要求复杂的数据模型,那么也许一个简单的分布式数据库备份机制可以通过提供高性能数据可视和查询操作来平衡。系统平台的各个部分(服务器、客户工作站、存储系统)的性能必须充分满足用户操作,实现高峰用户工作流要求。寻址操作要求和带宽受到分布式通信网络的约束,因此系统架构设计的策略应该是寻求质量和效率之间的平衡。技术和系统配置的选择必须考虑已有的基础设施资源。

这个链条中的系统最薄弱的环节(系统性能瓶颈)将决定最终系统的性能和负载量。因此,系统架构设计过程必须考虑系统的每一个组成部分,以建立一个高效的系统运行环境。

系统基础设施的组成部分对系统性能的影响如图 1-3 所示。这些组成部分包括用户、应用和数据源以及它们之间的联系,这些组成部分在系统服务中的联系和相互关系取决于所采用的性能模型。

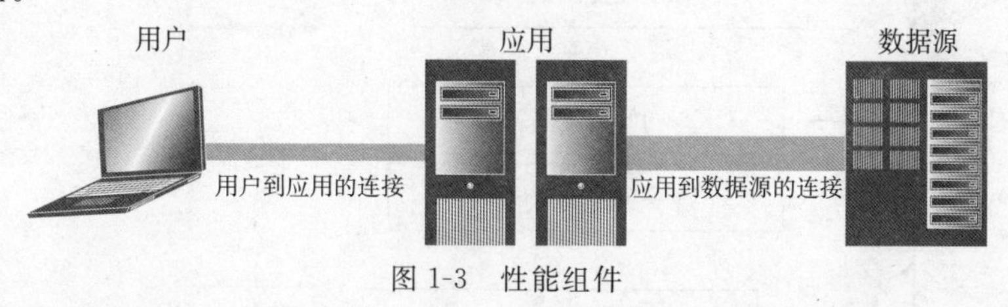

图 1-3　性能组件

在思考和模型化系统时,要包括系统组成部分之间的每一种相互关系。并发用户的最大数量和他们的位置体现了用户的访问需求,它需要根据系统显示响应时间和用户思考时间来转换成用户效率需求。应用工作流决定了能满足显示服务时间要求的系统平台负载量。数据源决定了数据库服务能力和存储需求。应用和数据以及高峰用户工作流的需求决定了系统对网络通信的要求。

GIS 的成功实施

选择合适的技术是通向 GIS 成功部署的第一步。企业 GIS 是由许多供应商提供的组件有效地协调工作的集成系统。技术供应商总是在不断地更新他们的技术,如新的系统功能和更强大的硬件。软件和硬件供应商发展他们的技术来支持他们认为被普遍接受的通用接口标准。理想状态下,所有这些供应商提供的解决方案将可协同工作无缝集成,可实际上,技术和标准总在不断地改变,被一起使用得最多的技术才能最好地协同工作。新技术的采用将带来风险,多数情况下,新技术与系统的其他部分进行集成,一般都会经历一个新技术与系统其他部分接口异常诊断和异常解决的阶段。经常是刚解决了一个问题，另一个问题又出现了，不得不再重新检查。每一个新组件的采用，无论它是新发布的，或是更新升级的，都必须将它放在系统中进行重新测试，因此如果没有相应的应对措施，那么处理系统异常的频繁程度只能看运气如何了。

因此需要未雨绸缪，对问题的出现做好应对计划。系统架构设计过程可比喻成拼图游戏，但系统的实施必须按计划一步一步地进行。

保证 GIS 的成功实施有几个关键的部署阶段。理解每一阶段的重要性和目标是企业 GIS 成功实施的保证。图 1-4 显示了 GIS 部署的不同阶段和这些阶段管理实施风险的益处。当项目实施时，过程中的更改所需的费用将呈指数级增加。在项目接近尾声时的变化或更改，所需的花费将是在项目开始阶段就发现问题而进行更改的千倍。

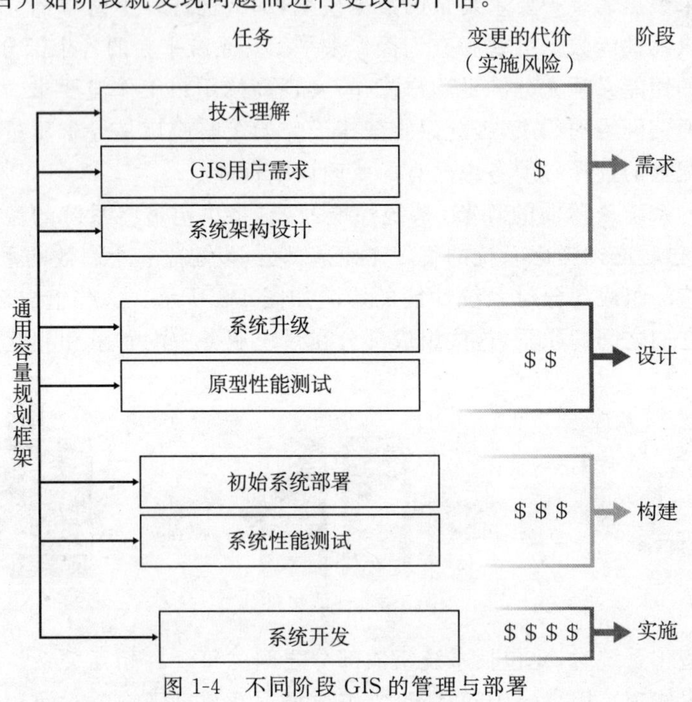

图 1-4 不同阶段 GIS 的管理与部署

需求分析阶段

在系统需求分析阶段，了解可选的技术方案、量化用户的需求并建立合适的系统架构设计部署策略是非常重要的。在需求分析阶段，容量规划可初步明确硬件性能要求，并可确认投资预算能否保证系统达到预期性能。需求分析是一个合理规划的阶段，这个阶段的正确决策可形成成功的部署，能节省大量的人力物力。

设计阶段

系统的开发和原型测试是保证系统的功能界面和性能有效的基础。系统开发的功能必须能有效运行，系统的性能目标必须达到以保证后续部署的进行。这个阶段投入时间和资金，以建立和测试所选择的系统环境。初始原型系统的测试可验证系统的功能，并减少系统集成后的风险。初步的软件性能测试可以检测初始的容量规划，确认系统性能目标是否能实现。

系统构建阶段

成功的初始系统部署方案将确立系统构建阶段。在该阶段将汇集解决方案，确认最终的运行支持需求。这是验证实施系统的性能和容量，确认硬件选型和基础设施能否支持整个系统的重要阶段。

系统实施阶段

最终建成的系统和部署将证明系统实施是否成功。容量规划标准可以用来监测和维护系统的性能目标，并使系统性能相互协调。好的系统计划、开发和测试将得到部署合理，能满足用户需求的高效运行系统。

20世纪90年代，系统在数据转换迁移方面的投入很大，其次是软硬件的投入。通常系统的部署将跨越好几年，系统投入也将覆盖整个系统的生命周期。今天，情形已经发生了变化，大量的数据可以利用，获取数据的时间更快，但在整个GIS投入中，数据费用仍然最高，因为硬件和软件的费用已经大幅下降，其价格已趋近于普通商品。

当前，技术的发展十分迅速，GIS实施的周期相对变短，其部署策略不得不相应调整，或者不得不处理因提交的系统不能运行而产生的大量额外费用(收入的损失和额外的工作量)。管理系统实施风险始终是第一优先的。

GIS实施的好的开始就是花时间了解技术，量化用户需求，选择合适的软件，配置合适的硬件。如果没有一个好的开始，那么随后就会在系统投入、工作量和时间等方面付出代价。有时，反复失败会动摇上层管理人员的信心，那么付出的代价是将不再有GIS实施，GIS的潜在利益就无法实现。

系统设计过程

传统的GIS规划过程包括GIS需求分析和系统架构设计。通过GIS需求分析明确系统应满足用户的哪些要求，为用户提供哪些信息产品、数据的要求，以及能够提高事务决策能力和工作流效率的应用功能要求。GIS架构设计根据软件系统设计指导原则和平台规模估计模型来确定硬件规格，明确高峰网络流量需求。平台性能可根据GIS需求分析中用户工作流确切需求来估测。

在决策过程中时间是十分重要的，因此最有效的系统设计方法是在整个系统设计过程中都要考虑用户需求和系统架构约束，即一体化事务需求评估。这是一种整体分析方法，如果要考虑每件事情对用户效率的影响，可考虑这种方法。图1-5为一体化事务需求评估方法的系统设计过程概略。

GIS需求分析

通过GIS需求分析明确如何利用GIS技术来提高机构或事务的运行。GIS需求分析的基本目标是充分了解并明确想从GIS中获取什么样的信息产品。一旦明确了需要从GIS获得的信息，就可确定GIS的应用功能和数据要求，并制定出能满足这些需求的GIS实施策略。用户需求分析是一个必须由用户来完成的过程，以提高用户工作流，确定更高效的事务运作，

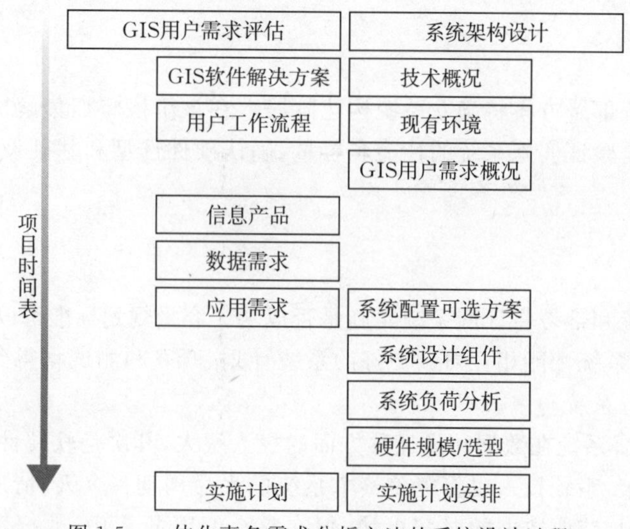

图 1-5 一体化事务需求分析方法的系统设计过程

明确机构的目标。熟悉目前 GIS 解决方案和客户事务运行的 GIS 专业人员能帮助推进这一过程。

系统架构设计

系统架构设计以通过 GIS 需求分析而明确的用户要求为基础。在着手开展系统设计之前,必须对 GIS 应用和数据需求有清楚的认识。系统实施策略应该将硬件采购清单计划在内,以便及时支持用户的部署需求。

系统设计通常开始于某种程度上的"技术交流",换句话说,一起工作的人应理解和共享他们所需要知道的信息(本书将在前十章中进行讲解)。在系统设计过程中,用户参与十分重要。一旦技术交流完成,就将进行系统设计过程,包括对现有计算机环境的评估、GIS 用户需求以及目前 GIS 设计可选方案。系统设计容量规划工具可以将高峰用户工作流需求转化为对平台的具体要求。制定一体化的实施策略是完成 GIS 部署的关键。

传统上,用户需求分析和系统架构设计相互分离,如果将这两项工作联系起来进行会有很大的优势。GIS 软件解决方案应该包括系统架构选择和系统部署策略的论证。通过对用户需求工作流的讨论,要明确现有的硬件环境、高峰用户工作流信息和用户位置信息。技术选择应该考虑配置选项、所需平台环境、各技术选项的高峰系统负载量、性能和可扩展性以及整个系统设计成本。最后的系统实施计划必须考虑硬件到位的时间表。开发一个新的容量规划工具(本书在后面会详细讲解)的基本目的是为了使系统架构设计分析实现自动化,这样 GIS 专业顾问就能够利用容量规划工具来完成一体化事务需求评估,并在用户需求分析的整个过程中考虑系统架构设计的问题。

一体化事务需求评估(用户需求和系统架构设计)是迄今为止进行系统规划过程的最好方法。通过理解本书的第一部分和第二部分,运用容量规划工具可以很容易地将系统架构设计过程与用户需求分析结合起来。在用户需求分析过程中,可以利用容量规划工具中的几个模块定义工作流需求并支持技术决策,这就是一体化事务需求评估。在进行一体化事务需求评估这个循序渐进的过程中(在第 11 章中介绍),我们将重点关注系统架构设计的步骤,而用户需求分析则简略带过。(罗杰·汤姆林森的《地理信息系统规划与实施》一书中详细讲解了用户需求分析的完整步骤。)

图 1-6 提供了在规划过程中利用的容量规划工具进行信息管理的概述。如何利用容量规划工具来完成一体化事务需求评估,本书将在第 11 章以罗马市为案例进行讲述。为了在规划过程中充分利用第三部分的内容,需要完成本书第一部分和第二部分的阅读。

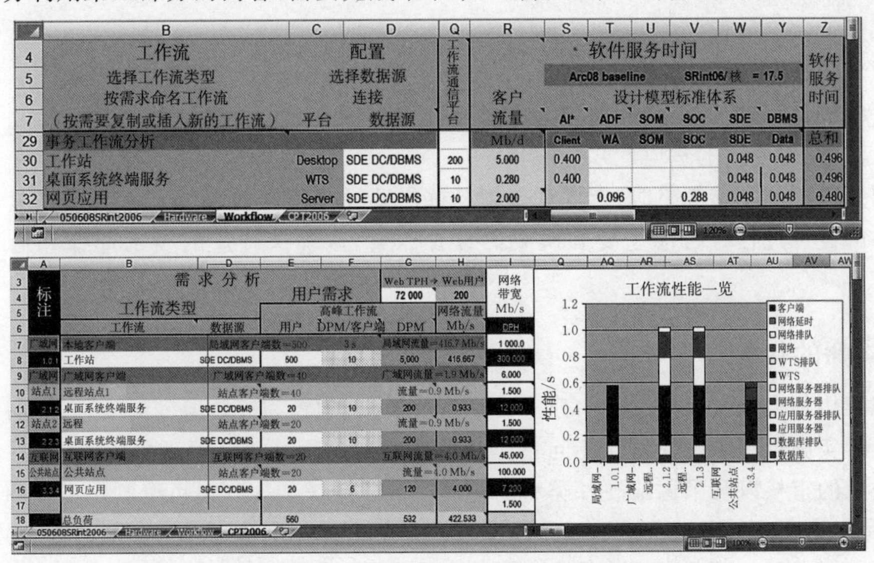

图 1-6　利用容量规划工具管理一体化事务需求评估的界面

容量规划工具可用来提供事务需求和基础设施框架,并确定硬件供应商的平台需求。容量规划工具可展现多种技术选项可能达到的预期系统性能,确定网络和平台环境,看看正在考虑的技术方案是否可行。技术的选择以全面了解用户工作流和确立恰当的系统性能期望值为基础。当系统在用户环境中可运行时,用户就可在完全理解系统性能和可扩展性基础上继续技术方案的决策。根据技术的可靠信息,确定系统性能目标,将降低系统实施风险,并构建系统成功实施的框架。

需要考虑的主要和次要因素

分布式 GIS 解决方案将多种供应商产品集成在一起,每种供应商的技术都是必须纳入现有系统环境的整个企业 GIS 的一部分。通过自愿遵循广泛接受的行业接口标准,使任何多供应商环境的集成成为可能。当新的组件被集成到系统中时,系统的整个功能、性能和安全性都可能会受到影响,下面几个主要因素是必须加以考虑的:

功能:集成的系统能否满足功能性工作流需求?

性能:在高峰工作流运行时,集成的系统能否满足性能需求?

安全性:最终的系统环境是否支持企业安全需求?

功能、性能和安全性这几个主要设计因素通常决定了最初的系统架构设计策略。在许多例子中,受已制定的规范或是其他技术和非技术问题影响的政策问题,限制了平台技术的选择并制约了软件版本的购置部署。乍一看,系统架构设计似乎是预定好的,只需要简单的实施步骤。其实,还有一些次要的设计因素需要考虑,因为它们常常决定了系统实施的成功或失败,包括:

- 成本考虑。
- 可扩展性(易于处理更多的用户或更大的容量)。
- 可靠性(排除单个的失败点)。
- 可移动性(支持野外编辑和浏览)。
- 可利用性(依靠内部和外部的服务)。
- 服务或数据质量。
- 软件的稳定性。
- 可维护性(集中的结构相对于分布式结构)。
- 灵活性(对变化的适应性)。

在制定详细的实施策略时,考虑和了解这些次要设计因素对于保证系统成功是非常必要的。完整的设计过程应考虑主要和次要的设计因素,以确保合适的技术选择和恰当的部署策略。

系统架构师的任务

系统架构师在系统设计过程中建立目标系统架构,购置和安装所需的硬件以支持设计,并解决在最后实施过程中的任何性能问题。一旦设计方案通过并且项目得到投资,系统架构师将负责最后的审核以及采购前硬件类型的更新。同时系统架构师也负责制定供应商安装进度表,并在每一个实施环节负责参与系统功能和性能的监控与测试(参见第12章内容)。

企业GIS环境包括多种的技术集成,换句话说,我们的系统包括许多需要相互配合的人员,系统架构师要确保相互的配合与协作。今天大多数的系统环境都是由多个硬件供应商的技术所集成,包括数据库服务器、存储区域网络、Windows终端服务器、Web服务器、地图服务器以及桌面客户端,它们之间通过各种局域网、广域网和互联网通信相连接,所有这些技术必须协同工作才能提供一个平衡的计算环境。所以如果一个事务不是从GIS开始的,那么系统架构师就会将现有的事务运行集成到新的系统中或者开发一个GIS。一台主机安装的软件供应商技术包括:数据库管理系统(database management system,DBMS)、ArcGIS桌面软件和ArcGIS服务器软件、Web服务以及硬件操作系统,所有这些软件都必须能在现有的旧版应用系统中无缝有效运行。(数据和用户应用功能被添加到集成的基础设施环境中,以使最后的实施成为可能。)集成后的系统是非常庞大的,它融合了多种必须协同工作以有效地完成用户工作流需求的技术。最后的购置决定受运行需求和预算限制的影响,对于系统设计者来说是特殊的挑战。好的领导者、合格的员工和已验证过的标准都能促成成功的部署,因此明智的系统架构师会从项目伊始就建立一个能协同工作的团队。(罗杰·汤姆林森的《地理信息系统规划与实施》一书介绍了从GIS项目开始阶段规划构建理想的GIS团队的组成和方法,本书中省略了这些内容。)

技术基础部件

全面了解支持GIS企业解决方案的基本技术,为本书中描述的系统架构设计过程奠定了基础。图1-7显示了在分布式GIS环境下的关键技术部件。每个部件是本书的一章内容,本书分为三部分,目的是在开始行动之前,先掌握知识和工具来建立解决方案。第一部分由描述系统的各个组成部分的相关章节组成;第二部分介绍了决定这些组成部分如何彼此交互的物理和工程领域的基本原则；在对技术关系的有了更深层次理解之后，第三部分讲述如何将各个组成部分集成到可以运行和扩展的平衡系统中，这是GIS系统架构设计的目标。

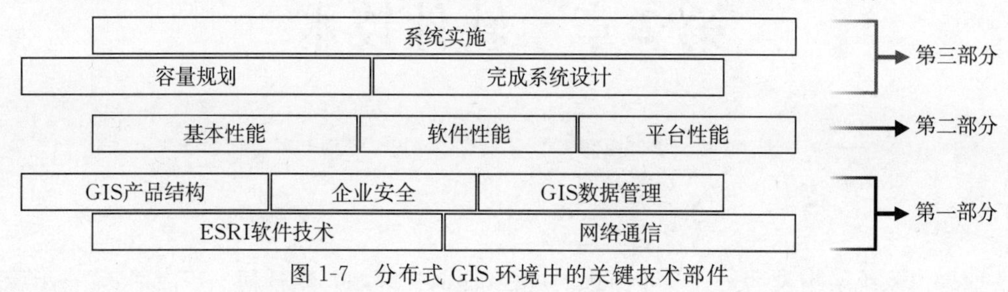

图1-7　分布式GIS环境中的关键技术部件

为系统成功进行规划

正如你所知，技术在不断快速发展。大多数的企业GIS部署随着时间而发生变化，因此在当今世界，为技术改变做好规划并在年度基础上更新这些规划是非常必要的。GIS项目规划应该制定时间表来支持年度的事务周期。企业GIS是一个不断演化的过程，每年都进行更新，以支持事务目标并跟上技术发展的步伐。

最好的规划是了解正在做什么以及所做的每一步。这样，就不会与技术脱节，也不会被技术所摆布。系统架构师是干什么的？他们就是为成功实施GIS进行规划。他们明白计算机系统的能力与其最薄弱的环节相关联，而有时最薄弱的环节就是我们自己。为了从整体上了解一个系统，需要知道它所有的组成部分，错过了其中任何一个部分就相当于错过一次以上的节省时间和金钱的机会。为了使系统能够有效运行，必须制定合理的规划保障GIS项目的进行。在投资软件和硬件之前制定规划，可以节省开支和减少风险。GIS项目的失败，通常是由于系统性能需求得不到满足。设定合适的系统性能目标，遵循最好的开发实践，在整个部署过程中监测性能以确保达到相应的目标，采用本书中提供的模型和工具，这些都可以增加系统成功的概率。

第2章 软件技术

概 述

如果说系统架构设计是一步步渐进的过程，那么在开始其中任何一步之前，第一步应该是回顾所有的选择。换言之，管理者在做关键性的技术选择前，应该关注于了解系统的各个相关部分，就像拼图游戏中要了解所有的板块。一个系统就像一幅拼图，它包括多个相互作用的组成部分，每个部分之间都有着特殊的相互关联，并且每个部分也都由彼此相关的组件所组成。要理解这些相互作用的部分及它们之间的特殊关系，软件技术是很好的切入点。

在构建GIS的时候，软件技术的选择是一个关键步骤。尤其在过去的15年里，GIS技术得到了惊人的发展，从服务于局部办公环境中的小群体用户发展到了分布在全球尺度上的综合操作。目前发布的ArcGIS 9.3软件提供了一系列新的简单方法为用户部署多样化的地图服务，与谷歌、微软的Web 2.0商业用户和公众用户共享GIS的工具和信息，并且利用ArcGIS Explorer作为窗口访问来自世界各个角落提供的信息。所有这些都促进了基于空间思维的信息交换与合作的发展。这对将来意味着什么，如何从地理角度使用户所在机构与众不同，这些都将是决策时需要考虑的重要因素。

所选择的GIS技术可能包括各种各样的GIS数据源，为GIS高级用户提供的ArcGIS桌面应用，支持GIS事务工作流和Web服务的ArcGIS服务器，通过无线通信与公司事务运作集成起来的移动客户端应用，以及一系列的网络服务。仔细审核GIS技术选择是构建GIS的第一阶段。

本章将对ESRI公司GIS技术的过去和现在进行概述。服务于GIS需求的软件解决方案可能来自ArcGIS桌面和ArcGIS服务器技术，二者都服务于各种GIS的运行，包括本地工作站，远程桌面和Web浏览器，以及移动客户端。数据可以从集中的数据中心或者分布式空间数据库结构中，或者是二者的混合结构中获得。为了确定能满足系统运行需求的候选技术，要了解可行的技术选项，确立最好技术选择的基准。不必马上购买，可以只是浏览，换句话说，先了解拼图游戏中的各个板块，着重了解它们之间的相互关系，这些都有助于决策。

各种技术的发展历程揭示了它们彼此之间的相互影响关系，在设计系统时，考虑这些关系将能使系统更好地适应变化。平台处理性能和网络通信带宽上的变化已经影响到了GIS技术的发展，并且还可能会继续影响下去。无线通信技术的出现开辟了一个崭新的领域，它使得移动用户可以更加紧密地与重要的事务工作流运行相连接。GIS部署策略正在由传统的部门—企业级运行向新兴的联合和面向服务的运行转变。

选择正确的软件是系统设计的首要任务，再为这些软件选择最有效的部署架构。对于GIS软件技术和架构解决方案来说，存在多种可能的选择，本章将逐一进行介绍（以ESRI

为例)，并说明其适用性。但是，哪种方案对于机构最好，必须由用户来决策。如同所有的 GIS 任务，系统架构的设计开始于对想从 GIS 中获得什么的思考，GIS 将如何来优化机构的工作流？通过了解需要利用 GIS 做什么，来确定 GIS 的功能。软件是一个提供这些功能的系统组件，因此，通过定义功能需求，可缩小软件选择的范围。

现在或是不久的将来，在可利用的软件中，也许可找到所需要的各种功能，因为通常这些软件的研发都紧紧围绕着用户的需求。从历史过程来看，开发者通过响应用户的需求而研发出能满足 GIS 行业需求的软件技术。ESRI 公司开发 GIS 软件产品的历程顺应了计算机技术发展的一般规律，尤其是 GIS 用户不断增长的需要。

了解一项技术的历程有助于预测它未来的发展方向。在过去的 40 多年里，ESRI 已经研发了能提供 GIS 用户群体所需功能的 GIS 软件。随着技术的发展和支持用户需求的部署策略的变化，多年来，积累了大量的经验。软件的发展趋势和企业架构策略为我们了解 GIS 技术正如何变化提供了线索。

本章首先概述 ESRI 软件的发展历程，如图 2-1 所示。了解 ESRI 软件家族每个产品的市场目标定位有助于确定技术的需求，并明确将技术用于成功企业 GIS 运行的途径。

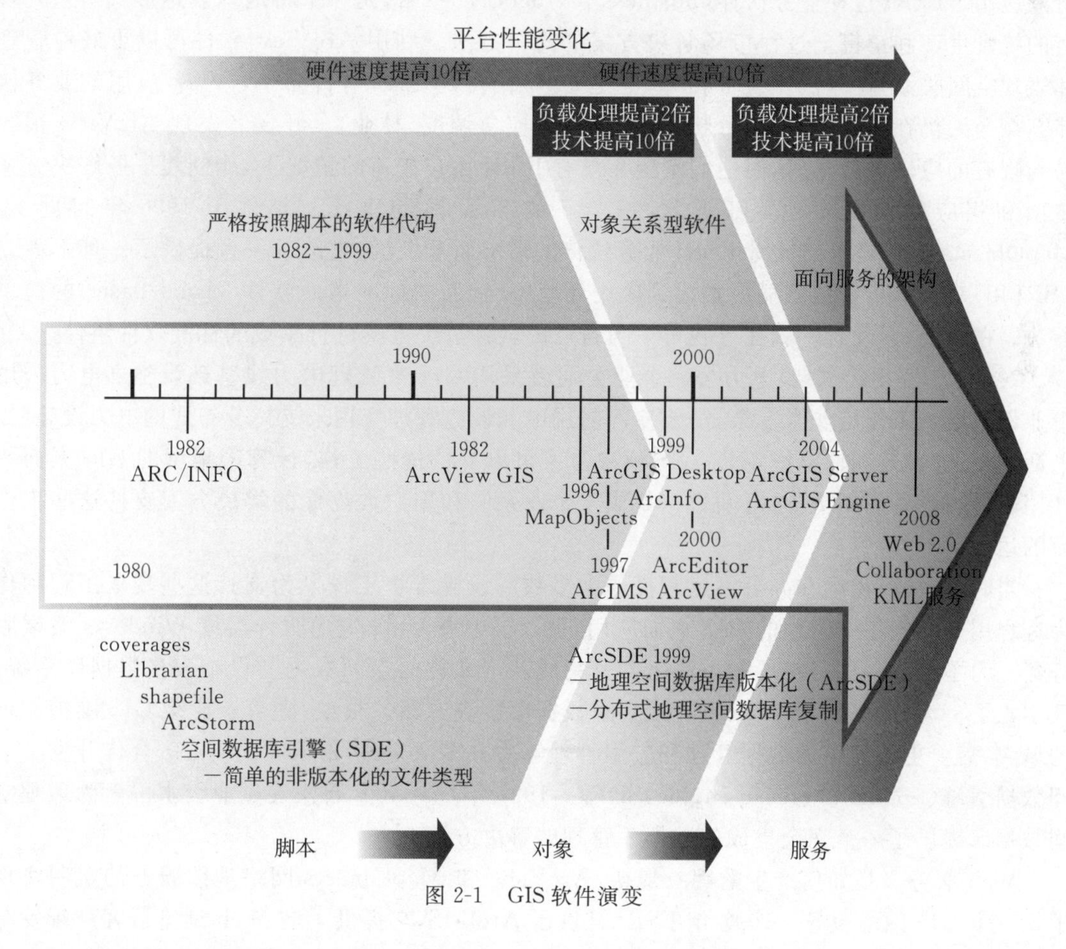

图 2-1　GIS 软件演变

ESRI 软件的发展

ARC/INFO 软件于 1982 年安装于大型计算机上，为开发者和 GIS 专业人员提供了丰富的工具集来进行地理空间查询和分析，GIS 技术的价值很快就得到展现。大多数的 GIS 工作都是由 GIS 专业人员来完成的，这些 GIS 专业人员都经过了大量的软件培训，具有丰富的编程经验。GIS 专业人员开发的信息产品（GIS 应用的成果）用于支持用户的需求，通常以纸质的形式呈现。1992 年 ESRI 发布了 ArcView 软件，它是一款简单的商业通用软件，不仅专业人员可以用，GIS 用户也可直接使用。正是由于有了 ArcView 软件，使得许多 GIS 用户可以首次进行他们自己的任务分析，生成自己的信息产品，而不必依赖 GIS 专业人员来实现想法。ArcView 软件第一年的销售量就超过了 ARC/INFO 过去十年的销售总量。GIS 用户喜欢自己做自己的工作，所以一款可以执行 GIS 分析、生成基本的地理信息产品、操作简单的桌面软件自然大受欢迎。在 ESRI 软件发展的早期，终端用户都期盼着简单的软件技术来提供对 GIS 数据源的访问和控制。

20 世纪 80 年代以来，ESRI 一直都在与其他行业进行合作，运用 ARC/INFO 技术来建立行业应用。ESRI 这种业务伙伴（business partner，BP）项目，是一个将地理表达形式引入到现有的统管生产和销售全过程市场解决方案的简单方法。利用 ArcView 软件可以更好地管理和表现空间关系，业务伙伴项目在 20 世纪 90 年代得到发展（有许多 ArcView 应用的业务伙伴案例今天仍在使用，如犯罪分析、突发事件的应急调度、林业）。开发者发现 ArcView 很容易与现有的应用进行集成，但他们希望在没有 ESRI 用户接口的情况下，能创建事务解决方案选项和相应的地图表达。基于此，一个新的产品 MapObjects 控件于 1996 年问世了。MapObjects 控件是专门针对 ESRI 业务伙伴的需求而开发的，它给开发者提供了一种不需要 ESRI 用户接口，可将地图显示集成到应用环境中（普通的标准桌面软件 Visual Basic）的简单方法。在早期，开发者一直在寻找可以与自己的软件解决方案进行集成的标准软件组件。

20 世纪 90 年代早期，电力公用事业公司就采用 GIS 来管理电力线基础设施。电力公用事业设施维护工作流非常复杂，需要专门的用电和设施管理应用来支持分布式的电力设施（如电话线杆、电容器和输电线等）。GIS 解决方案可以支持这些工作，计算密集型的 GIS 桌面软件用于管理各种应用事务，空间数据集成于企业系统和用户数据库的解决方案支持这些工作流的运行。

当时，现场工程师在办公室远程操作大多数的设施维护工作。为支持这些现场工程师作为远程用户访问集中管理的 GIS 桌面应用，引入了中央 Unix 应用服务器或 Windows 终端服务器。为了提供一种可扩展的方法来紧密集成基于文件的空间数据与设施表格数据库系统，又引入了一个相对复杂的 ArcStorm 空间数据库解决方案。很快，随着企业级 GIS 维护需求的增大，需要更为简单的数据管理和应用管理解决方案。为此，ESRI 与 Oracle 合作开发了空间数据引擎（Spatial database engine，SDE）。1997 年，ArcSDE 首次在企业级水平上为地理空间数据库提供了一个完全集成的数据库管理的解决方案。

Web 服务又是如何产生的呢？最初，ArcView 和 MapObjects 网络地图服务的定制实现了第一个 GIS 网络服务。1997 年 ESRI 开发了 ArcIMS，它提供了向 Web 浏览器客户端发布 GIS 信息产品的框架。Web 技术可将 GIS 信息产品提供给从机构内部到公众的新用户，迅速扩展了使用 GIS 信息产品的群体。

硬件推动

20 世纪 90 年代后期，计算机硬件性能的提高给软件技术的发展带来了新的机遇。硬件的快速处理能力可支持功能不断增加的软件处理的大工作量，因此系统架构师必须了解是否有有效的硬件来支撑软件，反之亦然。对 ESRI 来说，其经历了一个这样的发展过程：在 20 世纪 90 年代，ESRI 软件开发者开始改变编写软件处理指令和底层代码的方法，从传统的脚本子程序编码方法改变为采用对象组件编码技术。运用统一的对象接口标准，以一种更具适应性和扩展性的方式来开发较高层次的代码函数。组件对象函数可用于多种不同的软件解决方案中，也可以与第三方组件结合来加快开发速度。通过研究几种新的软件对象模型（CORBA、JAVA、COM），ESRI 发现对于计算密集型的 GIS 应用代码而言，微软的通用对象模型（common object model，COM）库是最有效的环境。1999 年 ESRI 在新的 ArcObjects 代码库中发布了 ARC/INFO 的 GIS 功能，也就是 ArcGIS Desktop 软件版本。

这个代码库被简称为 ArcObjects，它是一个构成 ArcGIS 基础的软件组件库。ArcGIS Desktop、ArcGIS Engine 和 ArcGIS Server 都是利用 ArcObjects 组件库来构建的。ArcGIS Desktop 软件提供了一整套的 ArcObjects 技术，同时 ArcObjects 组件库的子集也支持 ArcEditor、ArcView、ArcReader 和 ArcExplorer 桌面软件解决方案。

ArcGIS Desktop 软件给 GIS 用户提供了一个简单而强大的用户接口来支持一系列标准的 GIS 操作而成为 ESRI 的旗舰产品。随着一系列丰富的地理空间功能开发以及每一个版本功能的扩展，ArcGIS Desktop 开始引领 GIS 行业。从一开始，专业的 GIS 用户就在寻求最有效的工具来提升 GIS 技术。从旧版的 ARC/INFO 软件到新的 ArcObjects 组件的发展，极大地加速了 GIS 软件技术的进步。20 世纪 90 年代中期，在 ArcObjects 代码库出现之前，GIS 用户需求的增长远快于 ARC/INFO 软件版本的更新速度——新发布的软件版本刚问世就已不能满足用户的要求。然而在 1999 年 ArcGIS Desktop 软件版本（以 ArcObjects 技术为支持）发布之后的几年里，用户纷纷要求软件开发者放慢技术更新速度，技术发展的速度超过了用户的需求和利用速度。随着新技术的出现，产生了性能成本问题，例如与旧版的 ARC/INFO 相比，生成同样的信息，ArcObjects 的应用需要两倍的处理资源。但 1999 年计算机硬件的发展弥补了性能代价这一问题，使采用更好的技术变得可行。

调整时期

ArcGIS Server 和 ArcGIS Engine 的出现支持能利用丰富的 ArcObjects 软件组件的 GIS 开发者有效利用 ArcGIS 桌面软件中的其余组件。作为构成 ArcGIS 基础的 ArcObjects 组件库，现已成为桌面和服务软件开发的有效框架，能够为用户应用开发和部署提供一系列 GIS 功能。在这些功能中，可以找到最适合用户需求的解决方案。进行系统架构设计时，在选择软件之前了解用户需求十分重要。

不同的 GIS 软件使用者有着不同的需求。专业的 GIS 用户（地理学者、科学家、设计者等）需要一种简单、强大、有效的用户接口作为工具来支持他们的工作。ArcGIS 桌面软件为这些用户提供开放的用户接口进行探索、建立、研究、分析以及发现新事物，而这些反过来也可以促进 GIS 技术的向前发展。GIS 程序员和开发合作者需要包括 ArcObjects 功能的软件开发环境，以很好地模拟真实世界。还有很多GIS使用者不是程序员或分析师，他们只需要能够方便地访问GIS信息产品和服务，GIS可以使他们的工作更有条理更有效。ArcGIS Server能为专业GIS用户提供一种优化平台使世界各地利用GIS进行工作的同行能够共享信息和服务。IT行业的专家需要一种稳健、易支持、可靠、可扩展、安全的企业解决方法。集中式应用和数据管理，如ArcSDE、Geodatabase、分布式Geodatabase同步处理、开放标准和互操作、数据自动生成、简单授权文件管理、数据完整性、数据备份和恢复、安全性，这些被IT专家所关注的问题是影响可支持性和可维护性重要因素。由于所有类型的用户对GIS来说都是重要的，因此ArcGIS技术不断发展以满足用户各种不同的需求。

同时，正如我们所看到的，硬件技术也在快速发展，它对软件技术的发展也带来了影响。成熟的GIS技术应该充分利用硬件技术的优势来实现更广泛的功能性和适应性。快速的硬件发展支持软件技术从20世纪80年代和90年代的脚本代码发展到现在作为ArcGIS软件技术基础的对象关系ArcObject代码。对系统架构师来说，应该清楚地知道，生成同样的地图，ArcGIS桌面软件处理工作量是旧版ARC/INFO的两倍。但从性能代价交换来看，GIS技术快速发展的功能效益远远超过性能成本的代价。

从ArcIMS向ArcGIS服务技术的发展，也有着同样的性能交换问题。在1999年一年的时间里，硬件技术性能的发展就弥补了ArcGIS桌面软件的性能代价。这种性能代价交换模式，在用户移植采用ArcGIS服务技术时不断重复出现。任何改变都需要一定的调整时期，通过了解性能代价交换模式的不断重复，系统架构师可进行适应这种变化的设计。

在设计系统时，特别是地理信息系统时，一些发展和变化因素必须加以考虑。作为一种数据密集型的技术，GIS是一个服务处理资源的大用户。当使用来自共享数据库、文件或网络数据源的大量数据时，GIS可产生很大的网络流量。如果没有恰当的硬件和网络容量的配置，GIS用户将无法顺利地从事他们的工作。如果采用错误的技术，解决方案就不能在所配置的环境中运行。当然，如果方案正确，那么就能感受到像其他人在过去的几十年中已体会到的GIS的优势。

基于网络面向服务的系统架构解决方案允许快速将技术向前推进。网络服务应用的构建将组件开发和可视化的效益扩展到一个不受供应商控制和开放市场的更高层次。这也会带来软件性能代价的问题，要求更多的处理能支持同样的信息产品。很多的顾客会选择再次冒险尝试，采用适应性更强的应用开发环境作为性能功能代价交换。

机构GIS的发展

与用户相随的GIS发展过程展现了软件发展的每一步。如在本章中所看到的，GIS用户群体包括机构。规划满足当前需求的系统设计时，越了解用户（包括个人和机构）需求的变化过程，就越能更好地为将来进行筹划并把握住机遇。

当今世界，由于GIS的快速发展，存在着许多可供选择的GIS配置方案。20世纪90年代，GIS实施在规模和复杂性方面开始不断发展，并一直延续到现在。实际上，很多机构最开始都是单机ArcGIS桌面版的用户，随后发展成为利用GIS技术提供部门级GIS运行的用户。反过来，由于多个部门在他们的工作中使用GIS，各个部门之间的数据共享推动了GIS向更新的方向发展。这种企业级GIS的运行为数据共享，以及利用地理空间资源满足跨部门的事务需求提供了更多机会。成熟的GIS的运行已发展到行业、国家乃至全球的层面。

部门级GIS

正如我们所看到的,GIS技术最初是作为一个桌面应用(ARC/INFO,1982年)被引入的。地理分析和制图已由之前的纸质和薄膜数据表达形式发展为基于计算机技术的数字数据集管理。当多个GIS桌面用户开始协同工作,他们发现共享数据可以提高生产效率,并且能生成更好的GIS信息产品。当部门管理者看到将共享数据存放于共享文件夹,由数据使用者访问共享文件夹这种方式的优点时,部门的局域网就被用于各桌面用户之间共享数据。目前GIS行业中,多数GIS仍然是部门级的。图2-2表达了一个简单的部门级GIS架构图。

通常,随着部门级GIS数据源的不断丰富,机构内更多的用户能够利用GIS技术的优势。许多部门利用其他部门开发和维护的数据源开发自己的GIS应用。进而,机构的广域网成为了部门服务器之间共享数据的一种方式。由于数据由不同的部门开发和管理,数据标准和并发操作问题成为了挑战。很快,机构管理者便意识到企业级共享空间数据资源管理的必要。

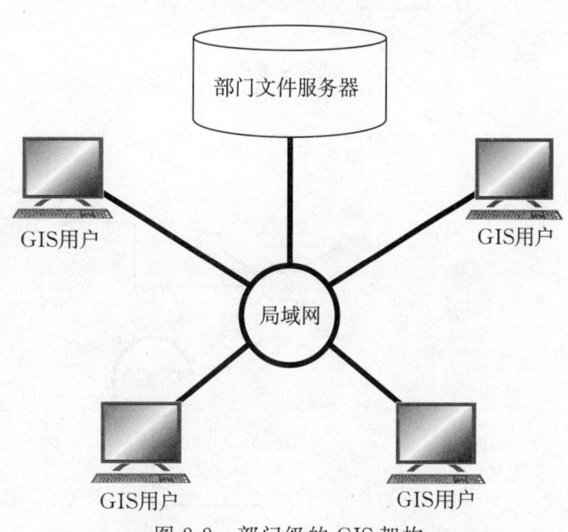

图2-2　部门级的GIS架构

20世纪90年代中期,最初的空间数据库引擎版本能够以数据仓库形式进行早期企业级GIS管理。许多机构开始从集中式ArcSDE数据仓库共享GIS数据源。IT部门聘用GIS管理者或者地理信息人员整合共享企业GIS数据资源,建立通用的数据标准,支持各部门的运作和满足企业管理的需要。企业数据仓库为整个机构的各个部门提供了可靠的、共享的GIS数据源。这是许多地方政府所经历过的GIS技术发展过程,即使在今天,仍然有许多小的行业以同样的方式在经历GIS技术的发展。

企业级GIS

图2-3显示了机构GIS架构的几种形式。最初,各部门通过广域网共享数据,直到建立了企业级数据仓库来维护和共享GIS数据源。GIS团队通过发布多种GIS网络服务来发挥集中式GIS数据库的作用。这些服务可以支持整个机构的所有用户,并为使用GIS技术支持企业级GIS运行提供平台。

20世纪90年代早期,当电力和煤气公用事业公司开始利用GIS进行电力分布设施管理时,大多数系统通过集中式数据库提供服务,远程用户通过终端访问载有GIS数据库的位于中央的应用计算服务器(终端服务器)。

今天,许多机构正在将他们的地理空间数据从基于文件的GIS移植到共同的、集中式的企业地理空间数据库,以利于终端客户访问集中管理服务器环境。在这种情况下,各部门仍负责数据源——通过终端访问中央ArcGIS桌面应用来更新和维护数据。IT计算机中心处理

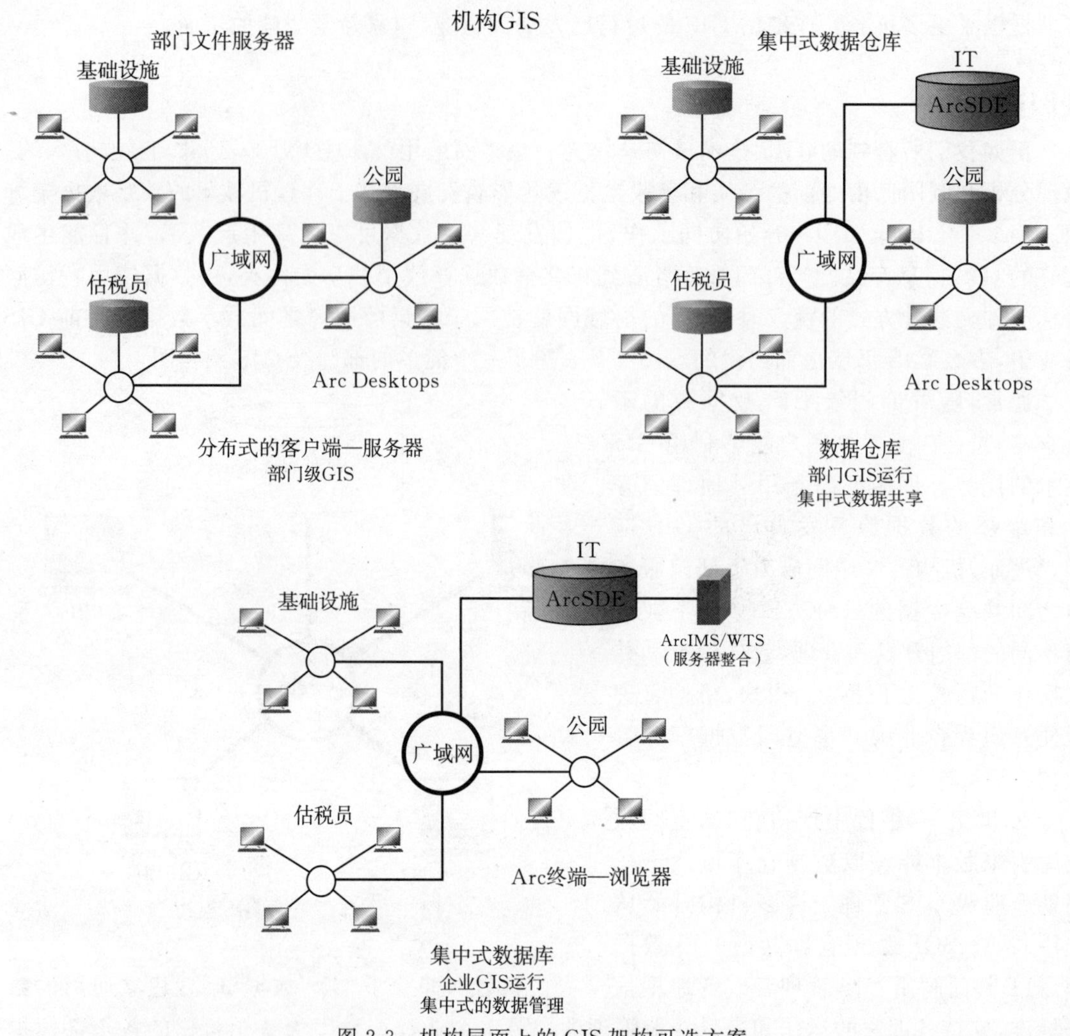

图 2-3 机构层面上的 GIS 架构可选方案

一般的管理工作，如数据备份、操作系统升级、平台管理等。机构内的用户通过局域网的浏览器访问发布的网络服务。

地理空间数据库的复杂性使得集中管理成为可能。从地方市政部门到国家政府机构，大多数已经使用更高效的中央服务器。目前，大多数企业 GIS 运行都由中央的数据中心系统支持。

行业 GIS 的发展

到本世纪初，快速发展的互联网为世界各地的业界、国家和组织之间的信息共享发挥了巨大的作用。

互联网访问已从办公室延伸到家庭，使 GIS 用户群体迅速地扩展。图 2-4 显示了行业和公司如何借助于互联网为用户和顾客开发和部署服务的。通过互联网，各机构间可以共享数据、交换服务，同时，用户也可从众多的机构获得数据和服务。

ESRI 公司推出的地理网络，提供了元数据搜索引擎，可发布 GIS 数据服务信息，并在

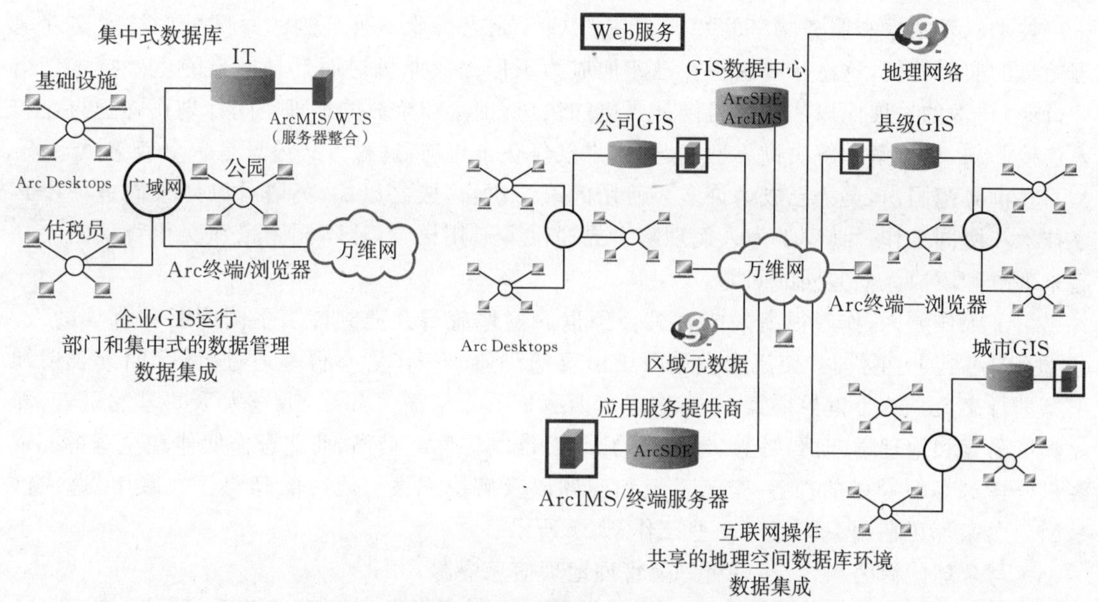

图 2-4 由互联网和 GIS 服务提供的行业 GIS 架构

ArcGIS Desktop 应用和数据或服务提供商之间提供直接的网络链接。ArcIMS 为世界各地的机构之间共享 GIS 数据和服务提供了方法。地理网络为 GIS 数据和服务的集成建立了框架，这有助于快速扩展行业基础设施，共享世界各地的信息。数据标准的推广和不断完善的数据获取技术延续着扩大共享地理空间信息的可能性，这将有助于更好地了解和完善我们的世界。

GIS 数据源正在以指数级速度增长。20 世纪 90 年代，GIS 服务器的数据库大小很少会超过 25～50GB。今天，对一些机构来说，地理空间数据库服务器处理几个 TB 或几个 PB（1 PB＝8×10^{15} bit）的 GIS 数据已经是很平常的事情。行业级数据库正在构建，整合 GIS 数据源并为县、州地区范围的机构提供网络数据共享。各州和国家机构也在整合数据，并在彼此之间以及行业与市政当局之间共享这些数据。

许多机构把他们的 IT 项目外包给商业网络服务提供商（Internet service providers, ISPs）。应用服务提供商（application service providers, ASPs）为机构提供 IT 管理，为小规模的机构提供利用高端 GIS 数据库和应用解决方案服务于其事务需求的机会。州政府是规模较小的市政当局 GIS 应用和数据的集成地，这样，小规模的行业就可以利用 GIS 技术帮助其进行本地运行。

区域地理网络（g. net）网站允许在地区内以及大的州和联邦机构内进行数据共享。网络门户软件提供元数据搜索引擎，它可被机构用来共享数据和支持行业应用；城市可建立元数据站点来促进当地的商业与公共利益；州可以整合元数据搜索引擎以便与全州的市政当局共享数据和服务；法律实施保障建立搜索引擎使用国家数据集；商业可以建立元数据搜索引擎以提供分布式操作环境；网络服务可使行业实现数据共享和一体化工作流。

ArcGIS 9 的 ArcGIS 服务器部署已经将网络服务技术扩展到了地理处理和面向服务的网络操作。通过结合网络标准和开放系统架构，GIS 技术已开启了完善事务运行的新机遇。GIS 软件和计算机技术不断地拓展 GIS 的能力和注入新的商机。提高无线网络技术的有效性和容量可使不断增加的 GIS 用户进行移动通信连接。

技术以及数据和服务共享的发展正在使GIS成为行业不可分割的一部分。技术实现地理信息的实时访问,这意味着它正在迅速地成为不但是商业机遇而且是世界的重要技术。当今行业,技术的发展比以往任何时候都要更加快速,国家和全球的地理空间计划正在把行业和人连接起来,以理解和解决世界性问题,或许仅仅在十年前,这种方式还只是一个梦想。

在世界范围内,英语已成为许多人使用的第二语言,较之以往,英语可以使人们进一步共享技术和协同工作。地理学为人们理解世界提供了通用语言,让不同国家和文化背景的人一起来理解和解决人们共同的问题。

由于工作原因,作者很高兴能有机会到世界各地旅行并遇到许多不同国籍和背景的人。19世纪70至90年代间,交流能力受限于语言的障碍——作者不得不通过翻译、面部表情和手势进行交流。这个世界很大,总有许多东西我们并不了解。如今,通过大家共享的语言,即计算机语言和地理学方面共同兴趣的结合,作者能与国际经销商、商业合作伙伴和全球的GIS客户分享对GIS技术的理解,交流思想和问题以及解决方案。语言的障碍正在减小,这或许是因为大家都正在用GIS进行一些工作,如下所示:

· 与全球能源公司合作,以更好地管理地理信息资源。

· 与欧洲的科学家合作,为欧洲地区建立统一的地理空间数据基础设施。

· 培训负责维和任务、减灾援助和支援困难国家的联合国工作人员。

· 与加拿大和美国的国家公园工作人员合作,利用GIS以更好地管理自然资源。

· 与香港的客户合作,利用GIS以更好地管理土地资源,为世界上最复杂的城市环境之一的香港提供服务。

· 与慕尼黑、巴黎、罗马、鹿特丹、伦敦、迪拜、哥斯达黎加、圣保罗、芬兰、都柏林、斯德哥尔摩、香港、新加坡和澳大利亚的国际经销商共享GIS技术。

换言之,GIS正在发挥作用,通过地理,它使我们的世界变得不同,以一种非常特殊的方式将各国联系起来,以更好地理解和解决人们共同的问题。从这个角度而言,GIS行业如同这世界一样广阔。可选的软件产品有着很广泛的范围,所有的功能都具备,只是要评估需要什么样的软件功能来为机构的目标提供服务。多年来,为满足用户的需求,ESRI已开发了各种产品,因此认真了解软件产品的功能十分必要,不仅要知道可以利用它做什么,也要知道同行们可能在做什么。

ESRI的系列产品

ESRI的系列产品如图2-5所示,包括一系列为满足GIS用户的广泛需求而开发的软件。ArcGIS软件支持桌面平台、服务器和移动应用。数据管理解决方案支持各种基于文件的、空间数据库的和扩展标记语言(extensible markup language,XML)的数据格式。

GIS网络服务支持各种管理的、主机的和共享的GIS网络服务。ArcGIS服务器提供发布GIS服务的技术,这种服务可以被AcrGIS桌面平台、移动GIS平台和标准网络浏览器所支持。ESRI的企业开发网络(enterprise development network,EDN)通过提供绑定的低成本的开发者软件授权协议为ESRI的开发提供一系列的技术服务。

桌面(Desktop)GIS:ArcGIS桌面软件着眼于为专业的GIS用户提供对所有的GIS数据资源、所有发布的地理数据服务和可以引导未来GIS技术发展的地学分析和可视化工具的直

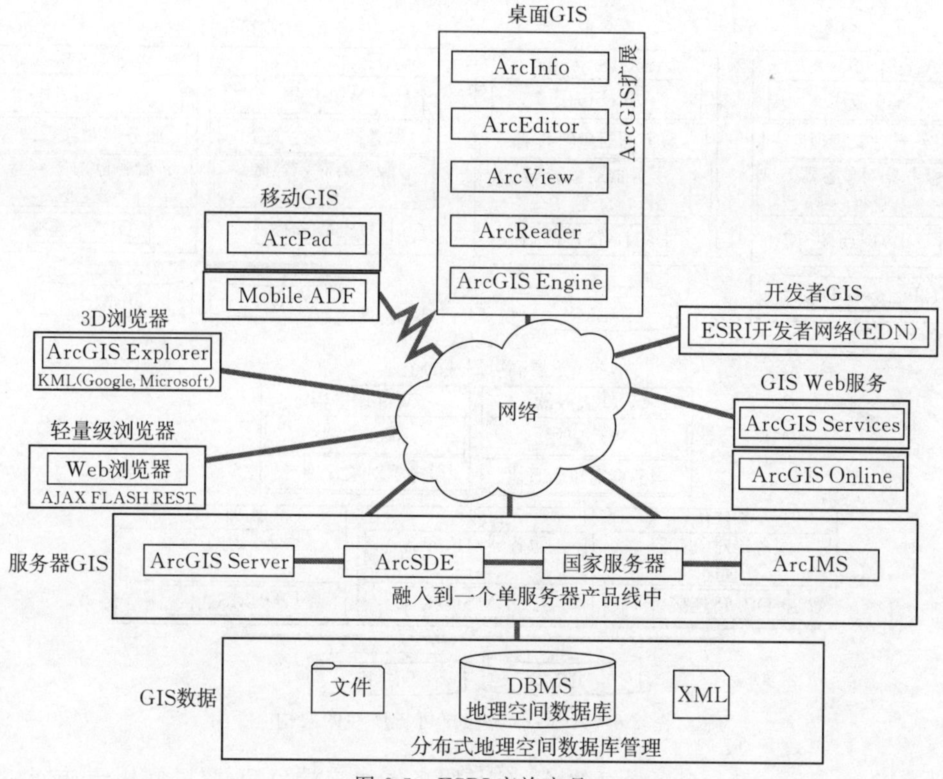

图 2-5 ESRI 家族产品

接访问。桌面 GIS 平台根据用户功能需求分为四个部分，包括 ArcGIS 桌面软件（ArcInfo、ArcEditor、ArcView）和 ArcGIS 引擎，该引擎基于桌面开发环境为定制桌面应用开发提供一套完整的 ArcGIS ArcObject 组件。

ArcGIS 桌面软件根据用户需要被授权为不同的软件级别。ArcReader 是一款用来浏览和共享一系列的动态地理数据的免费桌面软件。ArcView 包含 ArcReader 的所有功能，并增加了地理数据可视化、查询、分析和集成的能力。ArcEditor 包含 ArcView 的所有功能，增添了在 ArcSDE 地理空间数据库中创建和编辑数据的功能。ArcInfo 是一个完整的 GIS 数据创建、更新、查询、制图和分析的系统。

一系列桌面扩展功能的授权为支持更多的 GIS 操作提供了增强的功能。ArcGIS 基本功能桌面版和扩展版一起运行能拓展地理空间分析、生产效率、网络服务及一系列处理用户重要需求的附加功能（更多信息可访问 www. esri. com）

服务器 GIS：服务器 GIS 用于各种中央主机 GIS 服务。由于越来越多的用户利用基于网络的企业技术，基于服务器的 GIS 技术应用快速地发展。GIS 技术能够在中央应用服务器上被管理，为局域网和广域网的大量用户提供 GIS 功能。企业级 GIS 用户通过采用传统的桌面 GIS、网络服务器、移动计算机设备和数字产品设备与中央 GIS 服务器相连接。

ArcGIS 服务器软件（见图 2-6）依据有效功能和系统容量被分为三个部分。ArcGIS 服务器基础包括地理空间数据库管理（ArcSDE 技术）、地理空间数据库管理注册或注销和地理空间数据库备份服务。ArcGIS 服务器标准包括所有 ArcGIS 服务器基础的功能外加标准地图输出、ArcGlobe 服务（ArcGIS Explorer）和标准地理处理。

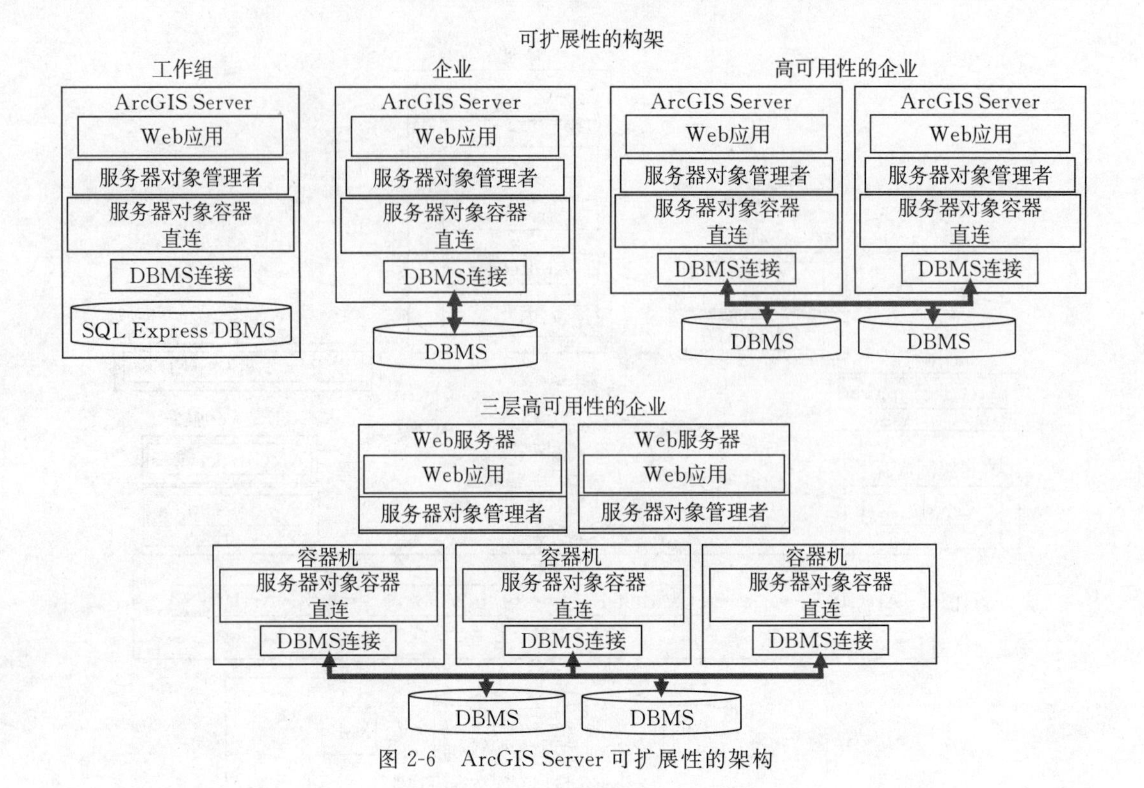

图 2-6　ArcGIS Server 可扩展性的架构

ArcGIS Explorer 是一个轻量级的 ArcGIS 服务器客户端免费软件，它用于访问、集成和应用 GIS 地理服务及其他网络服务。ArcGIS 服务器增强包括 ArcGIS 服务器标准的所有功能，并增加了网络编辑、移动客户应用开发框架(application development framework，ADF)、高级地理处理功能以及对 ArcGIS 服务器扩展的支持。

开发者 GIS：开发者网络是一个基于年度签约的服务，用于为开发者提供能提高生产效率和减少开发成本的综合性工具。开发者网络提供综合的开发者软件库、文档库和能提供简单共享最新信息的在线合作网址。

GIS 网络服务：GIS 网络服务是一种当用户发出请求时，提供访问最新的 GIS 的内容和功能的高性价比方式。利用 ArcWeb 服务，数据的存储、维护和更新由 ESRI 负责，用户不必购买和维护数据，就可直接通过 ArcGIS Desktop 访问数据和 GIS 功能，或者利用 ArcWeb 服务来构建特有的基于网络的应用。ArcWeb 服务签约能提供即时、可靠的 TB 级数据的访问，包括全世界范围的街区图、实时天气、交通信息、大量的人口数据、拓扑地图和高分辨率图像。

ArcGIS 在线提供 TB 级别的缓存地图服务。利用 ArcGIS 在线服务，可以访问二维地图、三维地球、参考图层，通过网络来支持 GIS 任务。也可以通过 ArcGIS 在线服务来发布能为其他人所广泛利用的数据。也可以购买在 ArcGIS 在线服务上看到的数据，然后在自己的服务器上发布。

当需要说明技术改变时，软件供应商会修订价格策略。价格通常会随着时间下调，所以根据现有的技术构建解决方案和依据现行的价格标准来进行项目的预算是一种保守的管理策略。无论如何，了解定价并在技术决策时予以考虑是非常重要的。(例如，网络服务的价格从

ArcIMS到ArcGIS Server已经发生了改变,这会影响到我们如何设计这些系统。)

客户通常关注基本的核心软件,但是很多时候他们并不清楚什么是真的核心——这会导致用户性能和可支持性的差异。ArcGIS软件包括多种部署GIS的方式。ArcGIS Desktop用户、网络用户以及移动用户都有几种不同的技术方案的选择。对各种不同类型的用户工作流而言都有一种最佳的结构解决方案。了解这些选择是第一步,然后是找到这些技术方案,并将它们集成到系统环境中。

桌面(Desktop)运行:图2-7显示了各种ArcGIS Desktop客户端的选择。应用可以利用不同的层次的软件(ArcInfo、ArcEditor、ArcView),或任意ArcGIS Desktop扩展功能,或者定制的ArcGIS Engine客户端。

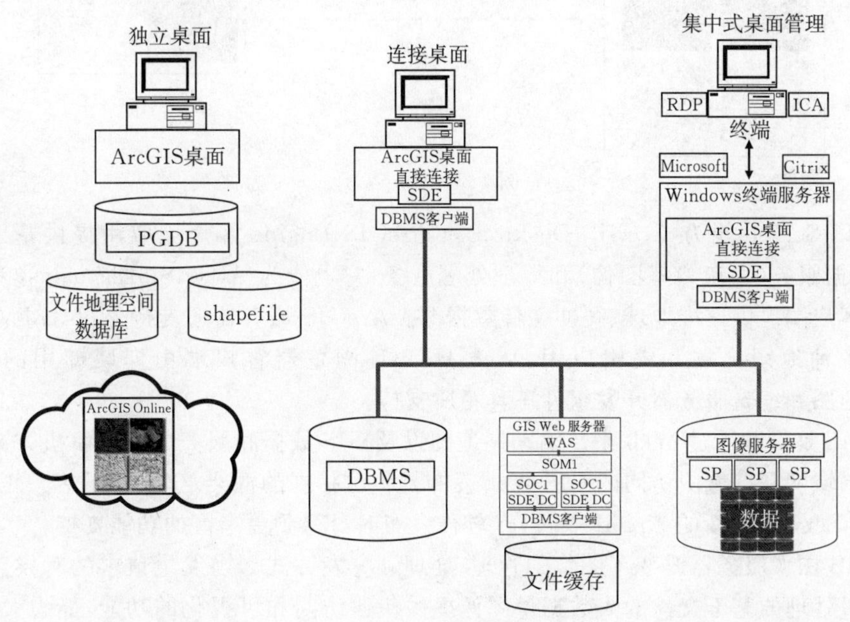

图2-7 桌面运行

单机桌面应用可以利用Microsoft SQL Server Express的个人地理空间数据库(personal Geodatabase,PGDB),它能提供最高可达4 GB(每个数据库服务器)的容量给本地用户进行编辑和视图操作。ArcGIS 9.2中的文件式地理空间数据库(file Geodatabase,FGDB),支持1 TB文件格式表格的地理空间数据可配置到256 TB。文件式地理空间数据库可以用作参考数据或者单用户编辑环境。标准的shapefile也能作为本地数据源。

相同的ArcGIS Desktop应用能在连接的局域网环境中进行部署(访问网络数据源和网络服务)。或者在Windows终端服务器平台的集中数据中心上进行部署,它通过较低带宽的广域网环境支持远程广域网客户端,并且支持本地局域网网络数据源访问。

所有ArcGIS Desktop应用能利用高性能缓冲数据源,如通过网络由ArcGIS在线服务提供。ArcGIS在线数据流向客户端和本地缓存,为本地的客户端应用提供高性能参考数据。

Web应用:图2-8显示了各种ArcGIS服务器Web客户端的选择。Web可选客户端包括ArcGIS Desktop、ArcGIS Engine和ArcGIS Explorer。同样,标准的Web浏览器应用也是利用各种Web应用和服务的客户端应用。

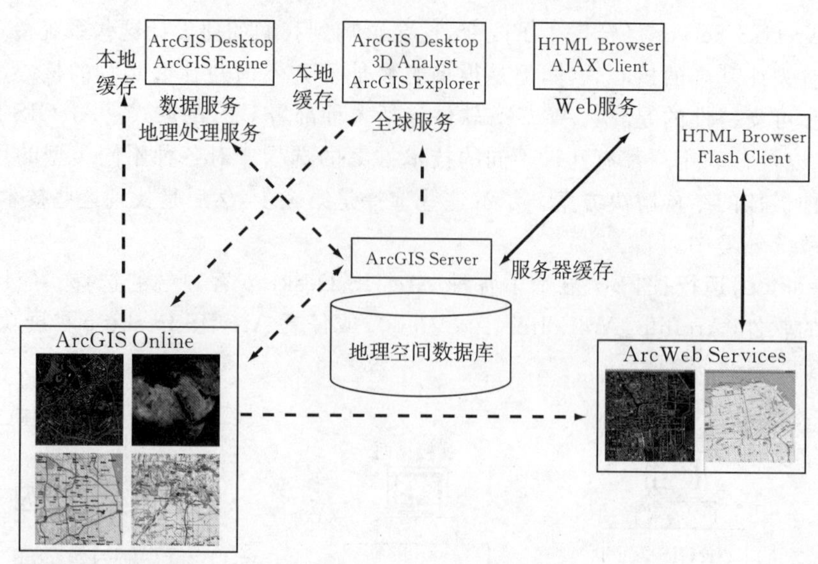

图 2-8　Web 运行

ArcGIS Server 能为 ArcGIS Desktop 和 ArcGIS Engine 客户端应用提供基于 SOAP/XML 的数据服务(发布参考图像)和地理处理服务，它也能为 ArcGIS 3D Analyst 和 ArcGIS Explorer 客户端提供三维地球、缓冲文件数据源。ArcGIS 服务器还支持 Web HTML 浏览器客户端的各种地图视图和编辑应用，Web HTML 浏览器客户端由即装即用的. NET 和 JavaWeb 地图和编辑服务器开发组件工具箱所支持。

ArcIMS 是一种通过 Web 来传输动态地图以及 GIS 数据和服务的常用解决方案，它能为满足公司局域网和广域网访问的 GIS Web 发布提供可扩展的框架。ArcIMS 客户正快速转移至 ArcGIS Server，当新的 ArcGIS Server 软件发布时可得到更丰富的功能支持。

ArcGIS 图像服务器改变了图像的管理、处理和分发方式。当发生请求的时候，图像服务器能对联机处理的基于文件的大数据量图像提供快速访问和可视化的功能，能为大量并发用户提供图像的快速显示，不需要对数据进行预处理，以及将其下载到 DBMS。ArcGIS Image Server 可作为 ArcGIS Desktop、ArcGIS Server 和 ArcIMS 应用的数据源，也支持 AutoCAD 和 MicroStation CAD 客户端。联机处理包括图像增强、正射校正、全景锐化和复杂图像镶嵌。了解这些功能以及如何更好地支持 GIS 需求是选择正确解决方案重要的第一步。

移动 GIS：移动 GIS 支持从轻量级的设备到掌上电脑(personal digital assistant，PDA)、手提电脑、平板电脑等各种移动系统。ArcPad 是用于移动 GIS 和野外测图应用的软件。所有 ArcGIS Desktop 产品(ArcReader、ArcView、ArcEditor 和 ArcInfo)以及定制的应用功能，能被用于高端移动系统，如手提电脑和平板电脑等。图 2-9 显示了可供选择的基本连接移动工作流。

ArcGIS Server 9.2 基本授权协议支持分布式地理空间数据库副本。地理空间数据库副本对分布式数据库版本维护提供松散的同步连接服务，也提供非网络连接的注册和注销服务。分布式地理空间数据库副本将在第 6 章中进行讨论。

ArcGIS 9.2 也能对 Microsoft SQL Server Express 的个人地理空间数据库提供地理空间数据库支持，Microsoft SQL Server Express 与 ArcGIS Desktop 软件绑定。ArcGIS Desktop 客户端(包括定制的 ArcGIS Engine 运行时间部署)支持分布式地理空间数据库客户端的副

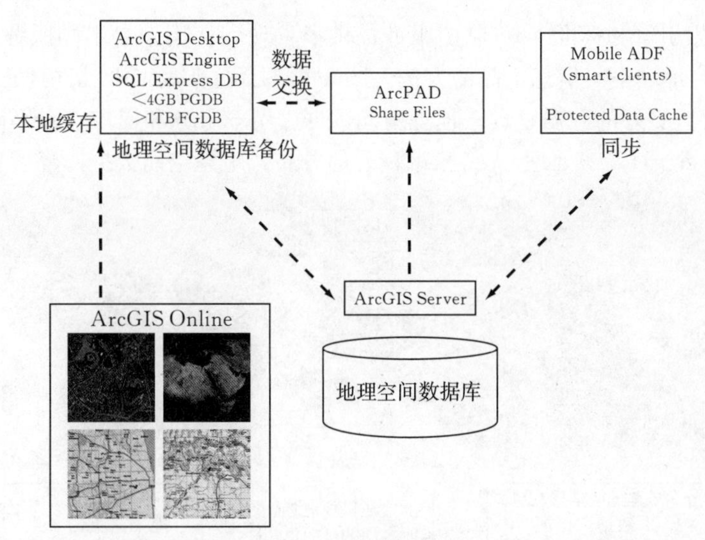

图 2-9　移动运行

本,并与中央主地理空间数据库同步更新。SQL Server Express 数据库有 4 GB 的数据容量。

ArcGIS 9.2 同样也支持基于文件的地理空间数据库。ArcGIS Server 9.3 支持基于 Web 的数据注册与注销,并单向地将地理空间数据库复制到分布式文件式地理空间数据库客户端。

ArcGIS Server 9.2 Advanced 授权协议提供 ArcGIS 移动软件开发工具箱。ArcGIS Mobile 允许开发者创建针对移动客户端的 GIS 应用的高性能集中式管理。ArcGIS Server 提供的移动应用能力有助于提高野外生产效率和人员的信息沟通。

GIS 技术发展趋势

GIS 软件和计算机基础设施技术的进步促进了 GIS 的发展,产生了新的商业机遇。同时,无线技术的可用性和性能的提高也改进了不断增长的 GIS 用户群体移动通信的连接。无线技术正改变着人们现在的工作方式和即将到来时代的架构策略类型。

工作中,移动设备随处可见。现在,移动设备无线工作方式已成为可能。随着将松散耦合移动工作方式集成于企业工作流,移动技术成为了改进事务运行的最吸引人的方式之一。传统方式是将移动数据采集和管理与机构内部事务工作流相分离,但现在,它们已融为一体。

这只是企业架构策略逐渐发生改变的一个例子。常用的 ArcGIS 部署可选方案正在增多。从传统的 GIS 工作站开始,扩展到集中式的企业 GIS,现在是最新出现的联盟的和面向服务的架构。不断寻求改善访问和与其他组织进行数据共享的方式,传统的部门级 GIS 客户端—服务器应用正向联盟的 GIS 架构转变。在寻找 GIS 和其他集中管理事务运行集成方式时,一些传统的企业 GIS 开始发现他们一直在寻求的一体化事务解决方案就在面向服务的架构(service-oriented architecture,SOA)中。

联盟 GIS 技术

数据库和 Web 技术标准为更好地管理和支持用户访问急速增长的地理空间数据源提供了新的机遇。Web 服务和 XML 交换协议使分布式数据库与集中存储地点之间高效的数据迁移成为可能。Web 搜索引擎和标准 Web 制图服务提供了发现和使用来自不同服务地点的由通用网络门户发布的综合地理空间信息产品的方法。图 2-10 显示了联盟 GIS 架构，通过整合行业和国家的 GIS 应用，促进更好的数据管理。地理空间数据库副本服务和提取、转换和上载(extraction-transformation-loading，ETL)处理，支持松散耦合的分布式地理空间数据库环境。

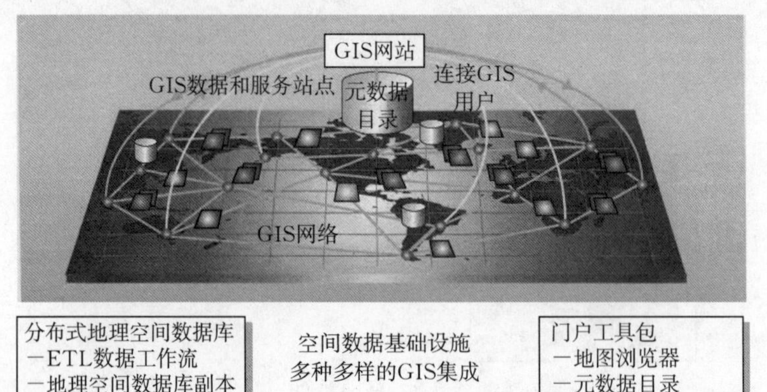

图 2-10　GIS 技术的联盟架构

联盟系统由共享网络应用和数据资源部分组成，GIS 就是有关共享的系统。许多地方政府、州和联邦机构共享 GIS 数据以支持行业应用，综合来自地方政府、州和联邦机构等不同方面的数据源可提供行业级信息产品，数据维护职责由不同机构来分担。按计划，通过数据库配置使不同网址之间能共享 GIS 资源。Web 门户网站提供由各种 Web 服务支持的应用，并扮演连接用户和发布行业数据服务的中间人。

面向服务的架构

如果说 Web 服务是我们的未来，那么面向服务的架构将是下一代计算机前沿。在某种情况下，我们的计算机上能不再有应用程序，也不再有 IT 耗费(现在消耗占预算的一半)。重大变革的发生在我们生活的这个技术时代似乎已成为了一个普遍的特征。20 世纪 90 年代后期的基于组件式的软件架构加快了软件技术的发展——20 世纪 90 年代一年内的软件更新相当于现在一个季度的服务包发布。曾经一年一次的软件升级现在正以每天为基础在计算机上进行下载与安装。我们可以想象如果这些功能应用组件被 Web 服务所替代将会发生什么。一个好的预测有可能成为技术变革加速的趋势，虽然我们还没有看到什么，但是我们已经看到驱动人们去寻找更有效的管理技术方法的变化。

显然，技术变革的速度影响着商业环境，因为变化带来风险，影响商业的成功与失败。选择合理的技术投资是重要的。面向服务架构部署策略通过多样化和减少供应商依赖来降低商业风险。开放的标准可减少开发一体化事务系统的时间和强度，提供综合信息产品(公用运行图)支持更明智的决策。图 2-11 显示了面向服务架构的优势。

基本上，面向服务架构是一种构建分布式计算系统的方法，它基于封装事务功能作为服务，这种服务易于在一个松散耦合的形式中进行访问。事务功能被封装成 Web 服务提供给 Web 客户端和桌面应用使用。组成面向服务架构的核心组件包括服务提供者、服务使用者和服务目录的实施。面向服务架构基础设施连接服务使用者和服务提供者，并用于与服务目录进行通信。

面向服务架构的优势

·技术变革	➤	组件架构
·事务连续性	➤	减少供应商依赖
·利用投资	➤	可重用性组件
·客户的灵活性	➤	更多供应商选择
·事务集成	➤	开放系统通信

- 从组件网络服务中建立应用程序将急速变革。
- 来自多供应商的支持事务功能能减少对供应商的依赖，当有些不可用时，能为事务的持续增加选择性。
- 服务架构支持可重用性组件——通过若干事务应用程序使用相同发布服务。
- Web服务能够从提供服务的供应商技术中抽取出来——这为能支持相同事务应用程序的供应商产品打开了更多选择的大门。
- 事务系统能够通过一个服务架构进行结合；来自每一个事务功能的服务能通过一个企业应用程序进行集成。

图 2-11　面向服务架构的优势

从商业角度来看，新的事务功能以 Web 服务形式提供，Web 服务作为 IT 资产与真实世界商业活动或商业功能相对应；可访问性基于支持企业运转所建立的服务原则（松散耦合的事务应用）。

从技术角度来看，服务是粗粒度的、可重复使用的 IT 资产。（粗粒度是指组件提供了一个完整的服务，而不是部分和片段功能结合来支持服务。ArcGIS Server ADF 组件就是粗粒度的，可重用的 IT 资产。例如由应用开发框架发布的一项服务可以是粗粒度或水平更高的功能。）面向服务架构的服务拥有由软件技术明确定义的接口（服务契约），软件技术提供来自外部可访问服务接口的服务抽取。基于简单对象访问协议（simple object access protocol, SOAP）、XML 和匙孔标记语言（keyhole markup language, KML）协议，通过 Web 服务支持面向服务架构。

通用 Web 协议和网络连接是支持这种架构类型的基础。面向服务架构基础设施可利用各种技术来实施，ESRI 软件就是在开放标准支持下的一个部分。ESRI 在 20 世纪 90 年代期间就开始采用开放标准，并积极参与到开放 GIS（Open GIS）联盟和各种其他标准团体中，以推进开放 GIS 技术。最初的 ArcIMS Web 服务、地理网络元数据搜索引擎、地理空间一站式以及 ESRI 门户工具集技术都是目前 ESRI 客户实施面向服务解决方案的实例。图 2-12 显示了当前 ESRI 软件如何通过符合标准的 IT 基础设施来支持面向服务架构企业的发展。

面向服务架构框架包括连接生产者和使用者的多个访问层，它以目前客户—软件技术以及 Web 应用程序和服务通信层结合为基础，使用者通过多种通信路径与生产者相连接。这个框架通过访问可利用的发布服务，服务—发布服务层以及专业 ArcGIS 桌面用户编写层来支持浏览器的表达层。这个框架还支持当前客户端—服务器连接（客户端应用）、Web 应用和 Web 服务——所有当今技术可利用的。未来供应商的遵循以及 Web 接口标准的成熟将有望逐步将事务应用从紧密耦合专有的客户—服务器环境移植到更加松散耦合的面向服务架构中。理想的环境是将事务服务和工作流与底层软件技术相分离，以提供一个合适的事务环境来有效管理和快速利用的技术变革。

GIS 本身就是一种面向服务的技术，它固有的基本特性是将各种信息系统集成在一起以支持真实世界决策。GIS 技术在丰富的数据环境中兴旺发展，ArcGIS 技术有助于从现有的 GIS 环境进行迁移。地理空间数据库技术为构建和管理一体化事务应用提供了空间框架，当

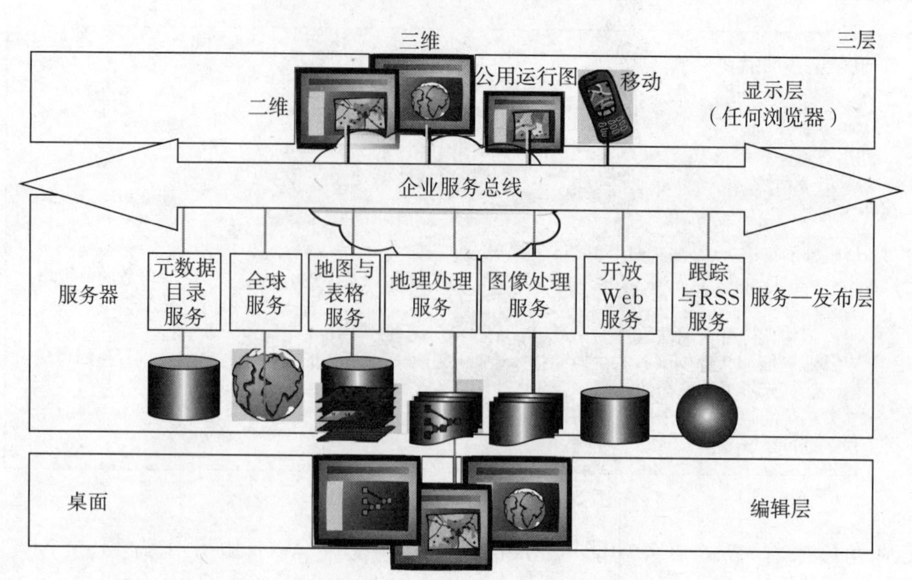

图 2-12 ESRI 面向服务的架构

机构将其运行环境转换到利用 GIS 技术时，许多空间数据资源都可以加以利用。

向面向服务架构的转换，更大的改变是在观念上而不是技术上。将事务从高风险、紧密耦合、整体式应用转换到一个更加集成、响应面向服务架构的环境需要时间。图 2-13 显示了将现有系统移植到一个更加动态并被面向服务架构支持的环境时的基本准则。

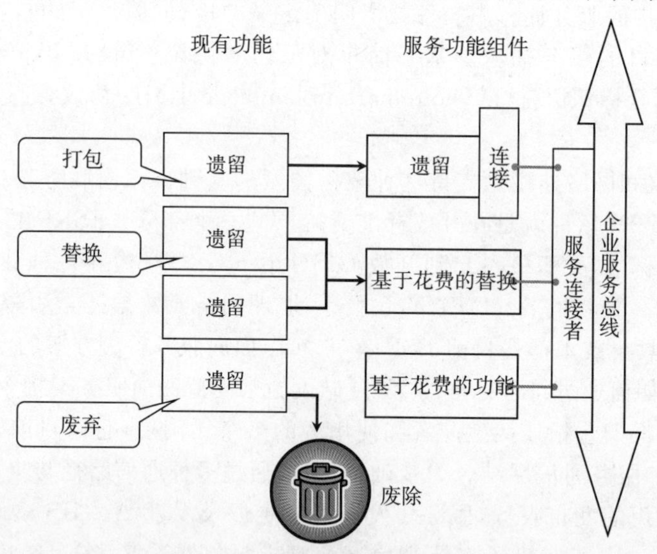

图 2-13 面向服务架构的变化

了解面向服务架构以及它如何进行事务处理集成，以及帮助控制和管理技术变化是重要的。机构必须建立能够有效利用新技术以在当前快速变化的环境中保持竞争力和生产力的基础设施。

通过对过去 20 年 GIS 相关技术发展历程的综述，可以看到，地理学对人们思考方式的影响。GIS 软件为人们更好地理解这个世界提供了工具，选择合适的软件及配置，能更好地支持系统的需求。

当今 GIS 技术

正如图 2-14 所示，当今 GIS 技术可用于支持快速增长的 GIS 用户需求。解决方案由 ESRI 产品与多个供应商技术的集成来支持。事实上，今天的集成或“协同运行”比以前更加重要，因为用户和其机构正变得越来越关注集成现有的解决方案而不是构建定制的应用，当然，后者仍将是有需求，但是在过去，大多数的应用从零开始进行开发。然而现在，随着开放标准成为规范，技术快速更新，低成本的解决方案变得更有效，似乎可以说，我们正在变成购置者而不是开发者。

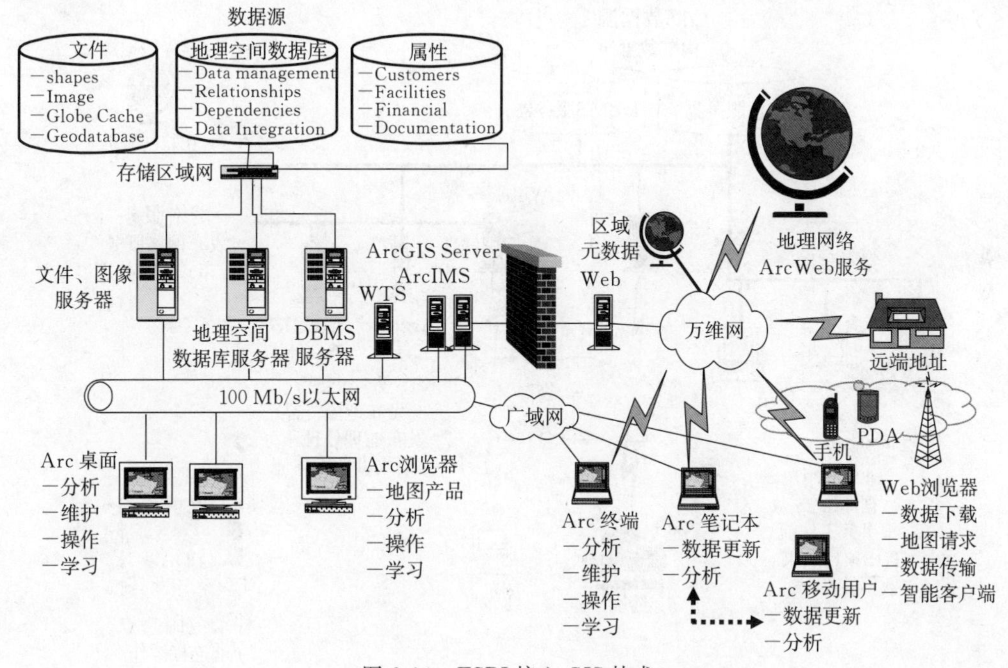

图 2-14 ESRI 核心 GIS 技术

数据存储和管理技术正变得日益重要，因为机构不断地开发和维护大量的 GIS 数据。个人服务器存储解决方案正在被自适应存储区域网络(storage area networks,SANs)所取代，增强 IT 的能力以满足不断变化的数据存储的需求，并为有效管理大容量数据提供选择。

GIS 数据源包括文件服务器、地理空间数据库服务器和各种商业数据库解决方案。桌面 ArcGIS 应用由本地工作站客户端或集中管理 Windows 终端服务器所支持。

ArcGIS Server(和已有的 ArcIMS 地图服务)通过机构和行业为 Web 浏览器客户端提供 Web 服务。ArcGIS 客户端能够作为智能浏览器客户端与 ArcGIS Server Web 产品连接，也可以通过 ESRI 地理网络连接丰富的数据资源，通过各种 ESRI 客户网络门户连接到机构服务资源。用户可以通过互联网或局域网访问应用。移动 ArcGIS 用户可以通过无线或远程连接通信被集成于中央工作流环境，以支持无缝集成操作。ArcGIS 桌面应用可包括当数据源与本地地理空间数据库或文件数据源集成的 Web 服务，扩展的桌面应用包括了互联网数据资源。

典型 GIS 企业架构由 ArcGIS Desktop、ArcGIS Server 和地理空间数据库软件技术联合支撑。选择不同的技术组合，对用户应用需求和生产效率水平的支持程度将会大不相同。

GIS 软件选择

选择合适的软件和最有效的部署架构是非常重要的。ArcGIS 技术提供了许多可选架构解决方案和多种软件,所有的设计都是为了满足特殊的用户工作流需要。我们已回顾了 ESRI 早期的产品。现在图 2-15 显示了根据基本配置的 GIS 软件技术可选方案。什么是最好的数据源? GIS 桌面应用将支持什么样的用户工作流? 哪些能被成本效益网络服务所支持? 网络服务能更好地支持什么样的事务功能了? 移动应用将在哪些方面改善事务运行? 了解技术可选方案以及每一种方案的性能和与用户环境的契合度,能够为正确技术决策提供所需的信息。

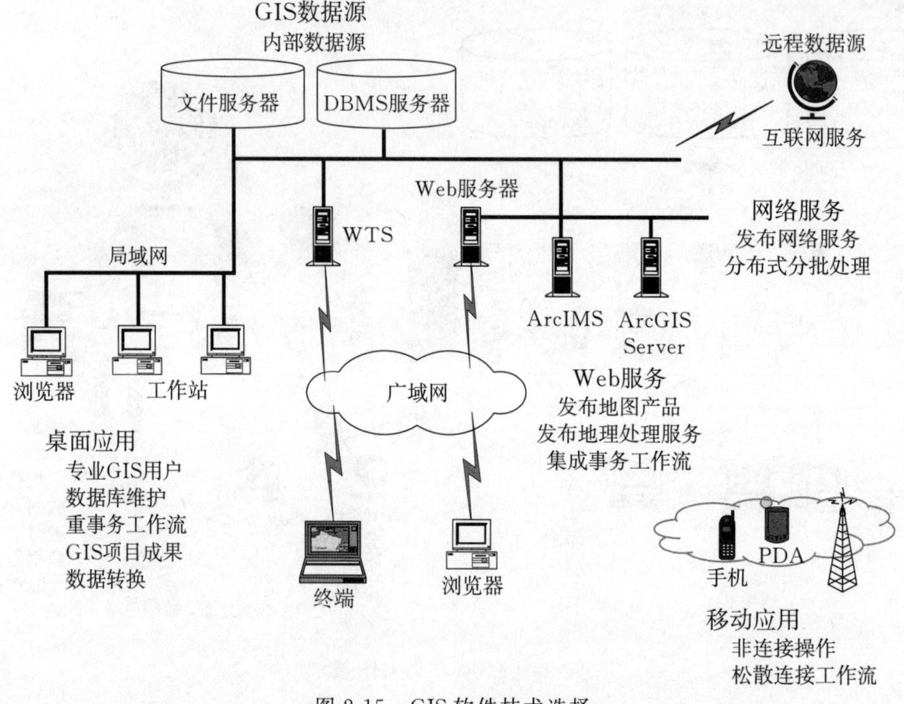

图 2-15　GIS 软件技术选择

GIS 数据源:数据可以从本地硬盘、共享文件服务器、地理空间数据库服务器或网络数据源中进行访问。本地数据源以最快网络存取支持高效能生产率需求,远程 Web 服务允许连接各种各样的已发布的数据源,但随之而来的是可能的带宽拥塞和性能降低的问题。然而,存在其他更为松散连接的架构解决方案,可减少潜在网络性能延迟,支持分布式数据集成。

桌面应用: ArcGIS 桌面应用支持功能和生产效率的最高水平。通过 ArcGIS 桌面软件可使大多数专业 GIS 用户和重要的 GIS 用户的生产效率提高。GIS 应用能够在用户工作站或者通过终端访问运行在集中式 Windows 终端服务器群上的软件得到支持。一些更强大的 ArcGIS 桌面软件的扩展功能可通过本地数据源在用户工作站得到最好的执行,而多数 ArcGIS 桌面工作流可在终端服务器群上得到有效支持。选择合适的应用部署策略对用户性能、管理支持和基础设施实施会产生重大影响。

Web 服务: ArcIMS 和 ArcGIS Server 技术为多种 GIS 用户工作流提供了有效的支持。Web 服务也为远程客户端工作流提供了非常有效地共享数据的方式。ArcIMS 提供了发布标准地图信息产品的有效途径,而 ArcGIS Server 提供增强的功能以支持更高级用户工作流和服务。Web 服务是通过机构和相关行业用 GIS 资源支持用户的一种成本效益方法。

网络服务:互联网应用能通过服务器对象管理员访问由 ArcGIS Server 直接连接提供的服务。网络服务被用于支持各种 Web 和网络应用。

移动应用:越来越多的 GIS 应用包括较为松散连接的移动 GIS 解决方案。ArcGIS 技术能够实现包括非连接的编辑和远程无线操作的连续工作流运行。一个非连接的架构解决方案能够大幅度减少基础设施的费用,为一些应用工作流提高用户生产效率。有效的移动服务能提供可选的解决方案以支持各种用户工作流环境。

选择合适软件和构架部署策略对用户工作流性能,系统管理,用户支持和基础设施要求具有重要影响。

GIS 架构选择

正如我们已经说的,GIS 环境通常由部门级的单用户工作站开始。许多机构的 GIS 都始于一个部门的 GIS,从部门级发展到整个企业的应用。(这在 20 世纪 90 年代早期很常见,因为许多机构都在为建立空间数据的数字化表达而努力。)一旦有了可用的数据,机构就会时常扩展他们的 GIS 应用以支持整个企业的事务需要。GIS 是一个计算密集型和数据丰富的技术。一个典型 GIS 工作流能每 6～10 s 就生成一个远程用户桌面显示;每次操作都有几百个连续的数据请求被发送到共享中心数据服务器上以支持每一次桌面的显示。因此,GIS 工作流对中央服务器有高性能处理要求,并会产生相对比较大的网络流量。选择合适的部署策略能够对用户工作效率产生很大的影响。

数据能以多种方式在用户之间共享。如今大多数机构都拥有与局域网相连的用户工作站以及位于专用服务器平台上的共享空间数据。然而,正如下面将介绍的,存在一些配置可选方案。

集中式计算架构

最简单的系统架构使用单个中央 GIS 数据库,它包括产品数据库环境的备份,最小化了管理处理要求,并保证了数据的完整性。标准企业数据备份和恢复解决方案被用于 GIS 资源管理。

位于局域网上的中央用户工作站支持 GIS 桌面应用,每一个应用都能访问中央 GIS 数据资源。正如图 2-16 所示,数据源包括 GIS 文件服务器、地理空间数据库服务器和相关的属性数据源。

通过提供了低带宽显示和集中应用环境控制的集中 Windows 终端服务器(windows terminal server,WTS)群,支持远程用户对集中数据源的访问。

集中式应用群可最小化管理要求,并简化对整个机构应用的部署与支持。源数据保存在中央计算机设备上,提高了安全性并简化了备份要求。

各种 Web 制图服务能在整个机构内发布数据到标准浏览器客户,Web 制图服务允许低带宽访问所发布的 GIS 信息产品和服务。

今天,集中式计算技术能够以比分布式环境更低的风险和代价来支持统一架构。因为这个原因,许多机构正处于统一数据和服务器资源的过程中。GIS 受益于许多其他企业所进行的事务解决方案的整合:减少网络流量,提高安全性以及数据访问,硬件和管理的低成本。在

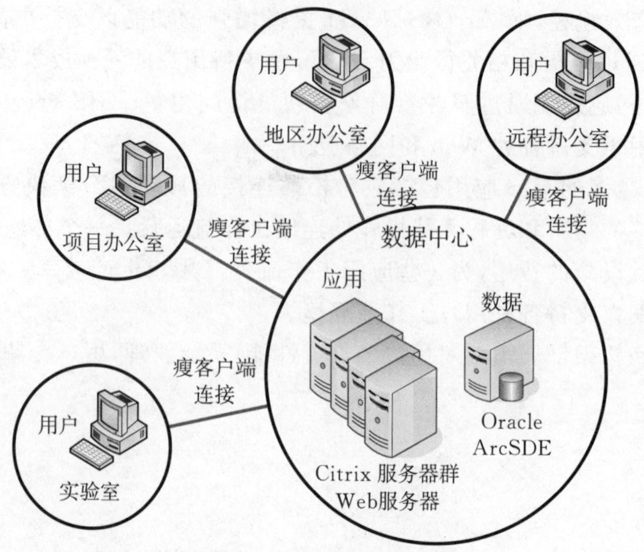

图 2-16　集中式计算架构

提供相同的用户性能和功能条件下，集中式 GIS 架构一般比分布式架构更容易部署、管理和支持。

分布式计算架构

如图 2-17 所示，分布式解决方案的特点在于远程位置上的数据备份，本地处理节点的维护必须与中央数据库环境保持一致。对于这种架构类型，数据的完整性十分重要，要求以合适的逻辑约束来控制程序以保证更改的数据被复制到相关的数据服务器上。

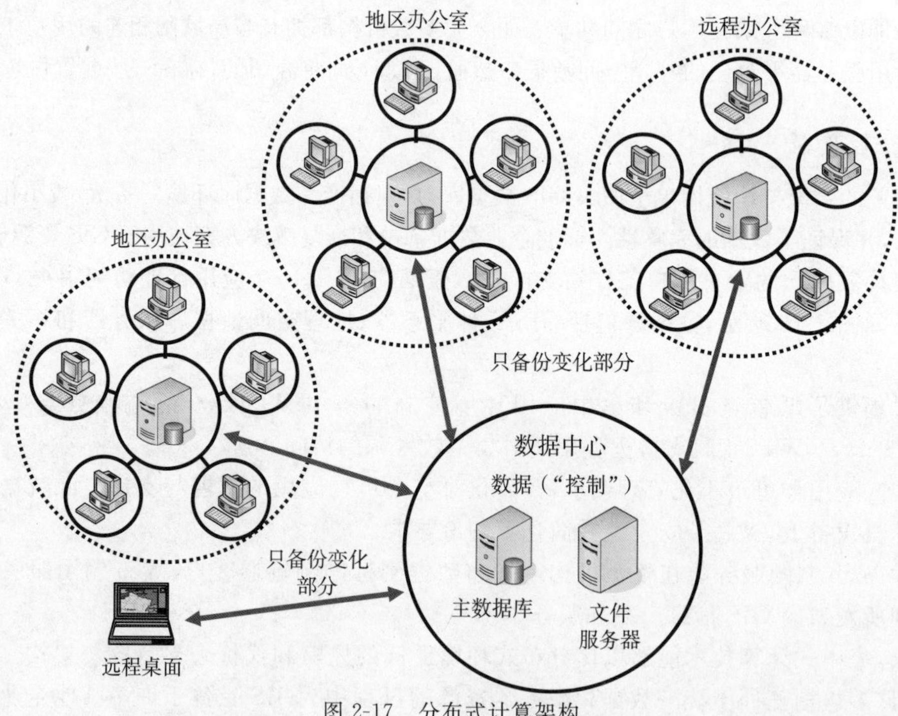

图 2-17　分布式计算架构

一般说来，分布式数据库环境增加了系统的复杂度和成本(需要更多的硬件和数据库软件)，并需要额外的持续的系统管理和维护。具有较高的实施风险的分布式数据解决方案会增加网络的流量。分布式解决方案对特殊用户的需求提供支持。

在许多案例中，标准数据库解决方案不考虑空间数据的备份。采用分布式数据库的 GIS 用户必须修改其数据模型并建立支持数据备份的管理程序，当前地理空间数据库环境的复杂性使有效的商业空间备份解决方案的实施变得复杂。许多 GIS 用户可能只对备份区域感兴趣或选择了一个商业备份技术不支持的地理空间数据库版本。ArcGIS 软件功能可有效支持定制地理空间数据库备份解决方案。ArcGIS 9.2 为分布式地理空间数据库备份提供支持，并为支持分布式应用需求提供了可选方案。ArcGIS 9.3 增加了单向备份到文件式地理空间数据库和个人地理空间数据库数据源。

恰当技术解决方案的选择

在确立有效的 GIS 企业解决方案时，了解可选的软件技术十分重要。每一天，技术都在快速更新，技术更新的速度已经改变了人们构建和维护有效的企业解决方案的方式。在 20 世纪 90 年代，许多机构雇用自己的程序员，开发他们自己的技术解决方案。建立企业 GIS 应用需要许多年进行计划、数据采集和转换、应用开发和递增的系统部署。今天，同样的系统可在数月内被部署完成。如今定制应用开发着重于用户界面、数据模型和系统集成，利用现有的技术组件建立系统。正确的技术选择和集成解决方案架构是获得成功的关键。

选择正确的解决方案始于对事务需求的清晰了解。利用现有的商业技术可构建一个解决方案，当然软件必须相适应并能协同工作。在正确的时间选择正确技术将省去许多费时的波折，能快速的取得成功。过去 20 年的软件开发经验已让我们了解到，什么是有效的，什么是不可行的，需要什么以获取成功。吸取他人的经验，紧跟技术发展趋势，了解技术发展的原因，关注预示发展方向的新思想。软件和硬件技术趋势共同揭示了未来的商业机遇，因此要利用各种机会了解软件和硬件技术趋势。

第 3 章将介绍网络通信方面的知识。对于许多机构而言，网络通信提供建立和支持企业 GIS 应用的基础设施，所以需要了解网络的限制以便做出合适的技术选择。

第3章　网络通信

概　述

网络通信为GIS应用连接提供基础设施。网络将共享数据资源与用户应用相连接，将远程办公室工作流与企业数据中心相连接，从而使整个社会和国家的GIS用户能共享GIS数据和服务。如今，许多GIS都是全球相连的，为世界各地的用户提供实时的信息产品。

在为现实世界所提供的交互模型中，GIS使用各种数据类型（如卫星图像和航空相片）来确定可以显示在地图上以表示空间关系的点、多边形和线。通常，这些不同类型的数据由分布于不同地点的各种数据源汇集在一起。尽管如此，包含数以百计空间要素的地图显示在几秒钟内就可以完成，GIS用户可能花几秒钟浏览显示的地图，然后可反复要求浏览新的地图（不同的地点、不同的分辨率等）。所有这些在数据源和客户端应用之间的实时（或动态）地图操作，都会产生相当大的网络流量。因此，了解工作流在高峰时间将产生多大的网络流量以及网络承载量的大小，已成为GIS架构设计过程中的重要部分。

每个人都可以从对网络通信的基本了解中受益，但对决策者而言，受益来自于最后的结果。尽管将来这种情况可能会改变，但目前组成通信基础的电子产品的费用仍然占系统预算的大部分。对于这类投资，要想保证网络能满足机构的需要，就要求我们了解机构的工作流。性能和可扩展性是计算机系统效率的两个标志，不能满足要求的现有网络会影响二者能力的实现。GIS带来了更多的数据传输，但答案不是简单的“越大越好”，网络的带宽越大，成本就越高。为什么要为不需要的带宽付费呢？问题的解决方法是了解高峰流量负荷，以及能够处理这些负载的网络带宽，在此基础上将带宽增加一倍，以确保最佳的流量流动状态。

在介绍一般的网络技术服务的同时，本章着重阐述针对GIS的网络协议。这些协议包括：用于访问文件数据源的标准IP硬盘安装协议，GIS应用和数据库数据源之间的信息通信协议，用于连接局域网和互联网数据源和服务的网络协议。为所支持的各种通信协议提供设计标准，网络带宽的大小须遵循一般的设计准则。此外，还有一些标准的网络设计规划要素，这些要素按照显示一幅地图的流量来表达，它们将在进行容量规划时使用。

基本原理

对于GIS而言，网络就好像是数据的运输系统，目前有两类技术，局域网（local area network，LAN）和广域网（wide area network，WAN），前者比后者便宜。（实际上，在系统中，相对于其他的硬件投入，局域网设备一般是相对比较便宜的。）局域网可以在较短距离内处理较大的流量，如大学校园内或一栋建筑物内。互联网是广域网的一种，这种网络支持远距离的通信或数据传输。一个机构的广域网可以成为各部门之间共享数据的方式，也可以成为通过最新的集成技术利用面向服务的 Web 应用的方式（即 ArcGIS Server 9.3）。

对于局域网和广域网二者而言，每秒传输的数据量（以 bit 为单位）被作为特定网络段的传输速率或容量。这种容量被称作网络带宽，通常以 Mb/s 或 Gb/s 来衡量。带宽规格（数据传输速率）为 GIS 设计者计算和讨论机构网络容量需求提供了一种简单的方式。

这些需求最好根据在高峰时段能够处理网络流量的必需带宽来表达。在进行设计分析时，如果曾经怀疑考虑网络流量的重要性，那么请记住这样的类比，一个老的交通系统，没有进行升级以适应人口增长，就会出现这样的情况：太多的车，从四面八方涌来，拥塞到一条小路上。在工作高峰期，运转的工作流性能可能慢如蜗牛，就好像我们所经历过的在高峰时期高速公路上出现的交通拥堵一样，到每个地方都要花费很长时间，好像你根本无法到达任何地方。事实上，有时还会出现后一种情况，那就是网络“崩溃”，短时间内完全无法工作。带宽容量不足是许多远程客户端性能问题的根源。在事务高峰时间，数据必须以适当的速率传输来支持用户的工作效率。因此，计算多大带宽够用是网络系统设计的重要部分。

对于当前每一种有效的客户端—服务器通信配置可选方案，确定 GIS 网络流量传输次数最好的做法将在本章后面介绍（见图 3-5）。图 3-5 显示了桌面客户端—服务器应用在局域网环境下的最佳形式。远程桌面用户由 Windows 终端服务器或分布式桌面环境来支持，例如，本地数据访问的应用运行在计算机房，为活动对话显示和控制提供持续性的远程客户端访问。另一方面，在广域网和互联网环境中 Web 服务运行良好。

本书中所描述的容量规划方法可用来确定 GIS 应用所需的带宽。但是必须清楚，容量并不是网络通信规划中唯一要考虑的因素，网络配置也必须合适，它也影响数据传输的快慢。桌面用户的数据源在哪里？系统应用需要多少不同数据源的数据量？此外，有关的约定（协议）也必须明确，以便允许网络各节点与各种计算机产品和多种数据格式进行接口。

在带宽较小的情况下，配置和协议在数据传输中发挥着作用，同时影响着数据通过网络传输的速度和可靠性，而网络运行情况的好坏是衡量整个系统性能的重要因素。总的来看，当每个因素减到最小时，或有损于或有助于建立和保持最佳的系统性能。目前，在系统初始设计阶段，一般只需要确定网络的规模和配置，以便在系统实施阶段支持系统的正常运行。在后期对设计的网络进行测试和调整，以验证应用运行能达到预期效果。充分了解网络组成和过程以及它们相互关系的情况下进行建模是创建有效系统的先决条件，本章将在这方面提供一些帮助。数学和物理提供了完美的工具来为世界乃至最微小的方面进行建模。过去的这些年中，我们已经使用这些工具为网络通信世界建立了模型。总之，本章介绍有助于网络设计的网络设计规划准则和最佳实践方案。但首先要清楚 GIS 网络通信基础设施的物理组成和过程，然后根据实际情况建立（使用本书中介绍的容量规划模型和工作流性能目标）有们之间的相互关系模型，这样的网络带宽和配置才能满足需求，有足够的带宽来支持高峰期的流量。

网络组件和 GIS 应用

GIS 不同于其他的信息系统，它的数据流使网络负载比一般的要大。GIS 应用涉及大量的数据移动(由文档管理和视频会议企业解决方案所连接)。QIS 的大数据量是因为地理数据的丰富,GIS 分析的闪光点在于它能快速检测大量数据并将其转化成有用信息(一种信息产品)。曾经需要花费数小时甚至数天才能完成的研究和分析,GIS 能在瞬间完成。将信息进行分层,易于确定层的位置和时间以及与其他信息的关系。GIS 的信息产品一般以用户友好的地图形式来呈现。生成这些用户友好信息产品的背后是系统设计的化繁为简。

局域网和广域网

局域网和广域网是网络技术的基础。多年来(20 世纪 70 年代至 90 年代),虽然计算机性能在快速提高,但网络技术却处于相对静止的状态。然而,通信技术的最新进展却使网络解决方案和系统设计方案发生了巨大的改变。世界范围内,基于互联网的通信将数百万数据源的信息直接实时地显示在了我们的桌面上。无线通信正迅速成为主流通信方式,事实上,现在可以任意时间任意地点进行数据传送。

许多物理媒介用来传输数据,其中一些可能是网络中的某些段。通过由电缆或光纤组成的物理网络(局域网和广域网),数据从一台服务器传送到另一台服务器。其他类型的传输媒介包括:微波、无线电波和卫星数字传输。无线电频率波段和激光束也通常作为通信媒介。

通常,传输介质限制了数据传输的速度。数据传输速率是由与通信过程有关的规范来确定,即所谓的网络协议。数据和应用程序可能位于整个机构中的许多站点上。考虑到这样的事实,数据可能会以不同的格式存在于这些站点上,而协议就是管理网络如何处理这些数据的一组规范。例如,协议可以指定不同级别的压缩,以减少数据量,从而提高数据传输的效率。今天,网络产品提倡稳定可靠的数据传输环境,不管采用哪种协议的通信方法都应使应用程序和数据源在任何地点都能有效地被共享。

网络传输解决方案可以划分为两个技术类别。图 3-1 显示了这两种类型的网络以及与每种技术相关的一些基本术语。

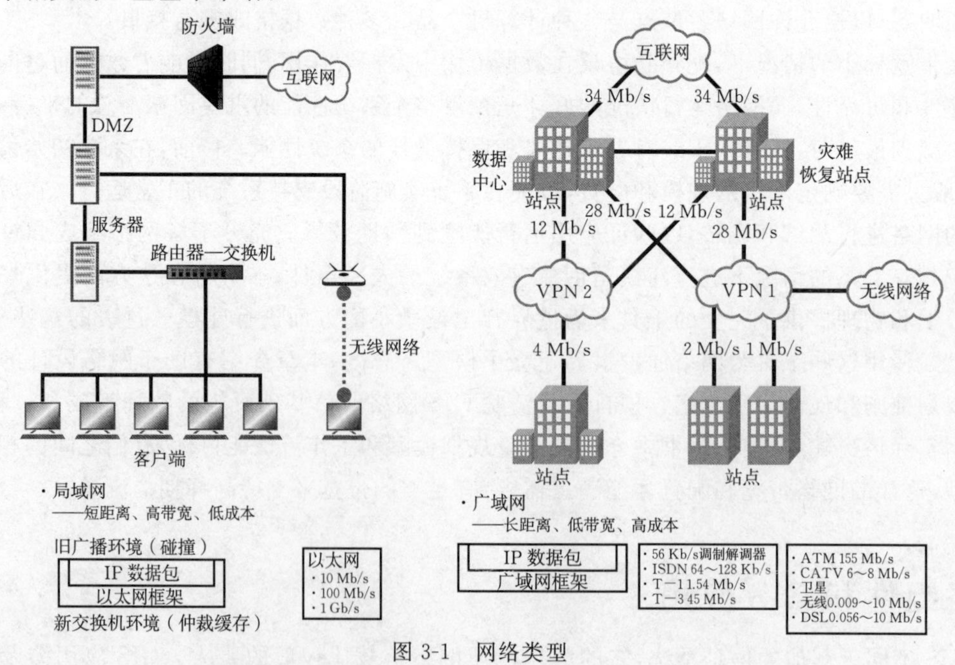

图 3-1 网络类型

局域网

局域网支持短距离上的高带宽通信。数据通过这样单一技术进行单进程的传输，意味着在单个局域网段中任何时候都只支持一次数据传输。

现在本地操作环境比局域网刚起步时更高效。在 20 世纪 70 年代推出的局域网协议最初用来为中央计算服务器环境之间提供电子通信。90 年代早期，已经有几个局域网协议在使用，而且协议交换设备（网桥）被用于连接不同的局域网环境（微软 Windows 操作系统、AppleTalk 网络系统、Unix 操作系统、Novell 的网络软件等）。90 年代末期，以太网技术成为了局域网的标准，现在以太网带宽具有每秒传输大量数据的能力；以兆位和千兆位来计量，如 10 Mb/s、100 Mb/s、1 Gb/s 和 10 Gb/s。更大的带宽也已经在机房内以及校园内各建筑物之间使用。用户桌面通过专用网络电缆连接到网络交换机所在的中央配线室，从配线室到中央计算机设备由更高的带宽共享连接。

广域网

广域网支持长距离远程通信。通常广域网协议提供的带宽比局域网要低得多，但广域网提供了一种数据传输环境，源数据被打包成一系列的数据包，并以包（数据包）流的形式沿着传输介质进行传输。正如前面所提到的，广域网连接成本比局域网高。

自从互联网出现后，广域网协议的数量迅速增加以适应不断扩展的通信媒介，这些媒介包括电话线、有线电视线路、卫星通信、红外线发射器以及无线电频段等。数据由光、电、无线电频率和激光光束来传输，而这些只是今天我们所见到的一些常见的例子。

数　据

作为 GIS 术语和计算机术语，数据本质上是存储在具有记录和存储数据结构能力的存储介质中的数字化计算机信息的集合。数据由称为比特（bit）的小的信息碎片组成，每比特在存储和传输介质中占据相同的空间。为了方便起见，这些小的比特又组成数据的字节，每个字节包含 8 比特。数据在数据包内从一个站点传输到另外一个站点，数据包可以保护数据的完整性。

对于存储在计算机硬盘上的数据，GIS 用户以兆字节或千兆字节来描述数据容量。而网络管理员倾向于用带宽规格来衡量数据，以兆位或千兆位为单位的每秒网络峰值流量来描述数据。兆字节以缩写的大写字母“B”表示，而兆位以缩写的小写字母“b”表示。当 GIS 专家和系统管理员共同设计 GIS 时，这些细微的差异可能会引起混淆。所以请记住，当将数据量从硬盘存储的形式转换成数据流时，1 MB＝8 Mb，一定要注意使用正确的缩写形式。

另一件需要记住的事情是：网络流量应包含一些协议开销。开销量取决于封装协议（网络数据包的大小和数据量）。简单的规则如下：1 MB 的数据转换成数据流大约有 10 Mb。

何为数据？

字典中定义了日常我们如何使用这个术语，而在当今世界，数据通常与计算机技术、科学相关。以上这些虽然告诉了我们如何使用数据这个词，但没有告诉我们数据是什么。在计算机中，数据以 0 和 1 的形式来表达。在通信介质中，数据用频率模式或传输模式来描述。数据实际上是一种模式，这种模式表达一种思想、一个想法或者某种我们所看到或想象的东西（如一幅图片）。以上并不是数据的全部，却是对何为数据的基本理解。

数据的起源?

一种最早记录的数据集是关于动物或植物的名字,这是在古老山洞中发现的壁画告诉我们的。计算机的存在是因为有人想到了用一种模式来表达人们的思想和观测结果的方法,这种模式可由计算机处理器来操作并存储在硬盘上(打开或关闭开关)。尽管讲了这么多,但我们仍然没有找到方法来定义数据,只是在描述使用和处理数据,使它们变得有意义。

数据确实存在吗?

物理学家的答案是不存在,以我们通常认为的"存在"而言,数据是不存在的。不考虑数据的传输方式的情况下,数据本身是无法触摸、闻到和拿起的。我们可以看到的是数据如何被描述,并可以将它从一种介质转换到另一种介质中。但是没有物理上的,要求数据本身要遵守物理定律,当数据从一个地方传送到另一个地方时,是没有重量和质量需要移动的,唯一存在的限制因素就是数据传输媒介的形式。换句话说,在系统设计中,是媒介帮助我们了解信息。

没有物质,没有重量,没有质量,仅仅是一种思想表达模式,这就意味着在我们移动数据时可能没有物理上的限制——没有什么可真正限制数据通信,或者只是我们所认为的带宽容量。那么,是不是我们不用要求解决目前基础设施的限制,随着时间的推移,我们将会找到更有效的方式记录(存储)和交流(传输)我们的想法和观测结果(数据)呢?这只是一种假想而已。虽然与《星际迷航》中的现象有些相似,但不可能像那句经典台词"传送我吧,史考提":唯一的要求就是客户端处理器接收到的模式与服务器处理器发送的模式完全一样。

通信协议

由于协议,保证了数据到达和发送的形式相同。网络上,应用程序通过专门的客户端—服务器协议移动数据,其工作过程是:位于客户端和服务器平台上的通信进程定义通信的形式和地址信息,数据被打包成通信数据包,通信数据包包含通信控制信息,使将数据从源客户端传输到目标服务器时能保持数据的原始结构。

通信数据包结构

如此多的位数,如此短的时间,如果没有包结构,在传输过程中,数据出现损坏的可能性会很大。以数据包的形式进行传输,可以保护数据的完整性。这些数据包中的信息允许通过网络介质传送数据。图 3-2 所示是基本的 IP 数据包结构,其中除了包含数据结构本身外,还包含目标地址和源地址以及一系列的控制信息。一个数据的传输需要多个数据包的支持。

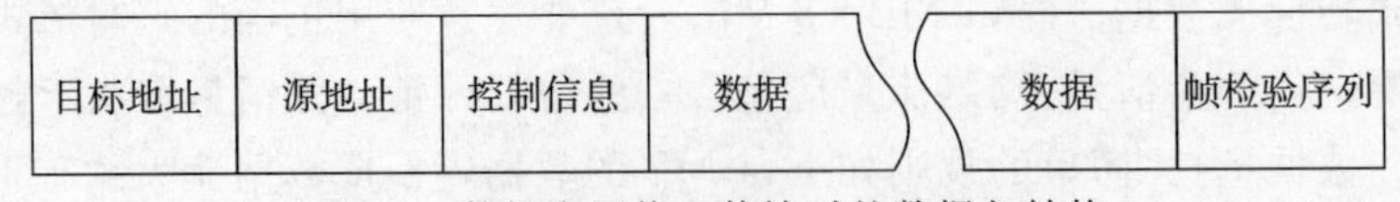

图 3-2 数据在网络上传输时的数据包结构

网络传输协议

网络上的客户端服务器通信框架是一步一步的系列过程,比如说互联网上主机到主机,每一个协议都像是通向下一步的入口。"通信数据包"、"数据包结构"和"数据帧"等术语经常是通用的,这里我们简单使用"数据包",因为"数据帧"在 ESRI 软件专业术语中指别的东西。但是在描述网络传输如何进行时,我们一定要精确,网络上主机到主机间的通信包含了组成数据包结构的所有东西。正如我们认为数据以媒介的形式移动,我们也可以认为媒介(在这里指数据包)由过程所构成。

在传输过程中,数据包以不同的层构建。数据以数据流形式开始,只有在经历了成层的过程后才能成为网络传输可接受的框架。网络管理员通过这种标准的方式查看协议栈(应用层、传输层、网络层和网络访问层),图3-3说明了来自主机A应用的数据流如何通过协议层被打包成可以进行网络传输的数据包:

· 在传输层,传输控制协议(transmission control protocol,TCP)头将数据打包。

· 在网络层,网络协议(internet protocol,IP)头被加到数据包中。

· 在物理网络层,介质访问控制(medium access control,MAC)地址信息被包含在数据包中。

然后通过网络数据包被传输到主机B摆侧,在此,过程反向移动数据包到主机B应用。单一数据的传输都包含主机应用之间数次通信往返,而每次通信都要经过这一系列的步骤。

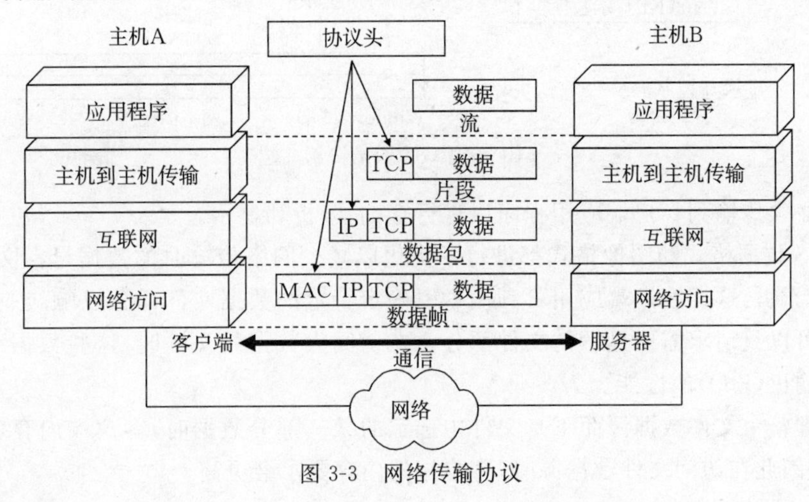

图3-3　网络传输协议

GIS通信协议

图3-4给出了GIS应用所使用的用于网络数据传输的主要通信协议。客户端和服务器的组件进程都参与执行每一项协议,运作方式如下:首先是客户端程序准备要传输的数据,然后服务器程序将数据传送到对数据进行分析和显示的应用环境中。

网络文件服务和通用互联网文件系统协议

所有的GIS应用程序都能处理本地硬盘上各种文件格式,共享文件夹中的数据能够通过网络共享。包含远程磁盘安装协议的服务器操作系统平台能够使客户端应用程序访问分布式服务器平台中的数据。Unix和Windows分别提供了自己的网络安装协议。Unix提供网络文件服务(network file services,NFS)协议,Windows提供通用互联网文件系统(common internet file system,CIFS)协议,这两个协议使客户端应用程序可像本地驱动一样访问远程共享文件。客户端和服务器平台必须配置相同的协议栈以支持远程文件访问。

当访问数据来自文件服务器时,所有特定的执行程序都要安装在客户端平台上。通过连接协议访问服务器平台上的数据,这些特定的执行程序给出了到服务器操作系统的方向。每

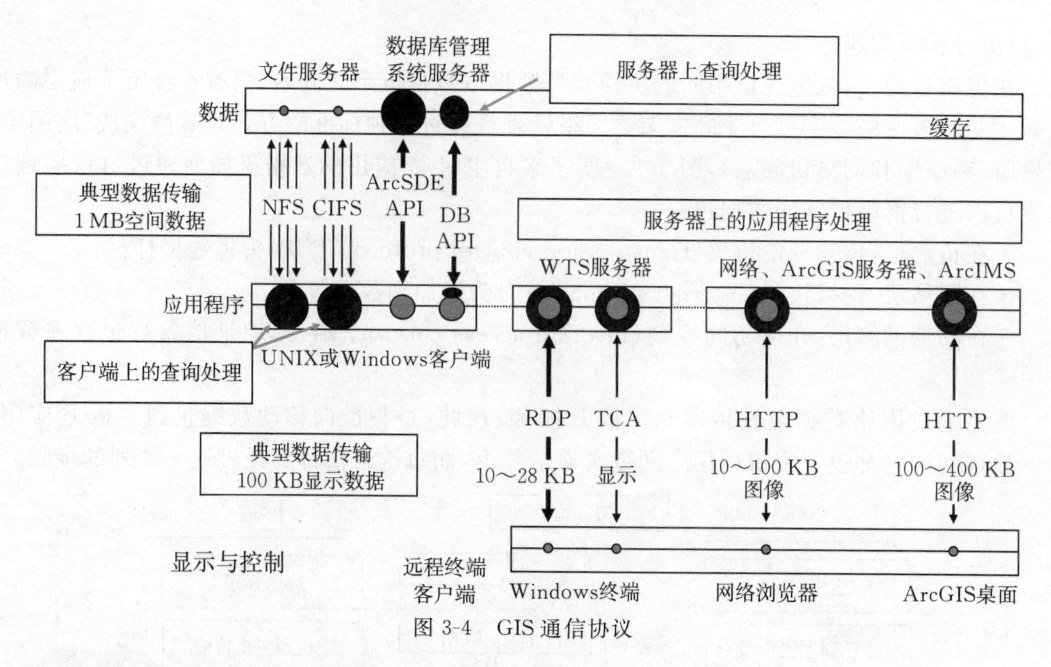

图 3-4 GIS 通信协议

个数据块都必须传输到客户端应用程序以进行查询、分析和显示。

许多 GIS 数据格式和图像格式都进行了优化以减少网络传输时的数据量。文件(大小可能很大)包含索引,这样客户端应用可利用索引确定特定的数据文件部分以响应查询请求,然后客户端就可以只请求需要显示的文件部分。在访问大数据量文件时,这些数据结构类型可提高输入或输出(I/O)的性能。

当要处理整个文件数据源而不是文件中选定的某一部分数据时,客户端内存就需要管理更多的数据,因此在访问文件数据源时,客户端的内存要求会更高。

数据库访问协议

ArcSDE 技术提供了一种架构和通信协议,以使空间数据能在商业 DBMS 中进行集中管理。地理空间数据库模式和开放式应用程序接口(application program interface,API)支持六种 DBMS 平台:Oracle、Microsoft SQL Server、SQL Server Express、IBM DB2、PostgreSQL 以及 Informix。DBMS 服务器平台包含可执行程序,用于查询处理在地理空间数据库中被压缩的数据(大约 50%压缩率)。在网络传输过程中数据是被压缩的,客户端应用程序可解压被压缩的数据以进行数据的分析和显示。

所有的 ESRI 客户端应用都包含 ArcSDE,它作为直接连接 API 的一个部分,API 可与 DBMS 网络客户端软件进行直接通信。(SDE 是一个中间件,它使 ArcObjects 能查询数据库,并管理地理空间数据库模式。)这些 ArcSDE 中间件的功能被嵌置在客户端的应用程序中,DBMS 网络客户端传送数据到 DBMS 服务器进行查询操作。

ArcSDE 可以安装在远程服务器或 DBMS 服务器平台上。如果安装在远程服务器上,ArcSDE 应用服务器可利用 DBMS 连接器与本地 DBMS 网络客户端进行连接,以实现与 DBMS 平台的通信。当 ArcSDE 应用服务器被安装在像 DBMS 同样的平台上时,ArcSDE 将使用服务器客户端库生成一个 ArcSDE 客户端连接器,进而与 DBMS 服务器客户端连接器直接通信。

终端客户端访问协议

ESRI用户利用Windows终端服务器通过远程终端客户端集中部署和管理ArcGIS Desktop显示和控制活动。有两种终端客户端协议可以支持远程客户端桌面环境。微软提供与Windows客户端平台配套的远程桌面协议(remote desktop protocol,RDP),Citrix提供通过软件完成的独立计算协议(independent computing architecture,ICA)。这两种协议都实现了压缩数据的传输,并且在有限的宽带连接情况下运行良好。

Citrix公司的XenApp服务器提供了高级的服务器管理、安全性以及除微软远程桌面协议客户端以外的多种被支持的终端客户端平台。大多数ESRI客户包括Citrix XenApp都可以访问桌面GIS应用。

网络通信协议

许多人已经习惯了使用超文本传输协议(hypertext transfer protocol,HTTP)协议上网,该协议是标准的网络传输协议,可以为"轻量级"的浏览器客户端发布Web应用,也可以为重量级的桌面应用发布Web服务。在这种基于事务的环境中,浏览器或桌面客户端控制着应用服务的选择和显示。Web应用服务提供者发布地图供浏览器客户端浏览,浏览器可以对地图进行放大和查询,但是由于地图是基于网络应用发布的,所以显示流量的大小可以被优化以加快显示速度。然而ArcGIS桌面显示环境由客户端应用所控制,由于大图像的传输,ArcGIS Desktop的流量较大。图像大小是与物理屏幕显示尺寸成比例的,显示的图像越大,产生的显示流量就越大。

网络通信性能

网络通信对用户体验计算机性能的影响有几种不同的表现方式。最主要和最明显的性能上的影响是数据传输时间,即数据传输到客户端进行显示所花费的时间。一个典型的GIS应用要求1 MB的数据来生成地图显示,数据的传输量约有10 MB(未压缩的)。(对于每一次显示时整个网络的流量,还必须考虑处理数据传输所需的额外流量。)

在图3-5中,一个简单的流量分析给出了对于一个典型的GIS通信协议网络传输所需的最小传输时间。其中计算了56 Kb/s的拨号连接、1.54 Mb/s T－1广域网以及10 Mb/s、100 Mb/s和1 Gb/s的本地网络连接的流量传输时间。图中左侧列出了紧密耦合的客户端—服务器工作流,接着是Windows终端服务器和网络服务器的工作流。图表显示了在整个系统设计中考虑网络基础设施容量的重要性,图中阴影区域内是最佳的方法和最合理的传输时间。

根据图中显示的内容,对于不同的工作流配置,可以利用数据传输量(每一次显示的流量)和可效网络带宽来计算显示一幅地图所需的最小网络传输时间。对于顶部的客户端—服务器配置(文件服务器到工作站客户端)而言,每一次应用显示需要1 MB的数据量,相当于10 Mb的流量,对于文件服务器的访问,产生40 Mb的额外流量,这样每一次显示产生的总流量达到50 Mb。要到达最理想的数据传输时间,可简单地根据可效网络带宽来划分总流量(50 Mb),在客户端—服务器配置的情况下,需要100 Mb/s的带宽使传输显示流量的时间小于1 s。

客户端—服务器通信配置	网络流量传输时间/s				
	广域网		局域网		
	56 Kb/s	1.54 Mb/s	10 Mb/s	100 Mb/s	1 Gb/s
文件服务器到工作站客户端（CIFS）					
1 MB≥10 Mb + 40 Mb = 50 Mb	893	32	5	0.5	0.05
地理空间数据库到工作站客户端					
1 MB≥10 Mb≫5 Mb	89	3.2	0.5	0.05	0.005
				最佳做法	
Windows终端服务器到终端客户端（ICA）					
矢量100 KB≥1 Mb≫280 Kb	5	0.18	0.03	0.003	0.0003
栅格100 KB≥1 Mb	18	0.6	0.1	0.01	0.001
网络服务器到浏览器客户端（HTTP）					
不足 100 KB≥1 Mb	18	0.6	0.1	0.01	0.001
标准 200 KB≥2 Mb	36	1.2	0.2	0.02	0.002
网络服务器到ArcGIS桌面客户端（HTTP）					
不足 200 KB≥2 Mb	36	1.2	0.2	0.02	0.002
标准 400 KB≥4 Mb	72	2.4	0.4	0.04	0.004

图 3-5　GIS 中显示流量的网络传输时间

不难发现，只有在局域网环境下，客户端才能访问文件数据源(目前，工作站以 100 Mb/s 连接优化基于文件环境中的用户生产率)；地理空间数据库的访问效率比文件访问效率提高了约 10 倍；通过拨号连接来访问仍然是不可行的，因为对大多数用户工作流而言所需时间太长；尽管不推荐但还是有人通过 T－1 连接，使用 1 或 2 个地理空间数据库连接。

终端客户端和浏览器客户端通过网络只访问显示环境。Windows 终端服务器的显示要求约 100 KB 的数据或者 1 Mb 的流量。每次显示时，矢量数据的流量可以被压缩到小于 280 Kb，但图像数据的流量却不能被压缩。在有限的带宽环境下，Windows 终端服务器客户端能为用户提供最佳性能。

通过采用发布网络应用来进行显示，产生较少的流量，进而可优化网络性能。采用这种方式，必须清楚每次显示所需要的网络流量。考虑到标准的 ArcIMS 客户端显示大约需要 100 KB 的数据量。大多数较新版本的 ArcGIS 服务器发布的应用和服务每次显示都需要大约 200 KB 的数据量。ArcGIS 桌面数据服务所需数据量可能高得多，因为它们通常需要图像服务，以生成一个完整的、高分辨率的 ArcMap 桌面显示。

如果可能，最频繁的访问显示应该是非常简单的，没有要求大量网络流量的众多图片或地图。选择小幅和简单的地图显示可以减少数据传输时间，但是使用缓存地图的效果会更好。如果不涉及实时数据，可对显示或地图进行预加载，缓存是优化性能的最好方法之一。作为显示示例，我们一直在谈论动态地图，即需要时再生成地图。但是当每次需要地图时，如果不来回传输数据，该怎样做呢？对于桌面客户端而言，数据单向传输到客户端后可以存储在本地缓存上以备下一次显示时使用。如果地图和数据不是频繁地变化的话，缓存地图和缓存数据的方法是可行的，甚至仅缓存静态数据的基础地图也能减少网络流量和节省传输时间。

与典型的远程客户端显示需要 100 KB 的数据量不同，“胖”ArcGIS 服务器环境需要大约 200 KB 的数据量以支持动态显示。但是在 9.2 和 9.3 版本中都提供了多种数据缓存方法来进行弥补并优化性能。静态数据可进行预处理，提供作为客户端基础地图的基于文件的图像服务。在初次显示时，图像文件被传输到客户端缓存，后续的显示就可以利用缓存在本地的数据。客户端数据缓存架构的实施可以减少动态图层显示所需的数据量、降低网络显示的流量、节省服务器和网络资源、提高客户端性能。

在系统设计分析中，考虑网络流量是很重要的。在高峰工作时间段，工作流可能慢如蜗牛，就好像大城市交通高峰时主干道上车辆拥堵一样。许多远程客户端性能问题都源于网络上的交通拥塞。在高峰时段，足够的带宽是保证用户工作效率的关键。

显示流量传输时间只是整个网络性能所面临的挑战之一，网络上的其他流量同样可以减小有效带宽。基于会话的ArcGIS桌面DBMS工作流是紧密耦合的，不稳定的网络连接能导致客户端应用与DBMS会话的不同步。当这种情况发生时，数据库应恢复到最后同步时的状态（最后一次保存时的状态）。发生这种情况对于数据库维护、GIS分析或项目工作都是非常令人沮丧的。网络延迟也是需要考虑的，因为地理空间数据库的查询需要与服务器进行数百次有序的通信，以支持一幅地图的显示。

对于各种有效可选配置方案，其最佳方案已经明确。在局域网环境中，分布式客户端—服务器应用最佳。远程桌面用户需要有Windows终端服务器或分布式桌面环境的支持。普遍分布的广域网和互联网环境中，Web服务也运行良好。关注发布的显示流量，这样客户端工作将更富有成效。

对现有的宽带进行升级是有必要的。去年我在亚特兰大授课时，住在一个距离教室仅五英里的旅馆里，在早高峰时段，开车到教室要花一小时——整个道路都成了停车场。人们喜欢带有漂亮公园、游泳池和学校的居住区，城市喜欢在远离家庭和儿童的地方建设集公司办公室、旅馆和餐厅于一体的技术中心，亚特兰大也是如此。但是连接生活区和商业区的道路却从不升级以满足日益增长的交通量。因此，交通带宽是一个重要的设计考虑因素。

网络延时

几个关键的性能因素影响整体显示响应时间（见第7章）。这些因素包括显示、网络、数据库处理时间、列队时间（处理延时）和网络延时（介质传输时间）。列队时间是指程序指令列队等候被处理的持续时间，处理延时是由随机到达时间引起的。（当网络流量接近网络容量的50%时，就开始产生处理延时，超过50%后，随着流量的不断增加，延时也不断增加。）网络延时是指网络数据包从客户端传输到服务器所花费的时间（传输时间），网络传输时间表示网络连接时的处理时间，即通过网络介质得到数据的所需时间（与宽带容量相关）。网络延时可以使用Ping工具测得（“tracert”〈trace route〉DOS command是延时测算的一个例子），该工具能测算网络传输路径中的硬件（路由器）以及每次网络连接的传输时间。

客户端—服务器协议被称作“烦琐”事务，要完成一次显示处理，需要利用该协议在客户端和服务器之间几次往返，每一次往返都会产生网络延时（数据包传输的时间）。图3-6和图3-7给出了高网络延时和低网络延时的例子，其中带宽容量都是10 Mb/s。完成客户端地图显示处理的时间约为0.56 s，由于不到网络容量的50%，因此本例中没有列队等候时间。

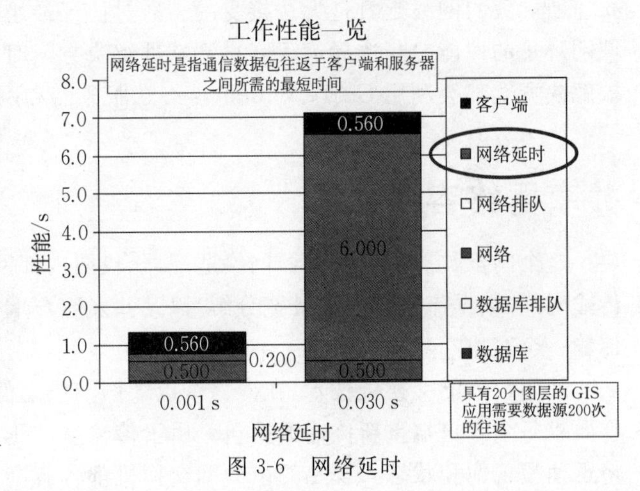

图3-6　网络延时

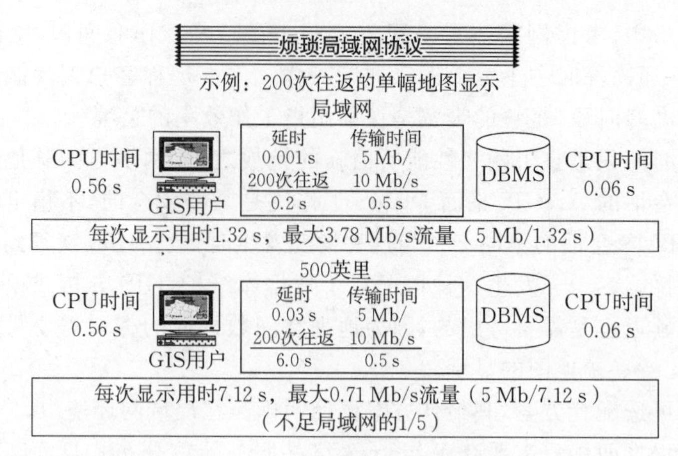

图 3-7 网络延时考虑因素

数据库访问协议也是“烦琐”的。一个一般的数据库查询需要大量与服务器间的往返以完成客户端的地图显示任务。根据数据模型复杂性(主要是基于显示的要素或图层的数量)的不同,与服务器间的往返次数也不相同。图 3-7 显示了在网络带宽充足的情况下,网络延时的差异是如何产生的。

什么对显示响应时间的影响最大？局域网环境的网络延时很小(一般每次服务器往返时间小于 0.001 ms)。即使在客户端和服务器之间大量的往返也不会对性能产生大的影响。客户端和服务器的处理时间以及网络数据传输时间是决定等待时间长短的主要因素。在示例中,计算机处理时间是 0.62 s(0.56+0.06),网络传输时间是 0.5 s[5 Mb/(10 Mb/s)],网络延时是 0.2 s(0.001×200),那么总的显示响应时间就是 1.32 s。平均的网络流量是 3.78 s (5 Mb/1.32),这个流量远低于 10 Mb/s 网络带宽的 50%,因此不考虑列队时间延迟。

在广域网范围里,距离较远而且包含多个路由器,存在可测算的网络延时。当使用“烦琐”数据库协议时,网络延时对网络性能有相当大的影响。在图 3-7 的示例中,广域网上总的传输时间(包括累计的网络延时)是 7.12 s,一个用户在广域网连接中使用的最大带宽是 0.71 Mb/s,因此用户性能是被网络延时所限制而不是广域网的带宽。现在许多全球性的广域网都包含有卫星通信连接,数据包传输的最快时间被光速所限制,对于长距离(卫星连接),光速所导致的网络延时是无法接受的。通过协议最小化与服务器的有序往返次数可以优化广域网环境的性能。当选择远程客户端软件解决方案时,延时是重要的考虑因素,好的远程客户端解决方案都会利用 Citrix Windows 终端服务器和网络软件技术。

共享网络容量

一个网段(主干网、服务器网络适配器、校园内部网等)所能支持的客户端总数是网络流量传输时间(数据流量被网络带宽分解)以及并发客户端总数的函数。在共享的网段上一次只能传输一个客户端数据包。

使用较老的交换机技术,在同一个以太网网段上的多个传输可能会导致冲突,网络恢复后将要求每个客户端重新传输数据包。由于传输量的迅速增加而发生大量冲突时,以太网网段将迅速呈现饱和状态。现在的以太网交换机都含有高速缓存(并发事务将在缓存中等待直到它们可以被传输),这样可以避免网络冲突的产生,提高传输效率。

图 3-8 是多客户端会话共享网段的示例。图中每一个小盒子代表一次数据交换。同一网段上每一时刻只支持一次数据交换。

完成一次地图显示,GIS 应用需要 1 MB 的空间数据或者 10 Mb 的网络流量。图 3-9 显示的是一幅 1 MB 大小的地图(比例尺 1∶2 400,约 250 个要素)。当地图范围超过了定义的阈值时,GIS 应用可进行调整以阻止某些图层的显示,减少基本图层的数量可以提高显示性能。每一幅地图范围只显示所要求的图层数据(如显示整个加利福尼亚圣克拉拉(Santa Clara)县时,地图中的宗地图层就不显示),GIS 应用的适当调整能够减少网络流量,加快显示速度。

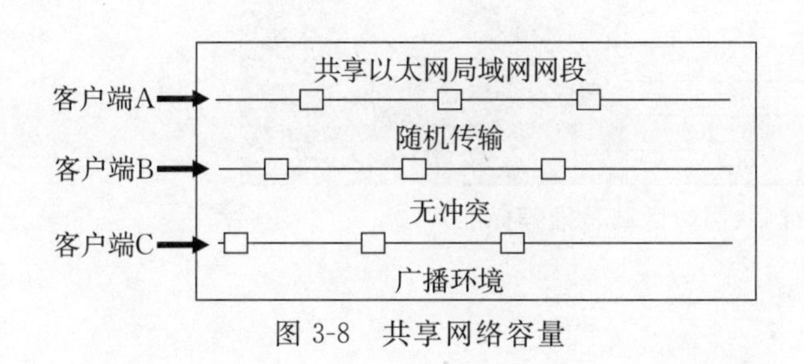

图 3-8 共享网络容量

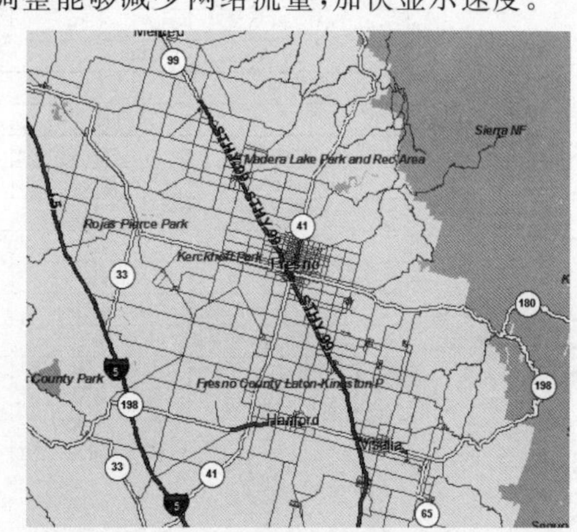

图 3-9 典型 1 MB 地图显示

注:数据来自 ESRI 数据和地图,美国街道地图。

网络配置准则

配置网络通信环境有一些已颁布的标准准则。这些标准准则是基于一般用户环境的需要,针对 GIS 应用而制定的。由于用户处理事务时间仅有一部分需要用于在网络上传输数据,因此通信环境实际上是一种统计的结果。网络设计的标准反映的是一般 GIS 用户处理静态事务的工作量和方式,从而为初始系统设计提供基础。图 3-10 是建立网络环境的一般准则。

容量规划工具(见第 10 章)将提供基于特定工作流流量负载的流分析,以说明通信带宽的要求。在合理配置的网络环境中,网络数据传输时间只占整个显示响应时间的一小部分,但是当带宽太小或同一网段上有太多的客户端时,网络数据传输时间将是显示响应时间最大影响因子。

网络的设计必须满足高峰流量的要求。根据应用类型及用户工作模式的不同,网络流量大小也不同。标准配置准则为网络环境的配置提供了初始方案。一旦网络开始运行,网络管理就成为一项持续的流量管理工作,工作环境和计算机技术的变化对此影响很大。网络流量需要实时监测,并且进行必要的调整以满足高峰流量的要求。

网络设计标准

图 3-10 推荐了一些设计标准,这些推荐的设计标准表明当所有的工作流同时运行时,需

要多大的带宽来处理所产生的网络流量。这些标准都是配置分布式局域网和广域网网络带宽的基本准则。图 3-10 中每一种类型的网络带宽都包含有四种不同的 GIS 通信环境，推荐的客户端数量是根据实施系统给出的实际经验值，可能不能代表特殊的系统情况。对于电力用户，他们的数据传输要求超过一般的 GIS 用户，针对他们的网络设计要更灵活一些以满足一些特殊的需求。

局域网	并发客户端负载			
带宽	文件服务器	SDE服务器	Windows终端	网络产品
10 Mb/s LAN	2～4	10～20	350～700	150～300
16 Mb/s LAN	3～6	16～32	550～1 100	250～500
100 Mb/s LAN	20～40	100～200	3 500～7 000	1 500～3 000
1 Gb/s LAN	200～400	1 000～2 000	35 000～70 000	15 000～30 000
广域网	并发客户端负载			
带宽	文件服务器	SDE服务器	Windows终端	网络产品
56 Kb/s Modem	NR	NR	2～4	1～2
128 Kb/s ISDN	NR	NR	5～10	2～4
256 Kb/s DSL	NR	NR	10～20	5～10
512 Kb/s	NR	NR	20～40	10～20
1.54 Mb/s T－1	NR	1～2	50～100	25～50
2 Mb/s E－1	NR	1～3	75～150	40～80
6.16 Mb/s T－2	1～2	6～12	200～400	100～200
45 Mb/s T－3	10～20	50～100	1 500～3 000	700～1 500
155 Mb/s ATM	30～60	150～300	5 000～10 000	2 500～5 000

图 3-10 网络设计准则(阴影区域是推荐标准)

网络服务配置准则

网络地图服务的实现对网络基础设施有一些额外的要求，对系统影响的大小与发布的地图服务的复杂程度有关：对于较小的图像(小于 10 KB)或数量有限的复杂图像，其地图服务对网络流量的影响非常小，而大图像(大于 100 KB)对网络性能的影响明显。

图 3-11 反映了部署网络地图解决方案时需要考虑的一些网络性能特性。表格的上部显示了在各种不同广域网带宽条件下，基于平均地图图像的大小，每小时能够处理的最大请求。表格的下部显示了各种大小地图图像的最优传输时间。网络产品的设计需要根据用户的性能需求。多大的带宽是合适的网络带宽呢？这可能是需要考虑的主要因素。简单地说，对大小为 50～100 KB 的地图图像，能够提供高性能的地图服务。较小的显示流量可以减小网络传输的时间。(对于 28 Kb/s 带宽的客户端而言，100 KB 大小的图像需要超过 36 s 的传输时间，这样的响应时间对于大多数用户来说实在太慢。)许多地图服务开发者忽视了这样一个事实：通过单独的 T－1 网络服务提供的连接，平均 100 KB 显示流量的高峰容量意味着每小时最多 5 544 次请求。也许你会问，我们有足够的带宽支持高峰传输负荷吗？单独的入门级 ArcGIS Server 平台可支持每小时 2 500 次地图请求，比大多数用户访问互联网服务要求更大的带宽。更复杂的 ArcGIS Server 地图服务每次显示产生 100～200 KB 的流量。ArcGIS 桌面用户可能要求从 200 KB 到 400 KB 大小的图像服务(图像大小随用户显示大小和分辨率而变)。用户一般都要求合适的性能，否则对服务就难以满意。要开发令人满意的高性能网络应用，充足的带宽容量和细致的信息产品设计是主要考虑的两个方面。

通过使用数据预处理缓存技术，ArcGIS Server 可以提供高性能、复杂的服务。更加智能化的客户端(ArcGIS Desktop、ArcGIS Explorer 和使用 Adobe Flash 的网络应用客户端等)能够在高性能的本地缓存图层上叠加基于网络的矢量和图像服务。本地缓存数据由服务器发送一次即可在本地客户端上多次使用，因为图像已经存储到本地客户端机器上。正确配置及合理使用客户端上的缓存数据能够减少网络传输的次数、提高显示性能。

广域网带宽	最高网络地图请求/h（基于平均图像大小）						
	10 KB	30 KB	50 KB	75 KB	100 KB	200 KB	400 KB
56 Kb/s Modem	2016	672	403	269	202	101	50
1.54 Mb/s T－1	55 440	18 480	11 088	7 392	5 544	2 772	1 386
6.16 Mb/s T－2	221 760	73 920	44 352	29 568	22 176	11 088	5 544
45 Mb/s T－3	1 620 000	540 000	324 000	216 000	162 000	81 000	40 500
155 Mb/s ATM	5 580 000	1 860 000	1 116 000	744 000	558 000	279 000	139 500

注意：1 KB ＝ 10 Kb HTTP流量

广域网带宽	基于平均图像大小的图像传输时间/s						
	10 KB	30 KB	50 KB	75 KB	100 KB	200 KB	400 KB
19 Kb/s Modem	5	16	26	39	53	105	211
28 Kb/s Modem	4	11	18	27	36	71	143
56 Kb/s Modem	2	5	9	13	18	36	71
256 Kb/s	0.4	1	2	3	4	8	16
512 Kb/s	0.2	1	1	1	2	4	8
1.54 Mb/s T－1	0.1	0.2	0.3	0.5	1	1	3
6.16 Mb/s T－2	0.02	0.05	0.1	0.1	0.2	0.3	1
45 Mb/s T－3	0.002	0.01	0.02	0.02	0.02	0.04	0.09
155 Mb/s ATM	0.001	0.002	0.003	0.005	0.006	0.001	0.03

图 3-11　网络服务性能

数据的获取可利用网络服务来进行。通过互联网将数据下载到客户端。根据确定的范围，数据传送服务首先从空间数据库中提取数据层，然后生成压缩文件，最后下载到客户端。标准的网络服务和文件传输应用具有类似的功能。图 3-12 根据可用带宽大小和需要传输的压缩数据的大小给出了最小的下载次数。为了保护网络服务的带宽，数据下载应该被限制，因为数据下载非常容易占用全部的可用带宽，从而降低其他网络地图客户端性能，所以有必要控制流量容量的大小，以使每个人都可以进行数据下载。

广域网带宽	最高FTP下载量/h（基于平均文件大小）				
	1 MB	5 MB	10 MB	20 MB	50 MB
56 Kb/s Modem	17	3	2	1	0
1.54 Mb/s T－1	462	92	46	23	9
6.16 Mb/s T－2	1 848	370	185	92	37
45 Mb/s T－3	13 500	2 700	1 350	675	270
155 Mb/s ATM	46 500	9 300	4 650	2 325	930

注意：1 KB ＝ 10 Kb FTP流量

广域网带宽	基于平均文件大小的文件传输时间/s				
	1 MB	5 MB	10 MB	20 MB	50 MB
19 Kb/s Modem	526	2 632	5 263	10 526	26 316
28 Kb/s Modem	357	1 786	3 571	7 143	17 857
56 Kb/s Modem	179	893	1 786	3 571	8 929
128 Kb/s	78	391	781	1 563	3 906
256 Kb/s	39	195	391	781	1 953
1.54 Mb/s T－1	6	32	65	130	325
6.16 Mb/s T－2	2	8	16	32	81
45 Mb/s T－3	0.2	1	2	4	11
155 Mb/s ATM	0.1	0.3	1	1	3

图 3-12　数据下载性能

网络规划因素

许多网络管理员建立并采用网络使用规范，当进行未来用户部署时，这些规范有助于估算增长的网络需求。在图 3-13 中，根据目标数据源的不同，针对一般的 GIS 客户端给出了标准网络设计规划因素(灰色所示)。后面的章节,在进行GIS部署规划中,设计能满足用户需要的网络带宽时,这些数字将会再次出现。

客户端平台	每次显示的数据		每次显示的流量		Kb/s 每个用户的流量	
	KB/d	Adj KB/d	KB/d	MB/d	6 DPM	10 DPM
文件服务器客户端	1 000	5 000	50 000	50	5 000	8 333
空间数据库器客户端	1 000	500	5 000	5	500	833
终端客户端(矢量)	100	28	280	0.28	28	47
终端客户端(栅格)	100	28	280	0.28	28	47
网络浏览器客户端(轻量)	100	100	1 000	2	100	167
网络浏览器客户端(标准)	200	200	2 000	2	200	333
网络桌面客户端(轻量)	200	200	2 000	4	200	333
网络桌面客户端(标准)	200	200	2 000	4	200	333

图 3-13 网络设计规划因素

注:灰色区域内每次显示的流量数据在第10章中作为容量规划工具中的网络负载因素。

网络延时对用户的响应时间有显著影响,想知道点击鼠标后会发生什么,什么都没有发生吗?那可能正是这些复杂、美观的地图(较高的显示流量要求)耗用了全部的带宽资源。一旦流量超过了带宽容量的50%就会发生延时,对此起决定作用的就是网络上最弱的那段连接。在客户端—服务器烦琐(桌面应用访问数据库或文件数据源)协议中,网络延时是主要的关注点。

网络协议支持分布式软件通信。第4章中将介绍可以支持企业GIS运行的各种分布式GIS软件。现在已经了解了什么是通信协议以及这些协议对网络流量和性能的意义,那么可以回顾一下这些通信协议以选择最佳的平台架构来支持GIS需求。

第4章　GIS产品结构

概　述

地理信息系统是由多个不同配置方式的部分所组成的。所有这些组成部分和所描述的架构与整个系统平台有着密切的关联。在了解了影响网络容量(流量和带宽)的性能因素，明确了数据和网络流量之间的转换系数(这个转换系数是网络协议的函数，见图3-13)后，现在需要认识一下GIS的组件体系以及配置关系(软件处理量如何被分布于硬件平台)。

GIS软件和数据源由分布式网络配置的计算机所支持。本章将介绍每一种标准GIS工作流解决方案的软件组件，用于软件组件之间通信的协议，以及可升级产品的运行平台安装要求。

每种标准GIS工作流解决方案都与安装在所选平台环境上的软件组件相关。这些软件组件有些只包括核心GIS软件，为完成GIS工作流解决方案，可能还需要来自第三方供应商的附加组件，每一种工作流解决方案都需要一整套的软件组件来支持。

对于每一种标准的GIS软件工作流，将选择可能的平台配置来予以支持。每一种工作流可以有一系列的配置选项，其中一个就是选择每一种类型的数据源和网络连接协议。一般工作流解决方案包括ArcGIS Desktop(工作站和Windows终端服务器)和GIS网络服务(ArcIMS和ArcGIS Server)。不同数据源的配置包括文件服务器、地理空间数据库服务器以及ArcGIS的图像服务器，同时还有针对集群数据库和平衡负载网络应用服务器的标准和高效的服务器配置。

GIS软件构架和多种配置选项对选择合适的硬件十分重要。当把系统设计拼图组织起来时，有多少处理过程发生，发生在何处，这些都是我们需要考虑的主要因素。软件运行在所安装的服务器平台上，主机平台的处理负载量由所安装的软件决定。在后面的章节中，将看到特定工作流的软件组件标准处理负载量，这样就可确定满足条件的平台处理要求，在容量规划工具中使用它们以选择符合需求的平台。

对于ArcGIS Desktop和ArcGIS Server核心技术，什么样的配置选项是有效的呢？这些选项比过去用过的要多。在作者做ESRI咨询顾问的早期，ESRI软件作为一个软件包(ARC/INFO、ArcView、库管理程序空间数据库、资源表格数据库、客户表格数据库等)发布。当时，还没有对那些软件包如何能在系统水平下协同运行的描述。客户感兴趣的是一个集成的系统方案，一个不要求系统架构人员和安装人员合二为一的方案。客户需要软件和硬件如何共同支持系统解决方案的简要说明，本章将对此进行介绍。

本章介绍支持分布式GIS运行的软件组件和平台配置选择。选择合适的系统架构取决于用户的需求和现有的基础设施。软件必须合理配置以保障最佳的用户性能和高峰系统容量。理解应用结构可选方案和相关的配置策略将为设计一个集成的系统架构奠定必要的基础。

企业级 GIS 的运行为机构内各种需访问共享空间和属性数据的用户提供了应用，多层客户端—服务器或网络服务结构为这些分布式 GIS 应用以及实现应用的系统软硬件环境提供了支持。图 4-1 分层展示了基本架构组成。

数据服务层：共享的空间和表格 DBMS 为共享地理数据提供了中央数据仓库。这些 DBMS 位于独立的数据服务器或相同的中央服务器平台上(图 4-1 中的圆柱体表示平台)。

应用服务器层：此层所在的硬件平台支持在集成系统方案下的 GIS 应用。在集中式解决方案中，应用服务器平台在 Windows 终端服务器群中被用作终端服务器平台，在网络服务器结构中被用作网络应用服务器平台。Windows 终端服务器和网络应用服务器平台为大量的并发 GIS 用户提供主机服务。Windows 终端服务器支持在集中管理的服务器群上的 GIS 桌面应用，允许远程终端客户显示和控制运行于终端服务器平台上的应用。网络应用服务器提供了大量的网络应用以及标准浏览器客户或其他桌面应用的访问服务。

桌面工作站：桌面工作站执行显示和应用处理功能，在很多情况下，桌面工作站可以是作为 Windows 终端客户端或网络浏览器客户端的台式计算机或笔记本电脑。在许多 GIS 环境中，用户工作站支持桌面应用的执行和显示(换句话说，分析和显示处理能够在桌面上进行)。

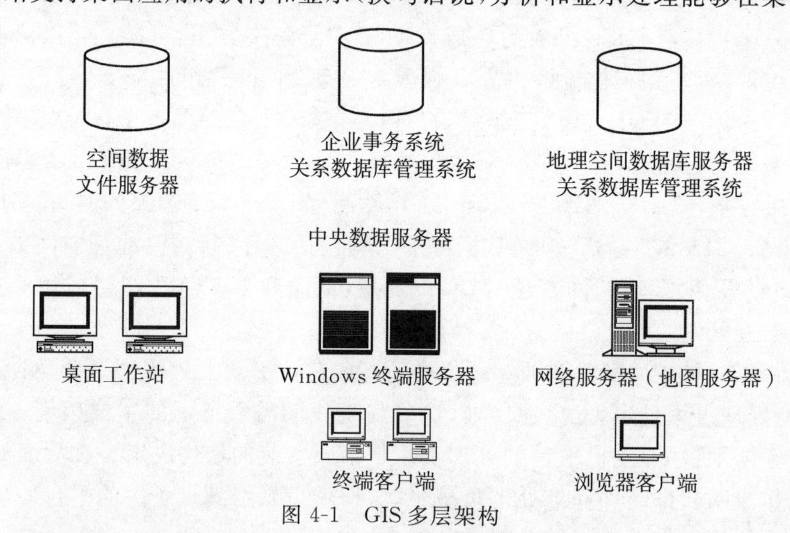

图 4-1 GIS 多层架构

ArcGIS 系统软件结构

正如第 3 章所描述的，ArcGIS 是为建立一个完整的地理信息系统的一系列软件产品的集成。ArcGIS 家族的软件产品被用于部署 GIS 功能以满足运行于桌面、服务器、客户应用、网络服务和移动设备的业务需要。ArcGIS 应用都是基于一组公用的 ArcObject 组件编译构建的，这套组件采用 Microsoft 组件对象模型(component object model，COM)编程技术开发。图 4-2 给出了 ArcGIS 系统环境的概况。图中，数据库层包括文件服务器、地理空间数据库服务器和 ArcGIS 图像服务器，它们也可能被配置在应用层。运行于 Windows 终端服务器群的终端服务和部署于网络应用服务器上的网络服务，这两种类型的服务都由应用层来提供。客户端显示层包括一整套的桌面硬件，如简单的终端或用于显示网络浏览应用的复杂移动用户端以及 ArcGIS 桌面应用客户端。（后面两种类型是通用的，能进行非连接的本地应用处理和客户显示。）

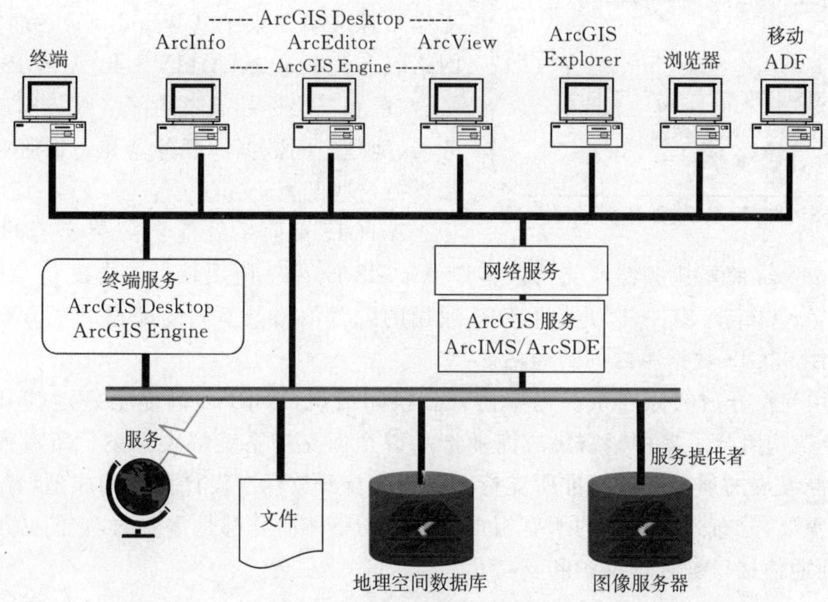

图 4-2 ESRI ArcGIS 系统环境

怎样进行机构内空间数据的维护和发布是影响系统性能和扩展性的重要因素，因此在系统设计时需重点考虑。在过去的十年里，由于获取和分布空间数据类型技术的提高，GIS 空间数据量的大小以指数级增长。许多 GIS 环境支持几个 TB 级的 GIS 数据资源；在一个典型的用户显示任务中 MB 级的数据量被处理。所有这些数据的管理需要以提升 GIS 运行的有效性和高效性来组织。

多年来，ArcGIS 中的空间数据库引擎(ArcSDE)技术就是为了有效、高效地进行数据管理这一目的。ArcSDE 技术为 GIS 应用和几个标准 DBMS 之间提供了通信接口。ArcSDE 组件可以使 DBMS 用于管理和发布 GIS 数据，如图 4-3 所示。ArcSDE 可执行的接口包含在直接连接的应用程序编程接口（application programming interface，API）中。

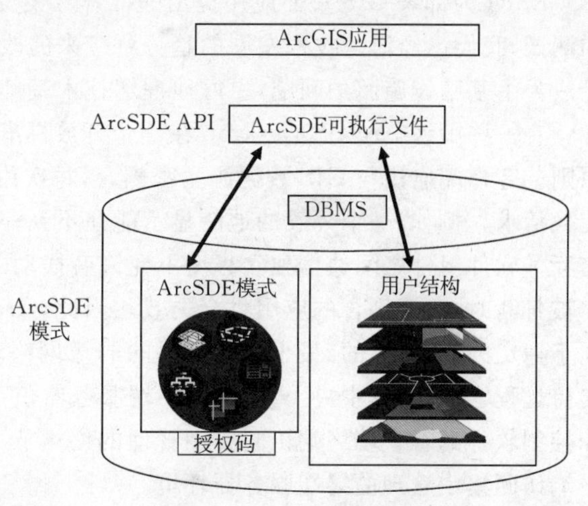

图 4-3 ArcSDE 技术组件

每一个 ESRI 软件产品都包含一个 ArcSDE 通信客户端。ESRI 发布的标准数据模型为各种标准 GIS 操作提供了用户模式的样本。地理空间数据库是一个被用来描述存储于 ArcSDE 用户模式的空间数据资源的术语。ESRI 提供了一个发布的 API，用于支持对 ArcSDE 模式的开放开发接口。

ArcGIS桌面客户端—服务器配置
- 分布式工作站架构
- 集中式Windows终端服务器架构

ArcIMS/ArcGIS Server 网络服务架构
- ArcIMS组件架构
- ArcGIS Server组件架构
- 网络平台配置策略

图 4-4　ESRI 软件环境

本章的其他部分介绍了用于集成企业 GIS 解决方案的标准 ArcGIS 桌面和网络服务配置的策略，如图 4-4 所示。ArcGIS 桌面配置包括分布式工作站客户端和集中式 Windows 终端服务器群。网络服务配置包括 ArcIMS 和 ArcGIS Server 单层、双层和三层标准高效的网络服务实现。文件服务器、地理空间数据库服务器和图像服务器数据源都支持这些配置。

ArcGIS 桌面系统能够部署于客户端工作站上，或被 Windows 终端服务器所支持。客户 ArcGIS Engine 应用软件包含支持 ArcGIS 桌面商业软件的 ArcObject 组件，因此他们分享通用的配置策略。不同的配置可选方案都能够进行客户端应用和 GIS 数据源之间的通信。

GIS 应用支持开放的标准系统构架协议。换句话说，ESRI 产品能很好地与其他产品兼容：GIS 企业架构组合了多种紧密集成商业产品以全面支持系统解决方案。所有商业软件产品必须被不断发展的通信接口标准所支持。选择支持开放标准设计协议的成型（普遍）软件构架方案十分重要，分布式配置中的所有组成部分对于整体而言都是重要的，它们必须能够协同运行，以保证通信接口被合理维护和支持。

ArcGIS 桌面客户端—服务器配置

微软 Windows 桌面和终端服务操作系统环境支持 ArcGIS 桌面软件。ArcGIS Engine 是一款软件开发包，它为客户桌面应用开发提供 ArcObjects 组件。可视化工作室（Visual Studio）被作为 ArcGIS 桌面应用的基本编程开发环境，编程语言包括 Visual C++和.NET。

ESRI 为部署 GIS 桌面应用提出的推荐方案源于多年的实战经验。通过多年的认真观测和测试，我们已经清楚技术发展的趋势所带来的改变。随着时间的流逝，许多客户性能问题已经成为了基础设施瓶颈问题，更好地理解技术基础能够使许多性能问题重新得到解决。

有一些围绕 ArcGIS Desktop 在一个开放标准的客户端—服务器结构下如何部署的基本原则。客户端应用与 GIS 数据源紧密耦合，每次用户事务的完成都要经过数百次连续的数据交换请求。例如，一个一般的地图显示能在不到一秒钟内进行更新，这需要协议与连接数据的交互。软件组件之间通信独立程度不允许有摆动的空间（即紧密耦合）。当客户端—服务器通信被打断时，紧密耦合的应用将会失效。因此，ArcGIS 桌面应用和 GIS 数据源之间的通信建立于稳定的、高带宽的、最小通信延迟的局域网络环境。终端访问中央 Windows 终端服务器支持远程客户端，其中央 Windows 终端服务器位于 GIS 数据源。（“终端访问”是指带有显示和控制软件的客户端终端访问集中管理的终端服务器计算环境。例如，Citrix 提供 ICA 客户终端访问集中管理的终端服务器环境。）

图 4-5 显示了支持 ArcGIS 桌面应用工作流运行的主要软件组件（再次请注意：ArcSDE 可执行文件包含在直接连接的 API 中）。位于图中部的紧密耦合表明每一次地图显示需数百次连续的数据库交互，而图顶部右侧的松散耦合能够简单地通过数据流来完成显示。

ArcGIS 桌面软件能够通过 ArcSDE 接口（直接连接或应用服务器连接）连接到本地文件

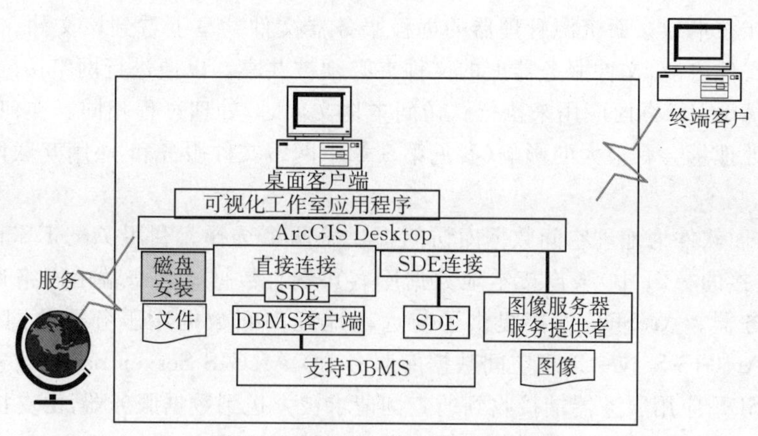

图 4-5　客户端—服务器软件架构

数据源、图像服务、DBMS 数据源上，并发布网络数据服务。在标准 GIS 地图显示中，网络数据服务能够与本地数据相结合。

分布式工作站架构

图 4-6 显示了以 ArcGIS Desktop 为客户端的五种分布式配置可选方案，这些配置方案可通过数据源的类型和连接协议的不同来区分。从左到右，这五种配置方案包括以下访问：

- 网络文件数据源。
- ArcGIS 图像服务器数据源。
- ArcSDE 直接连接到 DBMS 数据源。
- 通过 ArcGIS Server Basic 远程服务器 ArcSDE 连接访问 DBMS 数据源。
- ArcSDE 连接到已安装在 DBMS 服务器上的 ArcSDE。

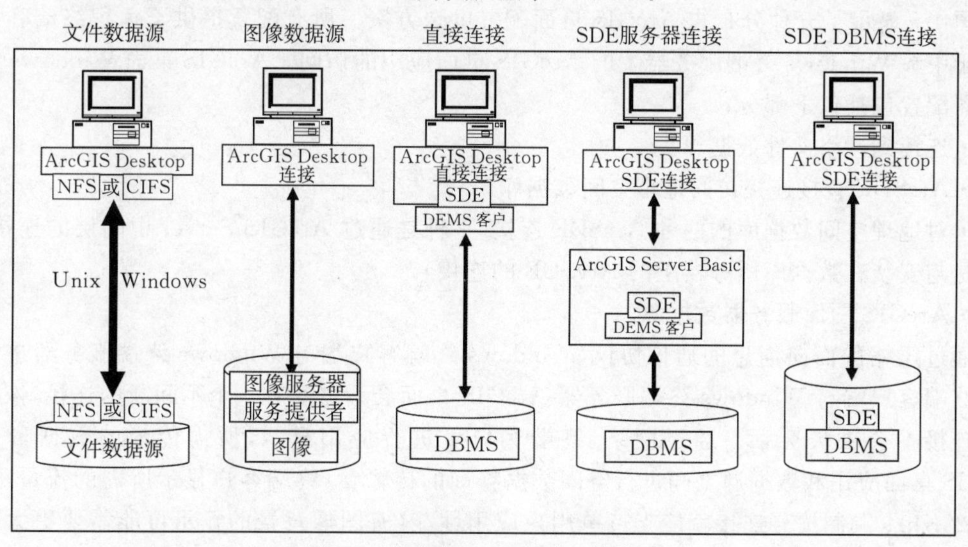

图 4-6　分布式 ArcGIS 桌面客户端

ArcGIS Desktop 软件能够访问 GIS 数据和位于本地磁盘上的文件（如本地文件访问）。GIS 应用可通过微软的通用互联网文件系统或相似的 Unix 网络文件服务磁盘安装协议访问远程文件数据源。当登录到位于文件数据源的远程磁盘时，远程文件就像本地文件共享到桌面应用——即能在本地桌面资源管理器的远程服务器文件共享上看到该文件。(在客户端连接到这些共享文件之前,文件服务器上的文件夹必须被共享。以便进行网络访问)文件数据源的查询处理由 ArcGIS 桌面应用来执行。访问本地文件时,处理过程相同。在何处处理,对网络流量和平台处理量会有很大的影响(参见第 3 章中网络文件服务和 通用互联网文件系统协议介绍)。

ArcGIS 桌面软件为地理空间数据库访问提供了两个选择。利用 ArcSDE 直接连接选项(包括在直接连接的 API 中)来连接本地数据库客户端。数据库客户端由网络通信连接到上一级数据库服务器。ArcSDE 连接提供了与远程地理空间数据库服务器的网络通信(安装 ArcSDE 用于 ArcGIS Server 地理空间数据库服务,即 ArcGIS Server Basic,或安装于 DBMS 服务器)。ArcSDE 应用服务器端接收到的查询请求被发送到数据服务器,由支持 DBMS 的软件进行处理。所有的数据都在 DBMS 数据仓库中存储和维护。

集中式 Windows 终端服务器架构

微软 Windows 终端服务器产品可在 Windows 服务器上创建多主机环境。(多主机是一个 IT 术语,用于表示多个客户端由一个独立的主机服务器所支持。)Windows 终端客户端能提供运行于 Windwos 终端服务器上的显示和控制应用。微软采用标准远程桌面协议(remote desktop protocol,RDP)进行终端服务器与 Windows 客户端之间的通信。

Citrix XenApp 服务器软件扩展了系统管理功能,并且通过使用终端服务器和客户端之间专有的通信协议来提高客户端性能。Citrix 称这种协议为独立计算结构。Citrix ICA 协议包括数据压缩技术,该技术能够减少每次显示(矢量数据信息产品的显示)的网络流量到 280 Kb 以下。当访问包含图像数据的地图显示时,每次显示的流量会增加到 1 Mb。XenApp 服务器为 Windows、Unix、Maciantosh 和嵌入的网络客户端环境提供了终端客户端软件。

图 4-7 显示了五种分布式 ArcGIS 桌面配置可选方案。所有配置提供了远程终端客户端对位于中央 Windows 终端服务器上的 ArcGIS 桌面应用的访问。ArcGIS 桌面 Windows 终端服务器配置包括以下部分:

- 连接到网络文件数据源。
- ArcSDE 直接连接访问地理空间数据库。
- 对地理空间数据库的两种 ArcSDE 连接(一种是通过 ArcGIS Server 中间层的连接,另一种是与安装在数据库服务器上的 ArcSDE 的连接)。
- ArcGIS 图像服务器数据源。

通过压缩的面向消息的通信协议,Windows 终端客户端与 Windows 终端服务器进行通信。终端客户端与 Windows 终端服务器 ArcGIS 桌面会话之间有一个不间断的连接,恢复中断的连接不会丢失会话。通过网络,终端客户可进行应用显示,所需传输的数据量小于 ArcGIS 桌面应用和数据源之间进行空间数据查询的传输量,终端客户显示所需的流量很小,通过 28Kb/s 调制拨号连接就能支持单用户应用性能(有图像背景的显示可能需要更大的带宽)。

在 Windows 终端服务器上的每一个 ArcGIS 桌面用户会话,如果在客户端工作站上执行,以上面所述的相同方式连接到每一种数据源上。现在多数使用 Windows 终端服务器的 ESRI 客户也使用 Citrix XenApp 服务器软件。Windows 终端服务器群硬件为商品化的

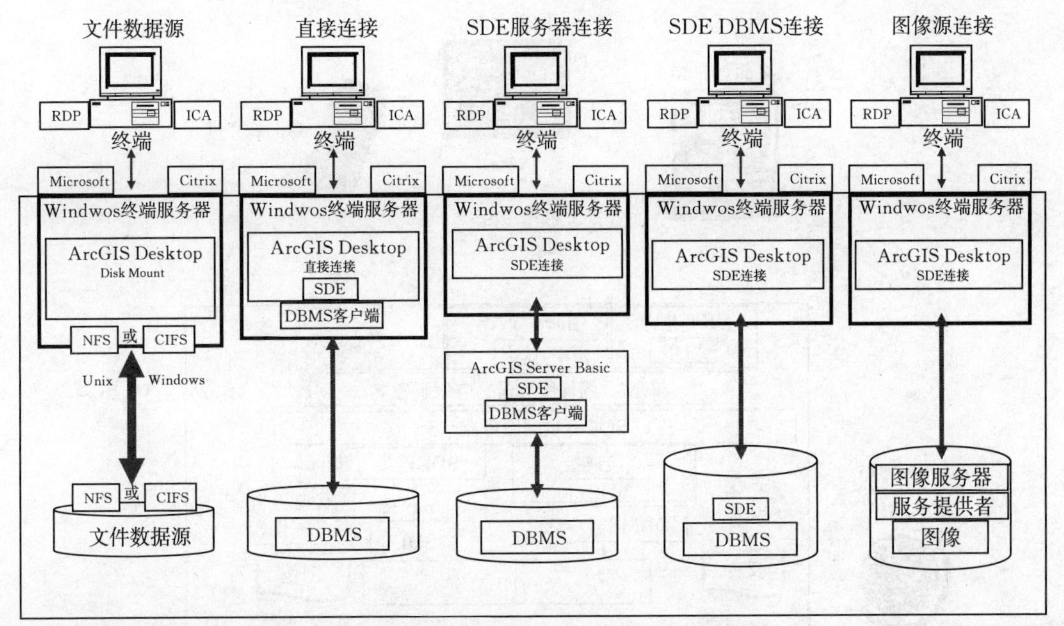

图 4-7　集中式 ArcGIS Desktop 客户端

Windows 服务器平台(Inter 或 AMD)。客户端会话负载平衡穿越由 Citrix 软件管理的终端服务器群。客户端外观和安全选项提供了最佳的 GIS 用户显示体验。

网络服务架构

通过网络,网络地图服务提供了有效和高效地发布地图产品和服务的方法。网络服务架构不像 ArcGIS 桌面工作站架构那样提出的比较早,因为它不是由紧密耦合的客户端—服务器组成,紧密耦合的客户端—服务器要求在相对短的距离内进行稳定的高带宽通信。网络客户端通信使用基于事务的超文本转换协议,它能够在长距离范围内进行最佳通信,能够在不太稳定的通信环境进行运行。当远程 ArcGIS 桌面客户端使用 Windows 终端服务器时,网络应用共享许多相同的优点,如不间断的显示(能通过不稳定的远程网络很好地实现),较低的带宽(较小的网络流量),以及最小的通信交互(通过高延迟的网络连接有效运行)。

图 4-8 显示了与网络服务通信架构相关的软件组件。框内为紧密耦合,其上是每一次显示只需要一个服务器请求的松散耦合。(如果连接丢失,松散耦合应用也能通过重复请求或保留请求到通信恢复来继续。)

网络服务在网络服务器上发布。当访问网站时,那些发布的服务和应用目录会呈现给服务器的客户端。网络应用程序进行地图服务,并使客户端表示层创建一个发布应用工作流。(换句话说,在网络应用处理流程中,发布服务作为组件的功能。客户端和网络服务器是松散耦合,每个客户端通信都代表一次完整的事务。)

GIS 网络事务是指网络服务器应答客户端请求的一个完整过程,包括所有的客户端显示更新级。事务由基于网络的 GIS Server 处理再返回到客户端。

ESRI 网络 GIS 服务由 ArcIMS 和 ArcGIS Server 软件提供。ArcIMS 发布于 1997 年,是 ESRI 最早的网络地图技术,它通过若干服务引擎在网络上有效地发布地图服务。ArcGIS

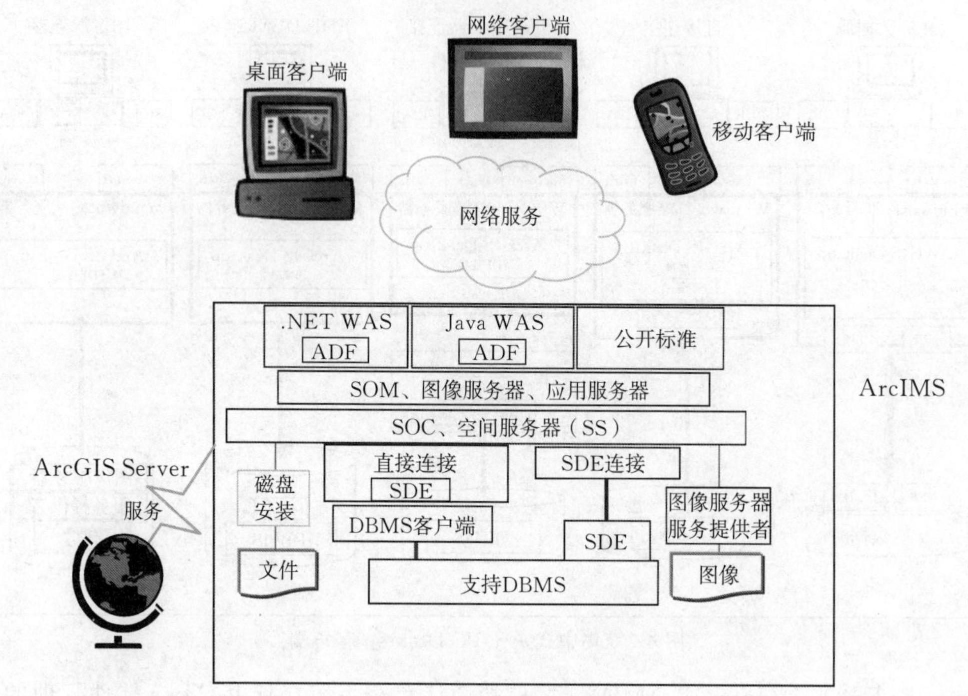

图 4-8 网络服务软件架构

Server 技术发布于 2000 年，是 ESRI 最新的网络服务技术。ArcGIS Server 为基于服务器的 GIS 应用和服务提供了丰富的开发环境。它能够被部署作为基于网络或局域网、广域网本地网络服务，使桌面应用客户端能够使用本地 GIS 服务和基于网络的服务。ArcGIS Server 提供移动应用开发框架，它支持松散耦合、轻负载、具有不间断数据缓存的掌上型或台式计算机。本地数据缓存和轻负载可被用于连接和非连接的 GIS 客户端操作，ArcGIS Server 上级服务管理客户端应用部署和数据的同步性。

尽管 ArcIMS 和 ArcGIS Server 具有相似功能并且都基于通用的平台配置策略，但它们的软件架构组件有不同的名称和功能。两者的软件解决方案都包括网络应用程序（web application，WA）、服务管理者（service manager，SM）、空间服务器（spatial server，SS）和数据服务器（data server，DS），都能部署在不同的平台组合上。两种类型的软件都支持可扩展的架构和系统可用性需求。图 4-9 列出了本书中使用的网络软件术语。

各种软件组件和所选软件配置将直接影响系统的容量、服务可靠性以及总体性能。

ID	ArcIMS	ArcGIS Server	Image Server
WA	Web Server	Web App Server	
SM	App Server	Server Obj Manager	Image Server
SS	Spatial Server	Server Obj Container	
SDE/SP	ArcSDE	ArcSDE	Service Provider
DS	Data Server	Data Server	File Server

图 4-9 网络软件术语

ArcIMS 组件架构

ArcIMS 可通过网络发布动态地图和 GIS 数据与服务。这个标准产品包括 ArcIMS 管理者和地图开发向导，这个向导无须特殊编程就可对大多数标准地图产品进行设计和创建。ArcIMS 服务能够被包括定制的网络应用、ArcGIS 桌面系统以及移动和无线设备等多种客户端所利用。

图 4-10 描述了 ArcIMS 组件架构以及相关的软件配置组。这个架构包括四组软件部署，分别是网络应用程序、服务管理者、空间服务器和数据服务器(在图 4-9 中已定义)。

这些配置分组表明软件处理量如何分布于硬件平台，如何由这些安装于系统的软件组件所决定，下面对四组 ArcIMS 软件配置进行描述。

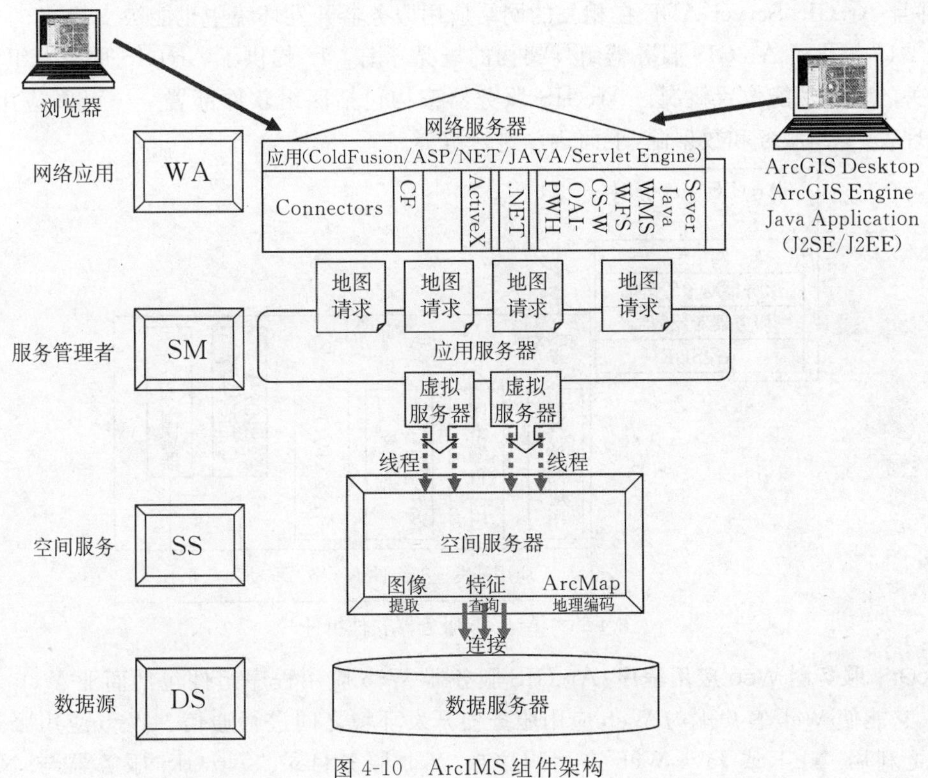

图 4-10　ArcIMS 组件架构

ArcIMS 网络应用：网络应用软件包括网络 HTTP 服务器和 Web 应用程序。HTTP 服务器能够进行 ArcIMS 地图服务和网络客户之间的通信。Web 应用程序涉及用户工作流的管理和增强以及客户显示表达。网络服务器上的连接器能够将 Web HTTP 流量和(或)网络应用程序调用转换为 ArcIMS Web 服务能理解的通信。

ArcIMS 服务管理者：ArcIMS 应用服务器软件管理本站地图服务请求队列(虚拟服务器)，并连接到 ArcIMS 服务引擎(图像、要素、提取、查询、ArcMap 图像、地理编码、路径、元数据)。本站请求被传送到可用服务进行处理，要求处理量相对小以满足对应用服务器功能的支持。

ArcIMS 空间服务：ArcIMS 空间服务安装于地图服务器平台，空间服务器包括为地图请求提供服务的 ArcIMS 服务引擎(图像、ArcMap 图像、要素等)。(AreIMS 监视器是 ArcIMS 空间服务器另一个术语表达)。

数据源：数据服务器(GIS 数据源)是存储 GIS 数据的地方，ArcSDE 数据源提供查询处理功能，标准 GIS 图像或文件数据源也都可在此展现。

ArcGIS 服务器组件架构

ArcGIS 服务器 是一系列的过程:对象、应用程序以及能使 ArcObject 组件在服务器平台环境运行的服务。服务器对象在 GIS 服务器上管理和运行。服务器应用程序利用服务器对象以及其他安装于 GIS 服务器的 ArcObject 组件。

网络服务器负责服务器应用程序和使用 ArcGIS Server 应用编程接口开发的网络服务,这些网络服务和网络应用能够利用 ArcGIS Server ADF 进行开发。.NET 和 Java 开发者都可利用,并且 ArcGIS Server ADF 在相关的网络应用服务器开发环境中也能被支持。

图 4-11 提供了 ArcGIS 服务器组件架构的概况。图 4-12 提供了 ArcGIS 服务器组件架构及其相关的软件功能位置概况。ArcGIS 服务器架构包括四组软件部署——Web 应用程序、服务管理者、空间服务和数据源,下面逐一进行解释。

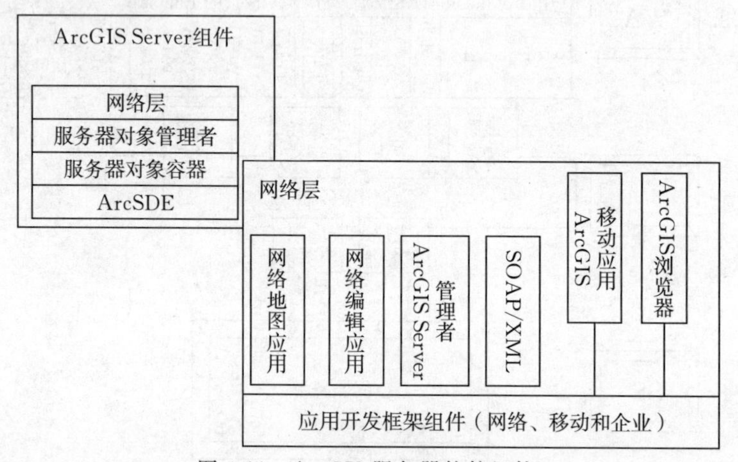

图 4-11 ArcGIS 服务器软件组件

ArcGIS 服务器 Web 应用程序: ArcGIS 服务器 Web 应用程序组件包括商业 Web HTTP 服务器,它能使 Web 客户端与 Web 应用服务器开发环境之间进行通信。Web 应用服务器开发环境可利用.NET 或 Java Web 应用程序或 Web 服务目录。ArcGIS 服务器与.NET 与 Java ADF 组成了一个 Web 层。

ArcGIS 服务器服务管理者:服务器对象管理者(server object manager,SOM)控制服务对象的部署和初始客户应用请求任务在服务器对象容器(server object containers,SOC)中的分配。SOM 担当父进程的角色,提供适合的服务部署和基于并发服务要求的平衡负载容器。

ArcGIS 服务器空间服务:之所以称为“容器机”(一个或多个取决于高峰事务处理需求)是因为它们服务于 SOC,由 SOM 对容器进行管理。每个服务配置都有其专门的 SOC。每一 SOC 中的服务器对象被编译成安装在容器机上的 ArcObjects 组件。

数据源:数据服务器(GIS 数据源)是 GIS 数据存储的地方。ArcSDE 数据源连接于具有 DBMS 查询处理功能的 GIS 应用上。标准的 GIS 图像或文件数据源也呈现于此。

ArcGIS 服务器上的服务可通过局域网和广域网的应用程序发布使用。本地 GIS 应用能够通过直接访问 SOM 而无需使用 Web 服务器接口访问发布服务。SOM 将分配 SOC 任务以支持服务连接。

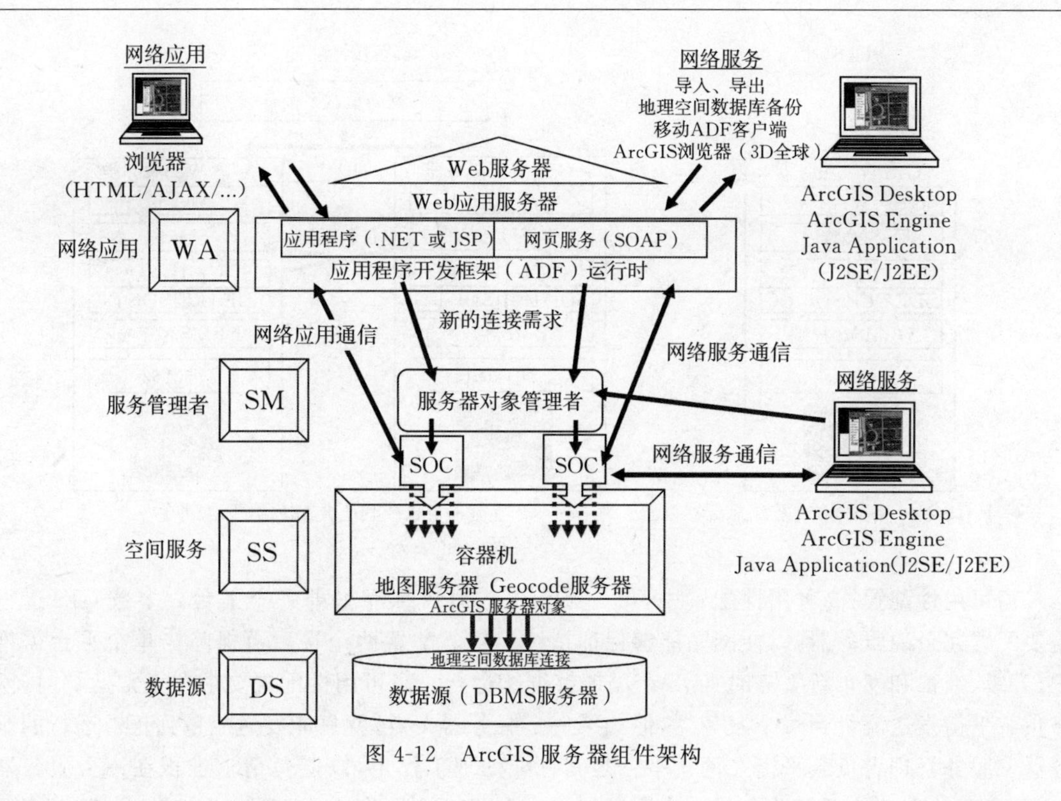

图 4-12　ArcGIS 服务器组件架构

网站平台配置策略

一个网站可由一个或者六七个甚至更多的平台所支持，这取决于网站容量和可用性的要求。ArcIMS 和 ArcGIS 平台配置选项相似，并且建立合适配置的技术标准都是共同的。我们采用 ArcGIS Server 术语来说明这些组件配置策略。（与这些配置相关的 ArcGIS 服务器和 ArcIMS 容量规划准则将在后面章节介绍。）

网络系统架构设计可选方案可分为单层、双层和三层部署。简单配置容易维持，然而较复杂的配置能满足容量可扩充和系统有效性的要求。初始原型运行通常在单个平台上（定义为标准配置），然而多数 GIS 产品运行一般由高可用性配置所支持（高可用性配置能够在任何一个平台失效后继续提供服务）。

ArcIMS 和 ArcGIS Server 设计成一个可扩展的网络架构，采用一个或多个核心服务器平台技术来配置最佳的平台环境。后面将给出支持主要 GIS 服务的推荐平台配置选项。

单层平台配置

图 4-13 中显示了采用一个或两个平台处理所有 Web 服务组件的单层平台配置。大多数采用相对小且静态数据库的初始原型部署以标准或高可用性配置在单层架构中运行良好。（后者，通过数据备份，利用两个服务器来提供对共同数据集的访问）。

标准配置：一个网站能够在单个硬件平台上运行。对 Web 服务开发和测试，对有限服务请求的网站和初始原型部署（见第 12 章）标准配置是适合的。多个 SOC 实例能够被部署以支持最佳容量要求。

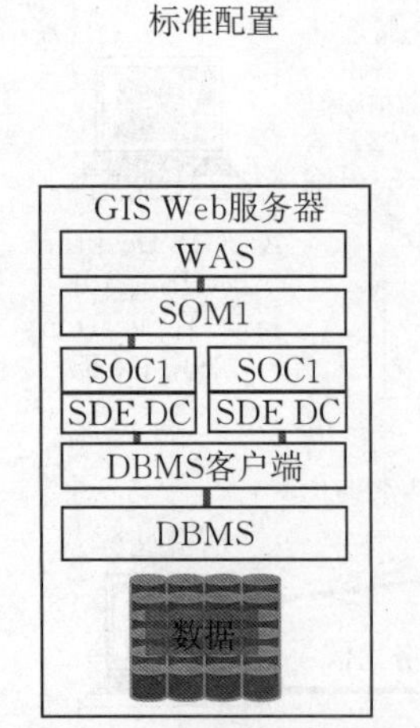

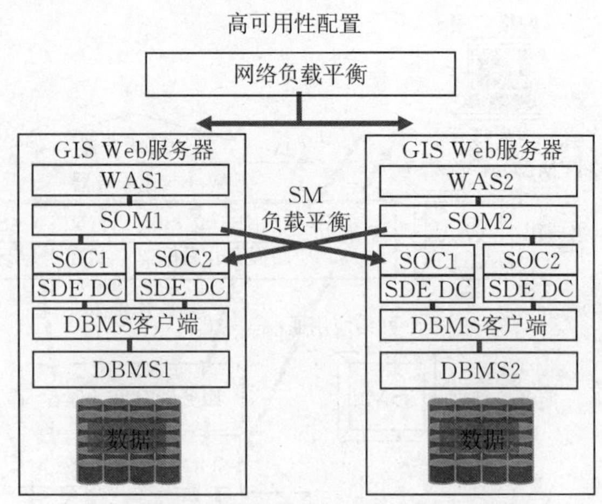

图 4-13 单层平台配置

高可用性配置:高可用性配置中,单一平台失效时可依靠另外一个平台。多数 GIS 运行需要配置冗余的服务器,以便网站能够保证持续运转。配置两个平台可保障当单个平台需维护、升级、繁忙和发布新服务时,GIS 产品能够继续运行。高可用性配置要求在正常运行时,网络负载平衡发送流量到每个服务器,但如果一个服务器失效,就只能发送流量到正常运行的服务器。服务管理者负载平衡在两个平台之间分配处理工作量,以避免请求堆积在一个服务器上,而多余的有效处理资源在另一个服务器上。在每一个平台上 SOC 被要求独立,以保障后者。当然,两个数据服务器要求完全一致的数据备份。SOM1 部署 SOC1 实例,SOM2 部署 SOC2 实例,多个 SOC 实例被部署以支持最佳容量要求。

两层平台配置

两层架构为具有独立数据库服务器的网站提供了最好的解决方案。对于大多数 ArcGIS Server 部署,两层、高可用性是最为普遍和实用的配置。

图 4-14 的两层架构包括 GIS 服务器和数据服务器平台。Web 服务器和 GIS 服务器组件位于 GIS 服务器平台,而数据服务器位于独立的数据服务器平台。对拥有大量数据资源或已有数据服务器的网站而言,这是一个通用的配置。数据备份可支持与企业中其他 GIS 数据客户端相连接的多个服务器组件。

标准配置:标准两层结构由一个 GIS Web 服务器平台和一个独立的数据服务器平台所组成,Web 服务器安装在 GIS Web 服务器平台上。多个 SOC 实例被部署以支持最佳容量要求(见第 8 章)。

高可用性配置:高可用性运行要求冗余服务器解决方案的配置,这样网站可在任一平台失效时仍保持运行。这个配置包括:网络负载平衡在正常运行时发送流量到每个 GIS Web 服务器,当一个服务器失效时,就只发送流量到正常运行的 GIS Web 服务器;SOM 负载平衡在两个 GIS Web 服务器平台之间分配 SOC 处理工作量,因此可避免请求堆积于一个服务器,而另一个服务器上有多余的有效处理资源(每个 GIS Web 服务器平台上要求多个 SOC 组以支持这个配置);与公用存储阵列数据源相连接的两个数据服务器群。在正常运行时,主数据服务器处理地理空间数据库服务,当主服务器发生故障时,由辅数据服务器处理地理空间数据库服

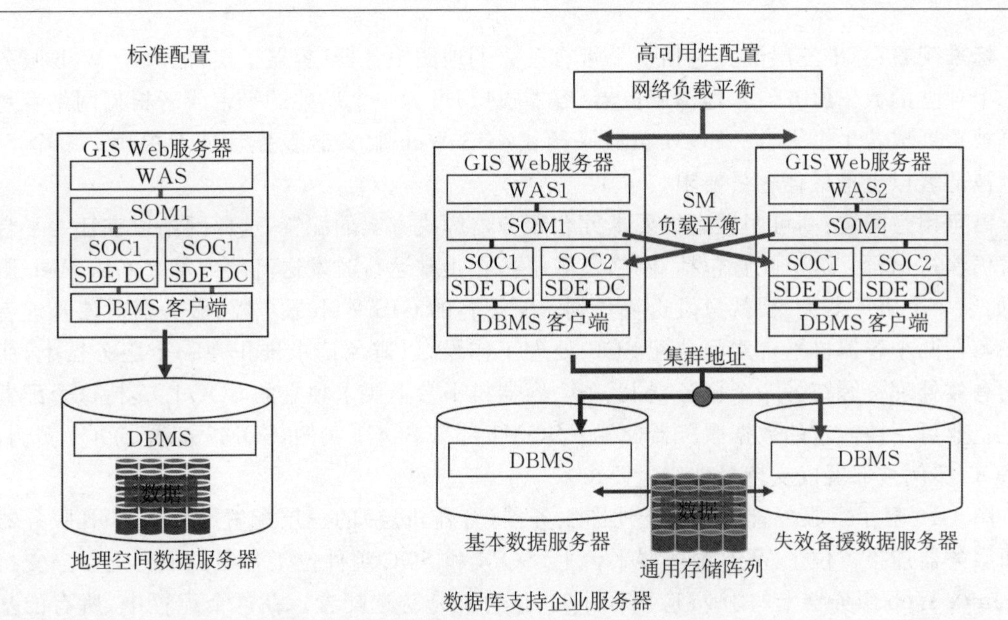

图 4-14　两层平台配置

务。如果单个数据服务器能够满足有效性要求，就可以不需要数据服务器集群。SOM1 部署 SOC1 实例，SOM2 部署 SOC2 实例，多个 SOC 实例被部署以支持最佳容量要求。

三层平台配置

三层配置包括 Web 服务器、容器机以及数据服务器层。基于 SOM 位置存在两种配置方案选择。

图 4-15 显示了 SOM 位于 Web 服务器层的三层配置。这个配置提供最简单的三层架构，也是最为流行的解决方案。在这种配置中，网络负载平衡处理 Web 层的容错移转。三层部署提供了一个可扩展的架构，当要求处理高峰工作流负载时，其中间层可支持两个或多个平台。

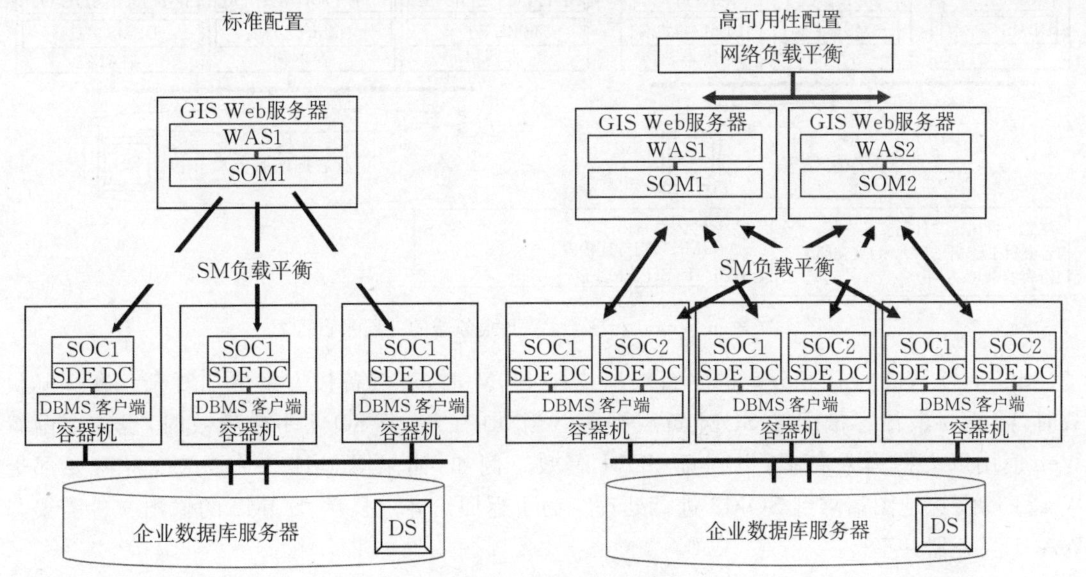

图 4-15　三层平台配置

标准配置:标准三层配置包括一个带有独立的地图服务器(容器机层)的单个Web服务器和一个独立的数据服务器。地图服务器(容器机层)可为一个单独的平台或者根据网站容量要求可被扩展成若干个平台。SOM负载平衡由GIS Web服务器服务管理者提供。多个SOC实例被部署以支持最佳容量要求。

高可用性配置:高可用性运行要求冗余服务器解决方案的配置,这样网站可在任一平台失效时仍保持运行。这个配置包括:网络负载平衡在正常运行时发送流量到每个GIS Web服务器,如果一个服务器失效,就只发送流量到正常运行的GIS Web服务器;服务器对象管理者负载平衡在两个容器机平台之间分配SOC处理工作量,以避免请求堆积在一个服务器上,而多余的有效处理资源在另一个服务器上(每个容器机平台上要求独立的SOC以支持这个配置);满足企业可用性需求的数据服务器配置。SOM1部署SOC1实例,SOM2部署SOC1实例,多个SOC实例被部署以支持最佳容量要求。

图4-16显示了服务管理员位于地图服务器(容器机层)的三层配置结构。Web服务器和空间服务器连接器位于Web服务器平台上,SOM和SOC组件位于容器机平台上。当支持基于Linux Web服务器上的Java应用程序时,这可能是首选配置。在这个配置中,所有的基于组件对象模型的软件都位于容器机层。当Web服务器不是Windows平台时,这是首选架构。

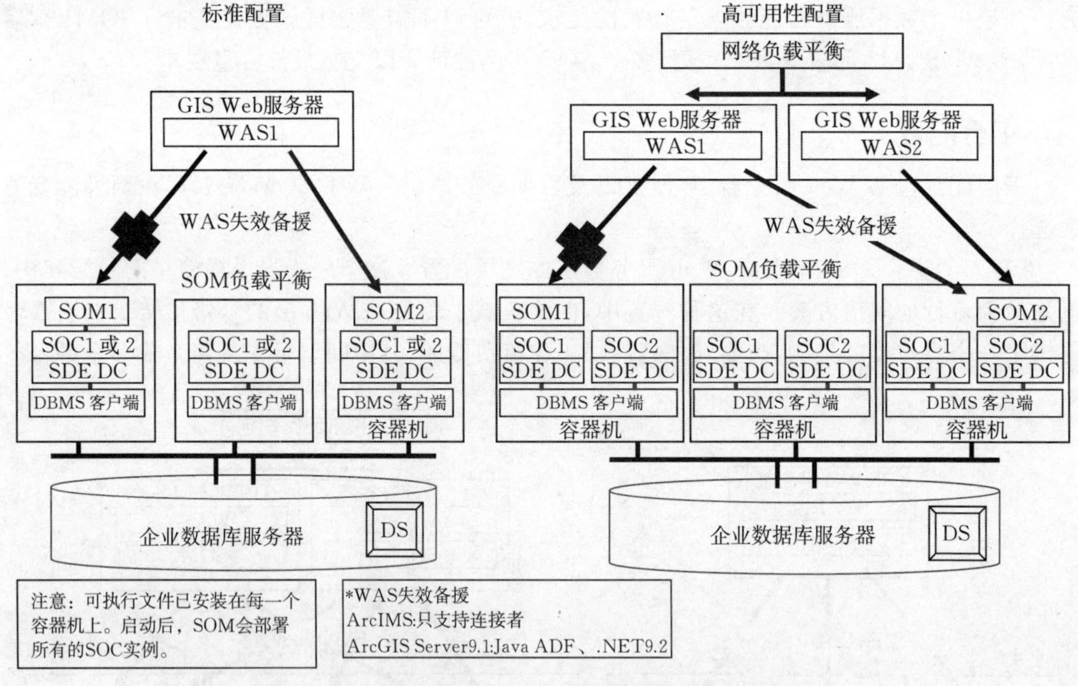

图4-16 非Windows平台Web服务器的三层平台配置

SOM与Web应用相分离的平台层所支持SOM时,失效备援方案更加复杂。在高峰负载时,需要为最佳容量配置SOM负载平衡。当其中的一个SOM平台失效时,也需要配置Web应用以支持失效备援,以保证SOM有效。例如,如果SOM1平台失效,将需要部署WAS1以发送地图请求到SOM2进行处理。为了返回给客户显示,SOM2的输出文件需要与WAS1服务器共享。

标准配置:这个标准配置包括一个带有独立地图服务器(容器机层)的Web服务器。地图服务器(容器机层)可为一个单独的平台或者根据网站容量要求被扩展成几个平台。对于 ArcIMS,Web 应用流量平衡由 GIS Web 服务器连接器所支持。ArcGIS Server 的实现需要在失效备援的模式下进行配置(只有在 SOM1 失效的情况下,SOM2 才被启动)。服务器管理员组件支持 SOM 负载平衡(在容器机层最好不超过两个 SOM 组件)。独立的 SOC 可执行档(每一个 SOM 部署了独立的 SOC 实例组)必须被所有的容量机所支持,进而通过多平台支持负载平衡。一个独立的数据服务器作为共同的数据源被提供。当另外的容器机被增加时,这个架构的管理会变得越来越复杂。多个 SOC 实例可能被加入以支持最佳容量需求。

高可用性运行:高可用性运行要求冗余服务器解决方案以保证网站在其中任一平台失效时仍能运行。这个配置包括:网络负载平衡在正常运行时发送流量到每个 GIS Web 服务器,当一个服务器失效时,就只发送流量到正常运行的 GIS Web 服务器;Web 应用流量负载平衡在位于容器机层的两个 SOM 间分配流入量;SOM 负载平衡通过容器机平台分配 SOC 处理工作量,以避免请求堆积在一个服务器上,而多余的有效处理资源在另一个服务器上(每个容器机平台上要求两个 SOC 组以支持这个部署,每一个 SOC 被指派到一个父 SOM 上);支持企业要求的数据服务器部署。当另外的容器机被部署时,这个架构的管理会变得越来越复杂。SOM1 部署 SOC1 实例,SOM2 部署 SOC2 实例,多个 SOC 实例被部署以支持最佳容量要求。

三层面向服务的平台配置

ArcGIS Server Web 应用能够通过远程 Web 服务提供者所提供的数据服务来开发与部署,也可能由一个独立的本地 ArcGIS Server 网站提供这些基于简单对象访问协议的 HTTP 服务。图 4-17 展示了一个完全由 HTTP 简单对象访问协议服务支持的 Web 应用实例。ArcGIS Server Web 部署支持通过防火墙、Web 应用与发布 Web 服务相交互的企业服务架构。

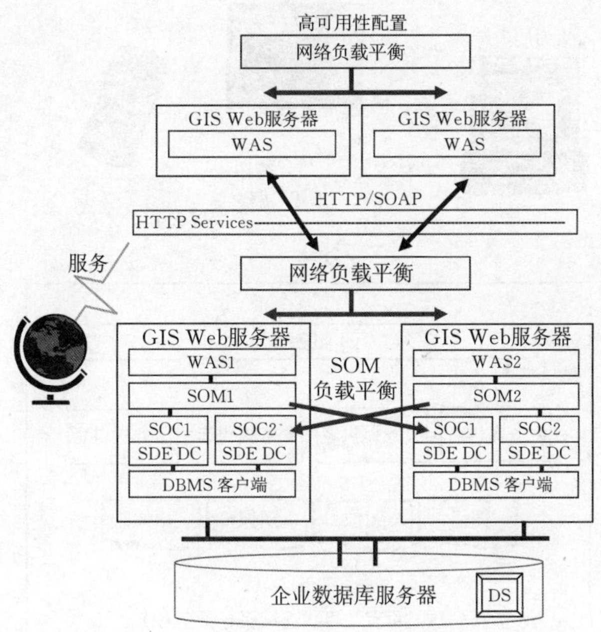

图 4-17　三层平台部署的 Web 服务架构

内部 GIS Web 服务器的配置与图 4-14 所示的高可用性的例子一样。Web 服务能够通过采用标准 HTTP 简单对象访问协议和 XML 服务协议的外部 Web 应用进行发布。这是支持与 Web 服务相连接的 ArcGIS Server Web 应用的首选途径，Web 服务通过防火墙连接来提供。(防火墙部署将在第 5 章介绍。)

许多比较强大的 ArcGIS Server 应用得益于紧密耦合的分布式组件(distributed component model，DCOM)通信。每个应用程序都直接耦合到一个指定的 SOC 上以支持每一次的事务处理，这些应用程序的结果作为服务提供给松散耦合企业应用，在独立的安全区通过采用标准的 HTTP 简单对象访问协议来支持松散耦合企业应用。

ArcGIS Server 提供了用于支持标准的 Web 制图或是更加复杂的地理空间工作流的广泛功能，这是通过开放的标准 Web 协议所无法实现的。ArcGIS Server 所具有的预处理缓存数据层能够提高用户效率并扩展超越 ArcIMS 技术的服务器性能。客户端缓存可以减少网络流量需求。关注用户需求并合理部署技术会对系统能力和用户体验产生很大影响。

ArcGIS 图像服务器

ArcGIS 图像服务器提供快速访问大量基于文件的图像数据(图像数据不要求数据库结构)。图像可保持原始数据格式，通过 ArcGIS 桌面和服务器应用，根据需要实时访问图像。ArcGIS 图像服务器也能实现动态的图像处理，在减少存储成本、数据处理和维护的同时，提供较好的图像可视化。

图 4-18 是图像服务器软件的概况。图像服务器包含两个基本的软件组件，图像服务器(image server，IS)和服务提供者(service provider，SP)。图像服务器发布可用服务，并将服务请求连接到服务提供者。服务提供者处理服务请求，将被请求的图像返给请求应用程序。

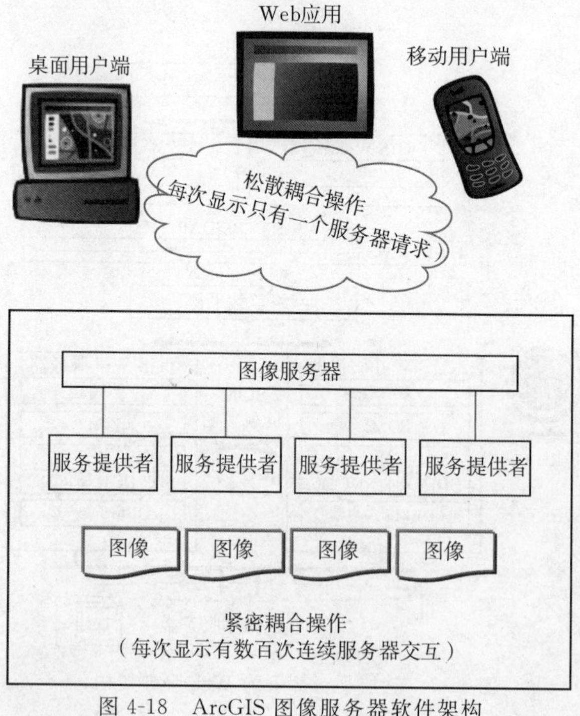

图 4-18 ArcGIS 图像服务器软件架构

客户端通信是松散耦合,支持广泛分布的网络通信。服务提供者和图像文件之间的通信是紧密耦合的。忽略这些紧密耦合实现,通常每次显示都需要数百次连续的服务器交互,由于只处理请求应用的显示范围,所以图像服务器和服务提供者之间的图像处理非常快。服务提供者的部署能够处理各种各样的图像处理服务。如图 4-19 所示,对于标准的地图显示,任何 ArcGIS 应用都可将 ArcGIS 图像服务器作为基本的图像数据源。

图 4-19 显示了采用 ArcGIS 图像服务器作为图像数据源的两层 Web 部署。ArcGIS Server 能够扩展图像服务到所有的 Web 客户端。ArcGIS Desktop 应用也能将图像服务器作为直接的图像数据源来进行访问。

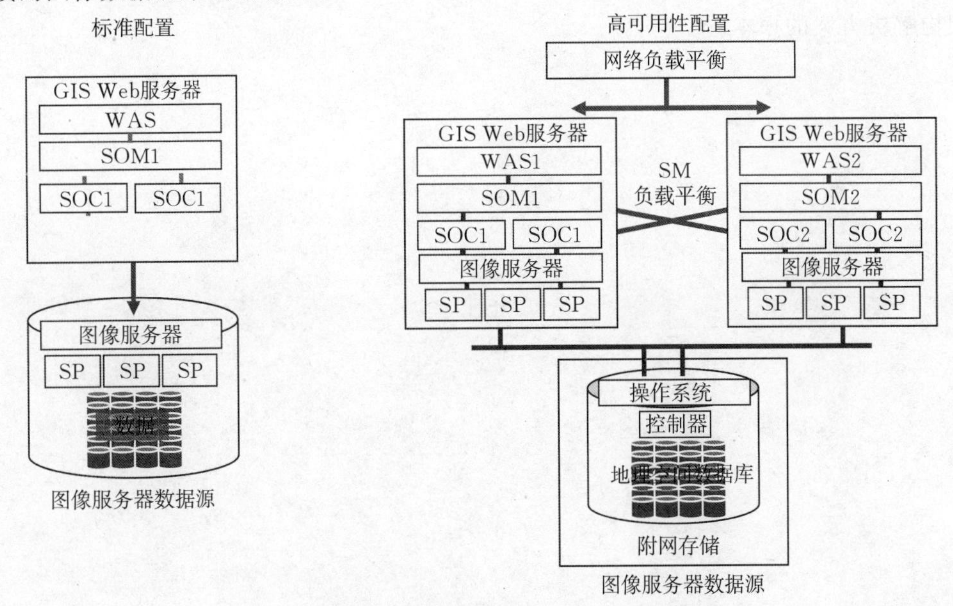

图 4-19 作为直接图像数据源的 ArcGIS 图像服务器

标准配置: ArcGIS 图像服务器可配置为一台单独的服务器,图像服务器和服务提供者组件以及图像都位于其上。ArcGIS Server 可访问作为图像数据源的图像服务器。ArcGIS Desktop 客户端也能访问这个图像服务器数据源。

高可用性配置:高可用性运行需要配置冗余服务器解决方案以保障网站在任何一个平台失效后仍然能运行。ArcGIS 图像服务器组件可以单独配置或者随 ArcGIS Server 一起安装以支持多种图像服务。这个配置包括:网络负载平衡在正常运行时发送流量到每个 GIS Web 服务器,如果一个服务器失效,就只发送流量到正常运行的 GIS Web 服务器;Web 应用流量负载平衡在位于容器机层的两个 SOM 间分配流入量;SOM 负载平衡在两个 GIS Web 服务器平台间分配 SOC 处理工作量,以避免请求堆积在一个服务器上,而多余的有效处理资源在另一个服务器上(每个 GIS Web 服务器平台要求两个 SOC 组以支持这个部署);每一个平台上图像服务器服务提供者的镜像集。单独的图像数据源可由高可用网络附加存储(network attached storage,NAS)解决方案或者集群文件服务器提供。

合适架构的选择

这些配置选项对核心 ArcGIS Desktop 和 ArcGIS Server 技术都是有效的。本章中所有的架构选择方案对于整个业务运行均有效，均基于ESRI软件核心前沿技术开发，用户可根据需要进行选择。对ArcIMS和ArcGIS Server Web应用的部署，大多数ESRI客户都在以上所述的网络平台配置方案中进行选择。对于更为复杂的情况，如密集的ArcGIS Desktop工作流（公用事业部门、国家基础设施维护等），本章前面所介绍的ArcGIS Desktop工作站和Windows终端服务器配置方案可供选择。选择合适的架构有赖于软件技术和现有的架构可选方案，但是仍有许多要考虑的因素，如用户位置、有效的网络通信、安全和有效性要求（见第5章），以及所选技术方案的性能和可扩展性。综合考虑这些因素，但不要忘了最基本的要素是用户的需求。对需求的理解是必须的，技术的选择就是为了怎样满足这些需求，这是选择合适架构解决方案的根本。

第5章　企业安全

概　述

安全是有代价的，然而没有安全，代价会更高。太多的安全控制会降低生产率并增加成本，太少的控制又会导致财产和性能的损失，找到它们的平衡点是关键，就像对一个移动的目标寻找平衡点。对于安全，没有单一的解决方案，但能控制运行的风险。通过了解安全风险，采用合适的安全控制，进而控制安全代价。

安全与保护我们的工作能力有关。事务处理已经变得如此依赖于计算机技术，以至于没有计算机和网络访问，我们就无法工作。工作场所及互联网资源的访问，对网络通信的依赖已经改变了我们的工作方式，十分需要保护我们的工作能力。如果不保护工作环境，我们就会为此付出代价。计算机病毒和安全攻击使商业和政府运作一度受限或完全瘫痪的事情不是没有发生过。解决问题的方法并不是封闭资源不让人利用，而是采取控制措施以保护所需的通信安全。

威胁和漏洞，保护和控制所有这些都必须权衡。以下是信息安全的三个基本目标：

(1)机密性——防止有意或无意的泄密。

(2)完整性——防止未授权的数据修改。

(3)有效性——确保可靠和及时的数据访问。

第三个目标关系到系统总体设计目标的核心，即一个可扩展的性能最优的系统。对IT架构师和安全专家来说，企业安全是一个挑战。直到近几年，整个IT系统设计通常都是围绕着单一目标和"利益共同体"，通过物理隔离系统方式来进行，即每一个系统都有它们自己的数据存储和应用。然而，随着新标准的出现，事务运行涉及整个机构，通过更成熟的通信环境、更智能的操作系统和各种标准集成协议，交互式和综合性企业解决方案的实现成为可能。

对于大多数机构而言，安全重要性的意识正在加强，保护信息系统环境的技术领域得到持续关注。保障机构安全运行的安全措施有赖于相关事务运行受到的威胁程度、对构建GIS的影响。对于与互联网相连的系统设计，信息安全是重要的考虑因素。

近来行业发展，特别是在Web服务标准和面向服务的架构领域的发展使更加有效地保护企业成为可能。图5-1展现了安全措施如何通过系统设计来集成，以深入支持安全性解决方案，它涉及所有相关的系统要素。同样，对于任何重要的安全问题，机构中的所有成员也必须为解决方案尽力。

ESRI对遵循标准化的承诺和互操作性软件组件的开发，为安全架构师提供了高度的灵活性（详见白皮书 http://www.esri.com/library/whitepapers/pdfs/arcgis-security.pdf）。本章介绍通过ArcGIS桌面应用、Web应用和Web服务实施的一系列技术控制，以及通过防火墙部署ArcIMS和ArcGIS Server组件的标准实践。最后，介绍安全控制的类型以及提供安全系统环境的 ArcGIS 企业系统实现技术控制的实例。

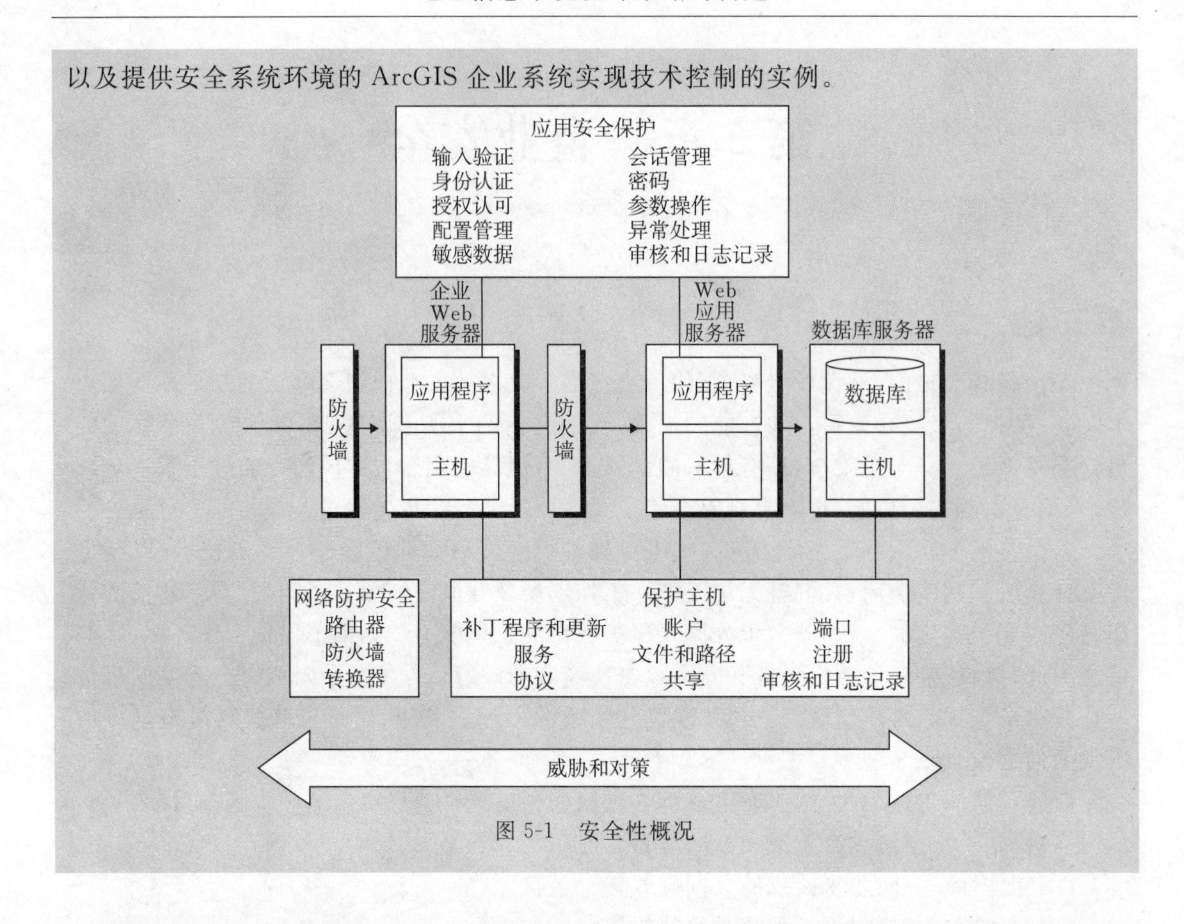

图 5-1 安全性概况

安全性解决方案对于每一个客户端而言都是唯一。合理的安全性解决方案取决于企业风险和企业控制性选择。实施合理和合适的安全控制是一个挑战。因此,必须定期评估并跟踪安全性风险评估发展趋势,建立安全性指南和控制,执行持续的安全性检查以确保目标得以维护。

合理安全性解决方案选择

为了开发和支持一个安全风险管理方案,采用由值得信赖的行业专家所提供的标准风险管理框架。这包括 Gartner 简单企业风险管理框架,为微软客户提供的微软风险评估指南,以及国家标准与技术机构的资料,这些为安全认证和联邦政府网站授权提供了基准。

最大的两个安全威胁是病毒污染和未授权的访问信息。由于分布式网络解决方案的广泛使用,病毒污染和未授权的访问信息的安全风险还在上升。

习惯上,许多机构开发的系统对所有的网络通信都开放,除非某些网络通信被特别阻止,开放的网络部署策略会带来危险。有很多更好的保护网络的方法,但它们都需要深入了解日常运行和安全控制基础。

安全和控制

通过多级安全控制可提供企业保护,因为没有哪种安全措施是绝对可靠的,因此保护应通过分级控制进行。三种类型的安全控制构成了不同级别的防护水平，即物理层面的、管理层面的以及技术控制层面的，它们协同工作提供安全环境。这三种基本安全性等级限定人们的权限以保证不同控制类型协调工作，使技术控制的方式在特定的系统配置中最为有效。图5-2显示了在三级安全等级下的控制类型（图左），详细描述了（图右）防护措施在每一层（图中）技术控制水平上的实施。

多种控制类型在技术控制（或系统配置）层面上提供安全性，保护经系统配置位于每一层上的数据和资产信息。这些配置层或技术控制类型被分为应用控制、主机—设备控制、网络控制和数据控制，如图5-2中间栏所示。在这种分层防护中，深层的认证和验证措施对企业安全发挥着实际的具体作用，这些安全措施列于与其相应的技术控制示例的右侧。

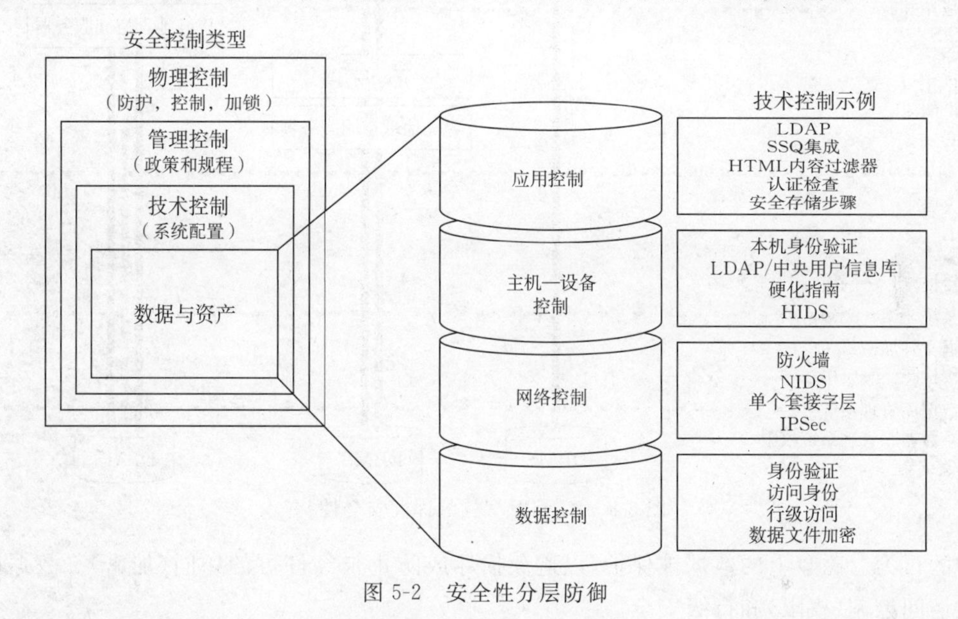

图5-2 安全性分层防御

在应用控制层，可以利用许多商业软件已有的功能以进一步保护环境安全。对包含于企业安全需求的详细措施和程序可参考附录B中的安全性定义。

企业安全性策略

目前，事务运行已出现了各种信息安全威胁，这些威胁来自友好和不友好的信息源，包括内部和外部的用户。无论是有意还是无意，这些威胁可能导致资源损失、危害重要信息或服务失效。图5-3中展示了可用于客户端—服务器、Web应用和Web服务架构的安全性选项的概况。

客户端—服务器架构

这是一个对信息流提供最高级别保护的安全技术组合。桌面和网络操作系统要求基于系统访问权限定义的用户身份和密码。网络设立限制和监视通信内容，对消息流建立不同级别访问条件的防火墙。即使数据在传输过程中被截取或丢失，通信包可被加密——安全套接层（secure sockets layer，SSL），来禁止未授权的信息访问。在限制通信流和验证传输源的服务器（IPSec）之间可建立特殊内容交换标准。传输活动可被监视（入侵检测）以鉴别企图突破安

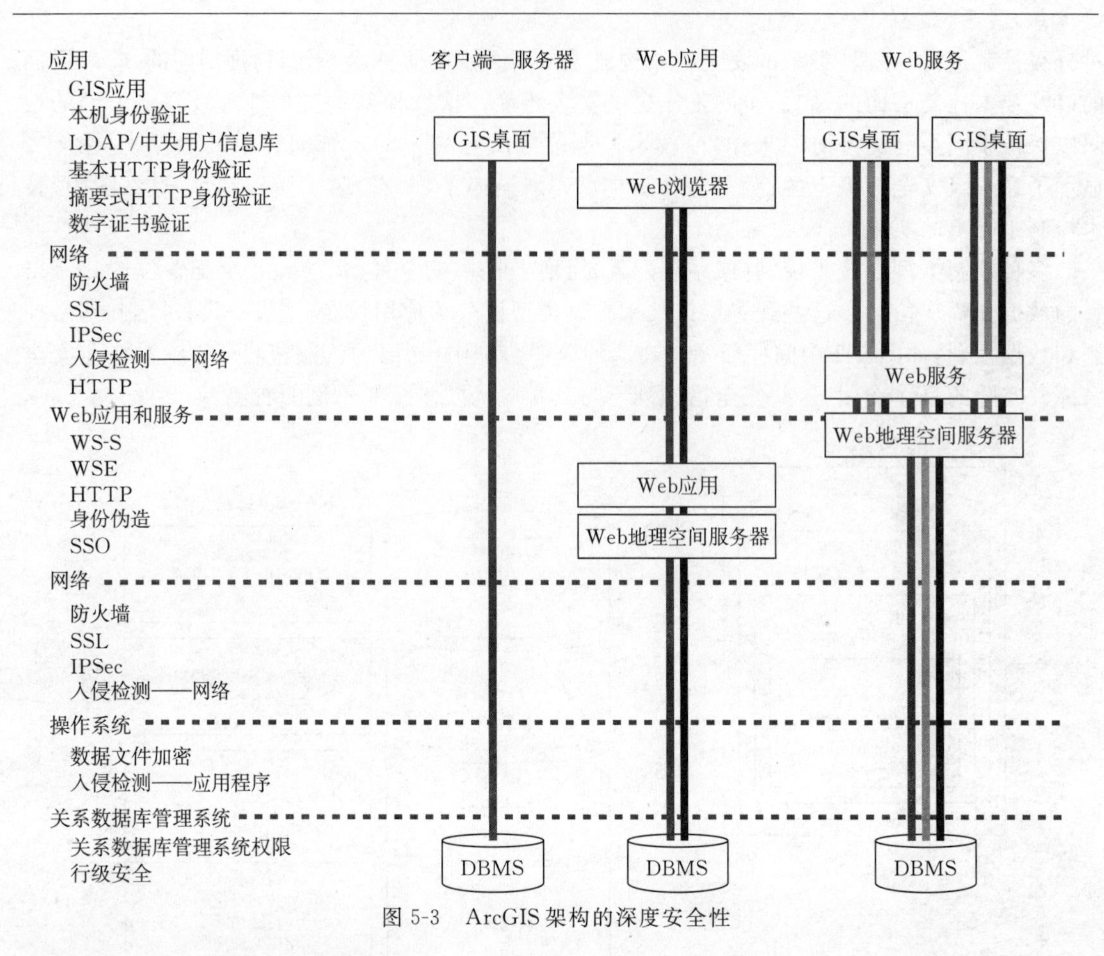

图 5-3 ArcGIS 架构的深度安全性

全保护的行为。磁盘上的数据被保护，以避免损坏或防止未经许可的访问(加密)。数据库环境提供访问控制(权限)和行级安全。

Web 应用架构

有时候保护和性能互为代价，所以必须了解安全性需求，只提供满足那些需求所必须的保护措施。标准防火墙、安全套接层、互联网协议安全性 (IPSec)、入侵检测、数据文件加密以及关系数据库安全解决方案都能继续保护 Web 运行。通过保护和控制 HTTP 通信可实现其他的安全性需求，基本认证、摘要认证和数字证书验证(public key infrastructure，PKI)程序的实施可提升安全通信并支持受限用户访问已发布的 Web 应用。安全 HTTP 协议加密数据转换，形成较高级别的通信保护。Web 应用设定用户数据访问权利，在加强安全性和控制数据源访问上有很多选择，例如，数据库访问的通行用户验证(single sign on，SSO)选择。安全不是免费的，需要付出代价，通常的代价是降低了性能和用户生产效率。

Web 服务架构

在 Web 上，首先是保护 HTTP 通信加密数据传输以提高通信安全性；然后是要清楚，架构越宽泛，可用的安全性选项越多，可消减增加的风险。

在企业面向服务的架构中，大多数安全控制是有效的。面向服务架构包括第三方安全解决方案，这个解决方案增强了由Web应用架构提供的防护。可采用其他的选项以加强访问控制。客户应用程序中包括了其他的安全要素以确保合理使用和控制。通过Web服务安全(Web services security,WS-Security)解决方案，要求用户验证和进一步限制对Web服务的访问。通过Web服务扩展(Web services extensions,WSE),Web服务器技术也提供了特别的Web服务安全实施。

Web防火墙配置可选方案

防火墙是被部署的硬件或软件设施，用于允许、禁止或代理不同可信度水平计算机网络之间的通信。标准的安全应用指定一个默认禁止的防护墙设置，在这个设置中，只有已经被明确许可的网络连接可进行。有效的默认禁止设置要求对网络应用和末端必要的需求要有详细的了解以支持日常运行。许多事务缺乏这种了解，因此在实施默认允许规则集时，除了已经明确被禁止的所有的通信都被允许。这个部署未注意网络连接，很可能危及系统的安全。

大量的防火墙部署选项都支持ArcGIS Web通信，请参见在白皮书上的选项(网址：http://www.esricom/library/whitepaters/pdfs/securityarcims.pdf)。

图5-4显示的是ArcIMS和ArcGIS Server防火墙部署方式默认的传输控制协议端口的概况。ArcIMS Web制图功能被明确定义和控制，通过共享的防火墙端口连接，软件组件根据需要被分配。

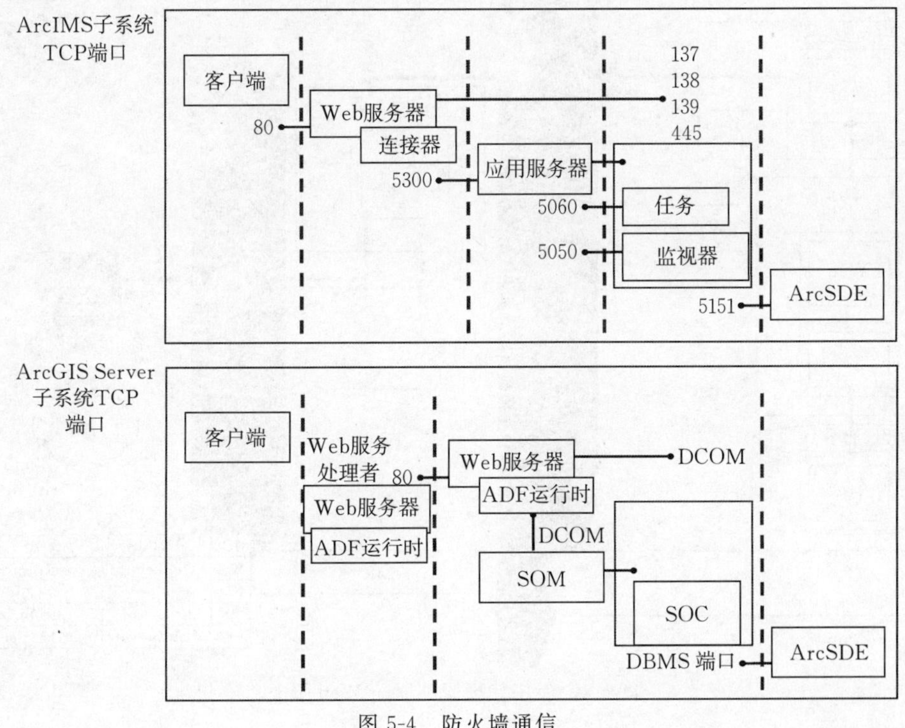

图5-4 防火墙通信

ArcGIS Server提供了一个有力的编程环境，它要求Web应用和SOC可执行文件之间更紧密的通信。SOC公开了ESRI ArcObject代码，提供了访问GIS功能的应用。Web应用和SOC可执行文件之间的ArcGIS Server通信采用分布式组件对象模型(distributedcomponent-object-model,DCOM)协议。分布式组件对象模型的使用涉及为组件之间通信动态指派专用的 TCP/IP 端口。因此,不推荐在一个防火墙部署上分离这些组件。

ArcGIS Server Web 应用能够通过采用 HTTP 服务协议的防火墙进行通信。许多企业级 Web 应用能够使用由 Web 服务事务处理提供的数据源。要求紧密耦合通信的 Web 应用能够通过反向代理服务器连接到内部 Web 应用服务器环境。

在 ArcGIS 防火墙部署策略中将讨论每一种部署的优缺点。理解有效的部署选项和相关含义可帮助安全架构师选择最佳解决方案以支持企业安全需要。

使用代理服务器的 Web 服务

图 5-5 显示了由代理服务器支持的内部网络应用接口部署。这个解决方案通过反向代理服务器提供了专网安全,并且支持专网上的完全 Web 服务部署,它能实现专网上 Web 网站的管理,对 ArcGIS Server 而言是最佳的防火墙部署。企业质量端服务器、代理服务器、网络流量负载平衡解决方案以及 Web 传输加速器的市场正在快速增长,为 Web 访问管理引入了行业标准。这些行业标准为机构提供了各种各样的管理工具,以维护和支持企业安全性需求。

代理服务器为内部专网支持的所有 Web 组件提供了虚拟的互联网访问,Web 管理和支持的便捷使得这个首选 Web 访问解决方案深受大多数 ESRI 客户的欢迎。

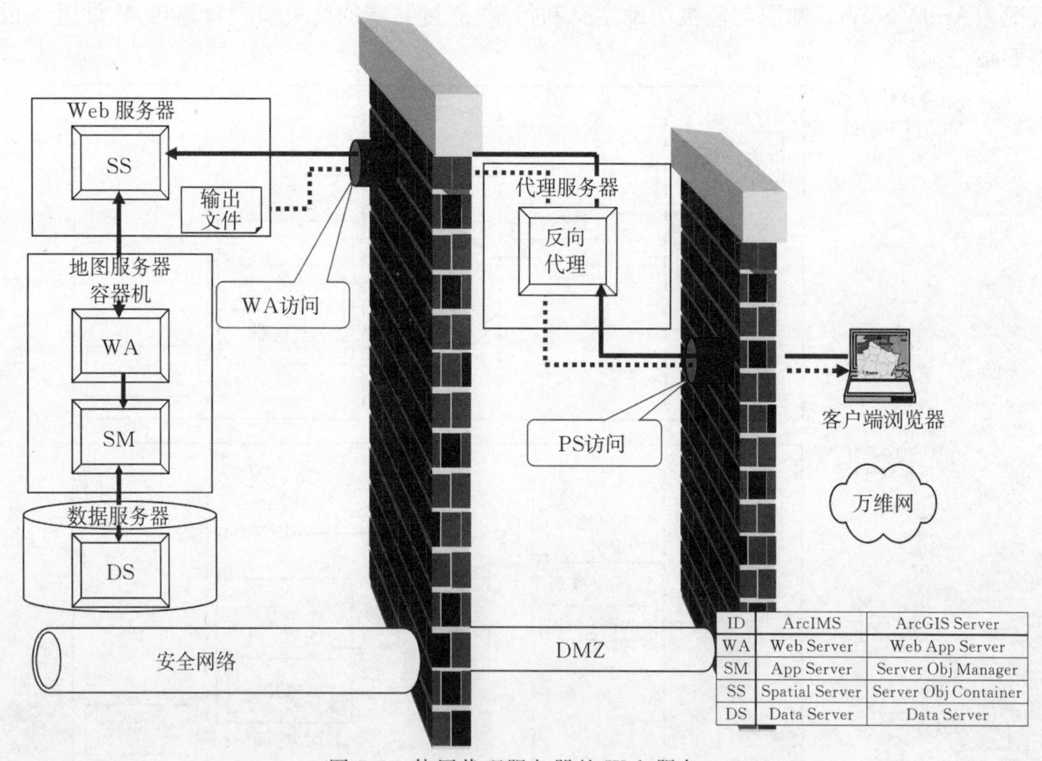

ID	ArcIMS	ArcGIS Server
WA	Web Server	Web App Server
SM	App Server	Server Obj Manager
SS	Spatial Server	Server Obj Container
DS	Data Server	Data Server

图 5-5　使用代理服务器的 Web 服务

非军事化区的 Web 应用服务器

图 5-6 显示了位于非军事化区(demilitarized zone,DMZ)的 Web 应用服务器,包括位于安全网络上的地图服务器(容器机)和数据服务器。(非军事化区是内部专网和公共网络之间

接口区域的术语，它的目的是为机构的局域网添加一个额外的安全层。）这种部署要求服务管理员和空间服务必须位于内部网，位于Web服务器上的输出文件必须由地图服务器共享，磁盘挂载允许通过防火墙从地图服务器到Web服务器的单向访问。对ArcGIS服务器不推荐这种配置。

图5-6中显示了一个对于ArcIMS的常用解决方案，是机构提升安全Web访问的方法。Web应用和ArcIMS应用服务器之间的连接是相对稳定的，只通过防火墙传输Web流量。许多安全架构师考虑通过防火墙支持磁盘挂载，因此提供输出流（对Java和.NET应用程序有效）作为一个可选的解决方案。

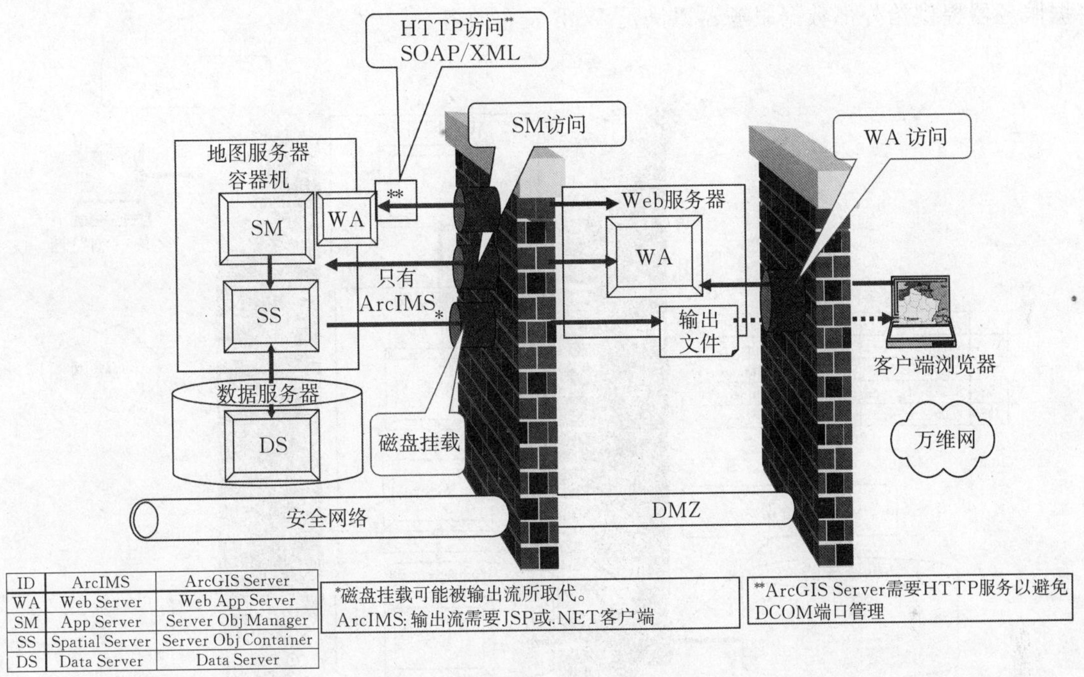

图5-6　在DMZ中的Web应用程序

通过防火墙的ArcGIS Server运行会面临额外的安全顾虑。Web应用和SOC之间的分布式组件对象模型通信使防火墙成为瑞士干酪*（对每一个并发的Web事务要求专用端口）。

内部Web应用服务器可提供发布HTTP服务以支持防火墙外部的Web应用。要求分布式组件对象模型通信的Web应用由内部Web服务器支持。通过反向代理通信提供Web客户端与内部支持应用程序的连接。

关于上面对瑞士干酪的引用说明：对每一个并发事务ArcGIS Server使用专用通信端口，这是所推荐的防火墙部署限定的基础。每一个Web应用开发框架应用采用由服务对象管理者指派专用分布式组件对象模型端口，以保证每一个Web事务处理的执行。根据不同的服务配置文件，一个标准ArcGIS Server平台能够在每一个服务器核上支持5个并发事务。一个高可用性的ArcGIS Server平台部署包括2核或4核服务器平台，每一个平台能处理20个并发的ArcGIS Server事务。两个产品平台将需要最少20个可用分布式组件对象模型端口以

* 瑞士干酪的特点是表面的孔非常多，此处指漏洞很多。——编者注

支持在高峰服务负载时的并发事务处理。更大的系统容量将要求更多的分布式组件对象模型端口,这就使得防火墙端口锁定看上去像瑞士干酪(防火墙将无效)。

非军事化区所有 Web 服务组件

当然,最为安全的解决方案是安全网络和外部世界之间的非物理连接。对某些网络环境,保证最佳安全等级十分重要,要求物理阻隔以维护内网上的安全通信。图 5-7 显示了所有 Web 应用、服务管理者、空间服务和数据源都位于安全网络防火墙外部及 Web 访问层或非军事区内部。这个部署要求非军事化区域中维护的 GIS 数据必须备份,数据更新由内部 GIS 数据服务器提供给外部数据服务器以满足 Web 发布服务。

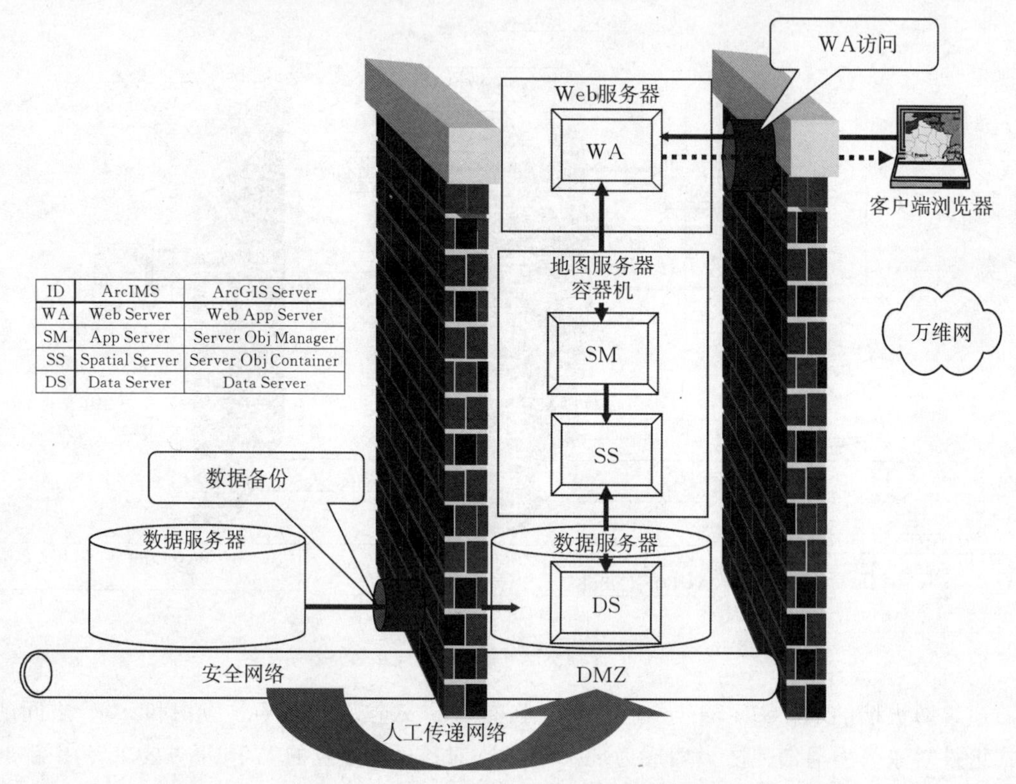

ID	ArcIMS	ArcGIS Server
WA	Web Server	Web App Server
SM	App Server	Server Obj Manager
SS	Spatial Server	Server Obj Container
DS	Data Server	Data Server

图 5-7　在非军事化区中的所有 Web 服务组件

ArcGIS 9.2 软件提供了新的技术发展,它简化了分布式地理空间数据库的管理和支持(见第 6 章)。ArcGIS Server 地理空间数据库备份能够提供已定义的子集(版本)的增量更新,这个已定义的子集(版本)由内部父地理空间数据库到子地理空间数据库支持发布 Web 服务。更新可通过临时的防火墙连接,或者输出 XML 文件,由手工转换到外部数据库来进行。随着 ArcGIS 9.3 的发布,地理空间数据库备份方式将能够支持子文件地理空间数据库的增量更新。

除数据服务器以外的非军事化区所有 Web 服务组件

图 5-8 显示了位于非军事化区上的 Web 应用,服务管理者和空间服务访问位于安全网络上的内部 ArcSDE 数据服务器。在这种部署里,空间服务直接连接到数据库客户软件,通

过安全防火墙依次使用标准数据库端口进行访问，并允许对内部地理空间数据库服务器进行受限访问。由于在空间服务与数据源之间有大量的流量传输，防火墙断开将成为一个问题。任何网络与数据服务器断开都会产生延迟(对所有发布服务的连接允许重新被建立)。

图5-8中所显示的是对于ArcIMS的常用解决方案，是机构所寻求的安全Web访问方法。对于在非军事化区上的专网外部所提供的Web服务，通过标准数据库安全协议可对中央DBMS提供虚拟访问。

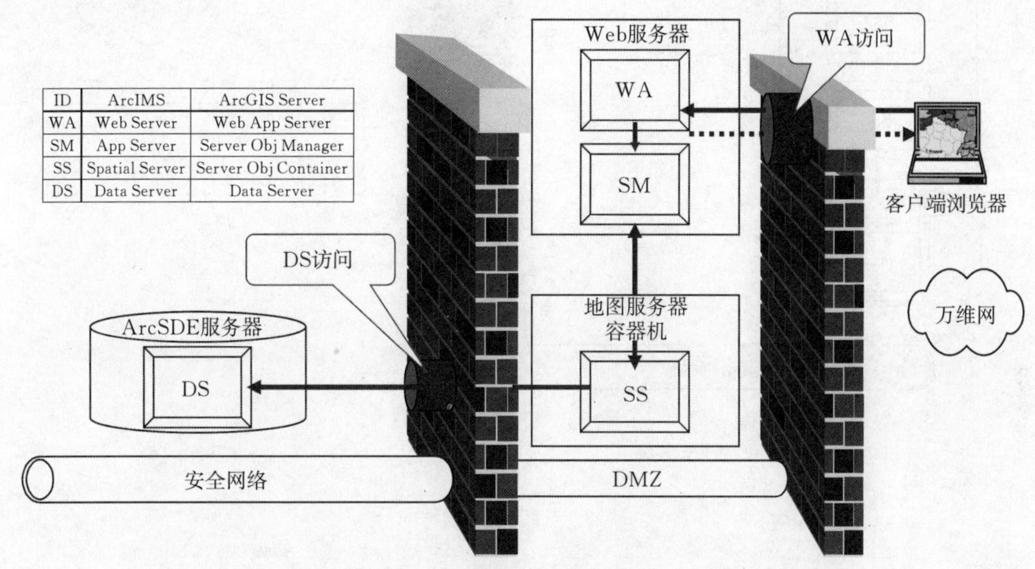

图5-8　在非军事化区里除数据服务器以外的所有Web服务组件

在这种部署下，网络传输和连接的稳定性将面临挑战。因为所需求的数据必须传送到GIS可执行文件以生成地图服务，空间服务器可执行文件之间的网络传输将会相对频繁。如果防火墙连接不稳定，网络连接的稳定性将成为问题。如果发布Web服务和数据库之间的连接丢失的话，将需要花费许多时间来恢复这些数据库连接，并重建服务在线。因此，采用这种解决方案时，必须确保有足够的网络带宽以及通过防火墙的稳定、持续的连接。

不可取的解决方案

图5-9显示了访问安全网络的Web端口80，这并不是一个安全部署。Web应用、地图服务器(容器机)和数据服务器组件都在安全网络的防火墙上。端口80通过防火墙提供了HTTP传输的开放访问。许多机构已经证实了这不是一个安全的解决方案。充分的防火墙保护必须是能够防止一般公众访问内部网。

通过思考和权衡，确定和实施最佳安全解决方案。第6章中有关数据管理方面的知识也将有助于决策。

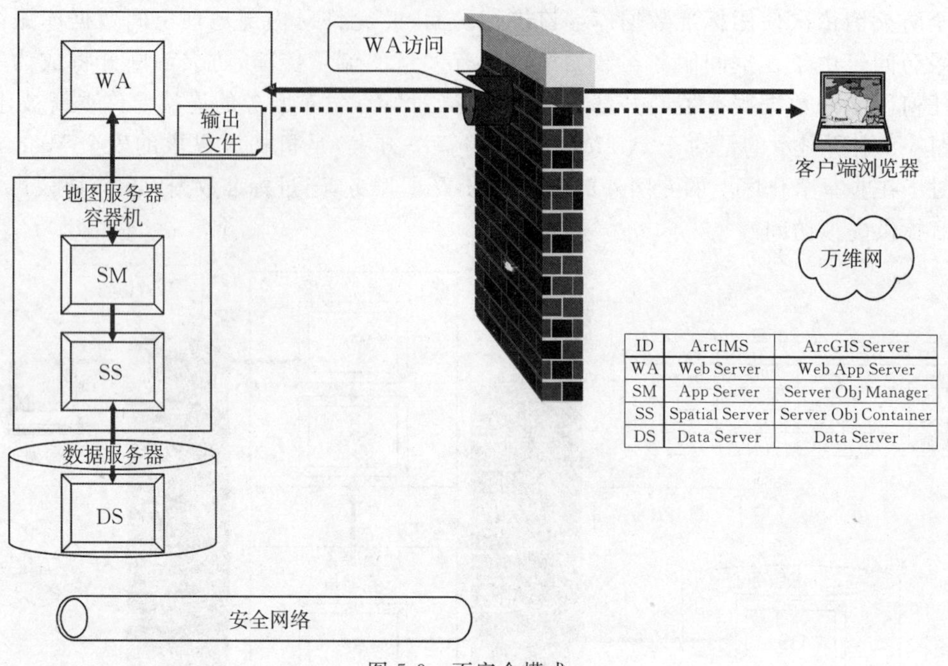
WA访问
WA
输出
文件
客户端浏览器
地图服务器
容器机
SM
SS
万维网
数据服务器
DS
安全网络
ID | ArcIMS | ArcGIS Server
WA | Web Server | Web App Server
SM | App Server | Server Obj Manager
SS | Spatial Server | Server Obj Container
DS | Data Server | Data Server

图 5-9 不安全模式

第6章　GIS 数据管理

概　述

在选择合适的企业 GIS 架构时，首先要考虑的是数据的组织管理。企业 GIS 常常受益于整合的 GIS 数据资源，无论数据是集中式或是分布式管理，数据资源都进行合并与共享。数据整合改进了用户对数据资源的访问，使数据得到了较好的保护，提升了数据的质量。反之，硬件和管理资源的结合减少了硬件成本和系统管理需求。

管理数据资源最简单、最具成本效益的方式是在中央数据仓库中存放数据备份，当需要进行数据维护和 GIS 查询与分析操作时，为用户提供访问这些数据的服务。但这种方法并不总是实用的，许多系统解决方案要求机构保存分布式的数据备份。ArcGIS 9.2 的地理空间数据库备份技术很大程度上降低了维护分布式数据库体系结构的复杂性，使实现变得简单。如今在 9.3 版本中地理空间数据库到文件地理空间数据库单向复制的实施，使其仍然简便。

ArcSDE 8 提出的地理空间数据库版本概念为管理分布式地理空间数据库提供了技术基础。ArcGIS 8.3 中引入了地理空间数据库复制功能，它为移动 ArcGIS 桌面用户端和移动数据库操作提供了离线编辑。ArcGIS 9.2 中实现了全部的分布式地理空间数据库管理功能，这些功能完全支持位于某区域的单个地理空间数据库的远程版本。通过标准版本及一致化的存储，数据改变与中央数据库自动同步，中央数据库与区域数据综合一致。部署和支持分布式地理空间数据库运行的能力与核心 ArcGIS Server 技术相关，其功能由入门级地理空间数据库授权提供。

虽然软件能够管理数据，但是没有完美方案能自动进行数据管理。例如在上文提到的分布式地理空间数据库方案中，数据管理者必须认真规划并管理更新和备份操作，以保证分布式数据库副本与中央父数据库维持在一致的状态。根据 GIS 的规模，不同的专家或专业人员一起合作，以保证 GIS 体系结构与机构现有的数据和系统管理方式相一致。

本章阐述空间数据的储存、保护、备份以及在标准 IT 数据中心环境中的迁移。维护和支持空间数据的方法有很多，必须选择满足数据管理要求的系统架构。下面对这些内容进行简单的概述。

空间数据储存。空间数据能储存在多种类型的存储介质上。入门级系统使用本地磁盘驱动器。通过维护本地文件服务器共享磁盘上的共享空间数据增强工作组的运作。DBMS 以内部储存、直接附加储存和存储区域网（storage area network，SAN）的方式来储存数据，能提供更高的性能、更好的数据管理和更多功能。附网存储（network-attached storage，NAS）作为一种基于文件的设备解决方案为文件服务器磁盘共享和直接附加存储提供了替代方式。最好的存储方式应是支持现有的事务运作，能为整个机构提供数据保护、备份和迁移的方法 。

数据保护。GIS数据是企业GIS中各种重要事务处理的关键，因此必须保护好。基本的数据保护策略由存储架构来提供(通常是以特殊方式组织某些类型的磁盘)。大部分存储供应商已采用标准化的独立磁盘冗余阵列(redundant array of independent disk，RAID)作为存储方案的主要方式，以实现更好的访问性能和从磁盘硬件故障中保护性恢复的功能。RAID组合最利于促进系统性能和数据保护。

数据备份。如果说存储架构是第一道防线的话，那么数据备份则是最后一道防线。基本上，关于备份，存在两种人：定期备份的人和后悔没有这样做的人。长期备份不仅能保护在数据上的投资，还能保障GIS在紧急情况下的运行。备份数据的策略涉及许多因素，但主要是时间和费用。虽然近年来数据库的大小在增长，但磁盘存储的成本在下降，使得磁盘备份方案在价格上比磁带存储方案有竞争力。由于从磁带备份中恢复大型数据库非常慢，因此使用备份磁盘来重启DBMS在时间方面也是有意义的。关于网络性能问题，如是否要求在高峰或非高峰时段备份，可以通过配置不同的服务器来处理该问题，以避免网络瓶颈。

数据迁移。备份和恢复的方法也涉及数据移动。空间数据迁移有多种方式：利用ArcGIS中地理空间数据库的迁移功能，采用数据库备份和磁盘备份。传统的方式将数据复制到磁带或磁盘上，通过介质的物理方式将数据送到远程位置。在远程端，数据被安装于远程服务器环境。技术的发展为维护分布式数据源提供了更为有效的选择。

数据管理与访问。在人们使用数据的同时如何保护数据是数据管理的主要目标。ArcGIS技术提供可靠的方式管理和访问分布式空间数据，这些将在本章的后半部分中阐述。

有效的数据组织和管理能使机构在数据上的大量投入得到充分利用。数据组织和管理规划在系统架构设计中发挥着重要作用，两者是否能成功很大程度上取决于系统运行的管理团队。有许多存储和保护GIS数据资源的方法，GIS数据的维护和支持与其他企业数据系统(财会系统、设施管理系统、客户服务系统)相似。标准IT最佳准则已被应用于GIS数据资源的存储、备份、迁移和保护。它们有很多相似之处，然而，也存在不同。本章着重于支持GIS数据资源的方式，体系架构的选择要考虑到现有的企业数据管理方法，例如系统备份、故障恢复以及企业存储网技术，基本上无需引进新的不同方法来管理企业数据资源。

大部分GIS的实施开始时都只有少量的用户，然后逐渐发展成企业规模。如今大部分GIS环境由共享数据资源和一体化运行的分布式部门系统组成。大部分机构发现，地理空间数据库资源的集中部署，为远程用户的有效访问提供了最合适、最低成本的解决方案，采用分布式的环境(数据不是集中储存，而是储存在不同的位置)来满足用户需求。现在采用的是既能高效集中式一体化管理数据，又具有分布式系统的高显示性能的混合方式。

存储和保护GIS数据资源的方式一直在不断完善，本章中介绍与存储网络中保护与移迁数据准则相连的各种数据存储解决方案，以及RAID配置策略。数据库和存储备份服务为受损恢复和数据库环境整体迁移提供解决方案，采用标准的数据中心解决方案。

存储架构策略

过去20年，存储技术在提高数据访问和有效存储资源方面得到了长足发展。了解每种技术解决方案的优点有助于选择最适合需求的存储架构。图 6-1 显示了从内部工作站磁盘到存储区域网的技术发展历程。

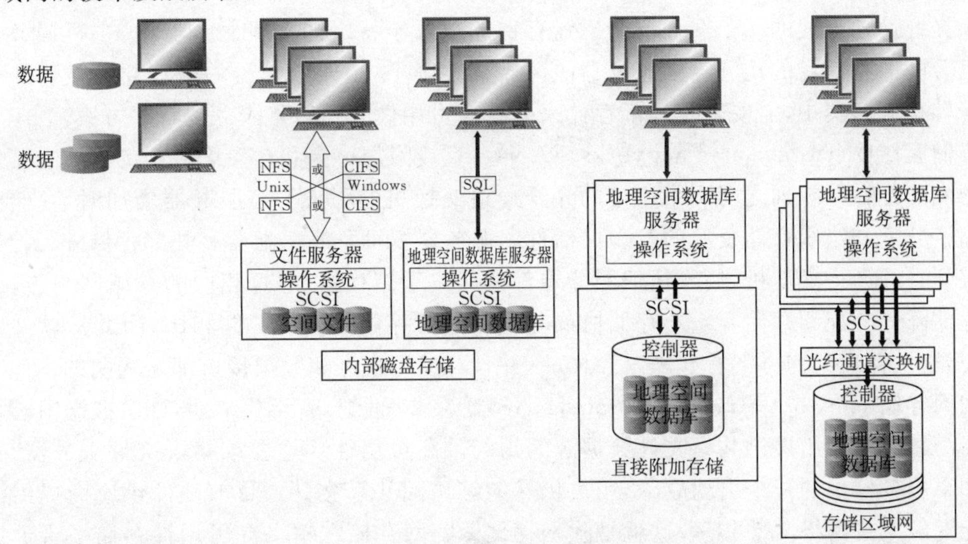

图 6-1　存储区域网的发展历程

内部磁盘存储。将存储磁盘置于本地机器上是最基本的存储架构。现今大部分计算机硬件都包含内部磁盘存储(即存储磁盘位于计算机内)。工作站和服务器都能配置内部磁盘存储。通过本地工作站或服务器访问内部磁盘存储,在共享服务器环境中受到很大的限制,如果服务器的操作系统发生故障,其他系统都无法访问该服务器上的内部数据资源。

文件服务器存储能提供被许多本地网络客户端应用程序访问的网络共享。磁盘安装协议——网络文件服务器(network file server,NFS)和通用互联网文件服务(common internet file services,CIFS),使本地应用程序能够通过网络访问文件服务器平台上的数据。查询处理由客户端应用程序(与在服务器平台上的应用程序相对应)提供,它涉及客户端与服务器网络连接间的大量烦琐通信。

数据库服务器存储在服务器平台上提供查询处理,极大地减少了网络通信量。数据库软件改进了数据组织并为数据完整性控制提供了有效的管理。

内部存储包括在单磁盘故障时保护数据存储的 RAID 镜像磁盘卷。许多服务器包含多个磁盘驱动器插槽,以配置 RAID 5 并支持高容量存储需求。然而,内部存储的访问只限于主机服务器。因此,20 世纪 90 年代,随着许多数据中心环境规模扩大,一些机构数据中心的服务器拥有过多未被利用的磁盘,而另一些服务器上的磁盘过少。由于在服务器内部存储卷间数据卷不能被共享,这使得磁盘卷管理面临挑战。外部存储方法(直接附加、存储区域网和附网存储)成为摆脱那些“基于仓”的存储方式以建立更易于管理和更适合的存储架构。

直接附加存储。直接附加存储架构将存储磁盘置于外部存储阵列平台。主机总线适配器(host bus adaptors,HBAs)使用与内部磁盘存储相同的块级协议将服务器操作系统连接到外部存储控制器上,因此,从应用程序和服务器的角度来说,直接附加存储的出现及其功能与内部存储相似。外部存储阵列被设计成拥有冗余的组件(系统在任一组件失效时仍能运行),因此单一存储阵列能满足高可用性的存储需求。

直接附加存储技术可为存储控制器和服务器主机总线适配器提供几个光纤通道连接。为了实现高可用性的目的，标准做法是为每一个服务器环境配置 2 个 HBA 光纤通道连接。直接附加存储方案提供 4～8 个光纤通道连接，所以一个直接连接存储阵列控制器可提供具有 2 个冗余光纤通道连接的 4 个服务器。磁盘存储卷被置于特定的主机服务器中，主机服务器控制对已分配的存储卷的访问。在服务器故障转移方案中，主要服务器的磁盘卷可被重新分配到故障转移服务器中，需要采用外部存储来支持高可用性故障转移服务器解决方案。

存储区域网（storage area networks，SAN）。直接附加存储和存储区域网的不同在于提供服务器和外部存储阵列之间网络连接的光纤通道交换机的引入。当服务器增加时，存储区域网提高了分配和组织存储资源的管理灵活性。服务器主机总线适配器和外部存储阵列控制器被连接到光纤通道交换机，使得任何服务器都能从位于储存场（通过相同的存储网络连接）的任何存储阵列分配到存储容量。存储协议与直接附加存储或内部存储相同，因此从软件的角度来说，这些存储架构方案看起来是一样的，并且对应用程序和数据接口都是透明的。

附网存储（network-attached storage，NAS）。在 20 世纪 90 年代末期，许多数据中心采用服务器为客户端应用提供共享文件数据源的访问。高可用性环境要求集群文件服务器存储，因此如果服务器中的一个出现故障，用户仍然能够访问共享文件。目前硬件供应商提供混合设备配置以支持网络文件共享，这就是附网存储。附网存储在单一高可用性存储平台上提供文件服务器和存储。文件服务器可由改进的操作系统来配置，改进的操作系统提供网络文件服务器和通用互联网文件服务磁盘安装协议，拥有改进的文件服务器网络接口的存储阵列被部署成一个简单的附网硬件设备。存储阵列包括一个标准网络接口卡（network interface card，NIC）与局域网的接口，客户端应用能够通过标准磁盘安装协议连接存储器。附网存储提供了部署共享存储器的简便方式，能够被大量的 Unix 和 Windows 网络用户所访问。图 6-2 展示了附网存储架构的发展。

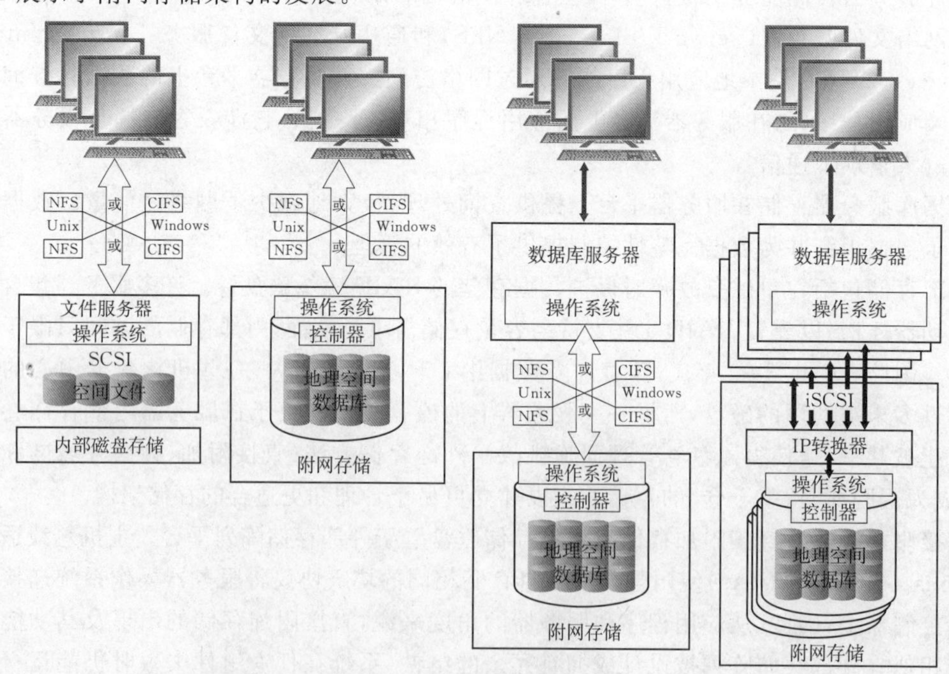

图 6-2 附网存储架构的发展

附网存储为支持网络文件共享提供了有效的架构选择，受到许多 GIS 用户的欢迎。随着

GIS 数据从早期基于文件的数据存储(coverages、Librarian、ArcStorm、shapefiles)发展到以数据库为中心的数据管理环境(地理空间数据库服务器),附网存储供应商建议使用网络文件共享来支持数据库服务器存储。这也存在着一些限制,由主机数据库服务器控制分配专用数据存储卷以避免数据的损坏十分重要。其他的限制包括与传统光纤通道 SCSI 协议相比,通过烦琐 IP 磁盘安装协议的数据库查询速度慢得多,IP 网络的带宽也比光纤通道交换机环境低(1 Gb/s 的 IP 网络相对于 2 Gb/s 的光纤通道网络)。将附网存储替代存储区域网,对地理空间数据库服务器环境而言,并不是一个最佳存储架构方案。而对基于文件的数据源来说,附网存储是最佳的架构方案,并且采用附网存储技术方案的在继续增加。

由于附网存储方案的简单性,采用标准局域网(local area network,LAN)交换机提供网络与服务器和存储器的连接,这是附网存储的一大卖点。存储区域网和附网存储之间竞争激烈,尤其是在对更为通用的数据库环境支持方面。存储区域网支持者声称其架构由更高的带宽连接和标准存储块协议所支持。附网存储支持者声明他们能用标准局域网通信协议支持存储网络,并能使用相同的存储方案支持数据库服务器和网络文件访问客户端。

附网存储行业为其存储网络提供了更高效的互联网小型计算机系统接口(internet small computer system interface,iSCSI)通信协议(基于 IP 网络的 SCSI 存储协议)。目前 GIS 的架构包括了逐渐增加的文件数据源,例如 ArcGIS Image Server 图像、ArcGIS Server 预处理二维和三维缓存、文件地理空间数据库。对许多 GIS 运行而言,混合方式的存储技术提供了最佳的存储方案。

保护空间数据的方法

数据是 GIS 中最具价值的资源之一,保护数据是实现重要事务运行的基础。战略上,存储架构提供第一道防线。存储保护可选方案的常用配置描述如下,其他可选方案的描述参见 84 页底部的文字框。

图 6-3 中的两种 RAID 配置(RAID 1/0 和 RAID 5)是地理空间数据库(ArcSDE)中最常用的方式,RAID 的组合能对数据保护和性能目标提供最好的支持。其他的混合 RAID 部署(见 84 页底部的文字框)也是有效的,但 RAID 1/0 和 RAID 5 最受青睐。

RAID 1/0: RAID 1/0 是 RAID 0 条带化和 RAID 1 镜像的组合,对高性能和数据保护来说,这是最优的组合方案,同时也是最昂贵的方案。由于阵列中每一个数据磁盘的镜像磁盘备份,使得可用的数据存储量只是总磁盘容量的 50%。

RAID 5: RAID 5 包括 RAID 3 的条带化和奇偶校检,阵列中每一条带都分配了奇偶校检卷以避免磁盘抢夺瓶颈。这种改进的奇偶校检方案提供了最佳磁盘利用和近于最优的性能,除了奇偶校检磁盘卷其余磁盘都可用于存储。

混合方案: 一些供应商提供了替代专有 RAID 的策略来增强他们的存储方案。在磁盘上存储数据的新方法能提高性能和保护性,还可以简化其他数据管理的需求。每一种混合方案都必须被评估,以决定它是否支持以及怎样支持特定的数据存储需求。

ArcSDE 数据存储策略随着所选择的数据库环境的不同而不同。

SQL Server: 日志文件位于单一的 RAID 1 镜像中,索引表和数据表位于 RAID 5 磁盘卷。用户工作流决定了支持 RAID 5 的磁盘数量,负荷较重的工作流要求更为分散的数据量。

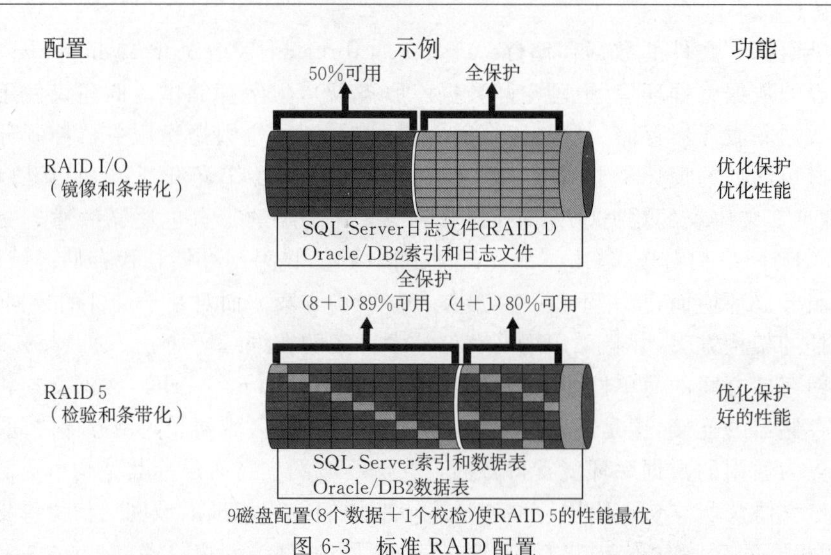

图 6-3 标准 RAID 配置

Oracle、Informix 和 DB2：索引表和日志文件位于 RAID 1/0 镜像，数据表分布在 RAID 5 磁盘卷。支持 RAID 5 的磁盘数量取决于用户工作流，负荷较重的工作流要求更为分散的数据量。

PostgreSQL：对数据库的支持随 ArcGIS 9.3 软件一起介绍。

备份空间数据的方法

磁盘级的数据保护最小化了磁盘故障时对系统恢复的需求，但它不能防范各种各样其他数据故障的情况。为保障事务处理连续性和故障恢复，主动有序的规划应该包括远程备份，即在远离原站点的安全位置保存一份重要数据资源的当前备份副本。

数据备份为保护数据提供了最后一道防线。关注并认真规划存储备份步骤是备份策略成功的重要影响因素。数据丢失可能由很多种情况造成，其中最有可能的是管理或过程中的错误。图 6-4 展示了备份空间数据不同方法。

其他磁盘存储配置

JBOD：无 RAID 保护的磁盘卷被称作“只是一堆磁盘”，或者 JBOD。这是一种无保护且无性能最优化的磁盘配置。

RAID 0：RAID 0 配置的磁盘卷在存储阵列中提供了跨磁盘的数据条带化。条带化使并行磁盘控制器能跨磁盘访问数据，减少了定位和移动目标数据的时间。一旦在每个磁盘上找到数据，它就被存入阵列缓存中。RAID 0 条带化提供最优数据访问性能，但没有数据保护。所有的磁盘卷都能用于数据存储。

RAID 1：RAID 1 配置的磁盘卷为阵列中磁盘上的数据提供镜像备份，如果两个磁盘中的一个发生故障，可以从磁盘备份获取数据。故障磁盘被替代，数据通过镜像备份自动被恢复，而不需维修整个存储阵列。RAID 1 以低磁盘利用效率提供了最优的数据保护。由于对阵列中每一个数据磁盘的镜像备份，可用的数据存储量只有总磁盘总容量的 50%。

RAID 3 和 4：RAID 3 或 RAID 4 配置的磁盘卷支持阵列中除奇偶校检盘外的所有磁盘的条带化。每一个数据条带都要计算奇偶校检位并存入校检磁盘中。如果某个磁盘发生故障，利用奇偶校检位可以重新计算以恢复丢失的数据。RAID 3 提供了良好的数据保护并使存储容量最优化。除了奇偶校检盘外，其他的磁盘都能用于数据存储，优化了数据存储可用磁盘容量。

RAID 3 和 RAID 4 在技术上的区别，本书将不作讨论。这两种存储配置都有潜在的性能劣势。每次写入数据都要访问校检磁盘，导致在用户负载高峰时的磁盘抢夺。每次写入时，计算和存储校检位的要求也会降低性能。写入性能问题通常是通过大高性能磁盘存储方案的阵列缓存算法来解决。

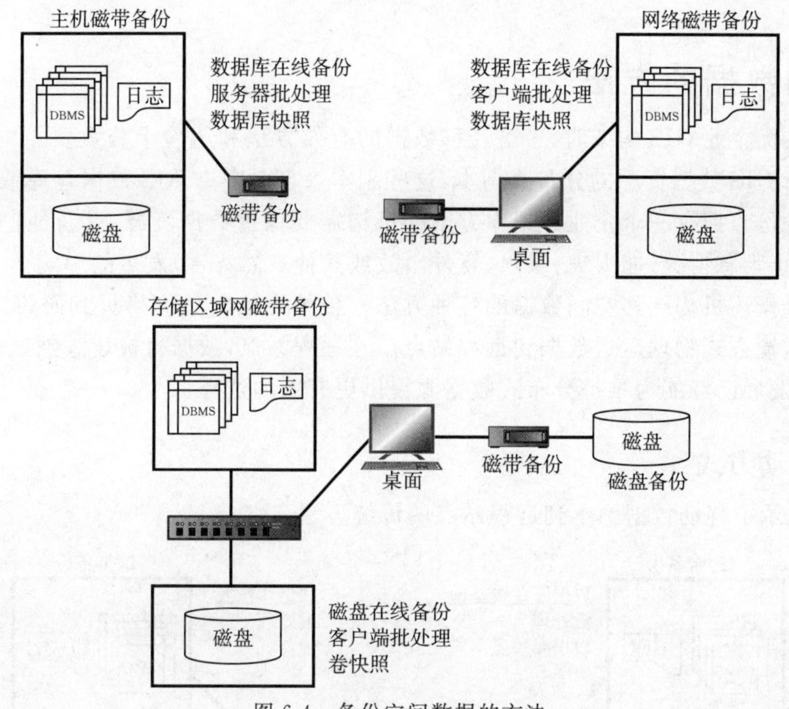

图 6-4　备份空间数据的方法

主机磁带备份。传统的服务器备份方法是使用低成本的磁带。数据必须被转换成磁带存储格式储存于磁带介质中。备份会占用大量的服务器处理资源(备份过程会耗费处理器核),同时,也要求特殊的数据管理流程以支持事务运行,是一个计算密集型的过程。

在数据库环境下,基于单点实时的备份能保持数据库的连续性。采用标准数据库备份流程以支持数据库快照。当数据库发生变化时,被保护的快照数据的副本被存入快照表,支持数据的即时点备份及数据库恢复到快照发生时间。

主机处理器在非高峰时段可用来支持备份操作。如果在高峰时段需要备份的话,网络服务器将减小数据服务器的负载。

网络客户端磁盘备份。通过局域网,传统的在线备份可由运行于独立客户端平台上的批量备份过程来完成。然而,由于在备份过程中的高数据传输率,客户端备份过程能导致服务器和客户端之间的潜在网络性能瓶颈。因此 DBMS 快照仍然为在线数据库环境提供即时点备份。

存储区域网客户端磁带备份。有些备份方案支持直接磁盘存储访问,而不会影响主机 DBMS 服务器环境。存储备份通过存储区域网或者独立的光纤通道访问在独立客户端平台上进行批量处理的磁盘阵列。磁盘级的存储阵列快照用于支持在线数据库环境的即时点备份。磁盘级的备份方案能避免主机平台处理负载和局域网性能的瓶颈。

磁盘复制备份。近年来数据库规模有了快速的发展,数据从数千兆字节扩展到了几兆兆字节。从磁带备份中恢复大型数据库非常慢,恢复大型空间数据库通常要花上好几天。同时,磁盘存储的成本已大幅下降,使在大型数据库环境下,磁盘备份方案在价格上比磁带存储方案有竞争力。本地磁盘上数据库备份副本,或远程恢复站点的磁盘卷的备份副本,都能使 DBMS 在发生存储故障后立即重新启动。

迁移空间数据的方法

在定义最优企业 GIS 构架时,了解迁移数据的有效方法和风险十分重要。许多企业 GIS 方案要求更新 GIS 数据资源的分布式副本,这些副本来自对中央 GIS 数据仓库或企业数据库环境的定期备份。拥有一个企业数据库方案的机构需要保护数据资源,更新他们的事务连续性方案,以防止紧急情况(如火灾、洪水、意外事故或其他自然灾害)发生的影响。

这一部分概述机构迁移空间数据的各种方法。传统方法将数据拷贝到磁带或磁盘上,再采用常规的运输方式物理运送数据到远程站点。在远程站点,数据将被装载到远程服务器上。现在,技术的发展已经能为维护分布式数据源提供更有效的选择。

传统数据移动方式

图 6-5 显示了移动数据副本到远程站点的传统方法。

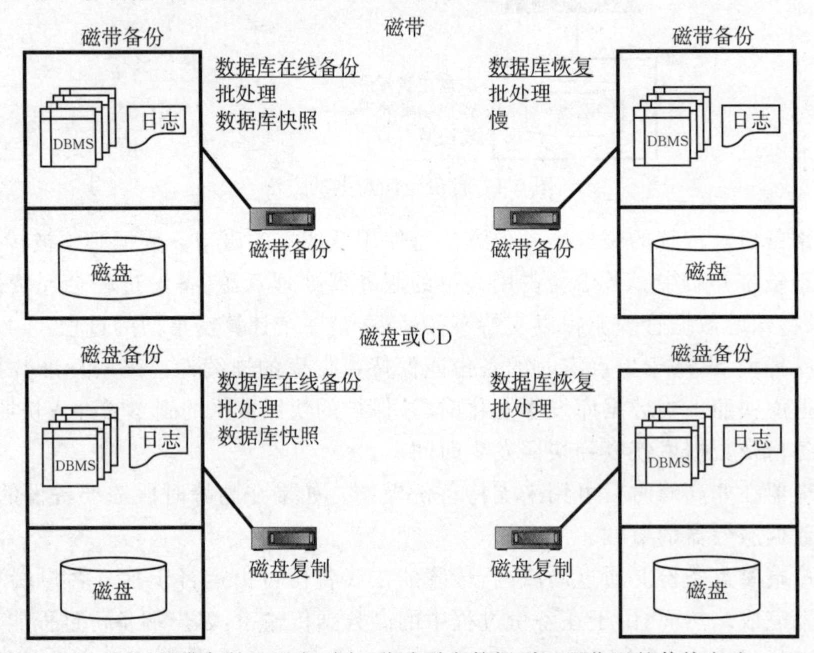

图 6-5 磁带备份和磁盘副本:移动副本数据到远程位置的传统方法

传统方法包括采用标准的磁带或磁盘传输介质来备份和复原数据。用这些方法移动数据通常被称为“人工传递网络”。这些方法不需要物理网络就能传输数据。

磁带备份。磁带备份方案能将数据迁移到单独的服务器环境。磁带传送方式相对较慢。降低的磁盘存储成本使磁盘备份成为更具吸引力的选择。

磁盘拷贝。数据库的备份副本存储于磁盘,能在远程站点迅速恢复。在短时间内,数据库就能以新数据副本重启并在线。

ArcGIS 地理空间数据库传输

使用标准备份策略无法轻易地移动版本化的地理空间数据库子集。数据移动必须先从主地理空间数据库中抽取数据,再输入到远程地理空间数据库中。标准 ArcGIS 输入输出功能可以支持地理空间数据库的迁移，采用这些功能能够在远程站点建立和维护地理空间数据库副本。图6-6显示了使用ArcGIS地理空间数据库功能来移动空间数据的方法。

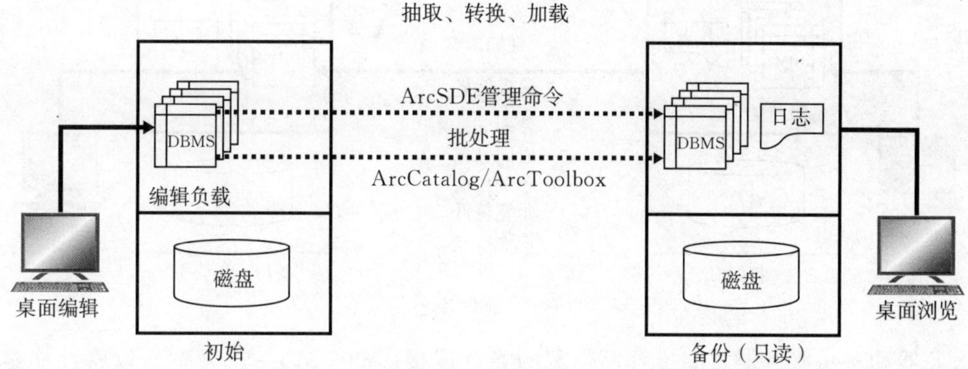

图6-6　地理空间数据库传输：使用标准ArcGIS输出输入功能移动空间数据

ArcSDE的管理命令

通过ArcSDE的管理命令，采用批处理的方式来输入和输出ArcSDE简单要素数据库。在完全替换数据层时，使用这些命令来移动数据是最实用的。在将数据传送到复杂ArcSDE地理空间数据库环境时，这些命令不是最优方案。

ArcCatalog/ArcTools命令

ArcCatalog支持在ArcSDE地理空间数据库环境间的数据迁移，从个人地理空间数据库或独立数据库抽取数据，再输入到ArcSDE环境中。

ArcGIS Server地理空间数据库迁移

ArcGIS ArcInfo 9.2包括了在两种不同地理空间数据库架构间创建和转换数据的工具。这种转换功能在ArcGIS Server上发布，进行自动的抽取、转换、加载(extract/transform/load,ETL)服务。

数据库的备份

在部署DBMS空间数据备份方案时，用户已经体验到了各种技术挑战。例如，要求修改ArcSDE的数据模型以启用第三方DBMS备份。两端服务器环境都被分配了高负荷的抽取、转换、加载处理，影响到潜在的性能或服务器大小。在两个服务器间，数据的变化必须通过网络连接进行传输，这会导致潜在的通信瓶颈。只有克服这些挑战才能支持成功的DBMS备份解决方案。

用户们指出，DBMS备份方案是有效的，但是需要极大的耐心并具有实施风险。一些DBMS供应商为只读备份数据库服务器的复制提供了有效的方案。双主服务器的配置极大地增加了已经很复杂的备份方案的复杂性。图6-7展示了使用关系数据库系统级备份来移动空间数据的方法(注意这些方法并不适用于移动部分版本化地理空间数据库)。

同步备份

实时备份要求在主服务器上释放客户端应用之前将数据传送到备份服务器。在这种存在大量空间数据流量和多客户端交互的配置中，如果进行编辑操作，用户会体验到性能的延迟。

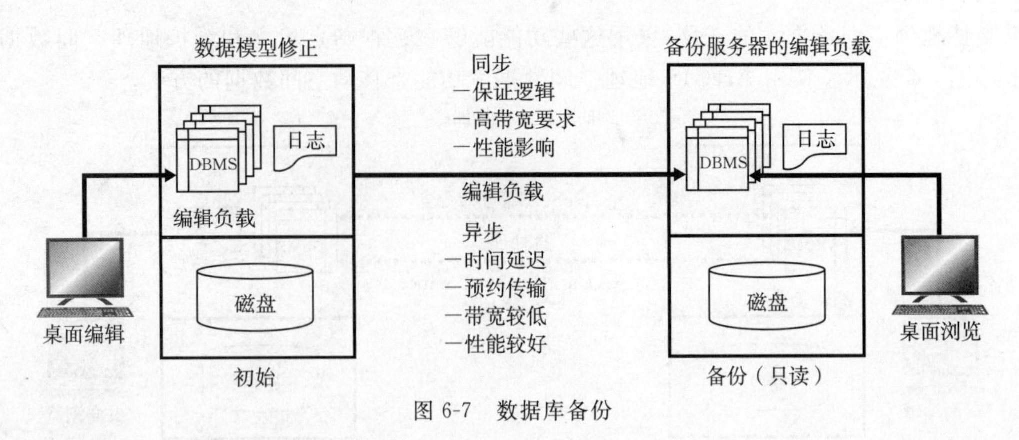

图 6-7　数据库备份

在主服务器和备份服务器之间推荐高带宽的光纤连接(1 000 Mb/s 的带宽)，以将性能延迟最小化。

异步备份

近实时的数据库备份策略将主服务器与数据传输到辅服务器相分离。由于传输延时与主服务器性能相隔离，异步备份可由较低带宽的广域网连接所支持。若广域网带宽出现限制，数据传输(更新)可被延迟到非高峰时段，根据实际操作需要，以一定频率定期更新辅服务器环境。

磁盘级备份

磁盘级备份是为支持多种行业解决方案提供的全局关键数据复制的一种完善技术。空间数据存储没有什么特别要求，和其他数据一样存储在磁盘扇区。磁盘卷配置(数据在磁盘上的位置和被传输到远程站点的容量)对保证数据库完整性方面可能是关键。镜像备份刷新基于由存储供应商支持的即时点快照功能。

磁盘级备份提供将磁盘上块级数据的变化传送到位于远程点的镜像磁盘卷。传送由在线运行的事务所支持，它能最小化对 DBMS 服务器性能容量的影响。辅 DBMS 应用程序必须重启，以刷新 DBMS 缓存和处理环境到备份磁盘卷的即时点。

图 6-8 呈现了采用磁盘级备份来移动空间数据的不同方法(这些方法仍然并不适用于移动部分版本化地理空间数据库)。

同步备份

实时备份要求在主服务器上释放 DBMS 应用程序之前将数据传送到备份存储阵列。在主服务器和备份服务器之间推荐高带宽的光纤连接(1 000 Mb/s 的带宽)，以避免性能延迟。

异步备份

近实时磁盘级备份策略将主磁盘阵列从改变传输到辅磁盘阵列环境中分离出来。由于低的传输量与主服务器性能相分离，异步备份可由广域网连接所支持。若广域网带宽出现限制，磁盘块变化存储和数据传输延迟到非高峰时段，以支持满足运行需求的辅磁盘存储卷的定期更新。

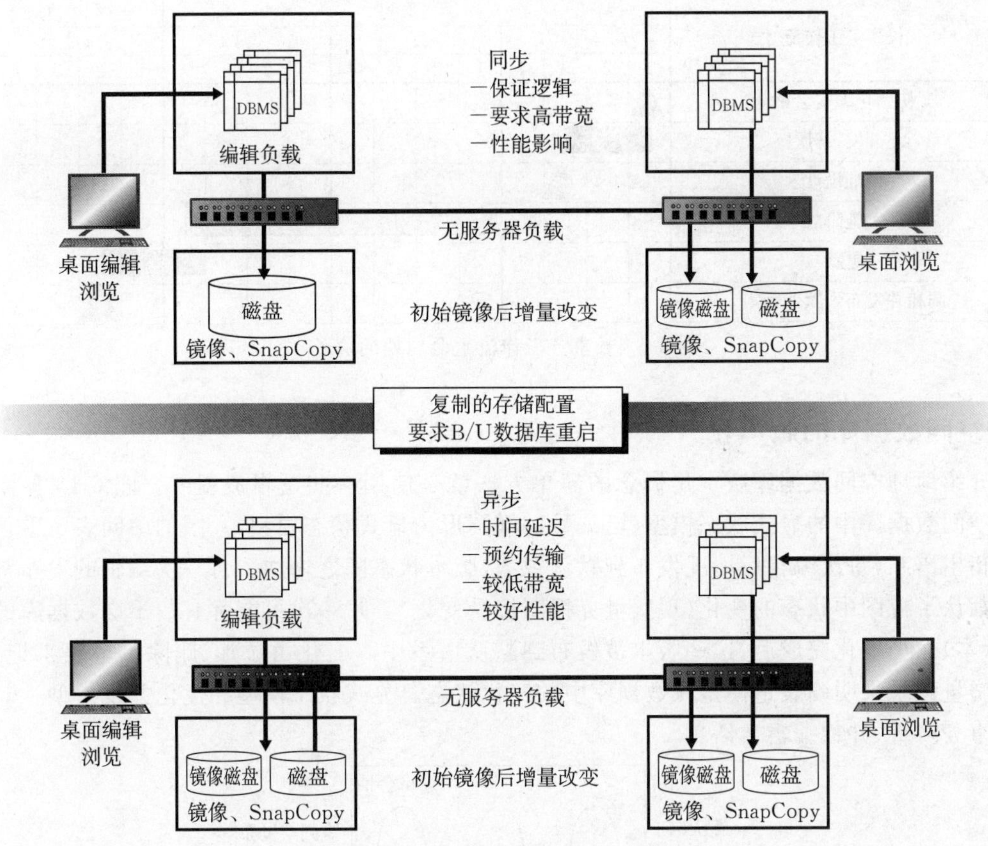

图 6-8　使用磁盘级复制移动空间数据

管理和访问空间数据的方法

引进了 ArcSDE 地理空间数据库的 ArcGIS 技术的发布，为单个数据库实例中管理长事务编辑会话提供了方法。单个数据库实例是运行在单个数据库平台上的单个数据库环境。在设计和部署数据库时，支持单个数据库实例中的数据。当打开电脑上的应用程序时，电脑窗口打开是应用程序的一个实例。ArcSDE 采用数据库版本支持长事务。换句话说，当一个或许多人更新或修改数据时，可以保持原始的版本。地理空间数据库能在单个数据库实例中支持成千上万个数据的当前版本。默认版本代表现实世界，正进行数据库更新过程中，另外的版本的命名不断地改变。

图 6-9 显示了一个典型的长事务工作流的生命周期。工作流为典型住宅分区的设计和构筑。几个设计可选方案在数据库中以不同命名的版本来表示，允许计划新的分区。这些设计(版本)中的一个被批准实施。当实施阶段完成后，被选中的设计已被修改成反映已建成环境的版本。当最终的设计被确认后，已建成区的版本与地理空间数据库协调，添加到默认版本并发布新的分区。

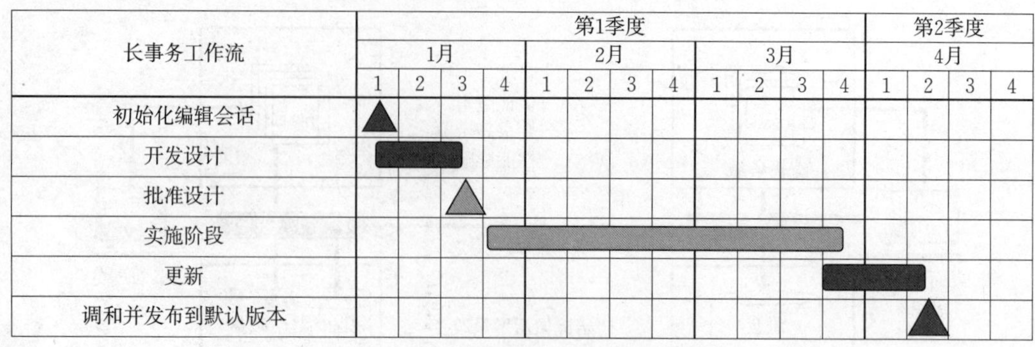

图 6-9 长事务工作流生命周期的例子

地理空间数据库的版本化

介绍地理空间数据库版本化概念的简单方法就是使用一些逻辑流程图。图 6-10 显示了地理空间数据库中的显式状态模型(已编号的椭圆形为显式状态模型)。图的中间表示默认版本的衍生谱系,每次编辑后情况发布到默认视图,版本状态随之增加。每一次编辑的发布都意味着默认了视图中状态的变化(现实世界视图接受变化)。每一次可能都有数千次数据库的变化(版本)。当变化完成后,这些版本被发布到默认谱系中。变化由添加、删除事务表来记录,使用增量记录来明确表达模型在数据库中的变化状态。显式状态模型和优化并发模型一起支持长事务多重、并行编辑会话。

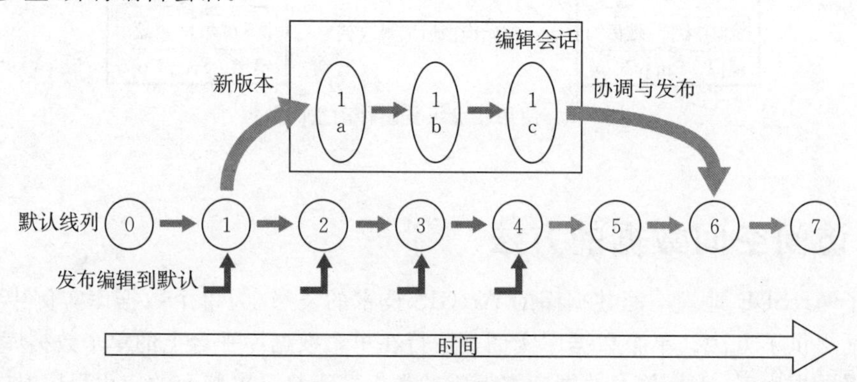

图 6-10 显式状态模型

注:地理空间数据库版本化的表达。图中,协调操作增加了默认谱系的 1 个状态。然而,技术上,在 ArcMap 中协调操作增加的状态 ID 值为 3。如果进行编程而不是在编辑操作中,状态 ID 的值增到 2。本图简要直观地说明了软件中发生的过程。

图 6-10 中上部的"新版本"表示长事务的生命周期。事务开始于默认谱系中"状态 1"的变化。以编辑会话中的新状态(1a、1b 和 1c)来进行版本的更新维护。在编辑会话时,默认版本接受其他已完成版本中的变化。新版本只包括默认状态 1 的变化,其活动编辑会话并不清楚默认谱系(2、3 和 4)中发布的变化。新版本一旦完成,它会与默认谱系相协调。协调过程将新版本(1a、1b 和 1c)中的变化与默认谱系中的变化(默认状态 4 中的变化)进行比较,以确认没有编辑冲突。如果协调过程发现了冲突,必须在新版本被发布到默认谱系之前解决这些冲突。当所有冲突被解决后,新版本被发布到默认谱系,生成状态 5、6 和 7(所有默认变化的集合)。

图 6-11 展示了一个典型的默认谱系工作流历程。已命名的版本(t1、t4 和 t7)代表正在进

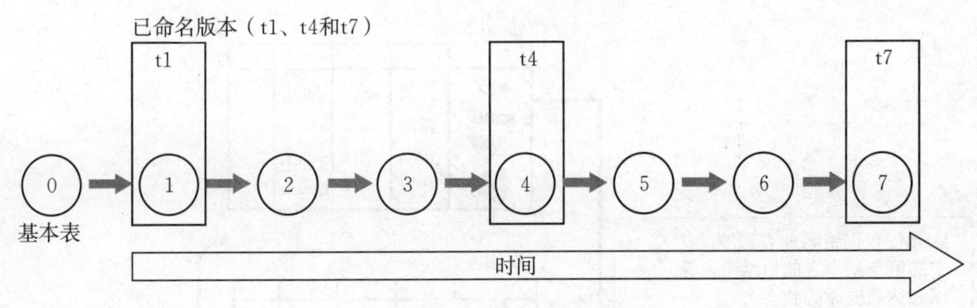

图 6-11　默认版本谱系

行中的编辑会话，它们的状态还没有被发布到默认谱系中去。这些版本(1、4 和 7)在默认谱系中的父状态被锁住，以支持还未被发布的长编辑会话。默认谱系包含了被发布在默认谱系中的变化，并由默认谱系生成部分状态(2、3、5 和 6)。

图 6-12 显示了地理空间数据库被压缩以生成反映历史过程的快照(常规的即时点、宗地划分等事件)，任何版本可在任意时间被物化，过长的默认谱系(成千上万种状态)会影响数据库的性能。地理空间数据库将去除冗余的未命名的版本父状态，这样可减少默认谱系的长度，提高数据库的性能。

状态谱系代表一系列数据库变化状态的历史过程。ArcSDE 的压缩功能通过将未命名的状态变化合并到下一较高级命名状态来减少状态谱系长度。

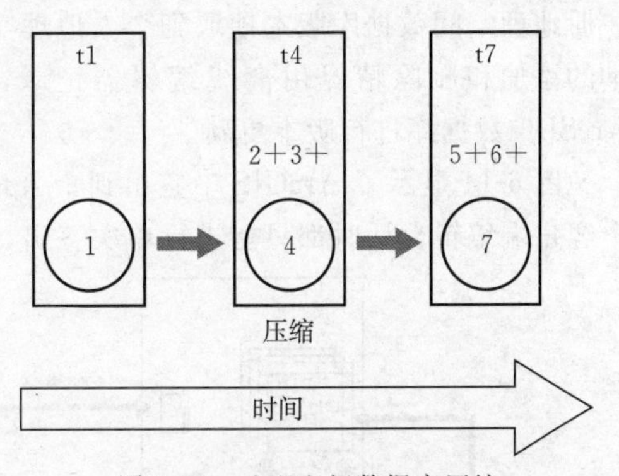

图 6-12　地理空间数据库压缩

地理空间数据库版本化意味着将变化添加到数据库中的相关状态。图 6-11 显示了这些状态如何在数据库中被维护。理解地理空间数据库版本化的概念，有助于了解如何在数据库表结构中实现它(数据库中的表结构指表和表之间关系的结构或者说模式，有时称作数据库模式)。当地理空间数据库中一个特征表被版本化后，需要创建几个附加的表，以跟踪基本特征表的变化。新创建的添加(Add)表用来跟踪被添加到基本特征表的行，新创建的删除(Delete)表记录从基本特征表中删除的行。添加表和删除表中的每一行都代表了地理空间数据库中状态的变化。还有一些表用来支持跟踪 ArcSDE 的模式。当变化被发布到默认版本时，这些变化由添加表和删除表中的行来反映。在版本化数据库中，现实世界视图(默认版本)由基本表和在默认谱系中添加表与删除表的当前行状态来表示(基本表并不代表默认版本)。所有未完成的版本必须经协调再发布到默认版本，以将所有的变化压缩回基本表(0 状态)。现实中，由于大多数运行的数据库都有公开的版本(工作还未完成的)，所以一般不会每天进行数据库维护工作。因此在现实世界中，许多项目都是处于进行中，让公司里每个人都完成各自的项目，使所有工作都能被合并到基本表中是不太可行的。

图 6-13 中是实际的地理空间数据库表，包括版本化地理空间数据库中的基本表、添加表和删除表。

ArcSDE 技术提供了自动化的工具。ArcSDE 管理地理空间数据库的版本模式，支持客户端应用程序访问地理空间数据库的相应视图。同时，ArcSDE 技术也支持从相应数据库表中

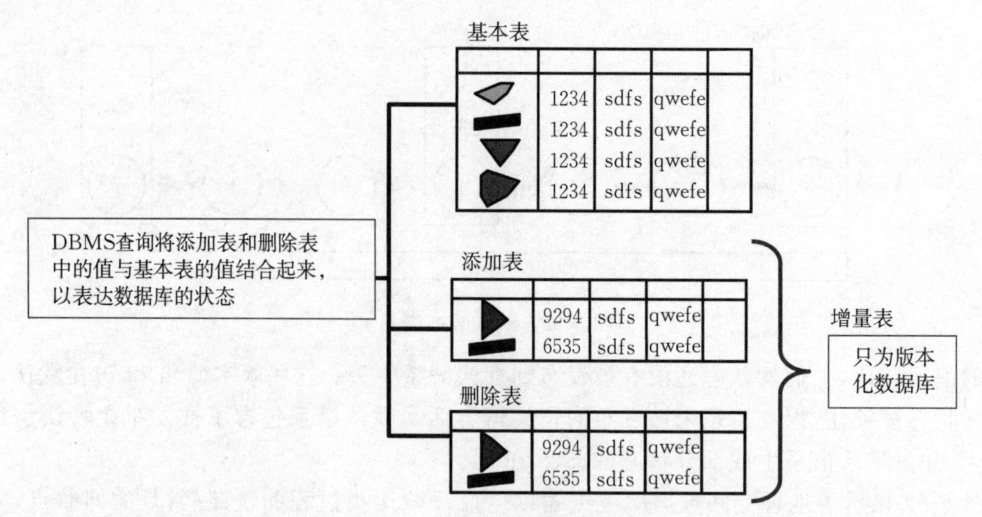

图 6-13　地理空间数据库的表

输入和输出数据，并维护定义了不同表之间的相互关系和依赖关系的地理空间数据库模式。

地理空间数据库的单代复制。ArcGIS 8.3 介绍了一种离线编辑方案。这种方案支持将注册地理空间数据库版本抽取到个人地理空间数据库或独立数据库实例，进行离线编辑。版本的添加和删除情况由离线编辑器记录，在重新连接到父服务器时，将它们上传到中央 ArcSDE 数据库进行版本更新。

图 6-14 显示了 ArcGIS 中签出到个人地理空间数据库的离线编辑。ArcGIS 8.3 限制每个客户端编辑会话时都只能进行单次签出、签入处理。

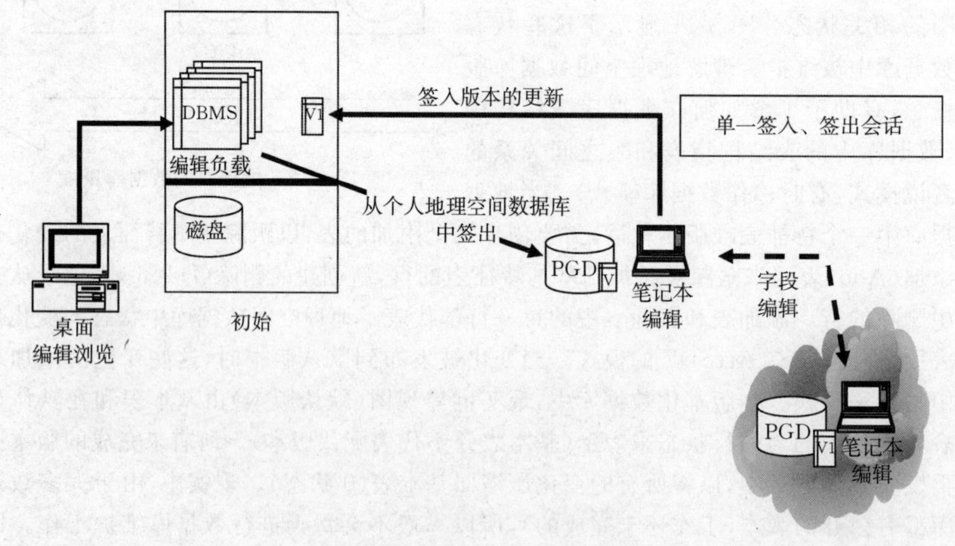

图 6-14　地理空间数据库单代复制

注：图中展示了客户端连接到本地桌面个人地理空间数据库进行版本签出。签出之后，用户可与网络断开，在单机配置下查看并为个人地理空间数据库版本提供更新。当返回网络重新连接至父数据库时，远程更新可以上传到父数据库中进行综合。

图 6-15 显示了 ArcGIS 中签出到独立 ArcSDE 地理空间数据库后的离线编辑。对于每一个子 ArcSDE 地理空间数据库，离线编辑只能进行单一签出、签入处理。子 ArcSDE 地理空间

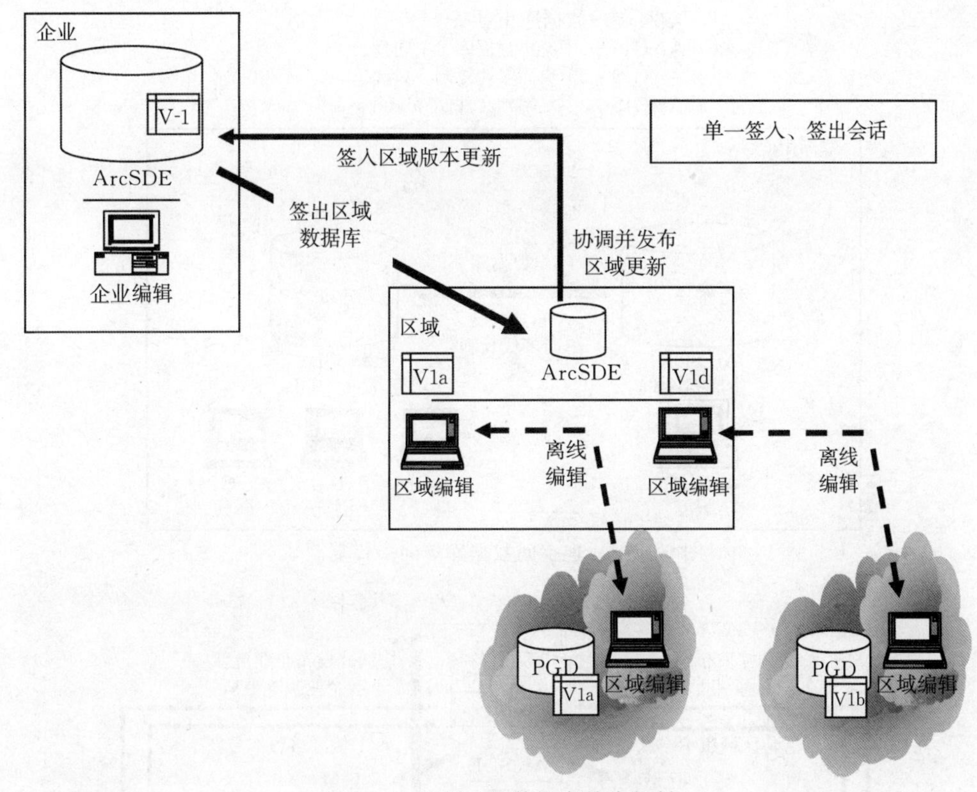

图 6-15　地理空间数据库单代复制

注：图中展示了连接到地理空间数据库的客户端进行从 ArcSDE 地理空间数据库版本的签出。签出之后，数据库可以成为与父地理空间数据库脱离的离线子地理空间数据库。客户端桌面能连接到子数据库，为离线字段操作签出个人版本，重新连接至子数据库时返回编辑。当所有会话被返回并协调到子数据库时，变化被协调并发布到子数据库版本。当所有变化被发布后，可以连接子数据库，最终合并的远程更新可被上传至父数据库中进行综合。

数据库在签出后能支持多个离线编辑会话或本地版本编辑会话。所有的子版本在签入到父 ArcSDE 地理空间数据库之前都要进行协调处理（在子地理空间数据库签入过程中，任何未完成的子版本都会被丢失）。

地理空间数据库的端对端复制。ArcGIS 地理空间数据库的签出功能所提供的离线编辑支持端对端的数据库刷新。图 6-16 显示了端对端的数据库签出，ArcSDE 离线编辑功能可用于定期刷新地理空间数据库中特定的特征表，以产生地理空间数据库环境的一个单独实例。这种功能可用于支持为父默认版本提供非版本化的副本，独立分布且仅限于查看的地理空间数据库。

ArcGIS 9.2 软件在父地理空间数据库和子版本副本间提供单向增量复制。ArcGIS 9.3 支持单向地理空间数据库复制到文件地理空间数据库。（在 ArcGIS 9.3 之前，分布式地理空间数据库复制功能只能在版本化地理空间数据库环境下工作。文件地理空间数据库中每张表有百万兆字节数据，可以增加到每张表 256 TB。对于有些机构来说，维护和分布数据库模式是不同的，在这种环境下，地理空间数据库转换方案参见图 6-6。）

地理空间数据库的多代复制。在 ArcGIS 9.2 中，地理空间数据库复制方案被扩展到支持松散耦合 ArcSDE 分布式数据库环境。图 6-17 展示了松散耦合的 ArcSDE 分布式数据库概念。

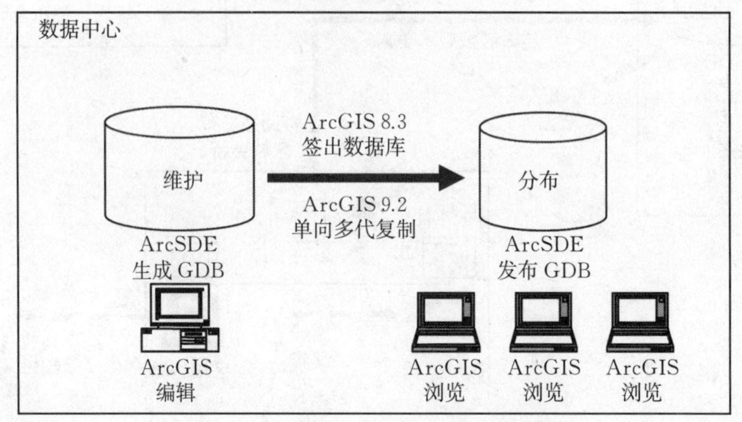

图 6-16 地理空间数据库单向多代复制

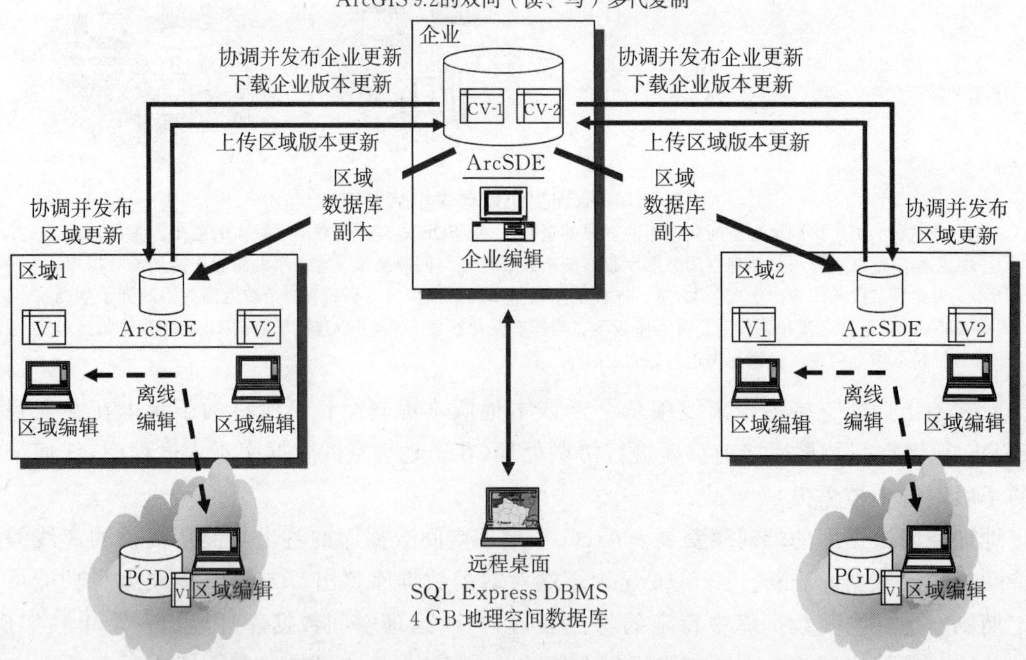

图 6-17 地理空间数据库双向多代复制

ArcGIS 的多代复制支持单一 ArcSDE 地理空间数据库分布在多平台环境中。父地理空间数据库的区域副本实例提供了不限量的同步更新处理，而不会丢失本地版本编辑，也不需要新的签出。采用能通过标准广域网通信进行传输的简单 XML 数据报，父与子地理空间数据库环境之间的更新可相互交换。这种新的功能可生成一种分布式地理空间数据库架构，这个分布式地理空间数据库架构与中央数据中心相连，或是经有限带宽通信连接多个远程站点（只有变化以地理空间数据库副本传输，数据传输完后，每一个地理空间数据库进行协调）。认真规划和管理更新与备份操作十分重要，它能保证分布式数据库副本的一致性。

传统的管理分布式数据库方案是一种高风险操作，在 GIS 运行的关键时刻，有可能引起数据错误和非现势性数据源的使用。运行分布式方案的机构将成功归于认真规划和对管理过程的密切关注。大多数成功的 GIS 实施都部署了能支持高效的远程用户性能的集中统一的地理空间数据库环境。ArcGIS 分布式地理空间数据库技术极大地降低了管理分布式环境的风险。无论是集中式或者分布式，企业 GIS 解决方案的成功很大程度上取决于管理团体，他们维护系统的运行并提供满足用户性能需求的体系架构方案。

第二部分

系统基本性能理解

第7章　性能基础

概　述

系统架构设计过程的主要目标就是构建一个满足高峰期系统运行性能要求的GIS。我们所建的模型(即容量规划工具)可帮助用户确定能满足其性能需求的系统基础设施。在使用容量规划工具之前,需要理解系统性能的相关术语以及它们之间潜在的基本关系。本章介绍系统性能的基本知识,这也是容量规划工具的基础。

在进行规划的初始阶段,以标准的ESRI工作流模型为基础来建立特定的工作流和系统性能目标。工作流模型本身以技术性能期望为基础,技术性能期望则源自用户经验和性能确认实验室测试的结果。工作流模型可共享软件的性能和可扩展性,多年来,标准桌面和Web解决方案一直可靠地支持着ESRI用户的系统运行。

描述性能的术语是共享的。相关机构通过研究事务运行来确定服务人员配置需求,采用标准性能术语描述计算机系统的性能和可扩展性。本章介绍了有关分布式计算机平台和网络环境的性能术语,这些标准的性能关系可以转换成服务于模拟系统容量需求的数字,将这些数字用于容量规划工具,就可将高峰用户工作流负荷量转变为能处理这些负荷量的平台和网络能力的技术指标。

系统处理一项任务的时间(性能)以及可同时运行的任务数量(扩展性)是衡量GIS是否成功的两个标准。企业GIS运行的稳定性和可靠性,取决于多种软件、硬件和网络通信组件之间的相互作用和合理组合。系统架构师、GIS管理者和软件开发人员,了解计算机系统如何执行操作以及系统组件如何处理共有的工作量是十分重要的。同样,系统架构师和行政人员掌握一些GIS的知识也很重要。了解优势和劣势是迈向成功的重要一步。本章介绍的基本知识有助于了解系统性能(系统对请求的响应速度)和可扩展性(随着工作量的增加,系统性能的可持续性)。

关于软件和平台性能,本章着重介绍实际中如何设计一个可扩展的系统。充分利用技术投入,完成一个"恰好"的系统,即从投入得到最大的产出,获得恰如其分的性能(正好可承载高峰处理负荷量的系统)。

必须合理配置分布式计算机环境才能支持用户对系统的要求。但即便是最好的配置,仍会存在着促进或阻碍满足系统性能要求的因素。很多系统资源需要与其他用户共享,这也带来了更多影响用户性能和工作效率的因素。在分布式平台和网络环境的企业GIS中,用户所体验的通常是多个组件交互作用的结果。运用分布式处理技术,了解各个组件以及它们如何协同工作,为部署一个成功的企业GIS提供了基础框架。简言之,只有了解协同工作的各个部分之间的联系,才能真正地理解系统整体。令人吃惊的是,这个的事实却时常被忽视或误解,就像盲人摸象故事所寓意的。

图 7-1 让人想到了盲人摸象的故事。六个失明的聪明人“看”大象，通过触摸，每个盲人从自身的角度获得对大象的印象。一个恰巧摸到大象耳朵的人断言大象像把扇子。另一个触摸到了大象的膝部，说大象像棵树。还有一个盲人得出了大象像条蛇的结论，因为从他的角度，他只摸到了大象的鼻子。

图 7-1　理解技术

这是一个能够充分说明局限的视角会导致误解的寓言故事。企业 GIS 和那头大象一样，也存在着被错误理解的危险！了解企业环境及其运行和规模是一项富有挑战性的任务。技术在快速发展，共事的同仁和工作流本身也在变化。当计算机技术日益成为我们生活的一部分时，我们需要不断地适应这个快速变化的世界。技术的运用和规模正深刻地影响着我们的工作能力，而且了解得越多，我们就越意识到有更多的东西要理解。

如果大象代表我们工作环境中的所有技术，要意识到相对于我们真正了解的，我们假设的内容会受到我们经验的影响。作为一个工作团队，我们将我们的理解和来自其他人的经验一点一滴拼装起来，以构成一幅清晰完整的画面。记载我们的所知，模拟不同部分的协同工作，倾听他人好的建议，无论对大象的第一印象如何，这些都将有助于我们进行实际的系统设计和有效的系统开发。

20 世纪 80 年代末期，ESRI 就已经实现了分布式 GIS 解决方案。多年来，人们并没能很好地理解如何选择合适的计算机环境，用户依靠技术专家的经验来确定并满足自己的需求。每个技术专家对怎样的硬件设施能实现成功的 GIS 都有着不同的观点，推荐的方案也不一致。很多硬件的选择都是根据项目的预算规模，而不是根据对用户需求以及相关硬件技术的清晰了解。应用于系统设计和 GIS 的基本原理，开始时并不好理解，只能通过经验来学习。

从经验中学习

20 世纪 90 年代初期，我们开始通过研发系统性能模型来表达对分布式处理系统的理解。该模型可将高峰用户工作流负载量转换成处理这些负载量所需的硬件规格。ESRI 公司顾问从 1992 年开始使用系统性能模型来支持分布式计算的硬件解决方案，系统性能模型对确定现有计算操作的性能问题的产生原因也很有帮助。就像系统本身一样，性能模型作为替代者已经从随时间所进行的调整中得到不断完善。

最初使用性能模型来说明我们对于技术的理解，但很快我们便发现了这些模型在支持系统架构设计咨询服务方面的价值。定期更新以顺应技术的发展，系统性能模型也在不断地扩展，ESRI 网站上的《系统设计策略》技术参考文档发布了设计过程和技术综述，每半年的平台性能模型更新已持续超过了 16 年。系统性能模型在早期作为设计指南，后来发展成为平台规模工程图(见第 9 章)。

最初的性能模型是为当时的技术——基于文件的桌面式 GIS 应用和 GIS 数据库数据源所构建的。Unix 和 Windows 应用计算服务器提供了远程终端对位于中央数据中心的 GIS 应用的访问。简单的并发用户模型用来进行容量规划，并发用户模型可根据平台的基本性能来确定一个平台可支持的并发工作流用户的数量。简单的容量关系与已出版的供应商标准性能评估机构(standard performance evaluation corporation，SPEC)基准一起用来将高峰并发用户负荷量转换成其他平台环境。性能基准，像模型一样，也随着技术的发展而更新。

20 世纪 90 年代末期，引入了 Web 制图服务，开发了基于事务的规模估计模型来进行容量规划和硬件选择。事务率由每小时地图的显示(display per hour，DPH)来确定。由于用户已经习惯根据高峰并发用户负荷量，而不是每小时的高峰地图请求量来确定规模估计需求，基于事务的容量规划模型并不经常被用户采用，但基于事务的容量规划模型比早期的并发用户模型更准确，适应性更强已经得到证实。基于事务的模型更准确、适应性更强的特点，使其能更好地适应未来的变化，尤其是应对平台性能变化方面。由于并发用户模型不太准确，因此定期更新平台规模图以发挥其作用是很重要的。多年来已经证实，无需更新基准性能平台，基于事务的规模估计模型更为准确，SPEC 基准就是基于事务规模估计模型的一个例子。

新模型

2006 年 ArcGIS Server 9.2 的发布给传统的规模估计模型(并发用户模型和基于事务的模型)带来了新的挑战。通过对经验教训的反思和对未来发展方向的探索，研发了进行容量规划的新方法。该方法吸收了传统的客户端—服务器和 Web 服务规模估计模型的精华，为未来的企业 GIS 运行提供了一种自适应的规模估计方法。容量规划模型能适应于单一设计环境中各种工作流负荷量。我们将多年来学到的经验教训都融入到新容量规划工具的构建过程中，使这个新的容量规划方法运用起来更加简便，也为系统实施和交付使用，尽早地提供标准以进行性能验证。

新的容量规划模型研发和共享的目的是帮助软件开发人员、商务合作伙伴、技术市场专家和 ESRI 经销商更好地理解 ESRI 技术的性能和可扩展性，使同仁们可利用它为用户的企业 GIS 运行提供最好的 GIS 解决方案。目前，GIS 用户和机构可以选择以工具的形式使用容量规划模型，即容量规划工具。

何为容量规划?

如何描述性能规模估计? 图 7-2 显示了一些影响整个系统性能的关键因素。系统架构设

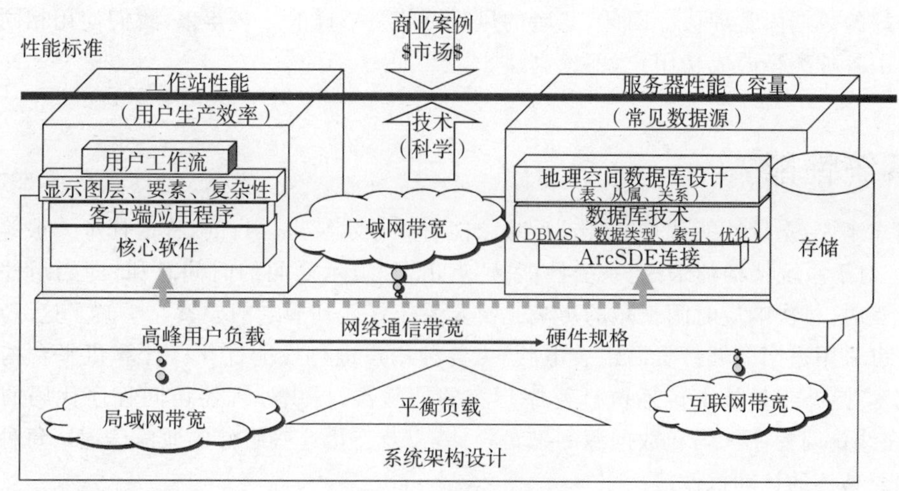

图 7-2 系统性能因素

计关系到管理实施风险。事实上，很多软硬件因素都涉及对风险和总生产效率的影响。就像大象一样，系统的每一部分都必须协同工作才能满足处理和通信的需求。采用性能模型能够表达各种系统性能要素之间的关系。

影响总生产效率的性能因素有很多。改善重要的系统性能因素能够提升用户的生产效率，并且影响整个系统的性能容量。单凭合适的软硬件选择并不能保证性能。以高峰用户工作流负荷规划为基础，合适的软件技术选择和相应的硬件投入才能满足系统性能要求，并且合理的目标投资可节省时间和经费。

利用容量规划工具可实现性能规模估计模型，这点将在后面详细说明。性能规模估计模型可用于容量规划，并设立实施绩效的界点。这些模型提供了一种确定在什么样的环境下可能需要更大的网络带宽或者更多的硬件计算能力的方法，以保障系统的运行，然后再调整系统至最佳性能。现在，利用这些模型可设定合理的性能目标，在高峰处理负荷基础设施支持下，GIS 实施过程中，对成功的产品展示使用模型来说明目标能够实现。在高峰运行期间，性能模型可以将初始测试和部署执行转换为预期的系统性能。这些模型为保证首次 GIS 实施能按预期要求进行提供了工具，使系统性能恰到好处。

图 7-2 中的性能标准反映了整个项目预算。支出必须明智，只购买系统成功所需的技术，否则项目就会失败。购买合适技术的项目预算必须充足，但价格必须合理，否则该技术就不能采用。这个问题周而复始，始于合适的技术，终于合适的技术，合理地得到它，合理地利用它，反之亦然。

面对复杂的技术，这些性能规模估计模型如何发挥作用呢？通过设立可检核的绩效界点，性能模型有助于成功系统实施的管理。同时，性能模型也有助于管理未来的增长，并且为明智的预算支出提供信息。为什么要为不需要的技术花钱呢？只要能及时地在需要的时候得到所需要的东西，模型的目的就是要让用户处在不多不少的“正好”的范围。使用模型可估计增长，也可评估所需要的东西在未来何时才值得购买。在整个部署阶段，根据系统性能，可验证所选择的性能模型，能及时地为成功地进行系统管理提供信息。

将性能标准比作凌波舞中的横杆，横杆越低，实施的风险越高。高个的舞者代表有复杂数据模型和大量用户工作流的机构。矮个的舞者代表简单的 GIS 实施。高个的舞者拥有配备了优秀数据库管理者（database administrators，DBA）的强大 IT 部门，而矮个的舞者可能无法拥有一个好的数据库管理员。因此，二者的风险可能是一样的。多年来，我们使用相同的性能模型支持了各种类型的成功用户，不论高矮。

何为系统性能？

对用户来说，系统性能就是“点击”后多久能看到显示结果。目前，普通任务一般等待时间少于1s。对于系统架构师来说，系统性能是“点击”和显示之间的时间总和，即当组件间进行处理和交互时，每次响应时间长短的影响是决定系统性能和规划的要素。了解了这一点，硬件供应商便可采用适当的部件资源组装电脑，为各种用户进行性能优化。计算机平台构建于多种组件技术，这些组件技术包括执行程序指令的处理器、提供处理器访问程序代码的物理内存、提供在线访问程序代码和数据源的磁盘存储，以及连接这些组件的通信信道。每种组件技术都影响着整体的计算机性能。

与此相似，分布式计算解决方案(包括GIS和其他系统的企业计算环境)依赖于多种硬件平台和网络连接，它们都影响整体的系统性能。必须仔细选择计算环境的硬件以满足系统性能的需求。

系统架构设计过程的主要目标是为系统的硬件投资提供最好的用户性能。必须选择有足够性能容量的硬件组件以满足处理的需要。技术发展的现状会限制系统设计的可选方案。了解每种硬件组件的处理负荷，可为选择适合的技术解决方案提供基础。

在有关独立工作站和分布式客户端—服务器处理配置的组件简要概述中，图7-3提供了组件关系如何影响整体性能的例子。在整个程序执行过程中，每个组件都相续参与。程序代码和数据在内存中等待程序执行。平台内存支持处理过程，程序运行所需的软件和数据必须保证拥有足够内存。

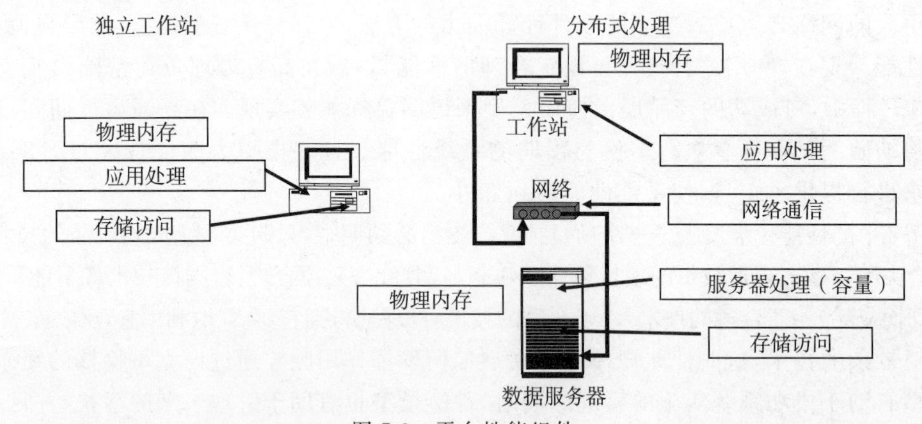

图7-3 平台性能组件

注：总体性能取决于平台性能组件之间的关系。

一个特定应用事务的总处理时间是每个系统组件处理时间的总和。计算机供应商优化硬件的组件配置，以使应用请求能够得到最快的计算机响应。用户信息技术或系统部门负责优化机构的硬件和网络组件投入，为用户桌面应用提供最快的响应。了解高峰用户工作流需求和能满足其需求的软件处理，可为建立达到系统性能预期的计算环境奠定基础，合理计算环境的构建能够立即提升用户的生产效率。

系统性能基本知识

系统的各个部分都会影响整体的性能。硬件性能在过去 10 年间的变化，对用户的生产效率产生了很大的影响。显示一幅地图在 2000 年需要 6 s，而在 2008 年则不到 0.6 s，硬件处理性能的变化巨大，并且对系统性能和可扩展性的影响也很显著。图 7-4 展现了硬件技术对性能变化的影响。

ESRI 用户每 3～5 年更新一次硬件环境，性能和用户生产效率是促使这些硬件更新的主要因素。了解硬件变化如何影响系统性能和扩展性，对于合理的系统架构设计来说是重要的。

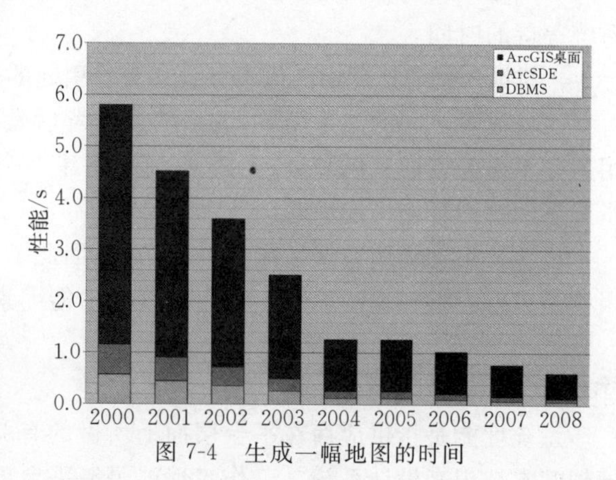

图 7-4　生成一幅地图的时间

性能术语

要了解系统性能和可扩展性，必须先了解需要做的工作和做这些工作所花费时间之间的关系。这些关系用于描述性能的术语中(见图 7-5)。

用于描述系统性能的基本术语和用于容量规划的一样：事务、吞吐率、服务时间、利用率、处理器核、响应时间和排队时间。我们用几乎相同的术语来描述和管理日常生活中的大量活动。掌握这些术语的实际应用及它们彼此的关系，以便于计算机技术的描述和管理。

术　语	关　系
· 工作事务(W_t)	· 容量＝T/U
· 吞吐率(T)	· 服务时间(s)＝$\# C_P/T_{peak}$(DPM * ×60 s)
· 容量(T_{peak})	· 排队时间 $Q_t=Q_r+Q_c$
· 利用率(U)	· $Q_r=(2^1\times U-1)\times S_t$
· 处理器核(C_p)	只应用在工作流超过 50%(1/2)的容量情况下。
· 服务时间(S_t)	· $Q_c=4^1\times(U-1)\times S_t$
· 排队时间(Q_t)	只应用在工作流超过容量情况下。
· 响应时间(R_t)	· $R_t=S_t+Q_t$
[1]Q 因素依赖于到达时间的分布。因素设置依赖于咨询经验。	

图 7-5　性能术语和关系

· **事务**是描述任务单元的术语(对于 GIS 工作流，一幅地图的显示就是一个事务)。每个用户工作流可以有不同的任务度量标准，事务提供了衡量吞吐率、服务时间、排队时间和响应时间的单位，所有的度量都和工作流事务相关。

· **吞吐率**描述了工作速率，以事务率(每分钟的事务量)来表达。

· **服务时间**是事务处理时间(通常以秒为单位)。

· **利用率**是由具体的吞吐率来量度平台容量的消耗，以平台容量的百分比来表示。高峰

* DPM 是每分钟显示(display per minute)的缩写。

平台吞吐率可达到100%的利用率。

· **处理器核**是执行程序代码的计算机组件。计算机处理能力以供应商发布的性能基准来表示。单核处理器一次执行一个事务请求，在高峰负荷时，事务工作量就会分发到可用的处理器核去处理。如果所有的处理器都在忙碌，事务就必须等待下一个可用的处理器来处理请求。平台由硬件配置(核的数量、插槽或芯片的数量、二级内存、前端总线速度等)来确定。在第9章将讨论选择正确的平台技术。

· **响应时间**是处理事务所需的总系统时间。响应时间包括所有组件的服务时间加上所有系统等待的时间。

· **排队时间**表达了由随机事务到达分发引起的系统等待时间以及超负荷造成的等待时间。

这些概念之间的关系简单，关系的逻辑背后是对常识的理解。了解如何在日常生活中使用这些术语能帮助我们领会，为企业GIS构建一个有效且高效的环境，就如同将简单而有逻辑关系的拼图板块拼在一起。

很容易出现使用错误性能标准的情况，因此了解影响平台性能和系统容量的真正的性能因素是进行容量规划的关键。采用错误的性能因素会导致规划错误。

系统容量性能简介

系统性能是指供应商在平台层面上所做的有关工作，为高效的分布式企业运行，运用容量规划基本知识来设计系统。工作流性能是跨平台的所有服务时间和排队时间的总和(不只是在一个硬件平台上)。在企业GIS环境中，很多用户工作流同时进行，它们共享服务器平台和网络等系统资源，以完成相关工作。在共享的情况下，这些资源(共享的网络、企业服务器等)变得繁忙，当达到容量的50%时，就会产生暂时的超负荷现象(由于随机到达事务请求的分发)，同时用户的生产效率会降低。

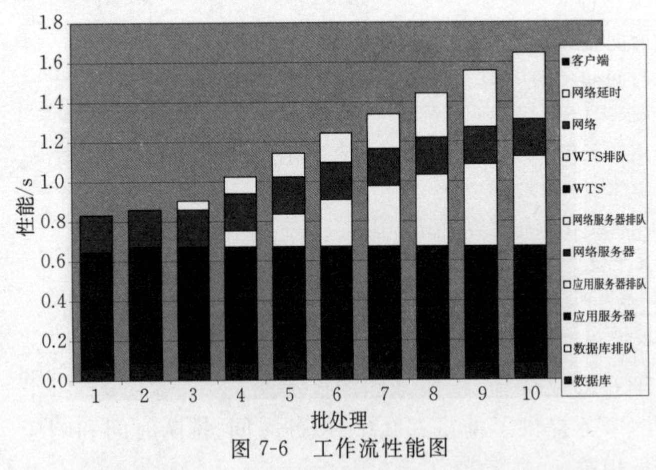

图7-6　工作流性能图

图7-6显示了ArcSDE Desktop系列测试的结果，测试是在两个4核的Windows服务器平台(Windows终端服务器和单独的地理空间数据库平台)运行的系统上进行的。图7－6展示了10个性能测试的系列结果，包括一次批处理的时间和支持每次测试度量的批处理增加量。批处理由重复的随机地图显示事务脚本组成，每一个的大小都相同。第10个测试提供了10个并发批处理事务性能结果。

用户终端客户端显示与运行在数据中心的Windows终端服务器上的应用进行通信。远程通信由共享的T－1(1.5 Mb/s)广域网通信所支持。图7-6中Windows终端服务器平台服务时间为深灰色，排队时间为白色。总的响应时间包括了所有的服务时间和排队时间(数据

* WTS，即Windows终端服务器(Windows Terminal Service)。

库、Windows终端服务器和网络）。

最佳的系统性能是进行一到两个批处理（0.82 s的响应时间）。随着负荷超过两个批处理，系统性能就开始下降。当处理10个并发批处理时，系统已接近高峰容量运行（响应时间减慢到约1.62 s，性能大约只是系统轻负荷时的一半）。当支持高峰容量负荷时，排队时间趋近Windows终端服务器平台上的服务时间值和网络带宽值。（排队时间表示由于随机到达处理进行操作的等待时间。）Windows终端服务器平台支持4核处理器。当入站的请求率超过利用率的50%时（平均处理工作量超过了双核），就会出现4个以上的请求同时到达的情况。当这种情况发生时，一些请求就需要等待处理。这个等待的时间就称为排队时间。有完善的规则可预测大环境中随机到达率（学术界称为排队论）。我们在模型中运用这种原理估计由随机到达时间所造成的处理延迟。

平台利用率

计算机处理是关于所有正在进行的任务，计算机处理过程由计算机程序来确定。中央处理器（core processing unit，CPU）包括执行任务的处理器核（C_P）。计算机处理的工作量取决于设计和处理器核的速度。处理器以固定的速度和效率执行任务，处理器速度以赫兹为单位，处理器效率根据一个周期每个处理器核处理的程序指令的数量来计算。就像一些善于组织、有效率的人一样，计算机只在需工作时运行。如果没有任务，处理器核就空闲。计算机利用率是衡量处理器核工作时间所占比例的单位，而不是工作的时间。

图7-7显示了前面Windows终端服务器平台利用率系列测试的结果。左轴表示平台利用率。随着我们通过增加用户的方式来增大工作量，利用率的百分比也随着增加。当工作量只是单个用户或批处理，且程序是顺序执行时（一次一条指令），那么每一次只执行一条指令，当一个核执行工作指令时，其他三个处理器核处于等待工作状态。当我们增加并发客户端处理的数量时，需处理的任务便增加。一旦客户端处理工作量多于处理器核的数量时，所有的处理器核都将忙于工作，平台利用率达到饱和容量。趋近平台容量时利用率呈稳定态势。

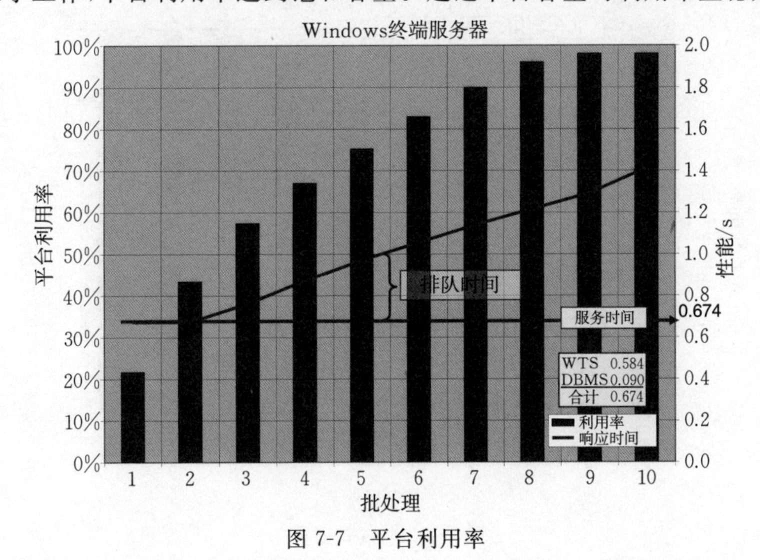

图7-7 平台利用率

注：4核2芯测试平台WTS测试系列结果，本图显示了处理器核工作时间的百分比度量。

平台容量是当所有的处理器核全被占用时(任何时候都处于忙碌状态),对所完成的任务量的量度。容量的单位通常称为“事务”,是用于衡量系统容量任务的单元。出于测试的目的,约定事务大致相同,那么处理器核处理每个工作事务的时间也相同。当然,在现实世界(所有的事务都是不同的)中并非如此,所以尽管这些量度非常重要,但在某种程度上是武断的。在量化一个人一天的工作量时,我们也面临着类似的挑战。某些情况下,可以定义任务单位来度量生产效率,但大多数情况,我们采用的是雇员在工作场所的工作小时,而不是处理工作的时间,所完成的工作量取决于工作过程。很多用来定义计算机性能术语的度量都基于平均值、估计值和经验。

服务时间是处理器核处理单位任务所需的时间。图 7-7 中显示处理时间是 0.674 s,无论系统多么繁忙都一样。平台的服务时间和利用率之间的关系随后讨论。

响应时间是系统完成单位任务所需的总时间。图 7-7 中的线表示响应时间,右边的轴为性能单位。负荷量轻时的系统响应时间是 0.674 s(这是任务单元总的处理时间,相当于服务时间)。随着系统负荷量的增加,响应时间会变长。当所有的处理器核都忙于工作时,响应时间就会增加。当一个任务单元到达,而处理器处于忙碌状态,任务就必须等到下一个处理器核可用时才能处理。这个等待的时间称为排队时间,它与事务到达时间分布有关。

平台吞吐率

吞吐率是工作速率的度量,处理器核的工作即为处理器核执行程序代码。首先,我们需要决定如何度量任务单元,然后计算一段时间内所完成的任务单元的数量。如果没有度量任务单元的方法,也就无法确定服务时间或响应时间。性能与处理任务单元的时间相关。

图 7-8 表示了 Windows 终端服务器平台测试中的平台吞吐率。图中左轴代表平台利用率,右轴代表吞吐率。当增加客户端负载量时,平台利用率和吞吐率会增大(注意一个客户端只用一个处理器核)。当达到了平台容量时,吞吐率就接近了高峰输出率。当系统达到高峰容量时,增加更多的客户端并不会增加处理工作的速率,只是需要更长的时间来完成每个单位任务。系统的高峰容量是 411DPM。

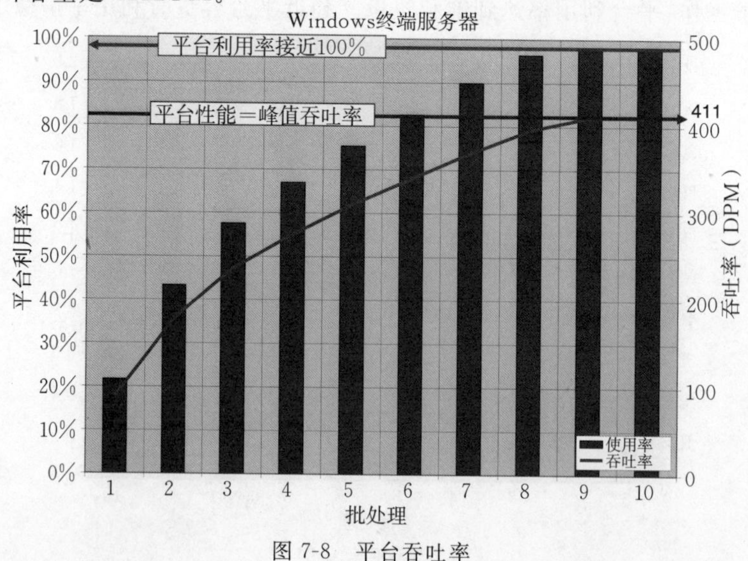

图 7-8 平台吞吐率

注:4 核 2 芯测试平台 WTS 测试结果,本图反映完成工作的速率。

计算平台服务时间

图 7-9 中左轴代表平台利用率，右轴代表吞吐率。平台容量、利用率和吞吐率之间存在一个简单的关系。平台容量等于吞吐率除以利用率。如果一个平台以 22％的利用率支持 89DPM 的吞吐率，那么它能以 100％的利用率支持 405DPM 容量(89/0.22)。

在服务时间和平台容量之间也有一个简单的关系。当处理器核始终处于忙碌状态时(100％的利用率)便达到了平台容量。容量根据平台利用率达 100％时的吞吐率(DPM)来确定。服务时间是处理器核处理任务单元所需的时间。如果每个平台核同时工作，在工作量充足饱满时，4 个核能处理 1 个核的 4 倍工作量。当平台以全容量(100％的利用率)运行时，高峰吞吐率等于核的数量除以服务时间。当平台非全容量运行时(可用吞吐率和利用率之间的关系替代容量)，利用这种关系可计算服务时间，服务时间等于核的数量乘以平台利用率再除以吞吐率。对于任何级别的吞吐率来说这都是一个有效的关系，如图 7-9 所示。

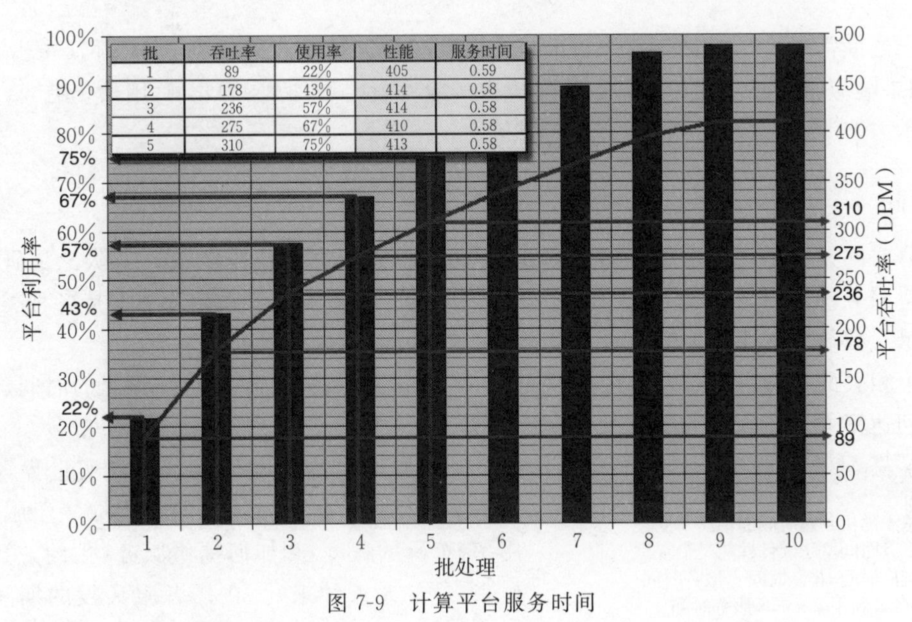

批	吞吐率	使用率	性能	服务时间
1	89	22%	405	0.59
2	178	43%	414	0.58
3	236	57%	414	0.58
4	275	67%	410	0.58
5	310	75%	413	0.58

图 7-9　计算平台服务时间

注：4 核 2 芯测试平台。

响应时间

响应时间是传送单位任务(客户端显示的刷新时间)所需的总时间。响应时间包括单位处理时间(服务时间)和任何系统等待时间。服务时间、平台容量、高峰系统吞吐率，这三者对于给定的平台配置和已定义的单位任务来说是不变的。响应时间包括了所有的处理时间(服务时间)加上所有核处理器都忙于处理他人工作时等待处理的时间(排队时间)。

图 7-10 显示了系统负荷量从 1 个批处理增长到 10 个时的工作流性能。GIS 用户对响应时间感兴趣，是因为它直接和用户生产效率相关。如果根据客户端的 DPM 来衡量用户工作流生产效率，工作流生产效率就会受到显示响应时间的影响。例如，工作流生产效率保持 10DPM，用户就必须每 6 s 提交一个新的显示请求(60/10)。如果显示响应时间是 2 s，剩余 4 s 用于用户思考这个显示(思考时间)和提交下一个显示请求；如果显示响应时间是 4 s，用户在

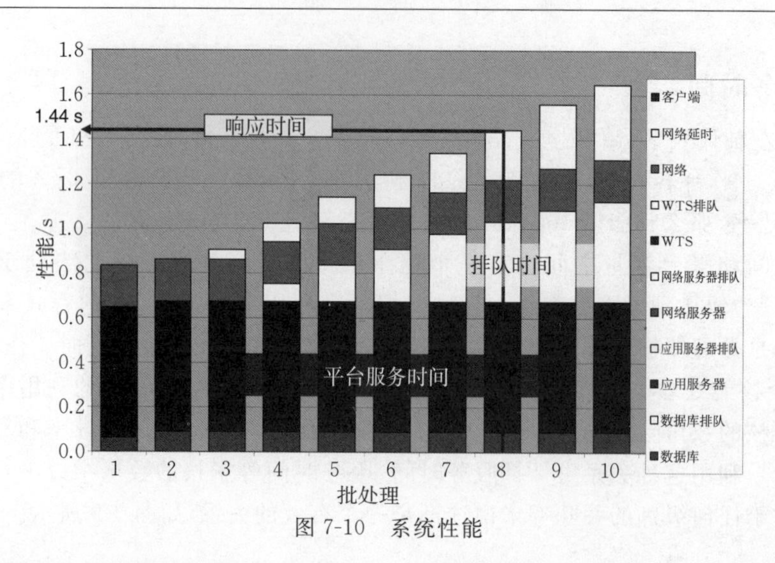

图 7-10 系统性能

显示请求之间需要 4 s 进行思考(思考时间),工作流生产效率将降低到 7.5DPM(60/8)。另一方面,如果响应时间减少到 1 s,那么工作流生产效率就会增加到 12DPM,用户仍有 4 s 来思考每个显示。

排队时间

排队时间是事务通过系统传输等待处理的时间,其研究涉及排队论。排队论是研究关于排队等待服务的理论,队列有多长、需要等待多久以及需要多少个服务者来支持各种类型的用户工作量。数量少时比数量多时更加复杂,大量的随机到达时间更易于预测。

两个相关的条件决定需要等待的时间。一个是正常负荷状态下随机到达的时间,另一个是平均到达率大于高峰事务率或系统容量。图 7-11 列出了这些性能因素。

随机到达平均排队时间(Q_r)

- 基于随机到达时间的到达率变化
- 服务时间基于硬件性能是个常量
- 响应时间=排队时间＋服务时间

Q_r=(2×利用率－1)×服务时间
在工作流超过容量50%情况下的应用

容量—生产效率之间的权衡(Q_c)

- 吞吐率＝工作流×响应时间
- 吞吐率峰值在容量100%的情况
- 响应时间＝吞吐率/工作流
- 任务单元在可用的内核服务上的等待

Q_c=4×(利用率－1)×服务时间
只应用于工作流超过容量的情况下

图 7-11 排队时间性能因素

随机到达平均排队时间。在现实世界,我们经常需要等待服务。队伍长度的变化取决于服务的利用率(忙碌的程度)和如何提供服务(预约,想来的时候来,早上 8 点钟来)。在作者服兵役的期间,作者记得就诊伤员集合时,每个人必须早上 7 点钟到达。一个医生每 5 分钟看一个病人,并开处适当的药品。服务时间是 5 分钟,但响应时间(服务时间＋等待时间)可能是几小时。

幸运的是,对于大多数计算机工作流环境来说,在很短的时间内(6～10 s 的显示周期)能处理大量的分发事务(大量小数据包代表一个个显示事务)。在这样短的时间内处理这样大的事务量意味着可以使用更简单的排队理论关系,为这种环境估计等待时间,并且这些估计会逐渐趋于稳定。例如,在一个网络环境中,估计初始冲突是容量达 25%～35%时。在交换缓冲的缓存环境中(忽略初始的小延迟),将提升至容量的 40%～60% 。作为一个基本准则,建议采用 50%的容量作为由于随机到达时间不得不等待的一个点。根据测试经验,当达到 100%容量时,等待时间将会增加到和服务时间相等。

到达率超过高峰吞吐容量。 这不是在稳定的状态模型环境下的真实情形。在真实的环境中，忙碌时，预期会有更多的随机到达冲突。如果利用率持续高于 100%，等待会越来越久。在现实环境中，随着队列加长，响应时间会变长。当高峰时段过后，队列又开始变短。因此，高峰容量时处理的时间会延长，以便为另外的到达提供服务。可通过超负荷容量比例，增加等待时间来模拟这种情形。

有很多方式可以管理等待时间。增加系统容量使高峰负荷量不超过 50%（这可能会增加硬件的开销和软件许可）；通过工作时间的时序安排，提供用户高峰等待时段的信息，优化服务者（处理器核和软件实例）的数量，来管理到达分发。根据作者的经验，大部分用户配置系统支持高峰容量工作流时，对较高的硬件和软件授权费用都会比较敏感。配置容量能够支持高峰工作流的系统，以避免不合理的性能滞后十分重要。也有用户宁愿不计成本地购置许多硬件，以避免承担生产效率下降的风险。

如何规划网络的规模

在计算机处理环境中，网络通信具有相同的性能因素和关系。与描述容量、吞吐率和服务时间的词汇不同，但其关系是一样的（见图 7-12）。可回顾第 3 章中的术语。

· 网络容量称为带宽，以每秒兆位、每秒千位或每秒千兆位来表达。

· 网络吞吐率称作流量，单位与带宽相同。

· 网络服务时间称作传输时间，表示通过有效带宽（Mb/d 或 Mb/s）传输与单位任务相关的流量所需要的时间。

· 网络排队时间包括由随机到达和超负荷情况引起的等待时间，加上双程的传送时间，称为网络延时。

图 7-12 是一个网络负荷量的例子。当负荷量较轻的时候，网络传输时间等于网络响应时间（0.187 s）。当网络流量超过容量的 50%时，排队时间增加。5 个批处理的网络响应时间是 0.30 s。

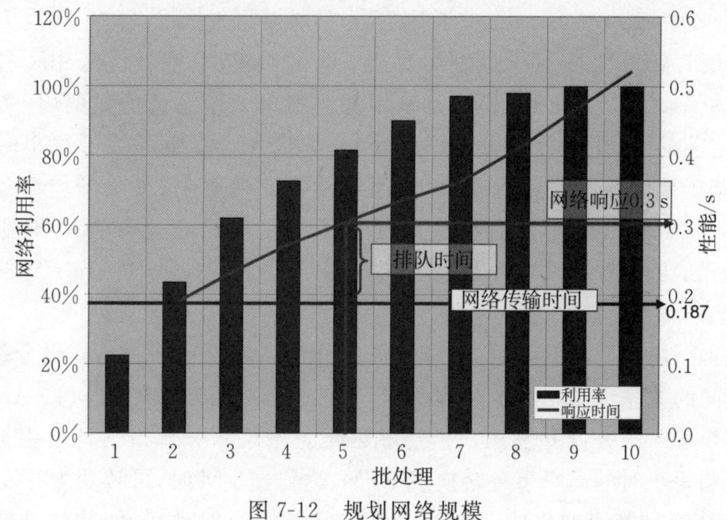

图 7-12　规划网络规模
（超过 10 Mb/s 广域网带宽的 ArcGIS Windows 终端服务器）

网络延时与通信烦琐相关。通过网络,客户端和服务器之间的一次往返需要几毫秒,对于传送量很少的事务来说可以忽略不计。然而,对于有地理空间数据库数据源的客户端—服务器的地图显示事务来说,客户端和服务器之间有几百次传送,当远距离通信时,附加的传送时间或延时会增加至数秒钟。

容量规划模型

近似于真实状态的模型是最有用的。在实际工作中,很多硬件和网络组件都影响系统性能和可扩展性。用数学和物理的方法将这些组件转变为它们所代表要素的量化值。这些要素被模型用来为满足性能的设施进行估计和规划。根据这些基本要素模拟系统性能,提供充足且自适应的容量规划环境,即容量规划工具。当使用模型模拟系统性能和可扩展性的真实情形时,需要考虑的基本内容或要素包括:

· 吞吐容量。
· 服务时间。
· 利用率。
· 排队时间。

这些基本的性能要素多年来一直是性能测试和调整的组成部分。在传统的并发用户和基于事务的平台规模估计模型中已对这些基本性能要素作了说明。这些性能要素是第10章介绍的容量规划工具进行计算的基础,第11章中的系统设计过程将采用容量规划工具。

从20世纪90年代中期以来,一直采用显示事务模型进行网络服务规模估计,实践证明显示事务模型比早期的高峰并发用户的客户端—服务器规模估计模型更合适和稳定。多年来,ArcGIS Desktop、ArcIMS和ArcGIS Server都在通用的地图显示环境下进行了性能验证测试,测试的结果为建立平台规模估计模型策略提供了良好的基础。根据吞吐率、容量、服务时间、利用率和排队时间这些基本要素模拟系统性能,为系统架构设计和容量规划提供了一个非常充分和自适应的方法。

针对ArcGIS Desktop和Server的通用容量规划模型发布于2006年夏天。这是首次将ArcGIS Desktop和ArcGIS Server模型组合成一个通用模型(或者说采用一种方式来表达这些模型)。之前的ArcGIS Desktop模型是基于并发用户工作流负荷量的(任务单元定义为一个并发用户)。之前的ArcIMS和ArcGIS Server规模估计模型是基于每小时高峰平台的显示数(任务单元基于地图显示服务时间)。通用规模估计模型中,按照平均事务服务时间来定义任务单元。图7-13显示了如何通过定义并发用户工作流和每分钟地图显示之间新的用户—生产效率关系,将ArcGIS Desktop客户端—服务器和ArcIMS/ArcGIS Server Web服务模型组合到一起。

平台容量是地图服务时间的函数,可以根据每分钟高峰显示来表达。每分钟高峰显示和并发用户工作流之间的关系可由用户生产效率以DPM的形成给出。10DPM的ArcGIS Desktop高端用户与老的客户端—服务器并发用户模型相匹配。网络服务规模估计可根据服务普及程度(DPH)来进行。将每小时的高峰事务转换成DPM,达到6DPM时,可转变为并发用户。

很多软件性能变量都影响生成一个地图显示所需的处理时间,如软件功能、显示的层数、层中的特征要素数量、包含于地理空间数据库数据模型中的关系和依赖性、显示质量。简单的信息产品(地图显示、表、图)意味着较少量的处理、高用户生产效率、较高的平台容量和较少的硬件。高质量的地图产品意味着较大量的处理、下降的用户生产效率、较少的平台容量、更多的网络流量以及更多的硬件。了解如何使用户工作流包含合适的信息产品,将使用户性能和系统容量产生很大的不同。第8章将讨论软件性能规模估计,并对变量花费的处理时间进行分析。

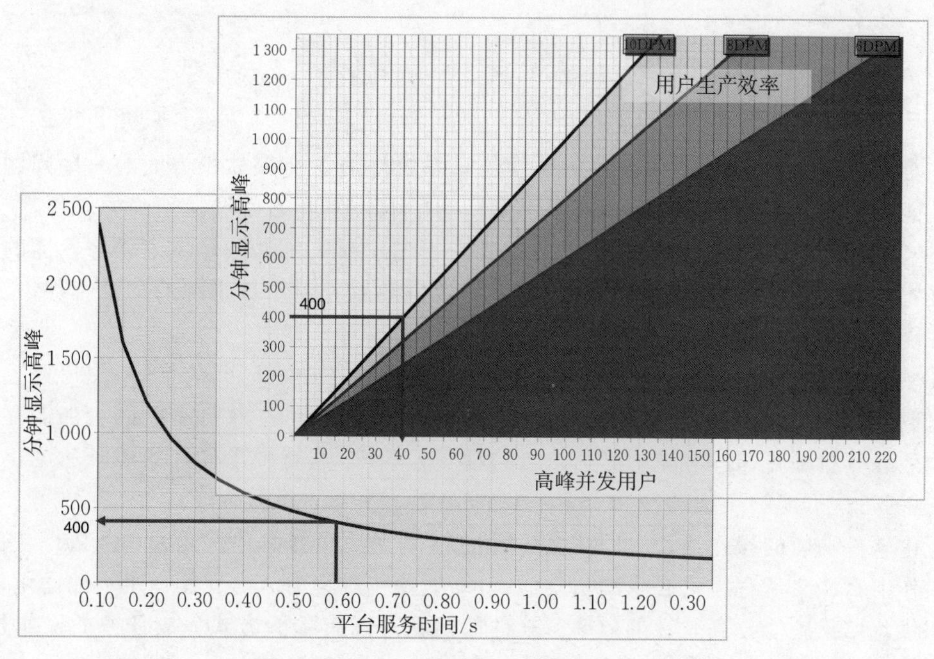

图7-13　平台性能(4核服务器)

注:本工程图显示了如何基于平台服务时间确定服务器容量值。每个处理器核都能在平台服务时间内生成一个显示。DPM是服务时间和平台处理器核数量的函数(60 s×4核/0.6 s=400DPM)。并发用户是用户生产效率的函数(400DPM/10DPM/用户=40用户)。

第8章 软件性能

概 述

本章介绍在构建高性能、可扩展的地理信息系统环境时有关软件方面的一些问题。系统的性能和扩展性受到软件的选择或应用设计的影响。一开始就选择正确的软件，在系统实施时，就可以节省大量的由于效率低下而造成的时间损失。哪些是决定软件性能的基本因素呢？地理信息系统基本应用软件的效率和数据库服务器中数据源的高效管理，是影响软件性能的两个主要因素。

在效率和质量或功能之间总是存在需要权衡的问题。随着时间的推移，用户期望值会增高，例如希望手指一点就能看到显示。然而，从历史过程来看，软件功能的增加需要以增加一系列计算机平台（处理器核）必须执行的程序为基础，这就要求硬件的运行速度比以前高，幸运的是这点能够实现。

无论软件功能的操作显示时间多么短暂，都会有数百万条程序代码的逐条执行，一秒内依次操作上百次。从程序代码量的角度而言，缩短操作过程的方法就是一步步地优化，逐渐地累积优化结果就能提高软件的效率。软件性能就是以有效的方式完成任务的操作过程，这个过程由计算机执行的程序代码来确定。程序代码包括定义过程的顺序和步骤的指令，程序指令由计算机处理器核一次一步来执行，程序越长，执行所花费的时间越长，指令（代码行）少的简单程序运行所花的时间短。

在过去的40年里，ESRI软件通过完善和扩展代码能力得到发展。每次软件发布都有新的程序代码添加和修改，以增强软件的执行效率。随着新版本的不断发布，软件逐渐变得更加成熟，软件性能和代码的功能不断完善，老的程序随着时间的推移被修改或替换。所有这些努力都是为了提供更高质量的软件。

软件类型越来越丰富，功能也更加强大。如果有时间处理额外的一些代码指令，例如像高分辨率的显示、三维虚拟现实和高分辨率卫星图像，所有的重大技术进步都可使用户体验到更多的乐趣，感受到潜在的高效。这些软件的发展都需要额外的代码指令并增加必需的处理过程，因此软件性能提高的适度性或代价补偿问题，从开发人员和制图者到系统管理人员和构架师，所有人都应当认真思考。例如，高质量的动态地图（按需生成）需要更多的处理，如果采用缓存的简单地图，在性能方面的工作量就会减少。

如何存储和管理数据对软件性能会产生很大的影响。将地图文档预处理至优化的、金字塔文件的缓存中就能够减少显示处理的需求，一次显示处理的结果，只需很少的附加处理就能够进行多次查看。由于缓存的图像是标准文件，它们也能在本地客户端机器上进行缓存。数据位于本地就可再次减少处理需求，避免了网络传输，从而提高显示性能。

软件方面的一些因素影响着系统性能和扩展性。这些因素包括ESRI核心软件、采用核心软件部署的自定义客户端应用、用户的显示(层数和空间要素和复杂性)以及用户工作流(按时序的繁重的处理需求过程)。

数据源的配置也是基本的考虑因素。连接协议、所选数据库技术和地理空间数据库设计都是重要的问题。生成一个实时的数据整合的信息产品(如前面提到的高质量三维地图)需要更多的处理以提高数据的完整性,因为用于生成信息产品的数据模型包含复杂的表关系和依赖性。数据库表的数量、用户模式中数据模型的依赖性和相互关系,以及对数据库环境适当的关注和调节,这些因素都是造成大多数用户性能问题的根源。大多数地理信息系统运行问题都是由再三重复的相同错误所引起的,从开始时就避免这些错误能显著降低实施风险。注意本章介绍的最佳实例,它们能说明软件性能因素对系统设计的影响。

本章的目的是帮助人们了解如何部署软件以及所使用的软件对整体系统性能的影响。我们通常依靠软件开发人员和程序员为我们提供有效的软件功能,但这并不是全部。在尽可能充分利用软件所提供的功能方面,系统架构师和用户也扮演着重要的角色,例如,在设计系统的基础设施时,需要了解用户显示需要什么不需要什么,以便为高效的工作流提供正确、恰到好处的显示环境。要考虑现有基础设施的限制和用户需求,选择合适的技术,并且清楚使用这些技术对系统性能所造成的影响。

编程和性能

了解一点软件开发的历史过程也许有助于正确选择系统设计。多年来,ESRI 软件的程序设计环境已经发展为提倡更稳定和适应性更强的开发。早期的软件程序作为单机编译可执行文件开发来提供软件功能。相对于今天的标准,当时的计算机程序的运行是很慢的,所以简化程序提高效率变得十分重要。程序由共同的输入输出子程序组成,以更加有效地利用程序代码。最终的程序以最高效的方式组织和编译,以满足性能的需要。

20 世纪 90 年代,编程技术发生了变化,形成了更加开放和基于组件的开发环境。软件程序可作为独立的具有通用通信接口的组件对象进行部署。为了满足软件许可的需要,目前这些对象可作为一组代码函数被编译。操作系统能够在软件代码中实现组件对象间的通信。根据组件对象来维护、支持和开发代码已被证实是更加有效且适应性更强的编程环境,它加速了软件技术的发展,也简化了代码的维护。然而,对于系统架构师来说,这种发展带来了一些需要思考的新问题,基于组件对象的软件包括了一个附加的通信指令层,集成对象通信包括计算机运行软件所必须执行的额外步骤。换句话说,基于组件的软件性能要慢于老的脚本代码。快速的硬件可弥补这一点,但这仍是需要思考的问题,特别是考虑到其他技术的发展可能会带来处理需求的增加。

例如,网络服务带来了附加的硬件和通信组件。这些硬件和组件增加了运行程序所需的指令数量。对于已确定的硬件技术,更多的指令意味着运行较慢。面向服务的架构的软件部署策略使企业应用更加远离了供应商技术所提供的服务,需要更多的代码和更多的计算机处理,因此面向服务架构的应用比编译目标代码运行更慢。

总的来说,计算机必须比以前的工作速度更快才能满足用户性能的期望,事实也确实如此。当软件授权的费用以运行程序所需的处理器核的数量为基础时，着眼于最佳性能的系统设计和管理就变得十分的重要。

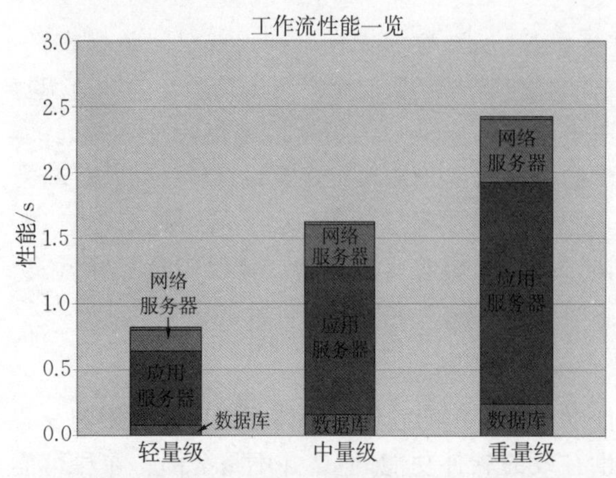

只显示相关数据：
• 简单开始 • 采用视域范围内的数据
使用比例尺依赖性：
• 为给定的比例尺使用适当的数据 • 对所有比例尺使用相同数量的要素
点：
• 简单的单个图层或字符标记 • 使用 EMF 代替位图 BMP • 对符号值采用整型字段 • 避免晕圈、复杂形状和遮蔽
线和多边形：
• 采用 ESRI 的优化类型 • 避免制图线形和多边形轮廓线
文本和标注：
• 使用注释代替标注 • 使用索引字段 • 谨慎使用标注和特征冲突权重 • 避免特殊效果（填充类型、光晕、插图编号、背景） • 避免很大的字体（60 磅及以上） • 为动态标注避免 Maplex（避免过度使用）

图 8-1　不同效果的最佳显示

注：几个生成信息产品的实例。大多数标准 ESRI 工作流服务时间都基于轻量级地图显示（为 ArcGIS 服务器也提供了中等水平的 AJAX 标准动态工作流）。对于重量级用户工作流，服务时间必须调整到能合理地表达系统处理负载量，在许多情况下，结果可能不被接受。在选择工作流显示环境以确保可接受工作流性能时，必须遵循最佳实例。

地图显示性能

在确定地图显示格式时，性能是基本的考虑因素。“什么是最高效又满足用户需求的地图？”这是需要回答的问题。GIS 规划团队应该将地图的服务时间控制在性能预算之内。为了控制在性能预算内并能拥有较好的性能，任何时候都应遵循本章列出的建议。如果遵循了罗杰·汤姆林森的著作《地理信息系统规划与实施》中的规划建议，明确了 GIS 的需要，并且详细地描述了能满足这些需要的信息产品，一般就不会有问题。在多个层面上，罗杰·汤姆林森的著作为 GIS 管理者提供了将 GIS 效用最大化的良策：有时候，生成得越少，提供得越多。只生产所需要的信息产品，并确切地知道每个产品的用途，以便确定什么样的表达方式能够达到目的。简单地图能否满足需要，还是需要质量更高的地图？它必须实时生成（动态）还是可以缓存？大部分情况下，理解和使用简单地图比复杂详细的地图要更容易。如果是这样，对地图应该有所限定，因为显示简单地图的传输比复杂地图快。图 8-1 通过对比“轻量级”的柱体与更复杂的工作流和应用的柱体，说明较简单的显示运行起来要快得多。

地图显示应该从简单的开始，只显示视域内的相关数据，再利用比例尺依赖性来显示更大地图范围内更高级别的数据。作为一般原则，对所有比例尺显示相同数量的特征要素，这就存在性能和地图显示质量的平衡问题。利用最有效的函数来显示点、线和多边形。为了达到最佳性能，文本和标注的效率问题也很重要。

用户生产效率与显示响应时间相关。轻量级的显示运行较快，并能提供易于理解的信息产品。重量级的显示，即便被优化，也需要3倍以上的处理时间。重量级显示有可能难以看懂和理解，同时也需要更多的网络传输流量，在高峰流量负荷时响应时间会变慢。但也并非总是如此，有时候简单的显示也需要大量的处理。因此，在规划阶段要通过确立目标来管理显示性能，并且在整个实施阶段，通过对进展进行评估以确保能够满足这些设定的性能目标。

质量与速度

高质量的地图需要更多的处理，因此会降低显示性能。这里，高质量是指详细且足够复杂的地图应用，它比简单一些的地图需要更多的处理和更多的时间。简单的地图，如图8-2中的右图所示，低分辨率的地势起伏、固定的色调、简单的注记。高质量地图，如图8-2中的左图所示，可能包括复杂的地势阴影效果、透明图层和Maplex的标注。高质量地图的视觉效果更好，但在开发一个应用或发布一个网络服务时存在着付出性能和生产效率代价的问题。图8-2通过比较同一地图重量级（左图）和轻量级（右图）的发布服务来对比说明质量与速度问题。同样需要记住的是利用抗锯齿函数提升质量也会有不利的方面，它有可能会增加多达50％的处理工作量。

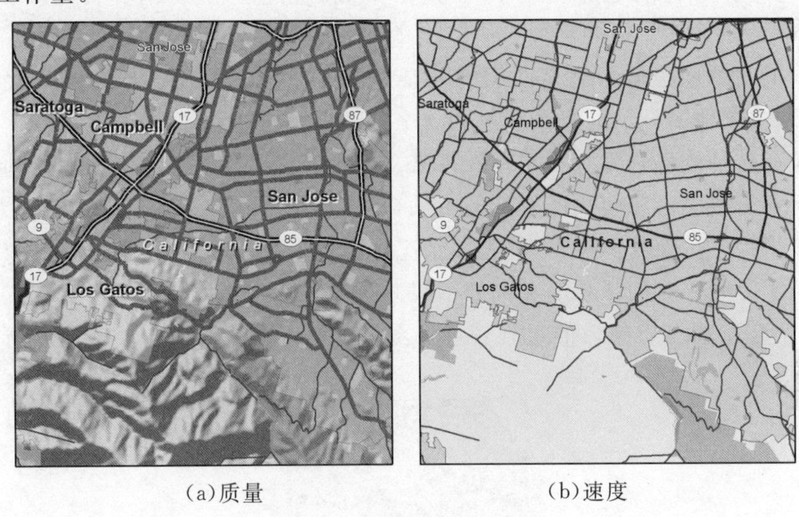

(a)质量　(b)速度

图8-2　质量与速度的对比

注：数据来自ESRI数据和地图，美国街道地图。

简单的应用策略可以使性能得到较大的提升。一个标准的应用工作流或者网络服务可以采用简单的地图显示来进行高性能的浏览和查询，如果需要，再根据用户要求提供高质量的地图。在选择正确的用户显示环境时，质量和速度的权衡是一个基本的考量。

GIS动态地图显示过程

计算机制作地图的方法和地理学者在计算机出现之前制作地图的方法是一致的。地理要素表示为点、线和多边形，并聚集组合成地理信息层。软件生成地图从设置第一层开始，然后根据计算机指令逐层添加，直到地图显示完成。这些程序步骤是连续的指令，这些指令由计算机可执行的程序语言所提供。连续的程序一次执行一条指令（这非常耗时），一个进程逐条执行指令，一个处理器核每次执行一条指令。

图 8-3 显示了生成一个地图显示的标准步骤，从最底层开始，每次设置一层，将每个地理信息层叠置在顶部直到地图显示完成。总的地图处理时间(地图服务时间)包括每个图层显示全部处理时间的总和。

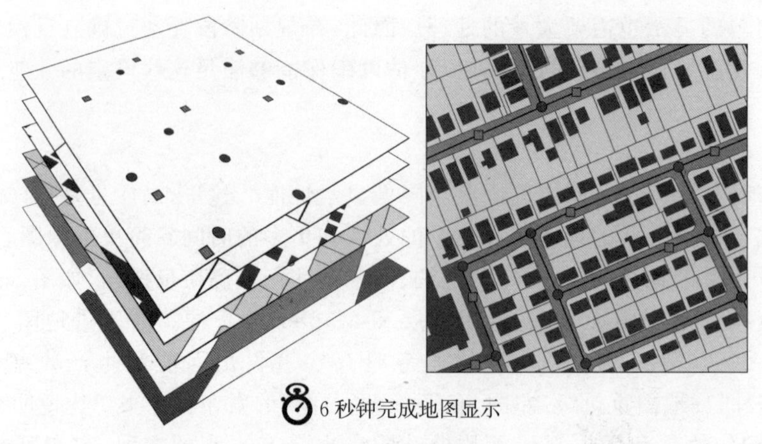

图 8-3 顺序处理

注：1. 传统的方法是一次执行一条指令来显示图层，图层越少，服务时间越快。

2. 数据由马萨诸塞州联邦环境事务办公室的地理和环境信息部门提供。

图层较少的简单地图显示比多图层的复杂地图显示速度要快。地图层一次执行一条指令，显示性能取决于地图显示的复杂程度和单个处理器核执行程序指令的速度。

硬件供应商鼓励软件开发人员重写软件来支持并行程序处理，以便更好地利用多核处理器技术。由于它需要思考和解决问题的新方法，实现起来并不容易。我们大都喜欢按部就班，一次处理一步。程序员像我们一样，在很多情况下，他们按照我们提供的过程编写代码，而这些过程与我们手工操作时的步骤是相同的。以并行的方式执行所有步骤并不是一件简单的事情，这需要团队合作和有想象力的过程管理。图 8-4 表达了并行地生成地图层所具有的潜在性能效益。

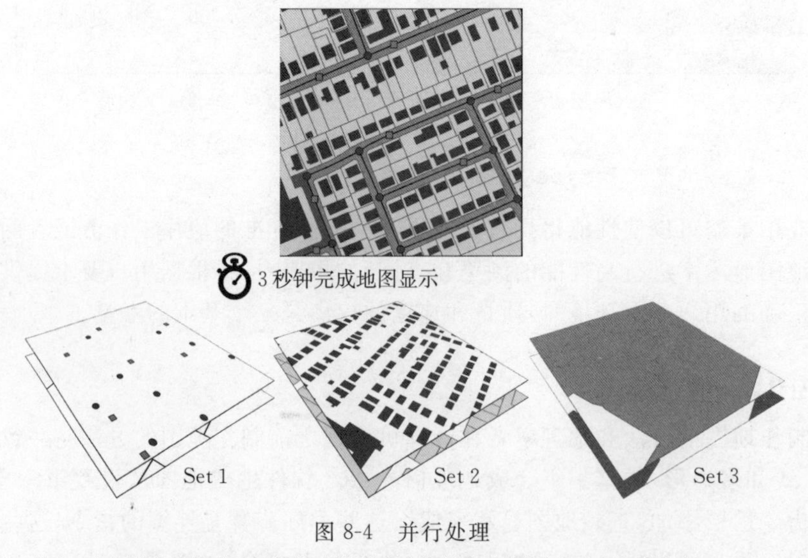

图 8-4 并行处理

注：1. 并行的方式构建地图层带来潜在的性能提升，但同时处理也十分复杂。

2. 数据由马萨诸塞州联邦环境事务办公室的地理和环境信息部门提供。

地图显示过程将地图显示步骤划分为三个层的集合，这三个层的集合同时产生（并行处理）。一旦从数据源中收集了所有的地理层，它们就被分类到适合的序列（堆栈）并融入到最终的显示中。这听起来很容易，但我们应该意识到，成千上万条指令行和各种功能接口形成了目前现有软件标准的地图显示步骤。改变地图生成的步骤是一个缓慢的过程，我们从经验中学习并且继续改进我们的方法，按照步骤一次完成一步比较简单。而通过采用并行处理方式组织相同的过程完成地图生成的步骤十分复杂，某些情况下，与顺序处理相比效率可能会更低（更低的性能和更多的问题）。并行处理存在很多潜在的危险，与传统的顺序方法相比，将并行处理各部分组合成最终的地图显示，需要更多的处理来实现这个复杂的过程。

幸运的是，基于事务的网络应用为开发并行处理提供了机会。一些网络服务选项为并行方式：从单独的网络服务中请求图层，在网络应用地图显示中组合这些图层。同时请求所有的服务可提升显示性能。但并不能保证性能的提升，除非能确保将所有的图层组合到最终显示中。

并非只有 GIS 如此，很多计算密集的计算机程序都是顺序执行的。所有的 SPEC 计算密集基准都是顺序执行的。多 CPU 平台的 SPECint 和 SPECfp 结果表明，这些基准不能利用多于一个的处理器核。SPECrate 吞吐量测试过程以多个并发基准实例来执行，以便充分利用多核平台的容量（更多 SPEC 基准内容参见第 9 章）。

1995 年，在加利福尼亚，橙色县交通部门（Orange County Transportation Authority，OCTA）需要改善交通流分析程序的执行性能。交通流分析根据整个橙色县住宅区和商业区发展的变化计算高速公路交通量。分析结果用于制定高速公路升级和维护的规划和预算。使用现有的单 CPU Unix 服务器进行分析需要花费 48 小时。橙色县交通部门想购买一个少于 12 小时完成相同分析的平台解决方案。

1995 年时 CPU 技术比已有的平台要快 50%。橙色县交通部门将分析过程分割成四个单独的并行批处理，然后他们人工整合四个结果以完成分析。平台解决方案是一个四 CPU 的 Hewlett Packard 机器。HP 提供了用于测试的机器，橙色县交通部门证明它能支持处理时间线。

图 8-5 给出了顺序处理与并行处理的总结。大多数 ArcGIS 软件是顺序处理的，用户显示性能依赖于单核性能（较快的处理器核能减少地图显示服务时间）。第一个工作流为在 1.5 Mb/s 网络上生成一个 20 层地图显示的单用户。随后的四个工作流分别为在相同的 1.5 Mb/s 网络上，由四个并行的地图服务（每个发送五层图像地图服务）生成一个 20 层动态地图显示的单用户。更多的网络传输竞争所造成的性能损失减少了性能的提升。

利用由容量规划工具（CPT）提供的工作流性能一览表（workflow performance summary，WPS）所生成的显示进行说明（容量规划工具将在第 10 章中详细地讨论）。由于平台负荷最小（每个工作流一个用户），所以不存在平台排队时间。在不同的网络上进行两个模拟（传统商业现成软件的地图显示），每个都设置为 1.5 Mb/s T－1 带宽。客户端显示的混合集成由客户端显示所支持，这个并行显示的例子显著地增加了网络流量（1.2 Mb/s 的显示流量高峰增大了传输吞吐量，增加了网络排队时间）。并行处理有时能够提高显示性能，但是，请注意这个例子并没有考虑由四个并行地图服务生成的地图显示所需要的附加混合集成时间。换句话说，当我们为了将显示中的各个图层混合集成起来而增加了处理时间时，总的并行响应时间有可能慢于顺序地图显示的时间。

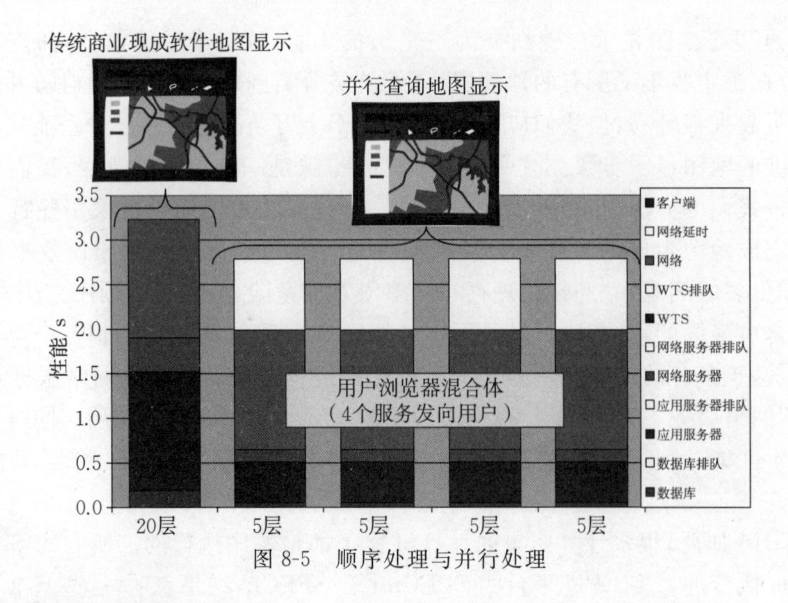

图 8-5　顺序处理与并行处理

标准地图显示服务时间

减少显示中动态层的数量可提高显示性能。在很多应用中，地图参照层由单独的地图服务或本地缓存所提供。ArcGIS Online 提供了丰富的全球土地数据，这些数据集可在桌面地图显示时作为参照层。通过提供或采用预处理缓存数据源来减少动态显示层可以大大提升地图显示的性能。

图 8-6 显示了 ArcGIS Desktop 动态地图显示的一系列显示服务时间。左轴是 ArcGIS Desktop 服务时间，右轴是 ArcSDE 服务时间。在基线模型中，DBMS 服务时间等于 ArcSDE 服务时间。容量规划工具所提供的 ArcGIS Desktop 9.2 动态地图服务时间是以一个 20 层地图显示为基础的。ArcSDE 金字塔图像层的服务时间估计相当于 10 个矢量层（Desktop＝0.3 s，SDE＝0.036 s，DBMS＝0.036 s）。

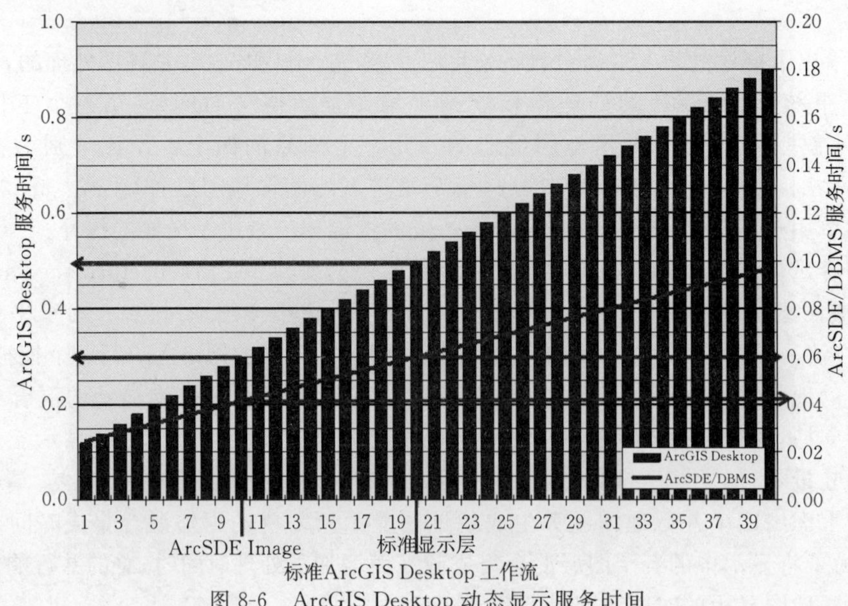

图 8-6　ArcGIS Desktop 动态显示服务时间

图 8-7 显示了 ArcGIS Server 动态地图显示的一系列显示服务时间。容量规划工具所提供的 ArcGIS Server 9.2 AJAX 标准地图服务时间以一个 20 层地图显示为基础。ArcSDE 金字塔图像层的服务时间估计相当于 10 个矢量层（Web＝0.14 s，Server＝0.42 s，SDE＝0.036 s，DBMS＝0.036 s）。

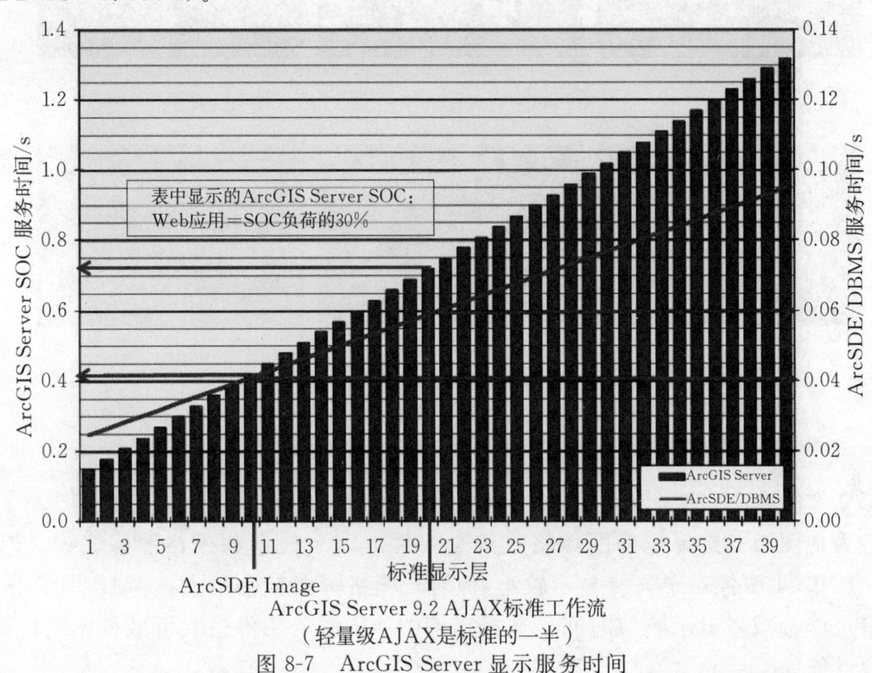

图 8-7　ArcGIS Server 显示服务时间

ArcGIS 9.3 版本为支持并行的网络服务数据源和不同的缓存层扩展了选项数量以提升客户端性能。工作流地图处理时间取决于动态地图显示中层的类型和数量。理解显示中的层数和显示服务时间之间的关系就能够明确设计决策，设定可达到的性能目标，以便从 GIS 中获得所需的生产效率。

优化线和多边形

图 8-8 说明了如何选择 ESRI 优化了的线和多边形以实现最佳显示性能。所有外轮廓都是简单线，而不是制图线。图片的填充基于 EMF，而不是 BMP。

为了达到最佳性能，要避免制图线和多边形轮廓，因为这些要素需要利用扩展的、计算密集型函数，这样就会降低显示性能。ESRI 优化的线和多边形能提高超过 50%的绘制性能。

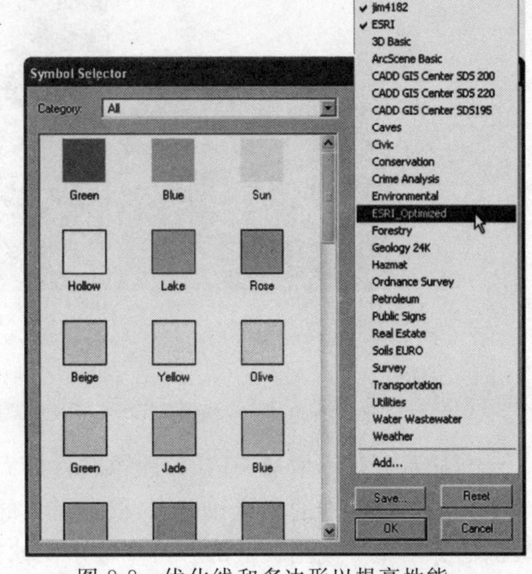

图 8-8　优化线和多边形以提高性能

选择正确的图像格式

图 8-9 对比了以普通 600×400 像素分辨率所生成的网络制图服务（Web mapping service，

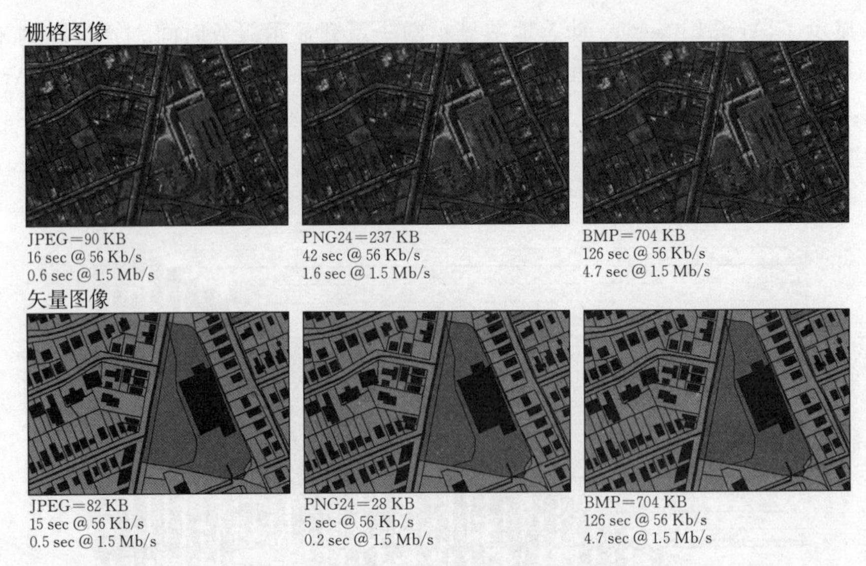

图 8-9　地图应用图像类型

注：数据由马萨诸塞州联邦环境事务办公室的地理和环境信息部门提供。

WMS)图像文件的大小。地图图像的大小对每个显示的网络流量有很大的影响。

要注意为地图服务选择正确图像格式的重要性。对于矢量和栅格图像来说，JPEG 图像大致相同。PNG24 图像对于矢量显示较小，但对于栅格图像就会很大。BMP 图像非常大，并且网络流量可能会减慢显示响应时间。选择正确的地图服务图像格式可减少网络传输的需求并提高用户性能。

图 8-10 对比了使用两种显示分辨率发布相同的矢量地图图像文件的大小，低像素分辨率为 600×400，高像素分辨率为 1 200×800。

图 8-10　地图应用图像大小

注：数据由马萨诸塞州联邦环境事务办公室的地理和环境信息部门提供。

当显示分辨率增加一倍时，图像文件的大小变化超过两倍。为了获得最佳性能，采用低图像分辨率进行标准的查看和查询，仅在需要的时候，如需要打印图像或者更精细地查看时提供较高的分辨率。使用较低的分辨率输出图像能显著地提高用户性能。

提供正确的数据源

数据源的效率对性能和可扩展性可产生重大影响。一种情况下,效率根据对一幅平均的地图显示进行查询和渲染所需的处理量来衡量,某些情况下则根据支持每个显示事务所需的网络流量大小来度量。GIS 数据源的几种类型都支持现今的 GIS 应用,从简单的 shapefile 文件和图像到 DBMS 所管理的数据。单个 shapefile 文件和图像简单易用,但随着数量的增加,会变得难以管理,难以与其他数据源相交互。ArcGIS 服务器技术为性能提升带来了新的机会:ArcGIS Online 是经过预处理优化的一种数据源,图像文件可被缓存并由客户端加以利用来提高自身的显示性能。但同时,网络环境的管理和控制会变得比较困难。

如今大多数企业 GIS 运行依赖于集成的数据库环境以增强数据的一致性并提供多种数据管理的功能。图 8-11 列举了一些地理空间数据库中影响系统性能和可扩展性的重要方面。构建高性能的地理空间数据库要从规划和组织数据库设计开始,并持续到对整个系统生命周期的维护。

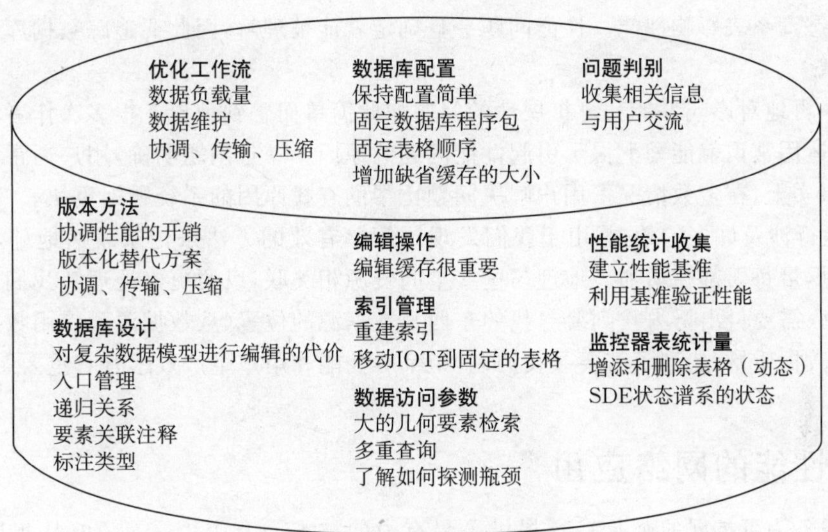

图 8-11　地理空间数据库性能要素

在过去 10～15 年间,大部分的系统性能和调节问题都集中在地理空间数据库的设计和维护方面。只要理解了数据库配置,很多性能问题就变得简单而易于判别。我们的努力和经验总结表述如下:

工作流优化。在非高峰时段规划数据负荷量和数据维护,并为协调、传输、压缩处理建立队列。大量的批处理消耗系统资源,在高峰时段操作这些功能会降低性能。

数据库配置。配置尽可能简单,并使常用的数据容易获取。查找表格比在表中查找行需要更多的处理。显示查询时减少数据表的存取数量可以提升性能。

问题判别。收集性能信息并且倾听用户的声音。了解系统性能参数并确立性能目标。花时间分析可行的性能标准和信息。

版本方法。优化状况树,避免长谱系,遵循维护计划。

编辑操作。编辑缓存(支持更高效的编辑环境功能)将重要数据移至本地机器,在编辑操作中极大地减少网络流量和服务器的载荷。在客户端应用的机器上利用缓存数据提高用户生产效率,减少网络流量,卸载共享服务器资源。

性能统计信息收集。确立性能基准和监控器平台统计。轻负荷时平台性能可用来确定容量限制并预测高峰工作流的性能要求。性能的统计信息能及时判别潜在的问题,以便在影响工作流之前解决它们。

数据库设计。简单的数据模型可以提高性能。大量的质量保障功能应由周期性的后台处理来执行,而不是作为用户显示事务的一部分。顺序显示事务引发的关系和依赖性会降低用户生产效率。了解复杂数据模型功能的代价,找寻作为后台过程或者限定的工作流而运行复杂数据模型的方法。对于浏览和查询用户,生成备份:将复杂的数据维护环境备份到简单分布式服务器以提高性能。

索引管理。保持索引的现势性。索引可通过缩小数据搜索范围来减少处理工作量。不好的索引就像一个无组织的文件柜,找任何东西都需要很长的时间。如果建立了合适的索引,在大数据库中搜寻数据的时间要少得多。

监控器表统计量。了解表的大小限制以及监控器表的统计量。表的添加和删除是动态的,长的状态谱系表影响性能。性能问题一旦确定就能被理解,因此要追踪数据库中快速改变大小的区域。

作者一再地对影响性能和可扩展性的问题如此简单而感到惊讶。很多次作者都发现只要了解技术,运用常识就能马上揭示引起性能问题的原因。一旦问题明确,用户通常知道如何去解决它。事实上,在多数情况下用户解决问题比帮助查找原因的系统顾问更快。

GIS运行涉及许多的数据,由于我们发现了简单有效的方法来记录表达地球上事物的位置,使得数据量每天都在增加。地理与这些空间资源相关联,以便更好地理解我们的世界。数据源的效率(需要付出努力找到要寻找的东西)、数据源的位置(从数据源到使用数据地方之间的距离)和数据质量(找到了需要寻找的东西)都对性能和用户生产效率有着重要影响。

构建高性能的网络应用

网络服务为可扩展的企业GIS提供了最有力的技术。为什么这么说?从集中式数据中心处理到分布式无线通信,多种部署设想变得可行。使用网络应用为浏览器客户端提供动态显示,利用后台处理的分布式配置来支持移动用户的通信。不论选择哪种配置,都将成为影响性能的变量,如图8-12所示,图中比较了网络性能因素和相关的配置变量。

每个组件变量都可对性能进行度量,如图8-13中所列举的性能调整准则所表达的一样。通过观察每个组件如何达到其相应的性能类型,用户可修改地图服务(或变量)来优化网络站点性能。

网络服务的大众性、适应性和扩展性都可根据网络显示事务来衡量。由发布的组件网络服务所支持的桌面和网络应用促进了技术的快速发展。通用的HTTP协议提供了可行的技术。决定客户端—服务器应用如何操作的基本原理也影响着网络的性能,但伴随着网络也带来了不受欢迎的可能潜在的硬件多层次和通信交流。一些有趣的网络解决方案能提供本地数据和本地用户显示设备上的显示执行程序,同时也可实现通信以及作为后台过程的大量分析功能。考虑如何实现这个任务,其基本原理并不复杂,如果能将用户接口与大量的处理和网络传输时间分离,就能够提升用户性能和工作流生产效率。

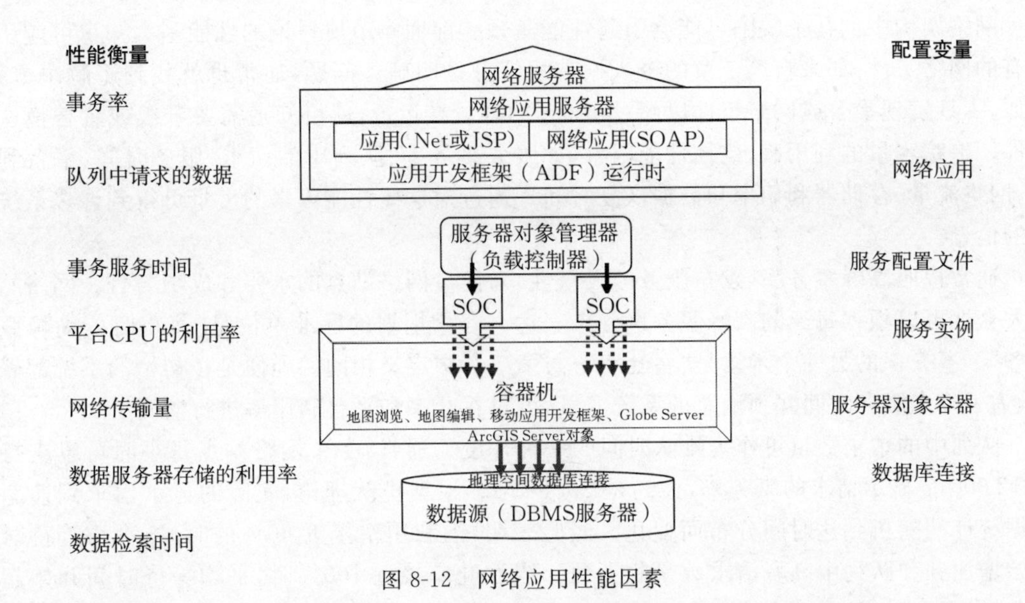

图 8-12　网络应用性能因素

性能度量	调节选项
事务率	事务率确定了由网络站点配置所支持的请求数量。高峰事务率是网络站点所支持的传入请求的最大容量。高峰容量可以通过减少生成每一幅地图服务所需的时间(较简单的信息产品)或者通过增加 CPU 的数量来增加。足够的服务代理线程应包括充分利用可用的 CPU(通常每个 CPU 有 2～4 个线程是足够的)。一旦 CPU 完全被利用,额外的线程将不会再提高网络站点的容量。
队列中的请求	每一个虚拟服务器(SOM)负责入站请求的处理排队。直到有服务器线程可用于处理请求时,请求才会被排到队列中。如果一个请求抵达时,虚拟服务器队列已满,那么这个浏览器会收到服务器繁忙的信息。增加队列深度以避免浏览器请求被拒绝。
事务服务时间	一旦为处理已发布的服务指定了服务代理,那么事务服务时间就是 CPU 处理已发布的服务所需要的时间。长的服务时间会显著减少网络站点容量,如有可能应该避免。简单的地图服务(较少的数据和最少量的图层)能显著提高网络站点容量。
CPU 利用率	公共服务代理上应该配置足够的线程以便支持最大的 CPU 利用率。当 CPU 利用率达到高峰水平(接近 100％的利用率)时,就达到了高峰网络站点容量。不增加 CPU 数量,增加的服务线程超过了这个点将会增加平均客户端响应时间,因而不推荐使用。
网络流量传输	必须有足够的网络带宽可用来支持信息产品传送到客户端浏览器。网络瓶颈可导致严重的客户端响应延迟。通过发布简单的地图服务可提高网络带宽的利用率,保持图像大小在 100～200 KB 之间以确保足够的带宽来支持高峰事务率。
数据服务器内存	必须有充足的物理内存可以被用来支持所有的处理和充分的缓存以优化性能。一旦系统配置完成,就应审核内存利用率,以保证拥有的物理内存比被用于支持产品配置的内存要大。
数据检索时间	数据检索时间是 ArcSDE 服务器上 CPU 的处理时间。通过合适的索引和 ArcSDE 数据库调节,查询时间能够得到优化。

图 8-13　网络制图服务的性能调整准则

网络架构中的几个缺陷可能会引起性能瓶颈。前面章节所讨论的性能基本知识可应用于所有的网络组件,如来自第7章的令人振奋的信息是明确了问题,通常也就找到了解决方案。例如,一旦发现平台或网络组件以超过100%的容量在运行,就可知道需要升级或者替换这个组件。追踪容量的利用率,监控性能因素,如服务事务率、队列中的请求、服务时间、平台利用率、网络流量、存储器利用率和数据恢复时间。通过对这些性能因素的度量可得到许多系统方面的信息。

通常按照高峰事务率(发布服务的大众性)来衡量网络站点的重要和成功与否。网络站点的大众性可以根据每天的高峰服务事务来表达。容量规划的标准单位是"每小时的高峰服务事务"。事务率的另一个术语是"吞吐率",与第7章中定义相同。即便是在初始的系统部署阶段,为了确定服务时间并预测总的系统容量,可对吞吐率和平台利用率进行监测。

队列中的请求数量可作为排队时间的一种量度。通常,一个网络站点每小时可以支持多于12 000个显示请求的事务率,大约是200DPM。根据排队理论,实际的显示请求到达率会根据统计的随机到达时间分布而变化。经验表明,当利用率接近50%的时候,平均等待时间开始增加到和队列中高峰请求数量相一致。当吞吐率接近100%时,平均等待时间开始超过服务时间。有大量请求在队列中预示着用户响应时间变慢。

网络服务是通过网络服务器和浏览器客户端之间松耦合连接的通信来进行的。HTTP提供了最佳的数据流协议,这个为最小化通信交互所设计的协议有助于在高延迟连接时访问服务。

配置服务器实例

了解如何配置ArcGIS Server的SOM服务实例是系统架构设计的基本要求,这决定了高峰系统容量和最佳服务性能。实例代表可执行软件和服务网络请求所发布的地图文档的集合(每个实例一次仅能处理一个请求)。最大服务实例必须被定义为达到高峰平台容量,最小服务实例必须部署为最优系统存储利用率。此外还需要对如何通过限制最大服务实例数量限制大量的空间处理服务进行定义。高利用性的SOM配置跨共享主平台来共同分担最大服务实例任务,因此必须考虑每个主机的最大服务实例以避免平台容量超负载。清楚了解用于分配和控制服务实例的术语以及如何以最优的性能和扩展性配置ArcGIS服务器十分重要。

对于大多数标准地图服务来说,每个平台主机的SOC实例最大数量不应超过核处理器数量的四倍。标准的ArcGIS服务器平台是一个四核的服务器,因此平台最大服务对象容器实例不能超过16个。假如实例数超过了16个,响应时间在高峰系统负载时就会显著变慢,而服务容量不会有明显提升。

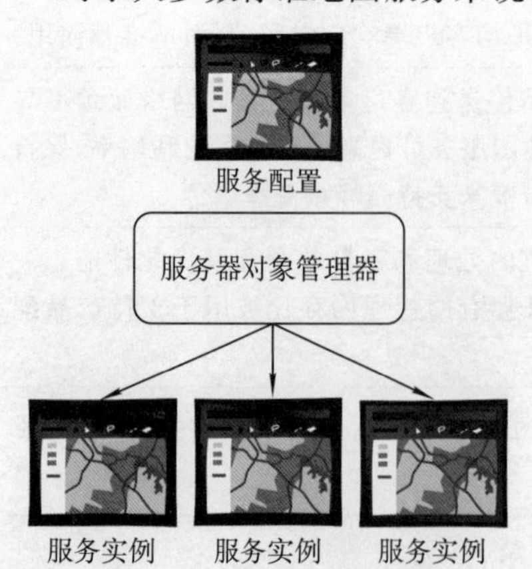

图8-14 ArcGIS Server实例

图8-14显示了网络服务的配置和部署,作为独立的服务配置在SOC中加以定义。当发布服务时,要为每个服务配置文件定义服务实例的最小和最大数量,这也就为在主机平台上如何部署每个服务提供了SOC的限定。

安装时,每个主机上都安装一个服务对象容器代理,它提供支持SOC部署所需的ArcObject代码。启动时,SOM为每个服务器配置部署了最小数量的服务实例,跨指定的主机容器机平均分布实例，在 SOC 可执行文件中部署服务实例。

运行时，如果特定服务的并发请求超过部署的服务实例数量，SOM 就会增加部署的服务实例数量至服务配置允许的最大值来应对高峰请求率。如果进入的并发请求超过了服务配置中部署实例的最大值，请求将会在服务队列中等待至一个已有的服务实例能够进行服务分配。如果必要，可减少（关闭）不太受欢迎的服务配置的服务实例，为受欢迎的服务让出空间。不活跃的服务可减少至服务配置文件中所指定的实例最小值。

SOM 中的部署算法提供了跨指定主机平台的服务实例的分布。部署算法和服务队列协同工作来平衡主容器机上的 ArcGIS 服务器处理工作量。采用 SOM 作为主容器机层的最终负荷平衡解决方案。

在现实生活中这个工作如何进行，可通过例子来展现网络服务的大众性、适应性和可扩展性如何与被显示的 SOC 实例在 SOM 管理中的变化相关联。最常见的 ArcGIS Server 产品配置由两个地图服务器组成，每个服务器的部署都能处理网络应用、ArcGIS Server Web ADF、SOM 和 SOC 可执行文件。每一个服务器以相同的配置来满足高利用性的需要。例如我们有五个面向公众的地图服务器，并决定发布以下的服务配置：

- 南加利福尼亚的森林野火（最小 0，最大 16）。
- 南加利福尼亚的地震（最小 0，最大 16）。
- 洛杉矶的交通（最小 1，最大 16）。
- 南部地区的天气（最小 1，最大 16）。

我们以 16 个 SOC 实例的最大容量设置来配置每个网络应用服务器主机。

正常运行期间，这些服务器中只有一个工作（可能是洛杉矶交通），每个 SOM 都通过增加它们的服务实例数量来满足高峰需求，直到每个 SOM 达到 16 个实例。每个 SOC 实例集在两个可用的网络应用服务器之间进行平衡。

森林野火易发的季节，当圣贝纳迪诺山着火时，南加利福尼亚的森林野火网络服务的大众性增加，需求量很大，因此 SOM 进行响应，将洛杉矶交通服务实例减至最少（每个 SOM 有 1 个），将南加利福尼亚森林野火实例增至最多（在达到 SOC 主机最大的 16 个实例之前，每个 SOM 部署 15 个，总共 30 个），现在系统以最佳配置服务于需求量大的公众森林野火服务请求。

选择高隔离度或低隔离度

图 8-15 显示了所部署的 SOC 实例数量。有两种类型的 SOC 可执行配置，高隔离度和低隔离度（ESRI ArcGIS Server 软件文档中使用的术语）。高隔离度的 SOC 是指服务实例的单线程可执行文件。换句话说，高隔离度的配置限定单个 SOC 对应一个实例。低隔离度的 SOC 指能支持四个服务实例的多线程可执行文件。低隔离度的配置允许单个 SOC 可执行文件服务多达四个并发实例（ArcGIS Server 9.3 中 SOC 能支持的线程多达八个）。实际上，每个 SOC 线程（服务实例）是追踪分配服务请求（所有请求共享相同的可执行文件副本）的可执行文件中的一个指针。

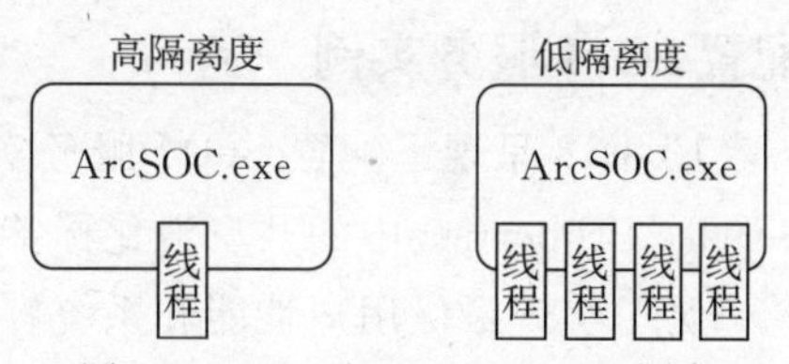

图 8-15　ArcGIS Server SOC 隔离

例如，使用高隔离度部署了 12 个服务实例的 SOM 会启动 12 个独立的 SOC 可执行文件，每个都提供一个实例线程。使用低隔离度部署同样12个服务实例的SOM，会启动三个独立的SOC可执行文件，每个提供四个服务实例线程。低隔离度的SOC配置需要较少的主机内存，但是如果一个服务实例(线程)失效，SOC可执行文件就会和剩下的三个实例一起失效。而当一个高隔离度的服务实例失效时，失效的SOC可执行文件仅限于单个的服务实例。

随着ArcGIS 9.2的发布，ArcGIS Server物理内存需求明显减少。SOC可执行文件最大程度地利用了共享的内存，并且SOC能够通过增加和减少服务实例的数量来优化系统性能。标准供应商服务器内存推荐值为每核2 GB(4核服务器有8GB)，对于大多数ArcGIS Server部署来说应该足够了。近来，对于所有ArcGIS Server服务实例配置，ESRI都推荐使用高隔离度。

选择共享池化的或非共享池化服务模型

图8-16描述了共享池化的服务模型。对大多数服务配置来说，这是最佳的配置方案。现状信息(范围、层的可视性等)由网络应用或用客户端浏览器进行维护。部署的服务实例被入站的用户所共享，每个服务事务释放后，再分配给另一个用户。正是由于这个共享对象池，共享池化服务模型要优于非共享池化模型。

图8-17显示了非共享池化服务模型，它只在应用功能需要时才使用。非共享池化SOC分配给单用户会话，在用户会话的期间，保持与客户应用的关联。现状信息(范围、层的可视性等)由SOC来维护。

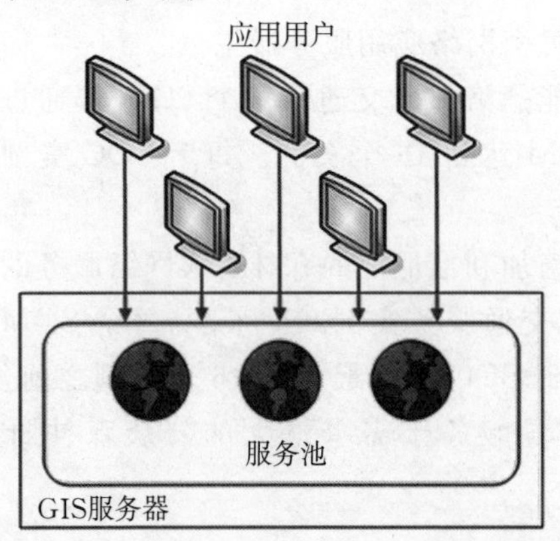

图8-16 ArcGIS Server共享池化服务模型

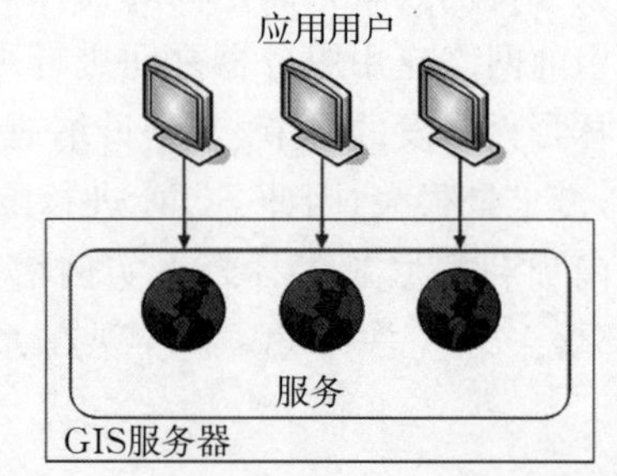

图8-17 ArcGIS Server非共享池化模型

非共享池化服务执行方式与Windows终端服务器上的ArcGIS Desktop会话相似。两者都使用相同的ArcObject可执行模块，都限定为仅有一个用户能利用服务实例。Windows终端服务器上的ArcGIS Desktop对于大多数系统实施都能很好地完成任务。ArcGIS Server每个应用服务器平台的软件许可(40～50并发用户会话)要便宜一些。

配置SOM服务实例

图8-18呈现了配置SOM服务实例的用户接口。服务实例参数由ArcGIS Server Map Service Properties中的共享池化标签来确定。

为了实现最优用户性能和系统容量，无论何时都尽可能使用共享服务。单个共享服务可处理多个并发用户，而单个非共享池化服务访问仅限于单个用户会话。

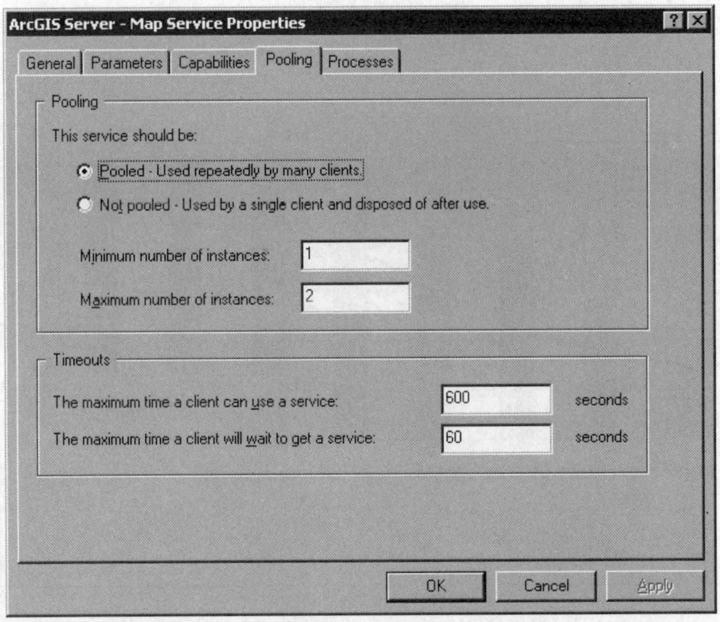

图 8-18　ArcGIS Server 的配置 SOM 服务实例

如果一个用户发出请求，为了避免启动延迟，实例的最小数目通常是“1”。如果服务很少被使用，这个设置会是“0”。

实例的最大数目确定了最大系统容量，SOM 对应于这个服务配置。需要强调的是：配置的服务实例超过最大平台容量并不会增加系统吞吐率，但可能会降低用户显示性能。

大量的批处理。为了处理大量的批处理服务，最大实例应该是一个数量较小的值，以保护站点资源。单个、大量的批处理服务会占用较长的服务器核的服务处理时间。在四核服务器上的四个并发批处理请求会占用所有可用的主机处理资源。

大众地图服务。对于大众服务，最大的实例数量必须足够大，这样才能利用全部的站点容量。站点的全部容量能支持每核 3～4 个服务实例。两个四核的容器机能处理多达 32 个并发服务实例——为大众地图服务设置的最大实例数。

配置主机实例容量

实施正确的软件配置能提高用户显示性能并增加系统吞吐能力。根据服务类型（上面提及的大量批处理和大众地图服务），正确数量的服务实例分配（保证最大吞吐率）会小幅的变动。如果主机容器平台支持所有的服务执行文件，每核一个实例可能是最佳容量设置（大量批处理）。然而对于大多数地图服务来说，执行文件被分布至网络服务器、容器机和数据库服务器，跨多个平台分担处理工作量。由于随机指令到达时间（见第 7 章的排队理论），额外的延迟会发生，当接近全系统容量时，这会占到总处理时间的 50%。图 8-19 中的测试结果表明每核 3～4 个服务实例为最佳容量设置，容量规划工具（见第 10 章和第 11 章）中能看到相同的结果。不管是工具还是测试，采用第 7 章中的性能基本原理寻求正确的实例容量。ESRI 推荐的容量以性能测试的结果和我们对于性能基本原理的理解为根据，并得到了用户实践经验的支持。

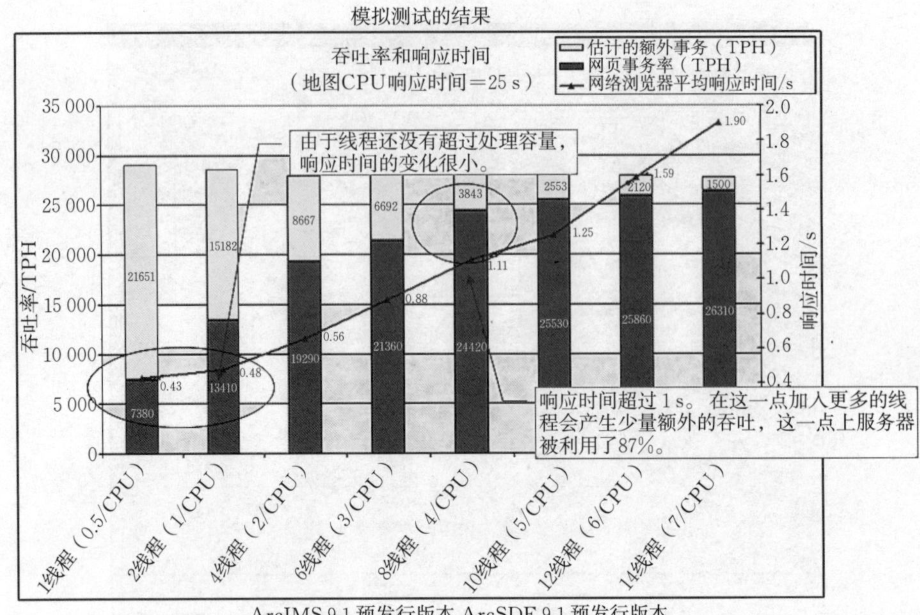

图 8-19 选择合适的容量

图 8-19 显示了部署的服务实例数量增加对整个系统吞吐率和容量的影响。一个实例(线程)只能利用两个 CPU 中的一个,并在高峰负荷时只能达到系统容量的 25%以下。随着更多的线程(实例)被部署,最大吞吐率增加直到该服务获得最佳配置。在这样的情况下,在吞吐率和用户响应时间之间的最佳权衡就是每个 CPU 四个用户。

图 8-20 描述了确定主机容量设置的用户接口。主机容量设置限定了每个 SOM 在分配的主机容器机上能部署的最大 SOC 实例数量。推荐的容量设置,或者是双亲 SOM 应该在每个主机容器机上部署的实例最大数量——是每核 3～4 个服务实例。标准的商业 Windows 服务器总共有四个处理器核,所以最优容量设置是 16 个并发实例。

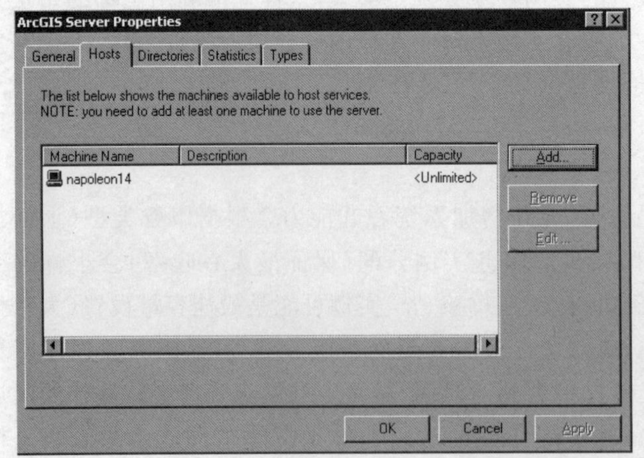

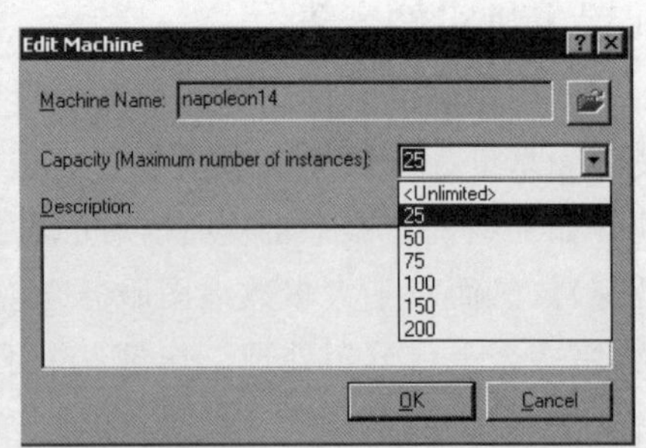

图 8-20 建立主机容量设置的 ArcGIS Server 用户界面

一个标准的、高可用性的、三层的 ArcGIS Server 配置可以有两个网络服务器(每个都有一个 SOM),三个主机容器机和一个数据库服务器。如果每个主机容器机都是标准的四核 Windows 服务器,那么最佳容量就是每个主机 16 个服务实例。在高可用性的配置中,SOM

非集群，所以独立配置被部署到共享环境中，每个双亲 SOM 需要单独的容量设置。

稍不注意就很容易配置过多的 SOC 实例。在上面提到的相同的 ArcGIS Server 配置下，主机层的全容量(三个服务器，每个有四个核)要求为 48 个服务实例的容量(每个主机 16 个)。如果所有主机容量设置都是 16(不一定是网络服务器 SOM 运行的正确答案)，整个运行的配置允许总数为 96 个的并发服务实例(每个 SOM 有 48 个，每个 SOM 在每个主机上部署 16 个，总数 32 个)。

当每个主机上部署了太多的服务实例时会有两个潜在的性能问题。当服务器的负荷超过了可利用率的 100％，最佳容量配置会在分配更多请求前(并发到达直至现有任务完成后才进行处理分配)通过完成进程中的任务(先进先出)来最小化响应时间。当部署了太多的服务实例(多于能同时服务的核处理器的数量)，可用的 CPU 必须共享它们的时间来同时处理所有分配的服务请求——以一种公平的方式进行。所有分配的服务请求都大约同时完成——必须等待直至所有处理都完成。由于有限数量的处理器核要处理过多部署的服务实例，在系统超过 100％高利用率时，太高的容量设置会导致用户响应时间的增加。

高峰容量设置不应每核多于四个实例(对于四核主机 16 个的容量)。

选择正确的物理内存

内存就像水，充足时它并不显得重要。但当不能满足需要时，它很快就变为最重要的事情。没有足够的内存，应用会开始减慢，最终可能无法运行。如果没有了足够的交换空间，应用就不能启动。了解满足需求的内存大小才能远离麻烦。

有多个内存的层被计算机用来支持程序的运行。启动时，软件程序可执行文件被加载到虚拟内存中。虚拟内存包括物理内存和内存交换空间。

物理内存由固态式晶片组成(非机械移动部件)。从物理内存存取数据比从磁盘存储要快几个数量级。固态式晶片上的内存速度是有关距离(光速)的。先进的存储芯片技术是制造更小的半导体(支持固态式晶片的材料)技术。小的半导体比大的半导体运行更快，因为数据位更密集。

内存交换空间是专用的本地存储空间，在磁盘上被分配用于内存处理。内存交换空间用于存储当前程序可执行文件的备份，在高内存利用时，物理内存利用它重新加载程序组件。

用于执行程序的软件组件指令必须存置于物理内存中。在启动和处理时，如果物理内存资源充足，程序可执行文件将被载入物理内存。随着内存的利用变得紧张，没有执行的程序组件会被调页移出物理内存，以便为其他激活的程序可执行文件让出空间。未激活的程序可执行文件不必存置于物理内存中，它们可被存置于磁盘的交换空间。如果程序需要已调页移出物理内存的可执行文件，可以从本地存储内存交换空间中取出这些可执行文件。由于处理器核资源被用于支持页面调度，所以增加页面调度会降低工作流性能。页面调度是内存不足的标志，并且随着处理工作量增大它会快速增加。在某一点，物理内存将不再有足够的容量来维持激活的程序可执行文件，程序就会崩溃(正在执行的程序组件之一会被调页)。多年来许多用户都报告过随机处理故障。通常，正常软件的随机处理故障经常是由物理内存不足而引起的。

内存交换空间通常与物理内存同样大小，一些操作系统推荐为物理内存的两倍。内存交换空间可以在系统安装时进行配置。

内存缓存是计算机设计的一个部分，内存缓存位包含在跨系统的不同组件中，以提高性能。有处理器芯片(L2 缓存)上的内存缓存，视频卡(video random access memory，VRAM)上的内存缓存以及网络接口卡上的内存缓存。硬件供应商一直在努力设计更快更有效的计算机平台。

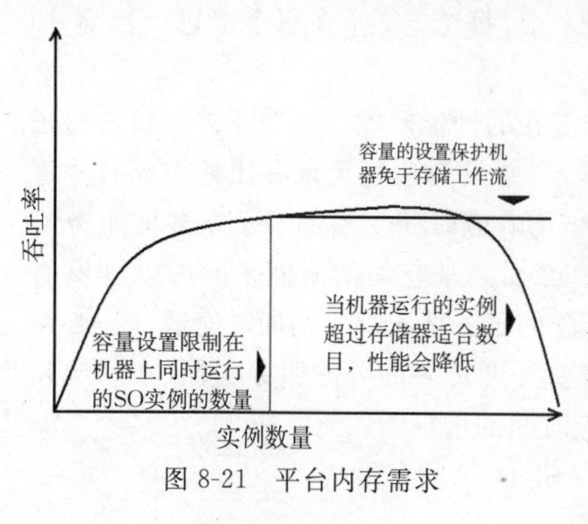

图 8-21 平台内存需求

图 8-21 显示了将系统吞吐率看作内存利用率函数的情况。当增加服务实例以利用可用的平台核时，最初的吞吐率会增加。每核有 3～4 个实例为标准地图服务提供最佳吞吐率(最大值是每核 4～6 个实例)。随着系统中更多的服务实例被部署，最大吞吐率会逐渐增加。每次吞吐率微小的增加都会使用户感受到迅速恶化的响应时间。如果可用的物理内存被耗尽，性能和吞吐率会快速下降。确立容量设置来支持最佳吞吐率(具有合理响应时间的吞吐率)。为了避免存取交换或调页，并支持所有物理内存中激活的程序可执行文件，必须保持足够的内存资源。

避免磁盘瓶颈

磁盘存储是少数留存下来的计算机组件之一，属机械移动部件。每个磁盘在磁板的盘区上存储数据。驱动臂在磁盘上移动到指定的盘区读写数据。磁盘以每分钟固定的转数(revolutions per minute，RPM)旋转。平均的查找时间是为每个输入、输出事务复位驱动臂的平均时间。磁盘是计算机留存下的最后的机械设备之一，磁盘存取是一个机械过程，它是计算机上最慢的操作。例如，从物理内存中存取几兆字节的数据可能需几毫秒，但从磁盘中存取相同大小的数据可能需要几秒。量化实际的存储性能很难，因为所需的数据可能存储在内存缓存中。存储系统设计就是为了最好地利用文件缓存。

图 8-22 是一个标准的磁盘存储阵列配置。磁盘阵列用于当一个磁盘出现故障时继续支持数据的存取，它提高了磁盘存取性能，为应对磁盘故障保护数据进行数据备份，将数据在几个磁盘上分条存储以提升存取性能。

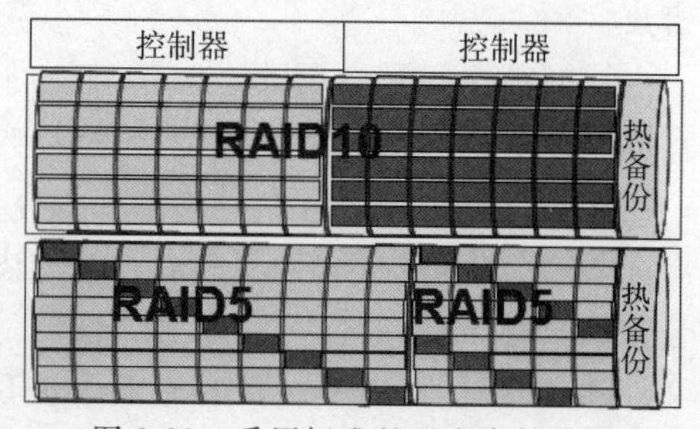

图 8-22 采用标准的磁盘存储阵列避免磁盘瓶颈问题

RAID 10 磁盘卷提供所有数据的两个备份，对阵列的每个组将数据在所有磁盘上分条存储。对于高速存取数据，这个配置是最好的。RAID 5 采用奇偶校验盘提供数据保护。在正常负荷时，RAID 5 磁盘阵列和 RAID 10 运行一样快，尽管面对磁盘竞争时，小阵列组会更脆弱。

磁盘阵列设计是为了优化缓存的利用。大多数磁盘存储解决方案支持控制器缓存。当写入磁盘时，写的操作是在控制器缓存上进行，并且后台进程支持写磁盘操作。在很多新的阵列中，数据以磁盘级别进行缓存。数据也在文件和 DBMS 服务器中进行缓存。文件服务器在访问磁盘前使用本地缓存数据。DBMS 包括一个高速存取文件的内存缓存，如索引和公用 SQL

调用。对于许多GIS运行来说，通过多层的系统缓存使磁盘瓶颈最小化，而磁盘竞争已不是主要问题。

可以通过监测服务器输入、输出(I/O)队列来确定磁盘访问性能问题。高峰运行时，由于磁盘瓶颈(同一时间在同一个磁盘上对数据的多个请求)问题，磁盘竞争会增加等待时间。通过在更大的RAID磁盘卷上分布数据或者增加缓存数据资源的使用来解决磁盘竞争问题。如果需要，较快的RPM磁盘可减少I/O时间，将重要文件放置在磁性盘片之外可减少查找时间并提高数据访问的效率。

ArcGIS技术提出了越来越多的支持数据缓存的解决方案。数据缓存能通过减少处理请求和加快响应时间来提升性能。随着硬件和网络访问性能的提高，数据会以增长的速率在缓存中移动。当采用新的缓存技术实施GIS时，有更高的磁盘访问潜在要求。有一些对磁盘性能要求更高的例子，例如在网络临时输出文件中更频繁的数据交换；预处理地图和全球地图分块；空间处理服务所需的更大的文件；SHP、PGDB、FGDB等文件数据源；以及图像。未来更快的数据存取和数据写入性能要求更快的磁盘数据访问。传统的系统中，当出现性能瓶颈时，存储配置难以确定。耦合小量磁性盘片上分布的数据，更高的磁盘访问需求会增加磁盘竞争的可能，这在将来的系统部署中可能是一个重要问题。

ArcGIS Server缓存：性能提升

ArcGIS Server为加快用户显示性能和增大系统容量提供了多种新的机遇。利用数据缓存是实现性能提升的关键。数据缓存并非对每个人有效，如对许多工作流而言，最好的解决方案是动态访问中央地理空间数据库环境来实现地图显示。但是数据缓存确实能为大众发挥作用。如今网络上许多非常普遍的地图服务都归功于预缓存数据源所带来的高性能和可扩展性。

预缓存的数据源提前处理地图产品，有几分像"预先烹调"的快餐，如果胃口能接受，这是最快的一种进餐方法。就像快餐不可能像按需求准备的食物一样新鲜，预处理地图也存在权衡的代价，地图可能是过时的，可能不能反映天气、交通等现状。当然，如果数据相对稳定，若如一个月前缓存的数据没有变化，那么局限性就不再存在。

可以通过缓存部分的服务来提升性能。很多GIS地图显示包括动态事务层，例如显示积雪深度的道路、显示最新运行状况的电网、天气数据、交通数据等。大多数GIS工作流(水、电、气、土地许可、公园等)负责维护至少是最低数量的动态事务层。然而许多显示使用相对静态的参照层(如土地利用、土地覆盖、道路网、基础图数据)缓存数据。很多情况下，用于支持标准运行的静态参照层都由供方提供，定期更新，这意味着它们可以是文件缓存的最佳候选。

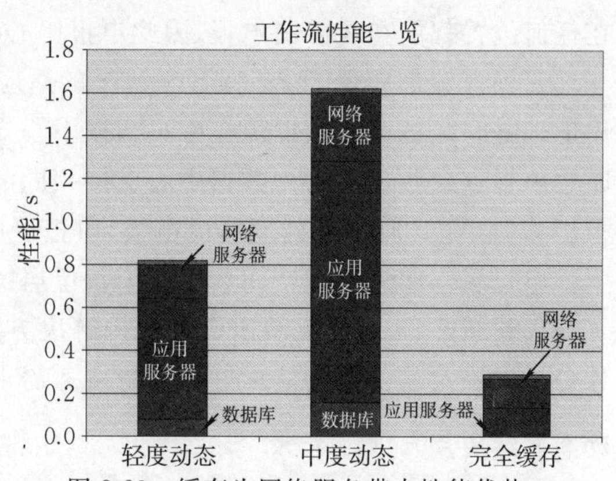

图8-23　缓存为网络服务带来性能优势

图8-23显示了轻度动态网络服务(简单地图显示)、中度动态地图服务(中等复杂的显示)和全缓存服务的性能比较。对于动态地图显

示，显示的复杂度直接影响显示性能。当显示被预处理后，对于轻度、中度和高度复杂的显示环境，显示性能都是相同的。同样，系统缓存获取缓存数据时，在数据源和最终应用之间，从本地系统缓存获取数据比从服务器获取更快。这使得缓存数据源在实现大容量和高性能需求中更胜一筹。

恰当的技术选择：个案分析

图 8-24 显示了三种配置选项的假设案例，假设案例是部署一个有关居民住宅申报的简单的面向全国的应用。这个应用提供了多种地址匹配功能、地界标、基础图数据层和图像，以帮助确定居民住宅的位置。一旦住宅位置在显示中确定，居民输入一个简单的点符号在地图上标出位置，完成统计（属性）表格。整个国家的居民申报必须在三个月内完成，所以系统架构必须能够在给定的时间内处理 2 000 个并发用户（估计的高峰时段并发用户量）。

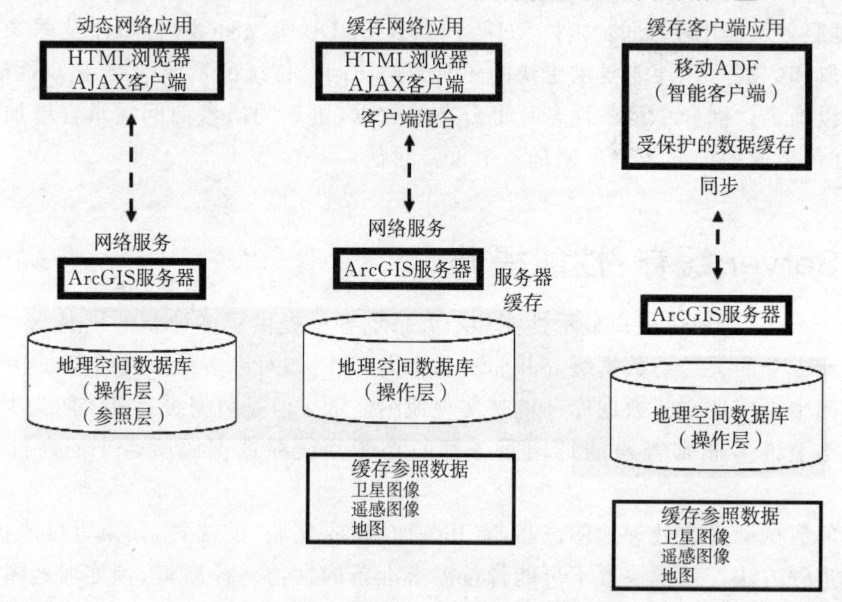

图 8-24 ArcGIS Server 缓存性能的三种配置方案

三个技术选项都基于中央地理空间数据库和单独的中央数据中心的数据库管理。居民从全国 100 个申报中心办公室（declaration center offices，DCO）访问系统。系统必须连接以便在任何位置都能查看居民申报，因此申报中心办公室系统通过广域网与中央数据中心连接。

三种方案都展现了 ArcGIS Server 的适应性和缓存地图服务的作用。第一个解决方案使用地理空间数据库的数据源在中央数据中心支持网络应用。第二个方案仅使用地理空间数据库中申报点层数据从中央数据中心支持相同的网络应用，静态参照层被预缓存。第三个方案采用移动 ADF 应用来处理居民申报，申报层由地理空间数据库支持，参照层则位于移动缓存中。申报层与中央地理空间数据库中每位居民的申报同步。

仅看图 8-24 不能反映出三种架构解决方案中哪个是最好的选择。必须进行系统架构设计分析以确定哪种架构能最好的支持事务需求。

动态网络应用

图 8-25 给出了动态网络应用架构设计分析的结果。动态网络应用解决方案需要 35 个网

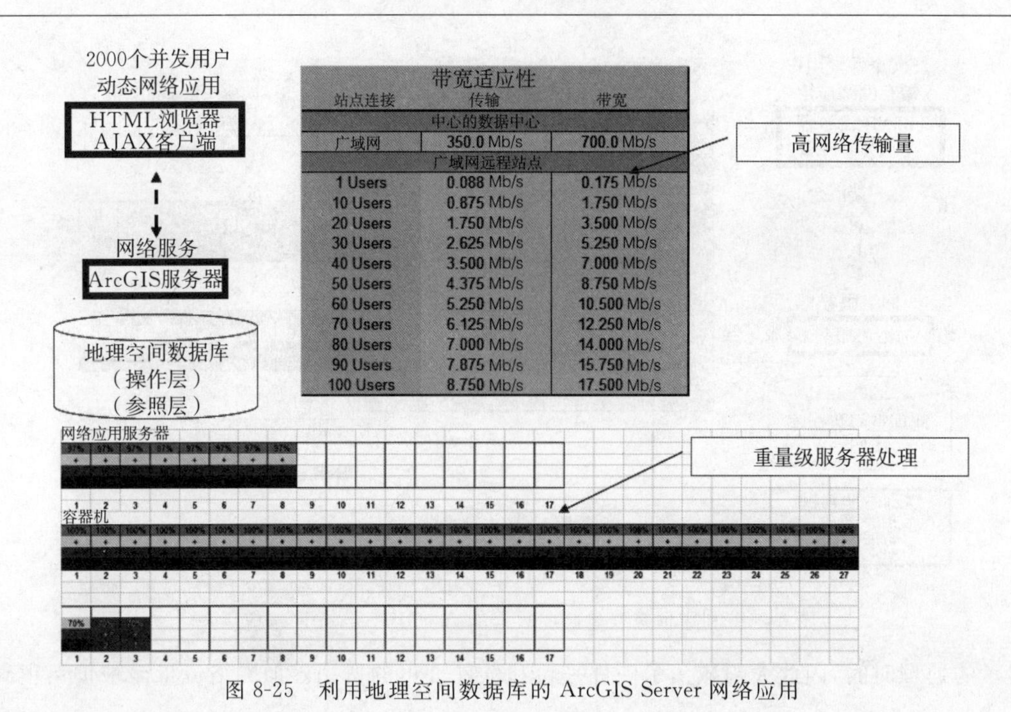

带宽适应性		
站点连接	传输	带宽
中心的数据中心		
广域网	350.0 Mb/s	700.0 Mb/s
广域网远程站点		
1 Users	0.088 Mb/s	0.175 Mb/s
10 Users	0.875 Mb/s	1.750 Mb/s
20 Users	1.750 Mb/s	3.500 Mb/s
30 Users	2.625 Mb/s	5.250 Mb/s
40 Users	3.500 Mb/s	7.000 Mb/s
50 Users	4.375 Mb/s	8.750 Mb/s
60 Users	5.250 Mb/s	10.500 Mb/s
70 Users	6.125 Mb/s	12.250 Mb/s
80 Users	7.000 Mb/s	14.000 Mb/s
90 Users	7.875 Mb/s	15.750 Mb/s
100 Users	8.750 Mb/s	17.500 Mb/s

图 8-25 利用地理空间数据库的 ArcGIS Server 网络应用

络服务器(8 个网络应用服务器和 27 个容器机)以及三个数据服务器。三个数据库服务器由三个区域子数据库实例支持,并配有一个作为双亲的附加企业服务器。其他选项包括 Oracle RAC 或者一个较大型的 DBMS 平台。无论如何,这是非常昂贵的软硬件解决方案。

高峰网络流量要求也非常高。在高峰期,中央数据中心需要处理超过 350 Mb/s 的流量,要达到良好的性能最少需要 700 Mb/s 的带宽。申报中心办公室站点流量取决于并发用户的数量,其范围从较小站点少于 10 个的用户会话(1.75 Mb/s)到较大站点的 100 个用户会话(17.5 Mb/s)。这比标准的广域网带宽能承受的流量要大。支持这个解决方案的硬件平台和网络通信代价如何呢? 非常高。

缓存网络应用

图 8-26 显示了利用预缓存参照层的中心网络应用可选方案的设计分析结果。缓存的层在服务器存储网络中进行预处理和维护,系统的缓存层随时待命服务。

由于“预先烹调”的参照层能待命及时服务,硬件服务器需求减少为 12 个网络服务器(5 个网络应用服务器和 7 个容器机),数据服务器上的负荷很轻(低于 25%的利用率)。对于缓存参照层解决方案的网络应用,其硬件需求大约为前面的动态网络应用解决方案的 33%。在用户申报期之前,参照层可以被预缓存,因为在申报期间它们不会改变(不必担心数据过期)。将申报层放在地理空间数据库中(申报层是用于确定居民住宅位置的单个点特征类),两种配置的网络应用仍由网络服务器所支持。

由于所有数据显示都来自中心网络应用,网络流量仍然很高。在高峰期,中央数据中心必须处理 350 Mb/s 的流量,为达到良好的性能要求最小 700 Mb/s 的带宽。申报中心办公室站点流量取决于并发用户的数量,范围从较小站点的少于 10 个用户会话(1.75 Mb/s)到较大站点的 100 个用户会话(17.5 Mb/s)。

由于参照数据已被预先处理,并由图像缓存支持,第二种可选方案大大减少了网络应用地

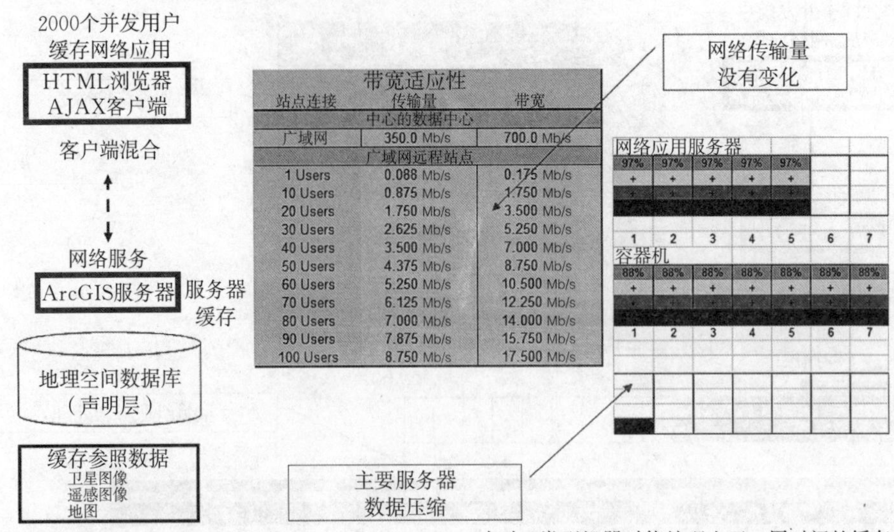

图 8-26 利用预缓存参照层数据的 ArcGIS Server 网络应用

图显示的处理时间，因此大幅减少了硬件平台和软件许可的费用。但网络流量需求仍然很高。

缓存客户端应用

图 8-27 显示了 ArcGIS Server 移动应用开发框架解决方案的设计分析结果。图 8-25 中是第三种也是最后一种可选方案，它使用的是移动缓存数据源。这里值得注意的是移动应用是很轻的客户端，可以在网络地址中部署它，而参照数据可以放在本地客户缓存中，并且作为中心网络站点服务，必须生成唯一的申报层。事实上，申报层数据与服务器的交互是作为后台进程来完成的（换句话说，客户端显示性能仅仅依赖于本地缓存数据，这样速度就非常快）。

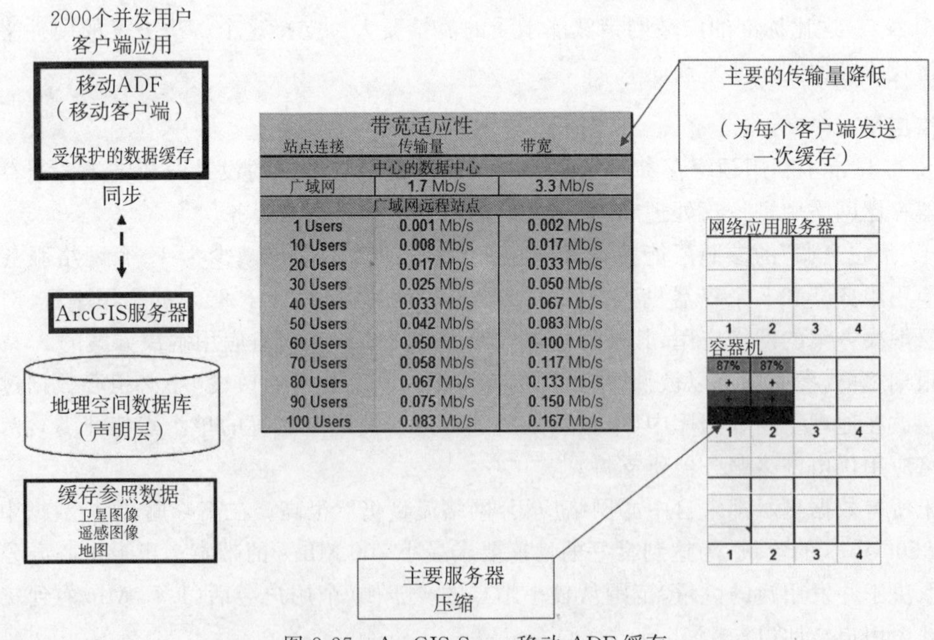

图 8-27 ArcGIS Sever 移动 ADF 缓存

使用移动解决方案，参照数据层被预缓存，并且申报层的变化在网络上同步。缓存时间线的测试证明，完全的参照层缓存能在一周时间内处理生成。移动客户端只需缓存参照数据层一次（例如去实地之前在办公室预安装，或在申报期之前在每个站点进行预安装），以便那时起从任何地方都能够访问它们。对于所有的客户端查询，这些缓存参照数据文件都可以从网上下载，由DVD或闪存提供，或者在申报期之前在本地安装。

移动ADF客户端应用可以从一个发布的网络地址安装，客户端会被通知下载和安装网络上的任何更新。移动ADF是很轻的客户端，下载量很小并且安装很快。申报层和模式也能通过网络被安装，在安装期间，确定后台与中心地理空间数据库同步。

运行期间，本地移动客户端应用访问本地的参照数据缓存，以确认居民住宅的位置。发布的网络服务能提供额外的地理编码和感兴趣位置的点集，以帮助住宅位置的确定。一旦定位，居民就标出住宅的点位并提交给服务器。申报提交与申报显示是同步的，客户端可实时查看所有的申报情况，由于来自本地的数据缓存，所以显示非常快。

移动ADF应用可选方案将硬件服务器需求降低至两个网络服务器。申报层和后台同步处理需要一个双亲地理空间数据库服务器。对于所有数据都在地理空间数据库的网络应用，所需硬件总量仅为5%。对于移动架构而言，在用户申报期之前，参照层被预缓存，在项目运行过程中，参照层不会变化。所有的移动客户端应用和本地缓存都能在申报期之前到位，为系统运行做好准备。

网络流量也很低。中心数据站点的高峰流量少于2 Mb/s。后台处理支持所有同步通信，任何传输竞争都不会影响移动ADF用户性能。如果网络失效，客户端应用可继续接收居民申报。当网络连接重新建立后，就会自动地与中心地理空间数据库同步进行更新。总而言之，移动ADF架构方案大大减少了硬件费用和软件许可，降低了网络流量负荷和网络的依赖性。

移动ADF只是ArcGIS Server缓存的优势的一个例子。ArcGIS Online（ArcGIS Desktop和ArcGIS Engine）以及ArcGlobe Services（ArcGIS Explorer）是同种缓存技术的另一种实施方案。ArcGIS Server缓存确实对性能和费用产生了影响。了解何时何地使用数据缓存是规划过程的重要部分。总的说来，软件功能是很重要的，它必须支持系统运行需求。可行的解决方案在扩大，但新技术可选方案的利弊可能仍然被低估。来自于用户的现实答案证明了技术是多么重要。

随着技术的发展缓存正变得越来越普及，并且确实能够在保持数据源的整体性时提供快速高质量的显示性能。像快餐一样，需要在使用缓存时学会如何使预处理的数据保持现势性。在决定何时采用缓存时，要考虑这样的问题：何时需要使用动态地图显示来支持事务需求，并且在何处利用预处理地图服务？

构建数据缓存

快速的用户显示性能和高扩展性的网络服务是以预先准备为前提的。预缓存处理就像是在发布之前制作一个地图集，必须提前为参照层显示生成一个完整的源图像集。性能优势就在于每幅图像仅生成一次，图像生成后，共享这个图像按需求来显示。共享图像非常快，因不需要再重新生成任何东西，如果通过本地GIS应用访问它，图像应在本地机器上进行缓存。图像也能被网络加速器所共享，网络加速器为整个机构维护共享图像的缓存。利用现有的平台和网络技术，缓存参照层的潜在效益是相当可观的。

可构建一个缓存地图的金字塔，缓存地图金字塔的概念很简单(见图 8-28)。从高分辨率数据源开始来构建缓存地图金字塔，顶层为最低分辨率的地图(1∶1 000 000)。其他的每个金字塔层通过合并四个像素表达该层每个像素的方式生成，以增加显示分辨率(1∶500 000)。第三层分辨率再合并四个像素来提供下一层的分辨率(1∶250 000)。预缓存处理为每幅地图瓦生成图像，并将所有层集中到一个压缩的文件缓存中。对于 ArcGIS Server 来说，可能会有大量的地图图像需要集中，这也许需要花费一些时间。

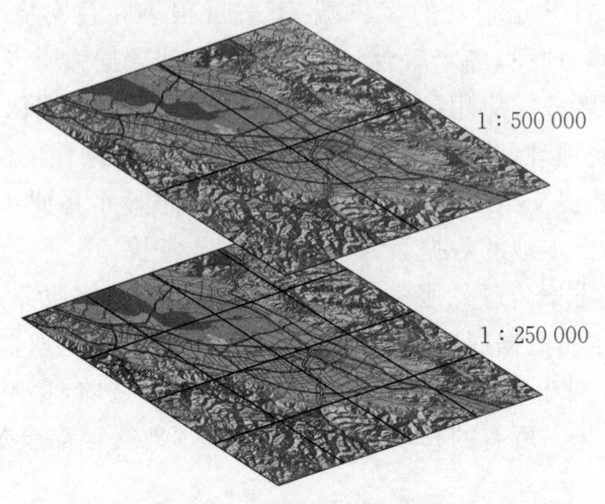

图 8-28　缓存地图金字塔

注：数据来自 ESRI 数据和地图，美国街道地图。

产生一个地图缓存所需要的时间取决于所生成地图的质量和数量。地图缓存中所包括的金字塔层数量是影响生成时间的主要因素。

图 8-29 依据缓存图的总数乘以平均生成一幅图的预计时间，给出了对地图缓存时间的粗略估计。表中有三个平均地图生成时间线。每条线根据平均地图服务时间表达了不同的地图复杂度。例如第 9 级的 9 个层缓存 9 幅图像，一幅地图 5 s 的生成时间，缓存时间估计约 900 h。

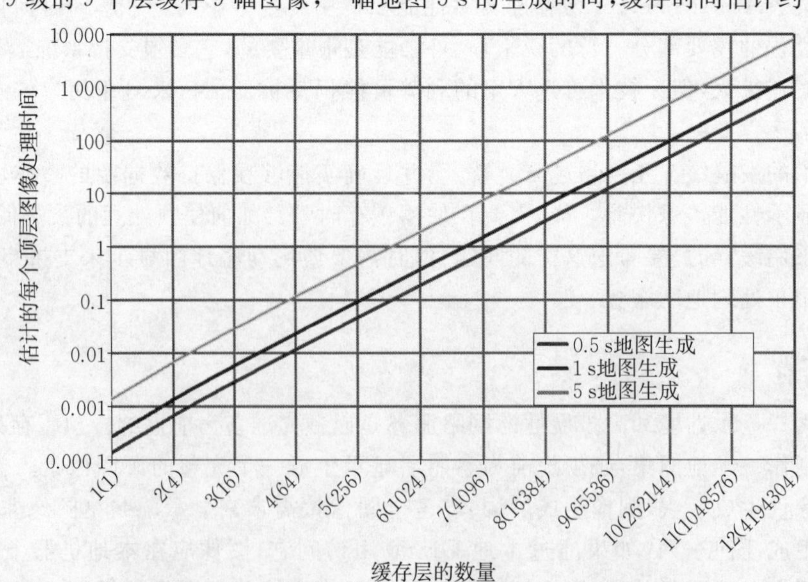

图 8-29　地图缓存时间线

显然，大家都不愿为同样的地图进行多于一次的预处理，因此需要对计划缓存的地图进行检查确认，在开始缓存之前确保无误。得到核准以后，在实际进行地图缓存之前，第一步是在小范围内构建缓存金字塔的样本，得到作为测试数据源的输出样本花费的时间很少。通过这种方式，验证输出符号和标注，然后通过原型应用来测试显示性能。同样，利用生成输出样本的时间来估计完成数据缓存的总时间。一旦样本正确，就可以准备生成地图缓存了。

最好分块执行地图缓存任务，以便能掌握生成时间。同时，最好能对大型的缓存任务进行监测，以便出现任何故障时可随时处理。ArcGIS Server 能自动进行缓存处理，通过并行的方式采用批处理实例管理来减少总的缓存时间。ArcGIS Server 将最终的缓存输出整合成集成的缓存环境。

图 8-30 模拟了使用 ArcGIS Server 进行缓存时所看到的部分情形。缓存的过程是作为批处理来进行的，并且在很大程度上耗费了一个处理器核。并发缓存处理过程可以同时进行，ArcGIS Server 能够将批处理服务产生的多个缓存结果整合成缓存金字塔结构。

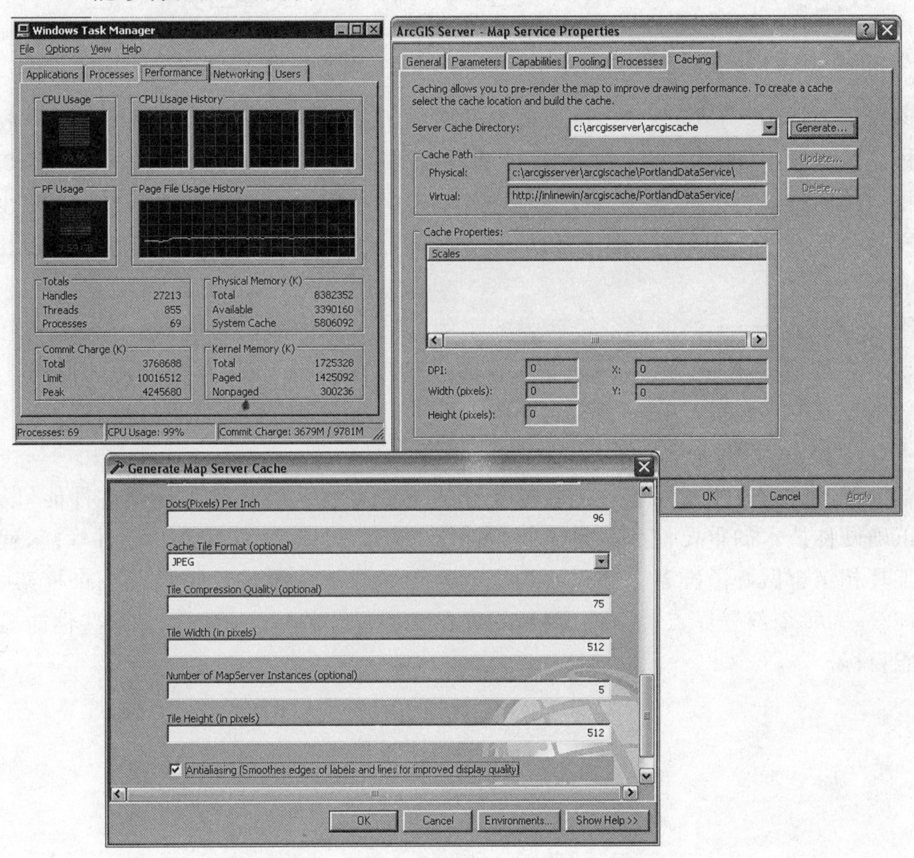

图 8-30　利用 ArcGIS Server 进行缓存

访问多核的服务器时，最好将缓存服务配置成每主机 $N+1$ 个实例，这里 N 为主机处理器核的数目。当个体实例等待数据时，额外的实例可保证可用的处理器核能完全利用。

ArcGIS 9.3 大大扩展了维护地图和全球缓存数据源的有效选项。数据缓存只是按需（高性能显示和最少的服务器处理——高扩展性）进行预处理地图图像的服务。部分的缓存是可行的，可通过定义高度感兴趣并能从缓存中受益的区域来实现。根据感兴趣的区域和分辨率的等级(高度感兴趣的区域会有更多的缓存层)进行部分的缓存。按需缓存也同样可行。图像可随第一个用户的访问而进行缓存,根据地图请求缓存所保存的图像。第一幅地图是动态的,同一地区随后的地图由缓存来服务。

图 8-31 显示了三种不同的 ArcGIS Server 缓存服务配置的例子,需强调的是,在缓存时应完全利用可用的硬件资源。

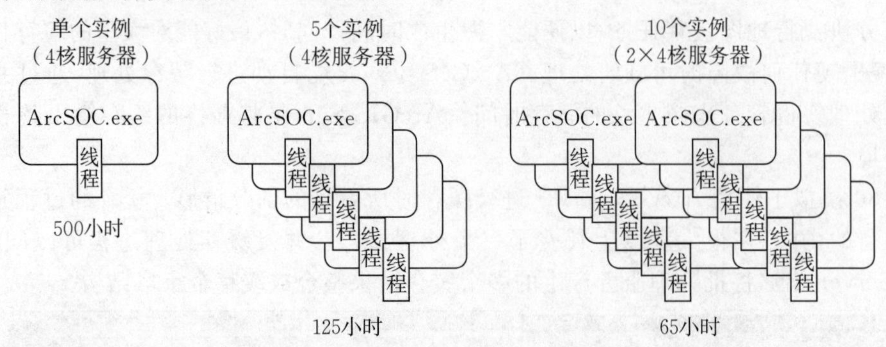

图 8-31　ArcGIS Server 并行缓存选项

应该采用怎样的缓存服务实例配置呢?这取决于主机平台上可用的处理器核的数量。如果在四核的服务器上配置一个实例,缓存处理就只利用了一个核。缓存时间大约是 500 小时。如果在相同的四核平台上配置 $N+1$ 或者五个缓存服务实例,就能在 125 小时(快了四倍)内完成同样的缓存处理。如果有两个四核的服务器,能运行 10 个缓存服务实例,那么大约 65 小时可完成缓存处理。

利用 ArcGIS Server 管理多个缓存服务实例可减少总的缓存时间线。ArcGIS Server 提供了自动缓存处理的工具,ArcGIS 9.3 可按需进行缓存,为提高缓存数据源的通用性和实用性提供一条较好的途径。

本章论述了软件技术对系统性能和扩展性的重要影响。第 9 章讲述硬件性能,以及选择和部署正确硬件技术的重要性。一旦了解了性能的基本知识、软件性能和硬件性能,就为与容量规划工具相结合做好了准备。容量规划工具为实际开展系统设计提供了一个框架,利用对技术的理解,为每个部署界点确立性能目标,并在实施过程的每个阶段检核这些性能界点是否达到性能目标。

第9章　平台性能

概　述

自20世纪90年代早期以来，平台技术的发展影响着几乎所有软件的性能。从2000年开始，ArcGIS软件发布的所有标准性能模型的变化都源于硬件性能的提高。我们在利用这些模型来估计规模，在说明容量规划、性能和可扩展性需求时，了解如何调整模型以适应不同的硬件性能十分关键。

如图9-1所示，在很短的时间内，硬件的发展非常迅速，提高了用户效率和性能预期，并且预期的提升更大。的确，这些提高现在已经成为了现实。从单核到多核平台环境（在2006年）技术变化所扩大的容量超过了100%，同时减少了平台和软件授权的费用。2007年的商业Intel平台提供了比2004年的商业平台多7倍的容量，并且总成本更低。现在，企业应用和数据服务器（及其他）必须进行升级以支持随之提高的用户效率以及更高的预期，这是发展的必然结果。

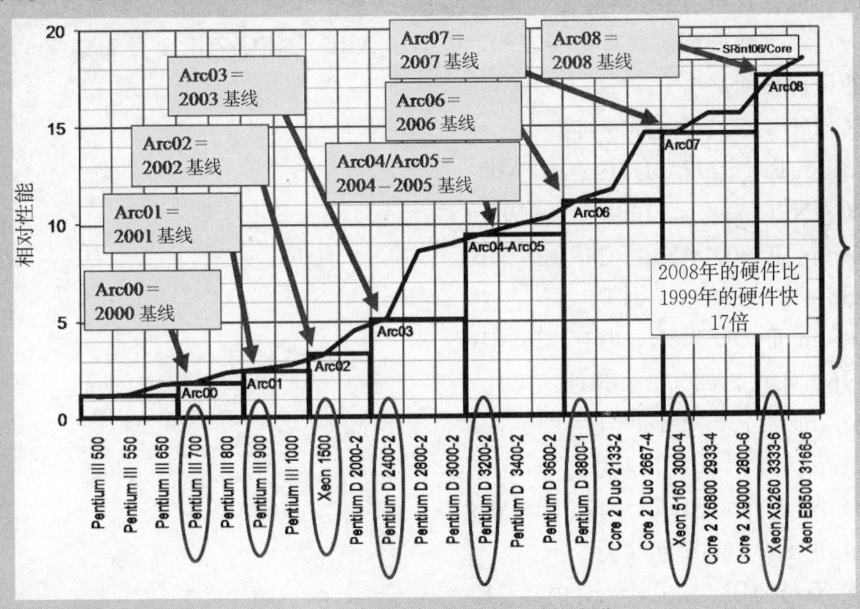

图9-1　相对平台性能随时间的变化

本章详细介绍了目前硬件技术所提供的各种资源，然后通过案例来说明利用这些计算资源满足软件处理的需求。目前的平台技术采用厂商发布的标准（SPEC的计算密集型吞吐量基准）来比较可用的平台性能和容量选择。标准的ESRI工作流和一系列平台规模估计模型确定了平台服务时间、排队时间和响应时间。自20世纪90年代中期以来，基于厂商发布基准的模型一直被用来作为确定ESRI用户平台需求的工具。现在，平台规模估计模型更加有效,原因很简单,因为我们已经运用所掌握的知识和经验对它们进行了改进。这些基于基本原理的重要模型将在第10章详细介绍,第11章介绍容量规划工具的实践。

第7章介绍了系统组件和过程中的基本关系,以及容量规划的相关术语。第8章分析了根据所需资源进行软件方案选择决策时,平台规模估计方面的问题。现在,本章描述容量规划工具基本原理相关内容的全貌。第10章中将了解如何建立用户自己的容量规划工具。但是首先,如同第7章所提到的,让我们全面回顾可供选择的供应商技术,以及一些可展现目前硬件性能和可扩展性的简单图表。

如今我们生活的世界正享受着技术迅速发展所带来的益处,也面临着技术迅速发展所带来的挑战。技术进步可直接提高我们的个人效率,但是我们必须接受挑战以利用这些优势。要为GIS用户提供正确有效的系统设计,必须认真考虑用户的性能需求。这些年来,计算需求的满足导致了期望值的提高。GIS用户一直受益于快速的平台性能,每一年高端用户都在寻求最好的可用计算机技术以满足他们的处理需求。这些代表用户性能期望的用户工作效率需求已反映在用户选择支持他们计算要求的工作平台当中。

系统性能基准

随着时间的推移,性能期望发生了很大的变化,从十年间GIS用户所选的工作平台列表可看到这一点。下面所列的这些是从1997年2月ARC/INFO 7.1.1发布以来,大部分GIS用户所选的硬件桌面平台。

- ARC/INFO 7.1.1 (1997年2月)
  Pentium Pro 200 MHz,内存64 MB
- ARC/INFO 7.2.1 (1998年4月)
  Pentium Ⅱ 300 MHz,内存128 MB
- ArcInfo 8 (1999年7月)
  Pentium Ⅲ 500 MHz,内存128 MB
- ArcInfo 8.0.2 (2000年5月)
  Pentium Ⅲ 733 MHz,内存256 MB
- ArcInfo 8.1 (2001年7月)
  Pentium Ⅲ 900 MHz,内存256 MB
- ArcInfo 8.2 (2002年7月)
  Intel Xeon MP 1500 MHz,内存512 MB
- ArcInfo 8.3 (2003年7月)
  Intel Xeon 2400 MHz,内存512 MB
- ArcInfo 9.0 (2004年5月)
  Intel Xeon 3200 MHz,内存512 MB
- ArcInfo 9.1 (2005年6月)
  Intel Xeon 3200 MHz,内存1 GB

- ArcInfo 9.2 (2006 年 8 月)
  Intel Xeon 3800 MHz，内存 1 GB
- ArcInfo 9.2 (2007 年 6 月)
  Intel Xeon 双核(1 插口) 3000 MHz (4 MB L2 缓存)，内存 2 GB
- ArcInfo 9.3 (2008 年 8 月)
  Intel Xeon 双核(1 芯) 3333 MHz (6 MB L2 缓存)，内存 2 GB

1990 年，用户对能在一分钟之内显示地图的平台印象深刻(若使用较早的 Mylar 数字化叠加技术，要花超过一周的时间来完成)。现在，在计算机上显示同样的地图，如果等上几秒钟，用户就会抱怨。尽管功能的改进使目前的软件程序比以前更庞大运行更慢，但用户对效率的期望值仍在不断地增高。更快的平台性能和更低的硬件费用正好弥补了这一点，用户可体验到效率的继续提高。GIS 用户对更快平台性能需求的变化不是由软件驱动的，而是由更快和更便宜的工作站和服务器技术所带来的性能期望的改变。

图 9-1 以 Intel 工作站性能为例，展示了从 1997 以来相对平台性能的基本变化。过去十年，硬件平台制造商引入的技术革新对性能和容量的加强起到了重要作用。请注意，图 9-1 中左边的相对性能是相对的数字，就像 SPEC 基准一样，它们为相对值，是相对于 SPEC 性能基线的参考平台。(更多有关用 SPEC 基准做性能量度的内容在本章后面阐述)。

图 9-1 中的方框表示这些年来用于支持 ESRI 规模估计模型的性能基线。这些性能基线每年都进行审核和更新，以便与快速变化的硬件技术相适应。

用户工作效率

对硬件性能的了解通常来自真实的用户体验。我们将这些年来从用户学到的经验都融入了平台规模估计模型。平台规模估计模型可帮助其他用户进行正确的硬件选择决策。为了满足用户的需求，建模工作必须围绕两个方面——用户工作效率和平台规模估计。在系统设计时，用户工作效率是对工作速率的衡量，前提是用户使用电脑进行工作。因此，处理任务时所采用技术的速率成为衡量用户工作效率的重要因素。例如，在 1992 年，用 Unix 工作站显示地图要 60 s，在提交显示下一幅地图的请求之前，GIS 用户要花一分钟来查看显示的地图(用户思考时间)。两种速率都影响用户工作效率，因此必须对平台性能进行预测以实现所需要的工作效率。几个定义如下：

用户工作流是支持人们工作的计算机软件流程。用户工作流包括计算机处理时间、处理排队延迟(第 7 章中讨论的显示响应时间)以及用户思考时间(用户查看显示时计算机等待用户输入时间)。显示周期时间是响应时间与用户思考时间的总和。用户工作流的效率是人们工作的速率，以客户端每分钟显示来表示(displays per minute，DPM/client)。

批处理是没有用户思考时间的工作流。批处理通常用于模拟用户工作流，生成不包括用户思考时间的相同的用户显示结果。批处理同样用于不需要用户间断输入请求的大批量处理工作(地理空间数据库协调与发布处理、自动备份服务、自动地图生成等)。

20 世纪 90 年代，根据我们当时对 GIS 处理工作量特性的理解开发了客户端—服务器规模估计模型。批处理被用于评估服务器性能和容量。对 GIS 批处理工作量与等价的并发用户工作流工作量之间关系的理解为并发用户平台规模估计模型提供了基础。图 9-2 追溯了并发用户客户端—服务器规模估计模型在我们如何定义真实用户方面的历史，展示了多年来用户数量和批处理批次的等价关系是如何变化的。请注意底部的箭头：它提示了 CPU 的处理性能随着每个新平台的发布而提高。

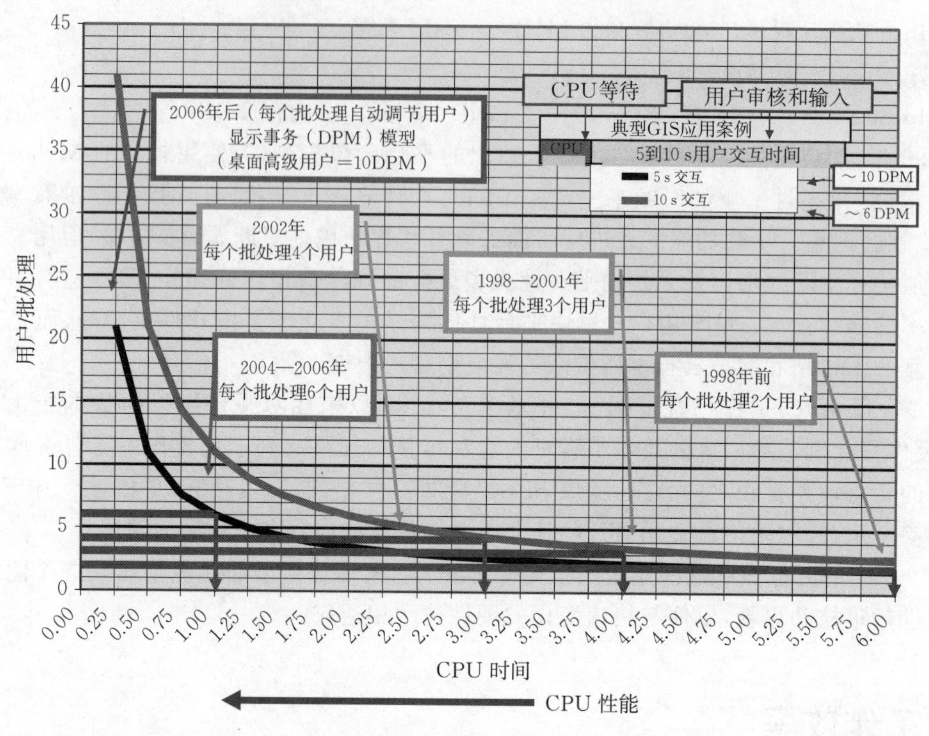

图 9-2　真实用户的历史

注：早期桌面规模估计模型是基于根据每个批处理的用户数所表示的并发用户工作单元。并发容量规划模型是基于根据工作流服务时间所表示的用户显示工作单元。工作流服务时间负载（DPM）等同于高峰并发用户数乘以用户生产效率（用户 DPM）。

在 1992 年，我们首次将并发用户规模估计模型作为系统设计咨询服务的一部分。从努力满足用户需求中学到了很多，对技术的大部分理解得到用户体验的支持。作者记得一个特别的经历，多年来，在使用模型进行硬件采购决策的过程中，这样的事情对于 GIS 用户重复发生过很多次。1995 年作者参与为宾夕法尼亚电和光公司（Pennsylvania Power and Light，PP&L）设计一个系统，认为采用四个 Unix 应用计算服务器来处理多至 100 个并发用户的高峰用户并发工作量是足够的。设计文档表明，这些服务器在八个并发用户时达到高峰容量，当每个平台的并发客户端增加到 25 个用户时，用户工作效率会减少至最高效率的 33%。那时候惠普（HP）公司的应用服务器平台比 Unix 工作站（目前的性能基线）的性能快 3 倍。

几年之后（1997 年年底），作者接到了来自 PP&L 的电话，说他们的 GIS 用户抱怨显示性能缓慢。作者询问数据库管理员（database administrator，DBA）当显示性能变得缓慢时，有多少个用户在服务器上。数据库管理员发给我的图表明在 8 个并发用户时，服务器会开始变得缓慢，在 12 个并发用户时，开始收到关于性能的抱怨。这在我们早前的基于平台规模估计模型的设计推荐中已有记载，讨论决定让用户在 1998 年购买了新的服务器硬件。

惠普公司声称他们的新服务器能支持 6～10 个并发用户，这表明 8 个 CPU 的平台能在达到满负荷之前支持多达 50 个并发用户。尽管作者对惠普公司的声明不是很肯定，但仍认为新的机器每个CPU也许能够支持2个以上的并发用户。惠普公司为PP&L提供了新的8路服务器做测试，作者应邀参加了新平台的系统现场性能测试。为了测试，PP&L暂停系统运行，让远程现场人员运行实际的工作流来测试新服务器的容量。作者与数据库管理员坐在一起观看服务器CPU的性能。当我们看到CPU利用率达到10%，20%，以及更高时，并发用户的数量在增加。大约27个并发用户时，CPU达到满负荷，每CPU大概是3.5个并发用户。

基本上，我们在1993年的规模估计模型的咨询工作预计到了1995年的结果。这也帮助我们认识到更快的硬件能影响并发用户规模估计模型的准确度。因此，从那之后我们一直在根据从用户真实体验中了解到的情况作调整。最有用的模型应该是最能准确表达现实的模型。我们对技术的大部分理解是由实际的用户体验所支持的。

随着CPU处理平台性能的提高，我们必须调整并发用户/批处理规模估计模型。1998年，我们将并发用户平台规模估计模型从2个用户/批处理调整到了3个(惠普的服务器比大部分的竞争者都要快)。2002年，模型增加到4个用户/批处理过程，2004年是6个用户/批处理过程。并发用户模型与平台基线CPU性能紧密相连，每年根据新的性能基线更新模型对支持准确的规模估计推荐值十分重要。

在20世纪90年代，我们已了解了很多有关GIS工作站性能方面的知识，并用成功的系统设计咨询服务帮助了许多的用户。用户能在所推荐的硬件平台配置上支持系统的全面实施(通常在2～3年后完成)是我们衡量成功的标志。我们有一些老客户使用我们的服务来升级到新的硬件。

我们知道与批处理过程相比，真实用户处理过程是不同的。这个不同体现在用户思考时间。可以通过在批处理过程中插入表示用户思考时间的暂停来模拟真实用户工作流程。目前我们的许多测试都包括这些暂停，以提供更准确的平台工作量曲线。每个批处理过程的并发用户数量就是与用户显示周期时间(地图请求之间的总时间)相应地图服务时间的数量(每幅地图显示的处理时间)。用户思考时间是显示周期时间减去地图服务数据。图9-2显示了2条线，一条是5 s的用户思考时间(10DPM)，另一条是10 s的用户思考时间(6DPM)。

1996年Web服务首次被提出，这使得我们的顾问们重新思考我们的容量计划模型。让用户确定可能访问他们公共Web服务站点的并发用户数量是非常困难的。Web性能监控工具追踪每小时并发显示请求的数量，我们可为发布的地图服务估测处理时间(地图服务时间)。每个平台CPU(核)可以并行处理地图服务，因此高峰平台容量可以根据估量的地图服务时间来计算。

图9-3展现了基于地图服务时间的平台容量。图的左边为每小时高峰显示的容量，图的右边为每分钟高峰显示的高峰容量。每核的高峰容量由一小时或一分钟除以地图服务时间来计算。

估测平台性能

用户采用多种硬件平台来支持GIS环境，每一种平台都有不同的性能容量。1995年，作者帮助檀香山市县选择合适的服务器以处理新企业许可证申请。他们计划采用1992年购买的昂贵IBM服务器来支持200多个并发用户的许可申请。作者指出他的笔记本比旧的IBM服务器更强大，但也不能指望笔记本能处理200个并发许可申请用户。硬件性能的不同导致了一些独特的容量计划的挑战。

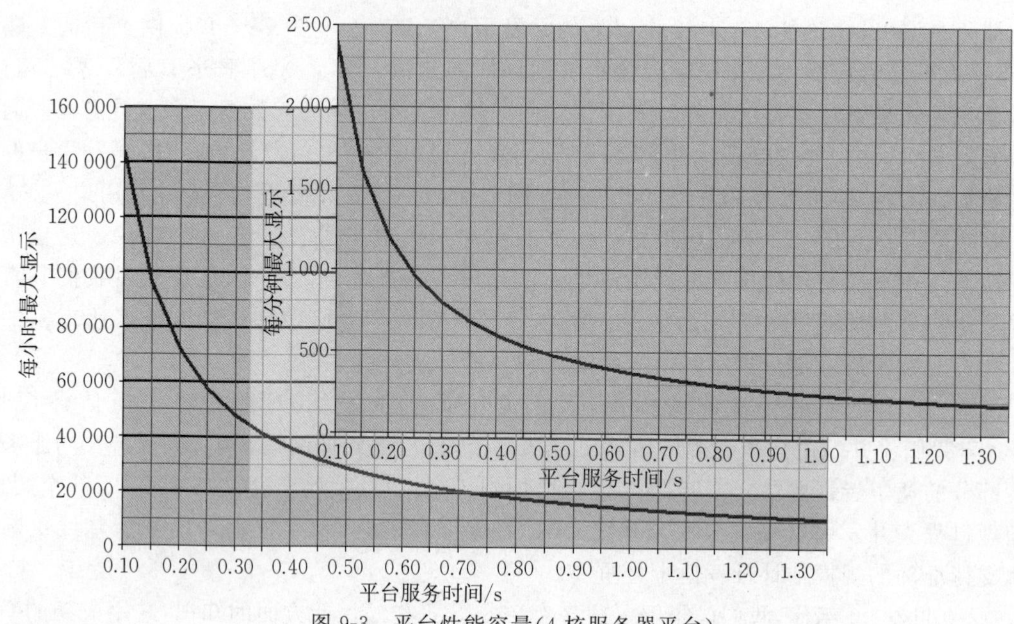

图 9-3 平台性能容量(4 核服务器平台)

许多软件供应商都经历过支持用户性能和可扩展性的困难时期,直至目前,这仍然是供应商的一个难题。基于以前的用户体验,而不根据平台性能的变化进行调整的平台选择是错误的。不了解硬件容量需求的技术实施是高风险的行为。当说明容量规划、性能和可扩展性需求时,了解如何确定和补偿硬件性能的差异是非常重要的。

作者在 ESRI 第一年(1991 年)的时候,ARC/INFO 桌面授权发生了变化,取而代之的是基于平台容量的多用户授权,这种多用户授权是基于高峰并发用户的新 FLEXlm 授权管理。作者在 Sun 工作站进行了一系列的 ARC/INFO 测试,以确定服务器容量和并发用户之间的关系。图 9-4 是作者发现的总结,这个简单的模型被用来迁移 ESRI 用户到新的授权环境。

相对性能的原理

两个服务器的相对性能直接与服务器的计算能力成比例

$$\frac{\text{服务器 A 的性能}}{\text{服务器 B 的性能}}=\frac{\text{服务器 A 的客户端}}{\text{服务器 B 的客户端}}$$

图 9-4 如何处理改变

简单地说关系就是,如果一个人能确定服务器 A(由服务器 A 支持的客户端)能处理的工作量,并知道服务器 A 和服务器 B 之间的相对性能,那么他就能知道服务器 B 能处理的工作量。这个关系对单核服务器(只有单个计算机处理单元的服务器)和多核服务器来说是正确的。当比较服务器 A 和服务器 B 的相对容量(吞吐量)时,这个关系也成立。

下一个挑战是确定相对平台性能的合理度量方法。我们曾寻找能表达一台计算机相对于另一台计算机处理多少工作量的一个数字。(这便是 145 页文字框解释的 SPEC 数字。)合适性能基准的选择、如何进行测试的协议、发布的方法,这些都是非常敏感的硬件供应商的营销问题。幸运的是,作者找到了一套由硬件供应商发布的通用性能基准,每一家硬件供应商都支持作者寻找平台基准规范。

SPEC 是由硬件供应商在 20 世纪 80 年代末成立的一个组织,旨在为管理和共享相对平台性能基准建立准则，其任务是“提出可靠的、客观的技术基准，使计算机设计者和购买者都能够根据实际的工作量来进行决定”。过去 ESRI 的系统设计使用了如下基准：1992—1996 年的 SPEC92，1996—2000 年的 SPEC95，2000—006 年的 SPEC2000，2006 年以后的 SPEC2006（SPEC 性能基准发布在 www.specbench.org）。

1996 年和 2000 年都对 SPEC 基准进行了更新，以适应技术的变化和标准的提高。2006 年颁布了最新版的 SPEC2006，为 2007（Arc07）性能基线提供了平台相对性能的量度。（当 SPEC 引进新的基准时，通常在基准测试和发布结果间有 6～12 个月的重叠。）方框和图 9-5 说明了我们如何计算基准比率。

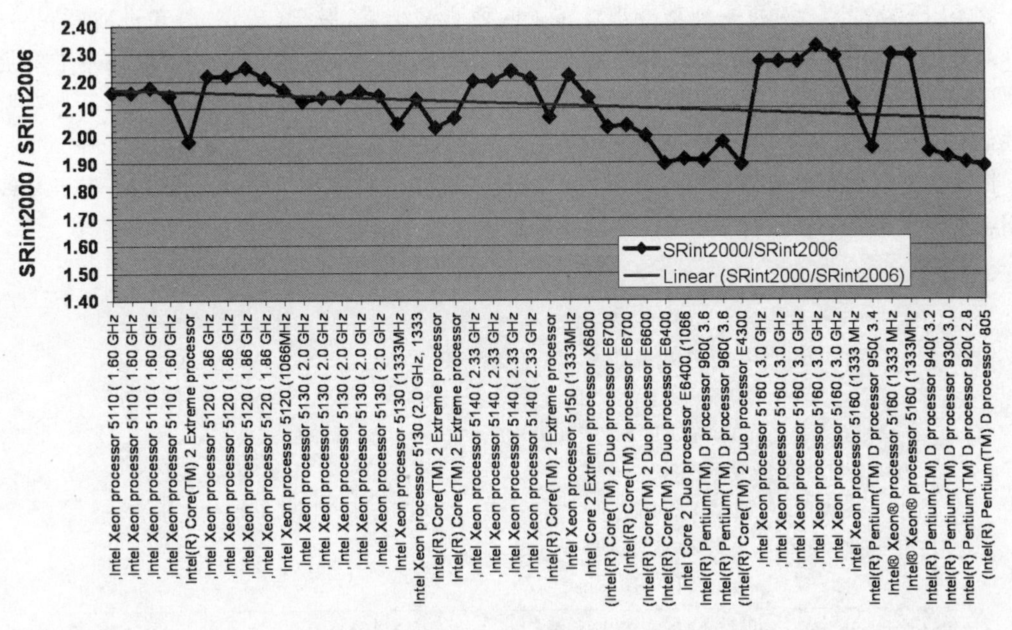

图 9-5　SPEC2000 至 SPEC2006 基准比率

注：浅灰线是由老的 SRint2000 公布值（SRint2006 ＝ SRint2000/2.1）所估计的 SRint2006 相应基准的一般转换函数。

如何衡量性能？1992 年以来，ESRI 将 SPEC 计算密集型基准作为相对平台容量规划量度的参考（硬件供应商推行和发布的基准能告知我们相对于 SPEC 基线平台来说，每一个具体的平台工作量的大小）。从那以后，与这些相对性能量度相结合的系统架构设计平台规模估计模型能告知 ESRI 用户的容量规划。硬件供应商进行测试，由我们软件供应商来充分利用这些信息。

SPEC 2000 到 2006 版本的更新

在 SPEC2000 和 SPEC2006 的基准站点上发布了超过 45 个供应商平台的标准测试结果。为了进行容量规划，使用这些测试结果来计算这两套标准的转换函数。老的平台基准发布于 SPEC2000 基线，同时，新的平台只在 SPEC2006 的基线上有效。图 9-5 绘制的已发布的基准测试结果的比率（SPECrate_2000/SPECrate_2006），可用来计算转换函数的均值。将已发布的 SPECrate_int2000 除以 2.1，便是 SPECrate_int2000 的基准值。将已发布的 SPECrate_int2006 乘以 2.1，便是 SPECrate_int2006 的基准值。注意到一个有趣的现象，老的平台技术性能在 SPEC2006 基准上最好，相对 SRint2000/SRint2006，新的 Intel Xeon 51××系列平台的吞吐量高于 2.2，老的 Intel Pentium D 平台的相对吞吐量低于 2.0。

SPEC 提供了单独的一套整数和浮点的基准。CPU 能被设计优化支持整数或浮点计算，这些环境之间，性能也大不相同。自从 ArcGIS 技术版本紧跟整数基准后，ESRI 软件的测试结果表明 ESRI 的 ArcObjects 软件主要使用整数计算。整数基准被用来为 ArcGIS 软件技术估算相对平台性能。

SPEC 也为实施和发布基准测试结果提供了两种方法。SPECint2006 基准为单个基准实例度量执行时间，并采用这种度量计算相对平台性能。SPECint_rate2006 基准包括几个并发基准实例（最大平台吞吐量），在 24 小时内度量可执行实例的周期。SPECint_rate2006 基准在 ESRI 系统架构设计规模估计模型中用于相对平台容量规划。

在 SPEC 站点上，对每一种基准都发布了两种测试结果，保守（基线）值和进取（结果）值。保守基线值一般由供应商最先发布，进取值在额外的调整工作后发布。虽然保守基准能提供最保守的相对性能估计（去除了调谐灵敏度），所发布的任一种基准都能被用于估算相对服务器性能。

图 9-6 是已发布的 SPEC2006 基准测试套件的概览。保守 SPECint_rate2006 基准基线值被用在 ESRI 系统架构设计文件中，作为进行平台性能和容量规划的供应商发布参考。

SPEC2006 基准套件的组成
CINT2006：计算密集型整数 • 12 个 CPU 密集型整数基准（C 和 C++语言） • 基数（SPECint_base2006，SPECint_rate_base2006） • 峰值（SPECint2006，SPECint_rate2006） CFP2006：计算密集型浮点数 • 17 个 CPU 密集型浮点数基准（C++．FORTRAN，C 与 FORTRAN 的混合） • 基数（SPECfp_base2006，SPECfp_rate_base2006） • 峰值（SPECfp2006，SPECfp_rate2006）
Sun UltraSPARC-Ⅱ 296 MHz 参考平台

图 9-6　SPEC2006 平台相对性能基准

平台性能的影响

过去十年里，随着供应商技术的迅速变化，改善的硬件性能使功能强大的众多软件得以部署，并持续提高用户的工作效率。在这十年中，大部分工作效率的提高都是由更快的计算机技术带来的。但是对大部分用户工作流来说，如今的技术已经足够快了，因此仅仅较快的计算处理（较快的硬件）对于用户工作效率的提高，已变成非密切相关的要素。大部分用户显示都在一秒内，远距离访问 Web 服务也差不多一样快。大多数用户工作流是思考时间，即在请求更多信息之前，用户对显示所花的思考时间。技术所提供的信息质量能使用户思考时间更高效。

未来大部分用户工作效率的提高可能来自更松散的耦合操作、离线处理、移动操作、更快捷的访问和分布信息源的同化。系统处理容量很重要，但系统可用性和可扩展性更重要。

从 2004 到 2005 年期间，硬件处理遇到了一些技术上的障碍，它们降低了平台版本间的性能提升。通过升级到下一个平台版本来提升用户工作效率非常有限，因此计算机销量不再像前几年那样增长。硬件供应商总是致力于更低的价格和更大的容量，对移动技术、无线操作和无缝信息访问的关注已有成效。市场份额的竞争是残酷的,计算机制造商要靠勒紧裤带和钱袋来保持领先。2006 年有了些惊喜:先进微设备(advanced micro devices,AMD)技术的日益普及和对更低成本更高性能的关注。在这些惊喜中获得了新性能,Intel 以全套新双核处理器(性能是单核插槽的两倍)提升了标准,以不变的成本提供大幅增高的性能。硬件供应商的刀片式服务器技术和对虚拟服务器兴趣的增大,能进一步降低购置的成本,并在较小空间内提供更大的处理容量。

图 9-7 显示了供应商发布的支持 Windows 操作系统的硬件平台每核基准。SPECrate_int2006 基准适用于一系列服务器配置。基本上,图 9-7 中的数字就是相对性能值:Intel Xeon 4 核(2 个插槽)3000-4 MHz 平台的值是 13.4,Intel Xeon 2 核(2 个插槽)3200 MHz 平台的值是 8.8,前者要比后者快 1.52 倍。(记住,基准测试结果都是对于基线平台的相对数字,它们没有单位,不代表吞吐量的值,它们只是彼此相关。)单一的 GIS 显示是一个顺序执行,显示性能是处理器速度的函数,根据每核平台吞吐量来表达。将已发布的吞吐量基准值除以平台配置中的总核数就是每核平台吞吐量。2004 年发布的 Intel Xeon 3200 MHz 平台拥有 2 MB L2 的缓存(单核 SPECrate_int2000＝18/SPECrate_int2006＝8.8),整个 2005 年,它作为最高性能的工作站平台之一被保留。SPECint_rate2000 基准的测试结果是 18,作为 Arc04 和 Arc05 的性能基线。从 1992 年以来,2005 年第一次出现没有引人注目的平台性能变化(大部分 GIS 运行都由较慢的平台技术所支持)。

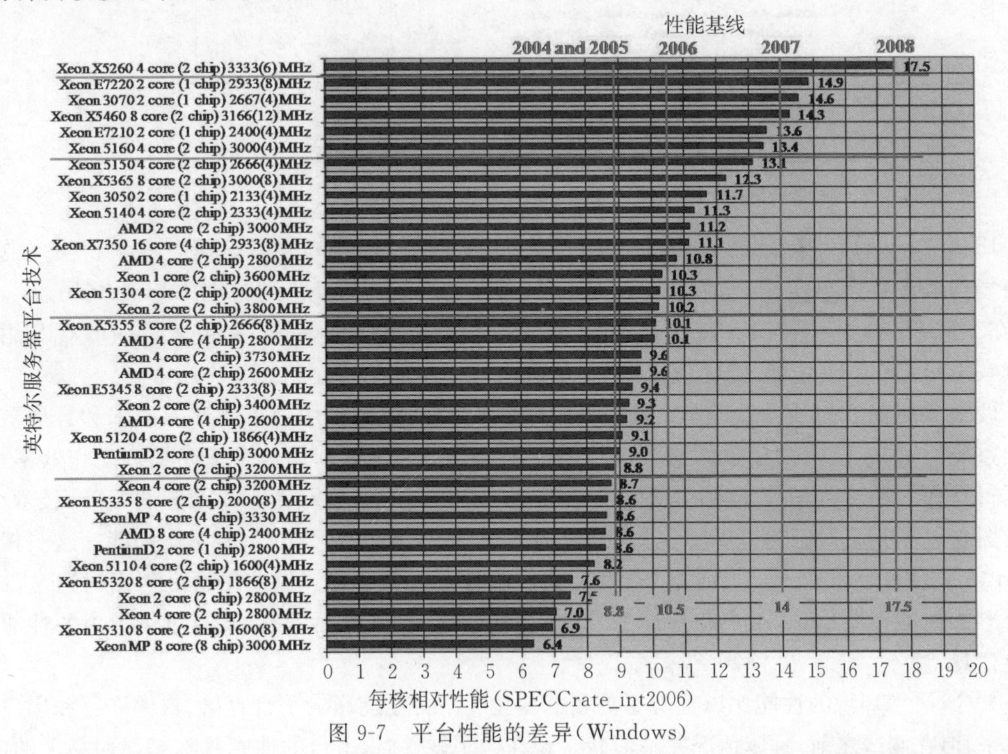

图 9-7　平台性能的差异(Windows)

2006 年年初,随着 Intel Xeon 3800 MHz 和 AMD 2800 MHz 单核插槽处理器的发布,出现了一些值得注意的性能提升。2006 年 5 月,我们选择的 Arc06 性能基线是 22(SPECrate_int2006＝10.5),5 月之后,Intel 发布了新的 Intel Xeon 4 核(2 插槽)3000 MHz 处理器,它是双核插槽处理器,每核的 SPECrate_int2000 基准是 30(SPECrate_int2006＝13.4),比之前的

3.8 MHz 版本更省电。根据 Intel 3000 MHz 技术，选择性能基线为 14 的 Arc07(SPECrate_int2006=14)。根据 Intel 3333 MHz 平台，选择性能基线为 17.5 的 2008。由于硬件的价格在降低，每核的性能再次提高，未来的前景光明。

图 9-8 显示了供应商发布的硬件平台支持 Unix 操作系统的单核标准。Unix 市场注重大型"放大"技术(昂贵的高容量服务器环境)，其服务器平台是为大型数据库环境和重要企业事务运行而设计的。Unix 平台向来比 Intel 和 AMD 的服务器贵，其操作系统提供了更安全稳定的计算平台。

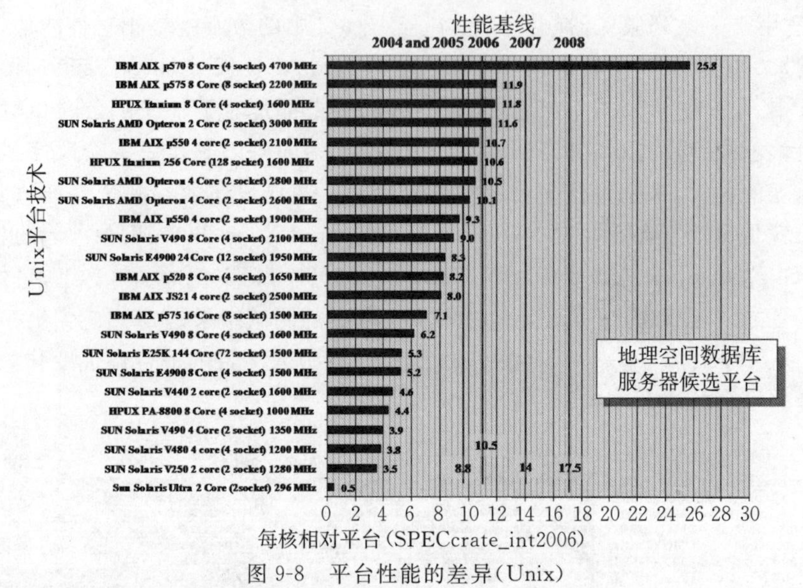

图 9-8 平台性能的差异(Unix)

注：仅在 Sun Solaris(SPARC 平台)上支持 ArcGIS Server。

IBM(PowerPC 技术)是 Unix 环境下令人印象深刻的性能领先者。拥有数量相当多的硬件市场份额和许多忠实用户的 Sun 也是一个强有力的竞争者，特别是在 GIS 市场方面。注意，在 Unix 平台中，ArcGIS Server 只能运行在 Sun Solaris(SPARC)平台上。许多 GIS 用户继续在 Unix 平台环境下处理他们的重要企业地理空间数据库运行。

硬件供应商致力于降低成本，提供更多的购买选择，这对于用户了解性能需求和容量要求特别重要。过去，用户期望重新购买包括最新的处理器技术的新硬件来提高用户工作效率，改进运行操作。而今天的技术，在新的芯片配置中，许多新的双核设计能并入老的 CPU 技术。

图 9-9 列出了 2007 年 DELL 公司所售的 Intel 平台的 SPECrate_int2000 基准。这些相同的 Intel 平台也可以从 HP、IBM、Sun 以及其他硬件供应商获得。这些平台在售出时通常没有可分享的性能基准信息，用户在选择型号、处理器、内存和磁盘要求时，没有可供参考的性能和容量信息。

如今，平台环境的性能比以往有了更多的变化。平台性能影响平台容量、软件许可和用户工作效率，但在测试之前，具体情况并不清楚。现在购买硬件时，平台的性能并不是显而易见的，必须事先学习了解以确定什么样的平台才能满足性能需求。下面介绍一个稍有研究的例子，2006 年 9 月从 DELL 网站购买一台服务器。选择一台应用服务器时往往要包括以下方面：

理想的配置包括正确的处理器、内存和硬盘驱动器。按两个 Intel Xeon 5160 2 核(2 芯) 3000 MHz 处理器，8 GB 667 MHz 的内存，64 位标准 Windows 操作系统，双 RAID 1 146 GB

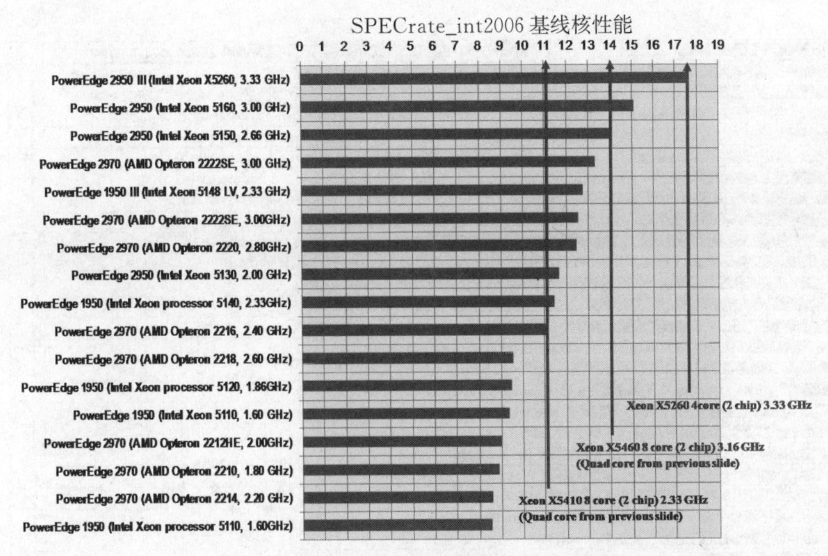

图 9-9　确定合适的平台

磁盘驱动配置一台 DELL PowerEdge 服务器价格不超过 9 000 美元。这是从 2006 年年中到 2007 年所推荐的标准应用服务器平台（Windows 终端服务器、ArcGIS 服务器、Arc IMS 等）。

处理器：5160 3000 MHz 处理器提供了最好的核性能。选择 Intel Xeon 5050 3000 MHz 处理器可减少总成本约 1 600 美元。选择处理器时，无法证明的是相对性能。Intel Xeon 5150 处理器的性能是 Intel Xeon 5160 处理器的 47%，因此需要购买两台较慢的服务器配置以匹配最佳方案，后一种服务器要多花 8 000 美元来支持同样数量的并发用户。如果只买一个 5160 处理器，可节省大约 1 100 美元，但只能获得总服务器性能的一半。请记住：越高的兆赫意味着越大的能量耗费。

内存：对 Web 服务器所推荐的内存是每核 2 GB，或者 4 核服务器配置 8 GB。内存减少到 4 GB 能省 800 美元，而内存增加到 16 GB 会增加约 5 000 美元。了解所需内存的大小对确定底线有很大的影响。

磁盘配置：将磁盘存储减小到 73 GB 的 RAID 1 能节省 150 美元，磁盘存储增加到 300 GB 的 RAID 1 会多花 1 300 美元。146 GB 的驱动器是个很好的选择。知道需要什么和不需要什么非常重要。

ArcGIS 桌面平台选择

选择正确的桌面工作站可直接增强用户工作效率，特别是如果桌面工作站用来运行 GIS 软件。通过比较市场上正在销售的工作站或者在公司库存中待售的工作站的相对性能来评估预期的用户工作效率。ArcGIS 桌面的高端用户需要最高性能的工作站。标准的办公用机可以是处理能力较低的桌面工作站。

图 9-10 显示了所支持的 ArcGIS 工作站平台技术，它是过去 8 年内 Intel 平台性能变化过程的图表。新的 Intel Xeon 3333 MHz 双核处理器要快上 30 倍，并且几乎是在 1997 年支持 ARC/INFO 工作站用户的 Pentium Pro 200 平台容量的 60 倍。ESRI 硬件合作伙伴的杰出贡

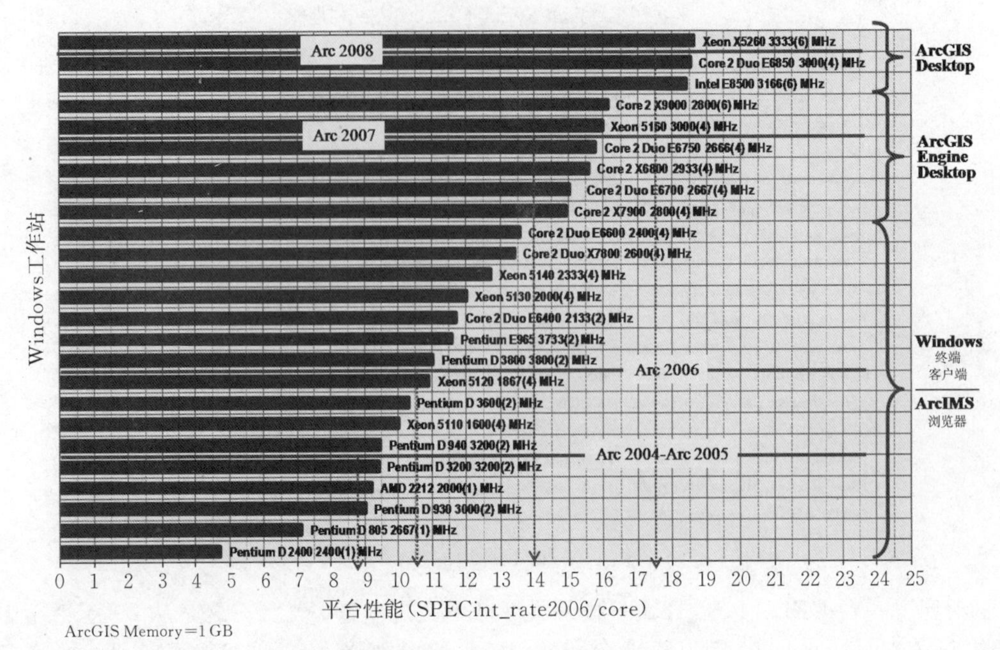

图 9-10　工作站平台推荐方案

注：支持大量的基于文件的数据源需要 2～4 GB。

献促进了 GIS 技术的发展。

最近 Windows 64 位操作系统(operating system,OS)的发布和支持为 ArcGIS 桌面工作站环境带来了性能提升的机会。操作系统的规模日益扩大,支持 GIS 功能并发用户可执行文件的数量也在增多,这都要求更大的内存。Windows 64 位操作系统支持更大内存,并提供更好的内存访问,这对 ArcGIS 桌面用户来说是一个优势。对拥有 ArcSDE 数据源的 ArcGIS 桌面工作站所推荐的物理内存是 1 GB,若要支持大量的图像和(或)基于文件的数据源,则需要 2～4 GB。

大多数 GIS 用户对目前 Windows 桌面技术的性能是满意的。新的 Intel 双核技术(6 MB L2 缓存的 5260 处理器)为高端用户和繁重的 GIS 用户工作流带来了很大的性能提升。双核技术正在成为新的桌面工作站和笔记本电脑的标准。虽然在双核处理器环境下,单进程的性能并未提高,但多个可执行文件的并行处理使用户工作效率大幅度提高。例如,在计算机上工作时(邮件、在线备份、安全扫描、打印或假脱机绘图等),多进程都可在后台运行。GIS 高端用户通常会在一个窗口内运行地图处理过程,同时在另一个窗口进行地图绘制,用备用的核处理器来处理这些后台进程能极大地提高工作效率。

服务器平台规模估计模型

多年来,我们开发和维护多种形式的平台规模估计工具以帮助 ESRI 用户进行系统架构设计规划,并选择正确的供应商硬件。这些工具的开发都源自第 7 章介绍的模型,它们以工程的形式帮助进行平台的选择。工程的表达形式对说明可选硬件方案之间相对性能和容量的不同很有用。这就是在容量规划工具出现之前我们描述规模估计模型的方法,对很多人来说,现在它仍然是一个有用的工具。

一旦确定了架构策略，就可根据刚才决定的配置来绘制规模估计图。

图 9-11 显示了利用不同技术生成同样的地图显示时，ArcGIS 桌面、ArcIMS 和 ArcGIS 服务器的性能变化。多年来，这些显示时间的结果被用来为确定硬件类型建立性能基线。

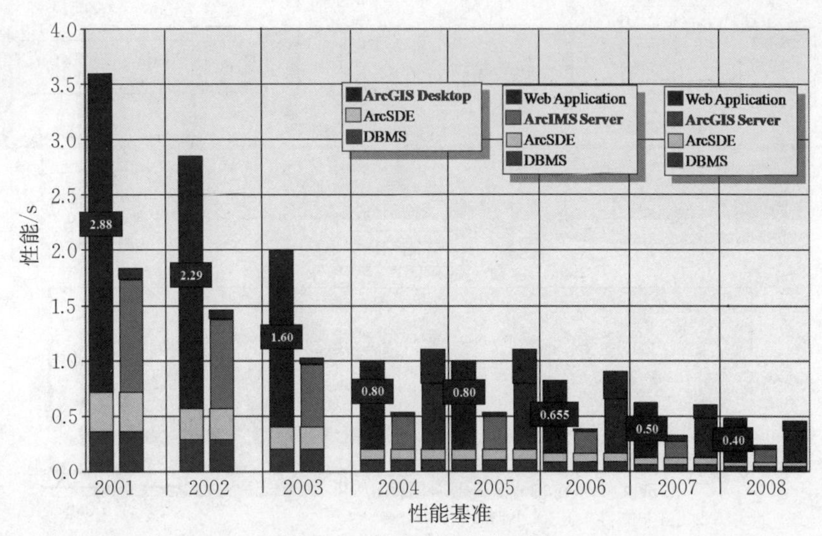

图 9-11　软件基线性能总结

虽然图 9-11 中显示性能的差别主要是由硬件性能的提升而引起的，但是每一个软件版本的发布都伴随软件性能的改变。正如我们已讨论的，成熟的代码使软件性能得到增强，随着附加功能和质量改进也会导致性能降低。某些方面的性能会比其他方面的性能要好些，通常性能随着时间的推移不断提升以满足性能的期望。

值得重复是：从 2001 年以来，对每一种软件技术（ArcGIS 桌面、ArcIMS 和 ArcGIS 服务器）基线性能模型的所有调整都反映了硬件性能的变化。软件性能随时间的变化不是主流的，在大多数情况下可以忽略。硬件性能随时间而增强，因此，2008 年，硬件比 2001 年快了 7 倍多，这说明大部分性能发生了改变。

平台规模估计图表（工程图表）是确定硬件容量的好工具。在图表中，采用标准工作流来表示可选硬件的性能容量。这些由目前 ESRI 软件技术所支持的标准 GIS 用户工作流的软件性能规范，将在第 10 章的容量规划工具中介绍。基于标准 ESRI 工作流服务时间的工程图表，可用来确定供应商平台的性能容量。

Windows 终端服务器平台的规模估计

Windows 终端服务器支持由远程终端客户所使用的集中式 ArcGIS 桌面应用部署。在第 4 章介绍过的软件配置选项现在出现在图 9-12 中以便参考。根据高峰工作流需求，可利用平台规模估计表（见图 9-13）来选择正确的硬件平台技术。平台方案取决于系统是如何配置的。对于每一种配置方案，图 9-12 中最上面的方框是标准 ESRI 工作流的平台服务时间，最下面的方框则是软件服务时间。图 9-12 中总结了标准 ESRI 工作流规模估计模型的基线软件服务时间。不同平台配置上软件的位置能用于确定具体的基线平台处理服务时间（平台服务时间等于由指定平台所支持的软件服务时间的总和)。

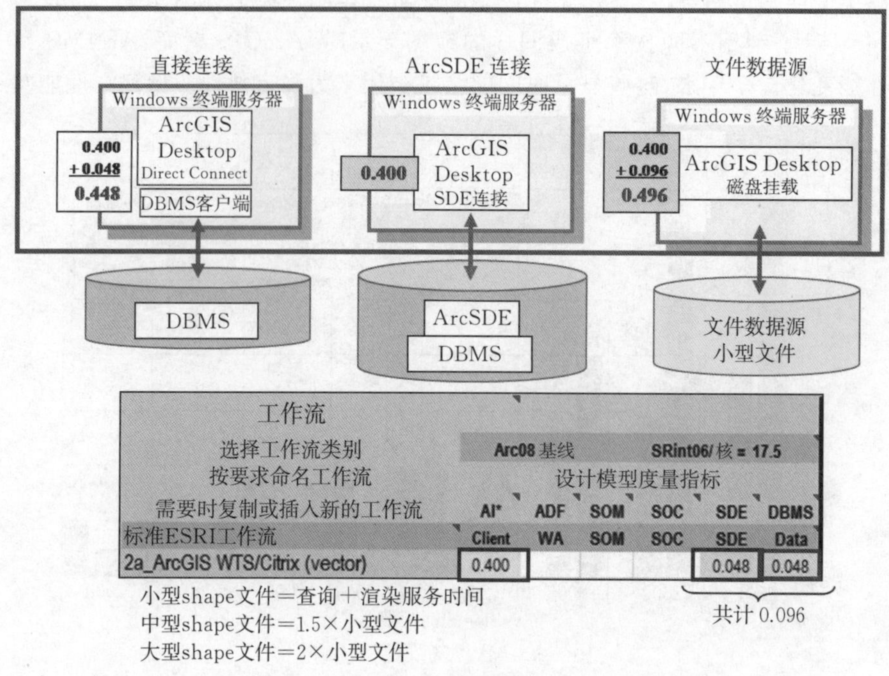

图 9-12 Windows 终端服务器架构选择

注:所有服务时间单位都为秒。

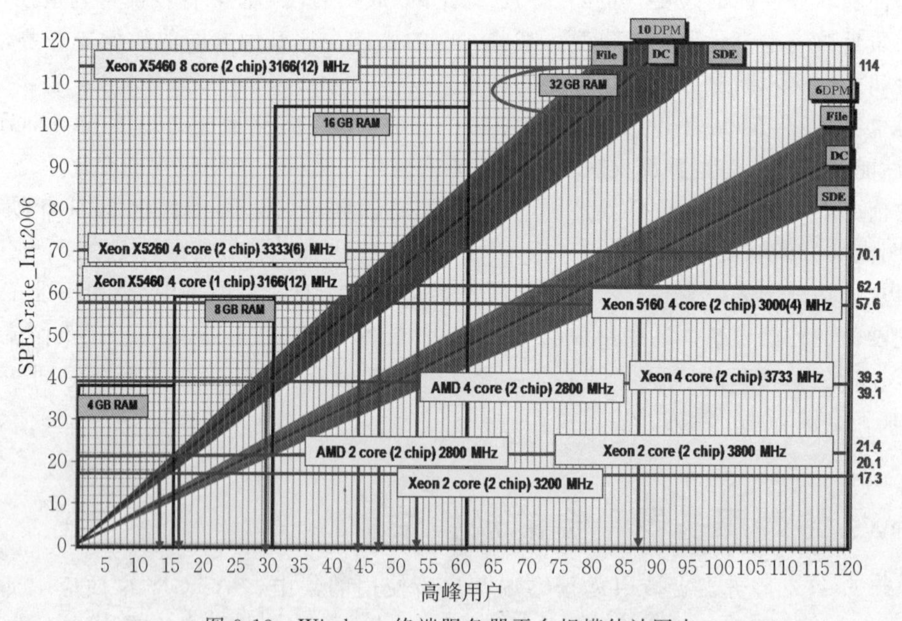

图 9-13 Windows 终端服务器平台规模估计图表

注:对大型文件数据源的双内存要求。

在本章的余下内容里,利用图 9-13 中所介绍的标准平台规模估计表来确定由选定的供应商平台配置所支持的高峰并发用户的数量。在这些规模估计表中,水平线表示硬件平台。图表中平台的位置是由供应商发布的 SPECrate_int2006 基准测试结果所决定的。

利用标准 ESRI 工作流模型生成这些图表,它们是先前在第7章中用于选择合适硬件的参考模型。容量规划工具将用于生成这些图表的模型整合到整个系统设计中。在容量规划工具出现之前,这种在系统架构设计过程中进行的整合由人工来完成。由于提供了不同的视角,这些图表对于比较不同的平台候选方案仍然是有用的。在进行单个平台决策时,这些图表可提供所需信息。

每分钟的最大显示代表了用户工作效率,它与 Arc08 组件服务时间一起用来确定能支持每个具体 GIS 工作流的所需平台规格。平台性能标准由供应商发布的 SPEC rate_int2006 基准来表达,在规模估计图中以纵轴表示。

规模估计图中的对角线的扇形区域代表两种不同的用户工作效率比率(深灰色的是10DPM,浅灰色的是 6DPM)。标准的 ArcGIS 桌面高端用户(与 Arc05 规模估计模型的用户工作流一致)相当于 10DPM,而轻量级的 Web 用户由 6DPM 来代表。用户工作效率的概念是在 Arc06 规模估计模型中引入的一个新参数,当用户工作流要求更复杂的处理和更多地图显示,用户工作效率也随之下降。例如,1 s 内生成一个显示对于 10DPM 的工作流来说足够了,而 2 s 内生成更多的显示会将用户工作效率降低到 5DPM。更重要的是要调查什么是用户真正想看的,即对显示信息的要求,这样,就可创建为简单工作提供简单地图显示的应用。这种限定显示需求的方式可促进系统资源的最佳利用。

图 9-13 中每个扇形都包括了三条线,每条代表了一种 Windows 终端服务器的配置选项,即文件数据源、地理空间数据库直接连接和 ArcSDE 连接。图 9-12 中都有这三种配置。在访问 DBMS 数据源时,我们推荐使用 ArcSDE 直接连接的架构。

在使用本部分提供的平台规模估计图表时,从左边开始沿着所选平台线走,直至它与代表工作流配置的对角线相交。然后,向图的底端画一条垂线,以确定在这种平台配置下,支持该工作流的高峰用户数量(工程师们喜爱这种类型的图)。图中有作为参考的推荐方案。

与地理空间数据库直接连接的 Windows 终端服务器

如果已知道机构中有多少高峰并发用户需要支持,就可以用平台规模估计表(见图 9-13)来确定由任务决定的服务器平台。在 Windows 终端服务器与地理空间数据库直接连接的架构中,标准 Xeon X5260 4 核(2 芯) 3333(6)MHz 服务器平台(2008 年的性能基线)所支持的并发 ArcGIS 桌面用户达 53 个,这与代表着 2007 年技术基线的 Xeon 5160 4 核(2 芯)支持 44 个并发用户相比,是很大的进步。新的 Xeon X5460 8 核(2 芯)3000 MHz 平台能支持 87 个用户,但要求内存升级到 32 GB。附加内存的代价表明,2 个较快的 Xeon X5260 4 核(2 芯) 3333(6)MHz 平台是较好的购买选择方案,它们一共可支持 106 个并发用户。

容量规划工具中标准 ESRI ArcGIS 桌面工作流的性能概况显示在图 9-14 中。这张图展示了由容量规划模型所支持的多种工作流,以及每种配置的不同服务时间。ArcGIS 9.3 使用了相同的模型,更多有关如何使用这些模型的介绍见第 10 章,包括 shapefile 大小的定义。

GIS 数据服务器平台规模估计

图 9-15 展示了为地理空间数据库服务器平台所推荐的软件配置选项。地理空间数据库

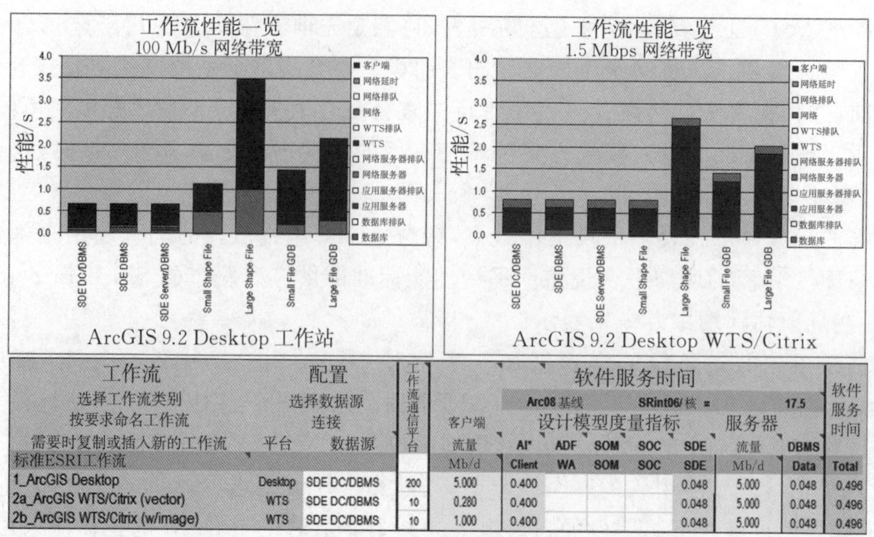

工作流 选择工作流类别 按要求命名工作流 需要时复制或插入新的工作流	配置 平台	选择数据源 连接 数据源	工作流通信平台	客户端流量	软件服务时间 Arc08 基线 设计模型度量指标 AI*	ADF	SOM	SOC	SDE	服务器流量	DBMS	软件服务时间
标准ESRI工作流				Mb/d	Client	WA	SOM	SOC	SDE	Mb/d	Data	Total
1_ArcGIS Desktop	Desktop	SDE DC/DBMS	200	5.000	0.400				0.048	5.000	0.048	0.496
2a_ArcGIS WTS/Citrix (vector)	WTS	SDE DC/DBMS	10	0.280	0.400				0.048	5.000	0.048	0.496
2b_ArcGIS WTS/Citrix (w/image)	WTS	SDE DC/DBMS	10	1.000	0.400				0.048	5.000	0.048	0.496

SRint06/核 = 17.5

图 9-14　ArcGIS 桌面标准 ESRI 工作流的性能概况

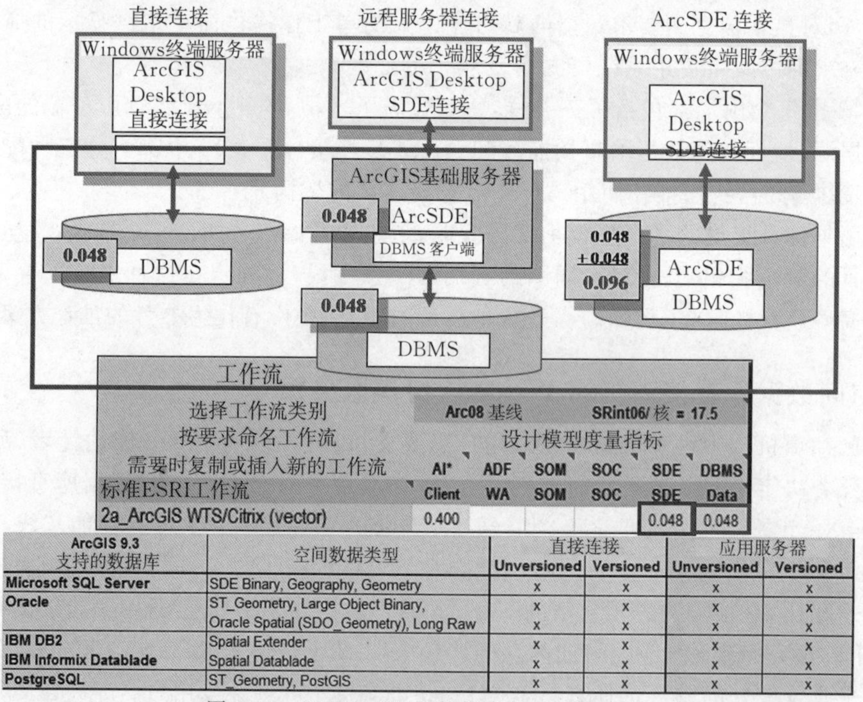

工作流 选择工作流类别 按要求命名工作流 需要时复制或插入新的工作流	Arc08 基线 SRint06/核 = 17.5 设计模型度量指标 AI*	ADF	SOM	SOC	SDE	DBMS
标准ESRI工作流	Client	WA	SOM	SOC	SDE	Data
2a_ArcGIS WTS/Citrix (vector)	0.400				0.048	0.048

ArcGIS 9.3 支持的数据库	空间数据类型	直接连接 Unversioned	直接连接 Versioned	应用服务器 Unversioned	应用服务器 Versioned
Microsoft SQL Server	SDE Binary, Geography, Geometry	x	x	x	x
Oracle	ST_Geometry, Large Object Binary, Oracle Spatial (SDO_Geometry), Long Raw	x x	x x	x x	x x
IBM DB2	Spatial Extender	x	x	x	x
IBM Informix Datablade	Spatial Datablade	x	x	x	x
PostgreSQL	ST_Geometry, PostGIS	x	x	x	x

图 9-15　GIS 地理空间数据库架构可选方案

的事务模型应用于 ArcGIS 桌面和 Web 地图服务事务。通常，地理空间数据库部署在单数据库服务器节点上，需要较大容量的服务器来支持更高的用户需求。ArcGIS Server 9.2 引入了分布式地理空间数据库备份服务，将一个地理空间数据库的内容轻松地复制到另一个地理空间数据库中。ESRI 也为 Oracle 和 IBM DB2 分布式数据库环境提供了功能支持。（ESRI 还未验证供应商多模式集群 DBMS 的性能和可扩展性。）ArcGIS 9.3 版本中增加了对 PostgreSQL 以及单向复制到文件地理空间数据库的支持。

有几种数据库的数据类型支持地理空间数据库。图 9-15 中列出了 11 种不同的数据库环境，其中每一种都支持地理空间数据库。对于每一个软件版本，其所支持的全部数据类型都进行了性能验证测试。当利用所支持的全部数据类型进行平台规模估计时，标准 ESRI 工作流服务时间提供了恰当的目标性能指标。ESRI 网站 http://support.esri.com 上列出了所支持的地理空间数据库的环境。

除了 Oracle Spatial(SDO_Geometry)以外，可以采用标准 ESRI 工作流服务时间支持对所有数据类型的实施。在模型中使用时，标准 ESRI 工作流 ArcSDE 和 DBMS 的服务时间必须翻倍才能更真实地代表由 Oracle Spatial(SDO_Geometry)数据类型处理的工作流负载。

地理空间数据库服务器平台规模估计

图 9-16 为标准系统的地理空间数据库服务器平台规模估计表。图中有两个扇形，一个用于在 DBMS 平台上支持 ArcSDE 的平台选择，另一个用于地理空间数据库直接连接架构的配置。地理空间数据库直接连接扇也能用于选择远程 ArcSDE 服务器的平台（这些配置的 ArcSDE 和 DBMS 负载相同）。图中的每一个扇形都包含了代表用户工作效率的三条线（10DPM、8DPM、6DPM）。保守的平台选择方案推荐使用 10DPM 的工作效率线。图中包括了当前供应商的平台类型，从 2 核到 8 核，能支持少于 1 000 个的并发桌面用户。其他供应商的平台配置也包括在图中，由供应商发布的 SPECrate_int 2006 基准基线所定义的水平线来反映。

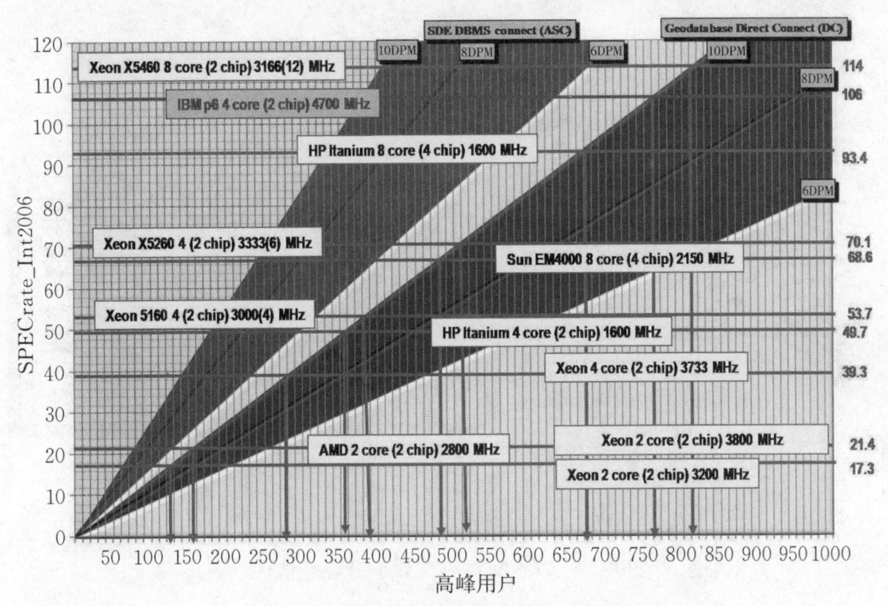

图 9-16　地理空间数据库服务器平台规模估计

与 AMD 2 核（2 芯）2800 MHz 服务器平台性能相似的标准 Intel Xeon 2 核（2 芯）3800 MHz 平台能支持 150 位并发高端用户。Intel 4 核（2 芯）3000 MHz 平台能处理 380 位并发用户。Sun EM 4000 8 核（4 芯）2150 MHz 平台支持 460 位并发高端用户。Xeon X5260 4 核（2 芯）3333(6)MHz 服务器平台支持 520 位并发用户。Xeon X5460 8 核（4 芯）3166 MHz 平台能支持 810 位并发用户，而 IBM p6 4 核（2 芯）4700 MHz 平台能处理 760 位并发高端用户。（注意，在使用 ArcGIS 桌面或 Web 服务直接连接架构时，不需要远程 ArcSDE 服务器。）

ESRI 建议使用 ArcSDE 直接连接架构（参见前面的图表）以减小数据库平台负载，提高系统性能，降低软件授权成本。ArcSDE 直接连接架构的性能可以与 ArcSDE DBMS（安装在

DBMS 上的 ArcSDE)的性能相媲美。

这些平台规模估计图表表明采用 ArcSDE 直接连接架构来支持地理空间数据库的价值。直接连接架构减少了高达 50%的数据库硬件和软件成本。当客户端工作站快于中央数据服务器时，很小幅地增加客户端硬件或软件的价格，就能得到性能和用户工作效率的提升。

文件数据服务器

图 9-17 显示了文件服务器平台规模估计模型。(第 7 章提到过相同的模型，文件数据服务器在第 3 章中也已介绍。注意 ArcGIS 桌面服务时间随着 GIS 数据文件大小而变化。)根据标准操作系统网络文件系统(Network file system，NFS)或通用互联网文件系统(common Internet file system，CIFS)通信协议配置，文件服务器通过网络提供了远程共享文件的计算机连接。文件服务器本身为非计算密集型，但通过网络的文件访问带来了大量的网络流量。(模型中假设每 6 s 发生 1 次显示，每次地图显示的平均网络流量为 50 Mb。)这些网络流量必须通过文件服务器的网卡(Network interface card，NIC)，服务器网卡带宽会先于其他服务器组件达到饱和。文件访问也是烦琐协议，在客户端应用查询与和服务器网络连接代理之间存在大量连续通信，因此，在高延迟网络连接情况下不推荐使用文件访问。

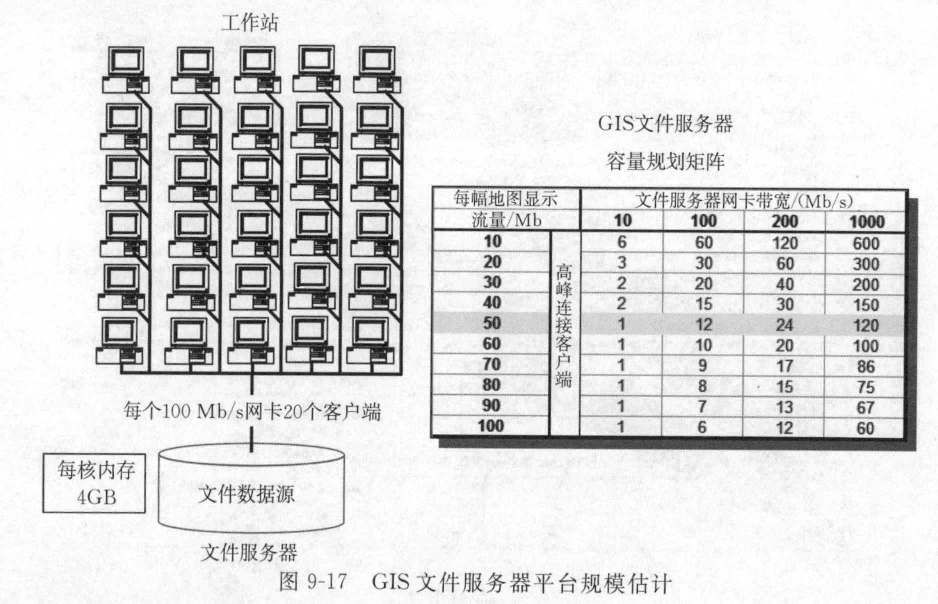

每幅地图显示流量/Mb		文件服务器网卡带宽/(Mb/s)			
		10	100	200	1000
10	高峰连接客户端	6	60	120	600
20		3	30	60	300
30		2	20	40	200
40		2	15	30	150
50		1	12	24	120
60		1	10	20	100
70		1	9	17	86
80		1	8	15	75
90		1	7	13	67
100		1	6	12	60

图 9-17　GIS 文件服务器平台规模估计

Web 地图服务器平台规模估计

ArcIMS 和 ArcGIS Server 软件技术提供了 Web 地图服务。ArcIMS 图像服务和 ArcIMS ArcMap 图像服务由 ArcIMS 软件提供，ArcGIS Server 地图服务由 ArcGIS Server 软件提供。这三种 Web 地图技术都能被部署于混合软件环境(软件能一起安装在同一台服务器平台上)。三种地图服务部署都可访问文件数据源或单独的 ArcSDE 地理空间数据库。地理空间数据库的访问可以通过直接连接或 ArcSDE 服务器连接来进行。

容量规划工具中标准 ESRI ArcGIS 桌面工作流的性能概况显示在图 9-18 中，图中展现了容量规划模型中可使用的多种工作流，以及每种配置的不同服务时间。

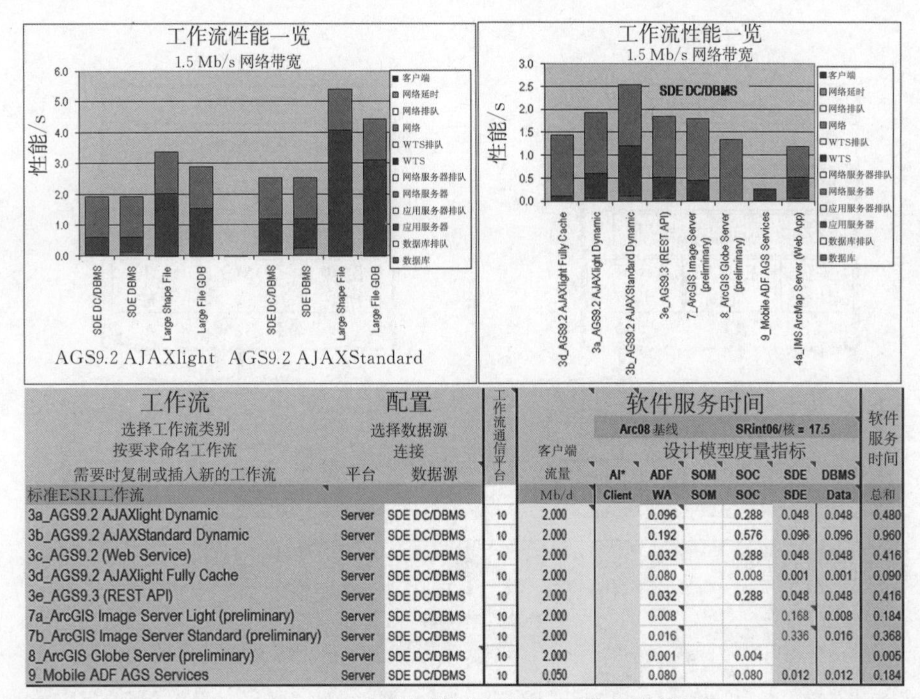

工作流 选择工作流类别 按要求命名工作流 需要时复制或插入新的工作流	配置 选择数据源 连接 平台	数据源	工作流通信平台	客户端流量	软件服务时间 Arc08 基线 SRint06/核 = 17.5 设计模型度量指标 AI*	ADF	SOM	SOC	SDE	DBMS	软件服务时间
标准ESRI工作流				Mb/d	Client	WA	SOM	SOC	SDE	Data	总和
3a_AGS9.2 AJAXlight Dynamic	Server	SDE DC/DBMS	10	2.000		0.096		0.288	0.048	0.048	0.480
3b_AGS9.2 AJAXStandard Dynamic	Server	SDE DC/DBMS	10	2.000		0.192		0.576	0.096	0.096	0.960
3c_AGS9.2 (Web Service)	Server	SDE DC/DBMS	10	2.000		0.032		0.288	0.048	0.048	0.416
3d_AGS9.2 AJAXlight Fully Cache	Server	SDE DC/DBMS	10	2.000		0.080		0.008	0.001	0.001	0.090
3e_AGS9.3 (REST API)	Server	SDE DC/DBMS	10	2.000		0.032		0.288	0.048	0.048	0.416
7a_ArcGIS Image Server Light (preliminary)	Server	SDE DC/DBMS	10	2.000		0.008			0.168	0.008	0.184
7b_ArcGIS Image Server Standard (preliminary)	Server	SDE DC/DBMS	10	2.000		0.016			0.336	0.016	0.368
8_ArcGIS Globe Server (preliminary)	Server	SDE DC/DBMS	10	2.000		0.001		0.004			0.005
9_Mobile ADF AGS Services	Server	SDE DC/DBMS	10	0.050		0.080		0.080	0.012	0.012	0.184

图 9-18　ArcGIS 服务器标准 ESRI 工作流性能概况

Web 两层架构

对于较小的两层 Web 地图部署，图 9-19 显示了所推荐的软件配置选项和标准 ESRI 工作流服务时间。这种两层架构支持同一平台层上的 Web 服务器和空间服务器，是只需一个或两个服务器平台的推荐方案。例如，单个 Xeon X5260 4 核 3333(6)MHz 平台能支持 34 000DPH 的高峰事务率。高利用性解决方案能支持 68 000DPH 的高峰事务率。根据经验，对大多数用户而言，容量足够满足高峰用户需求。

图 9-20 为两种 ArcGIS Server 部署的两层容量规划图。这个规模估计图能确定 Web 服务器平台所支持的高峰显示事务率。在 Web 服务中，高峰用户指可能需要 6DPM 的用户。除了 ArcGIS Server REST API 以外，图 9-20 中还显示了 ArcGIS Server AJAX 标准和 ArcGIS Server AJAX 轻量级工作流。基于简单地图服务的 ArcGIS Server AJAX 轻量级工作流类似于由传统 ArcIMS 实施所提供的工作流。ArcGIS Server AJAX 标准工作流表现了 ArcGIS Server 技术带来的更复杂的数据产品。(图中，平台内存推荐每核 2 GB。)

每个扇形中有三种数据形式(File、DC 和 ArcSDE)，对于大部分的系统实施建议使用直接连接的架构。x 轴表示高峰事务率(DPH 和 DPM)。为了便于参考，图 9-20 中还显示了高峰并发用户，即每个用户 6DPM。ArcIMS 图像服务软件的旧脚本大致能提供 ArcGIS Server AJAX 轻量级软件 2 倍的事务容量，即 x 轴上的每小时高峰显示乘以 2。

Xeon X5260 4 核(2 芯)3333(6)MHz 服务器平台能支持 34 000DPH 的 ArcGIS 服务器，这比两年前销售的最强大的应用服务器平台之一——支持 ArcIMS 图像服务的 IntelXeon 3.8 GHz 服务器，每小时要多 12 000 次高峰地图事务。

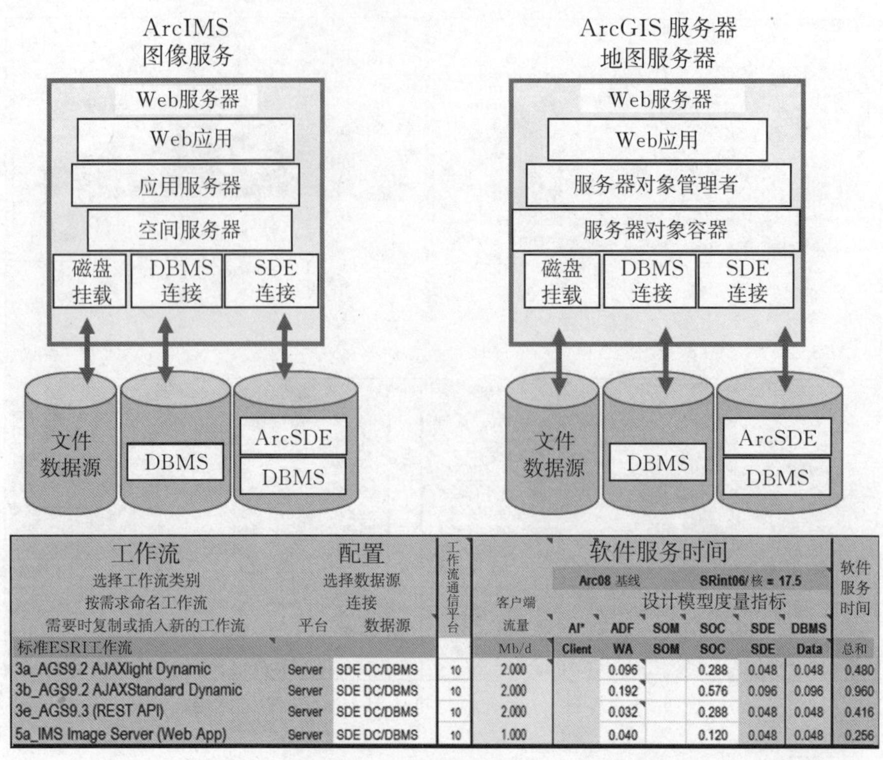

工作流 选择工作流类别 按需求命名工作流 需要时复制或插入新的工作流	配置 选择数据源 连接 平台	数据源	工作流通信平台	客户端 流量	软件服务时间 Arc08 基线　SRint06/核 = 17.5 设计模型度量指标 AI*	ADF	SOM	SOC	SDE	DBMS	软件服务时间
标准ESRI工作流				Mb/d	Client	WA	SOM	SOC	SDE	Data	总和
3a_AGS9.2 AJAXlight Dynamic	Server	SDE DC/DBMS	10	2.000		0.096		0.288	0.048	0.048	0.480
3b_AGS9.2 AJAXStandard Dynamic	Server	SDE DC/DBMS	10	2.000		0.192		0.576	0.096	0.096	0.960
3e_AGS9.3 (REST API)	Server	SDE DC/DBMS	10	2.000		0.032		0.288	0.048	0.048	0.416
5a_IMS Image Server (Web App)	Server	SDE DC/DBMS	10	1.000		0.040		0.120	0.048	0.048	0.256

图 9-19　ArcGIS 两层架构

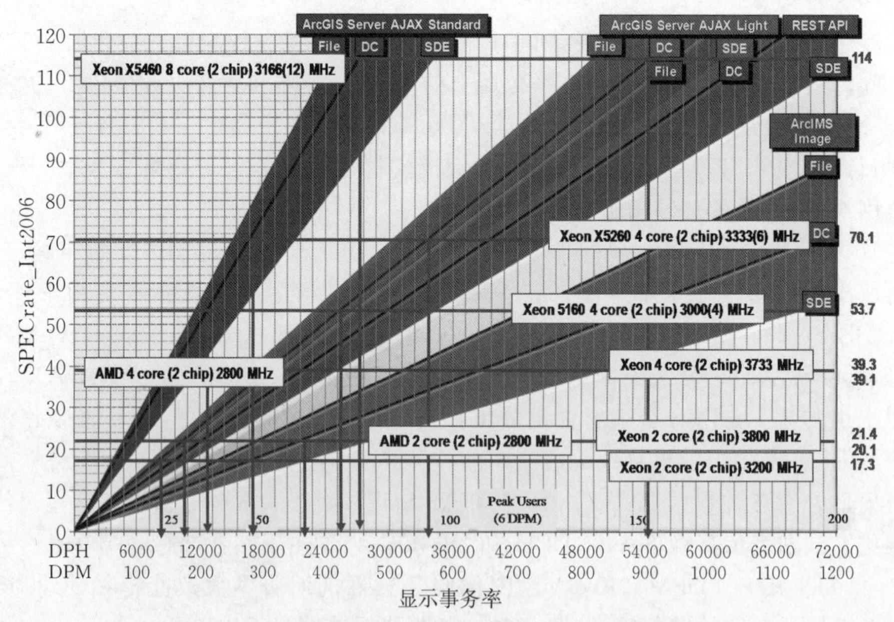

图 9-20　ArcGIS 服务器平台规模估计

注：服务器内存＝2 GB/核。

Web 三层架构

地图服务器（容器机）规模估计：图 9-21 显示了为较大规模的三层 Web 地图部署所推荐

的软件配置选项和标准 ESRI 工作流服务时间。这种配置选项位于不同平台层的 Web 服务器和空间服务器上，适用于拥有大量并发 Web 地图客户端的系统实施。为支持更大的高峰容量需求，可增加服务器的平台。

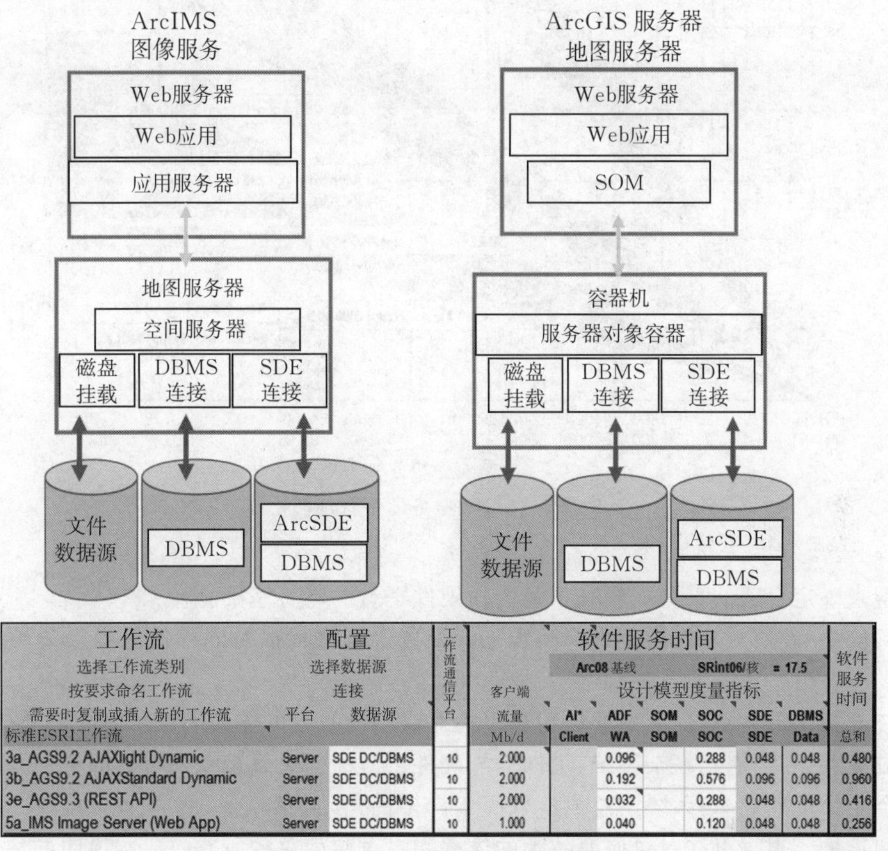

工作流 选择工作流类别 按要求命名工作流 需要时复制或插入新的工作流	配置 选择数据源 连接 平台	数据源	工作流通信平台	客户端流量	软件服务时间 Arc08 基线 SRint06/核 = 17.5 设计模型度量指标 AI*	ADF	SOM	SOC	SDE	DBMS	软件服务时间
标准ESRI工作流				Mb/d	Client	WA	SOM	SOC	SDE	Data	总和
3a_AGS9.2 AJAXlight Dynamic	Server	SDE DC/DBMS	10	2.000		0.096		0.288	0.048	0.048	0.480
3b_AGS9.2 AJAXStandard Dynamic	Server	SDE DC/DBMS	10	2.000		0.192		0.576	0.096	0.096	0.960
3e_AGS9.3 (REST API)	Server	SDE DC/DBMS	10	2.000		0.032		0.288	0.048	0.048	0.416
5a_IMS Image Server (Web App)	Server	SDE DC/DBMS	10	1.000		0.040		0.120	0.048	0.048	0.256

图 9-21　ArcGIS 服务器三层架构

图 9-22 是 ArcGIS Server AJAX 轻量级和标准版部署的三层容量规划图。这个规模估计表能确定地图服务器(容器机)平台。同样，高峰用户是可能需要多达 6DPM 的用户，推荐的平台内存是每核 2 GB。

Xeon X5260 4 核(2 芯)3 333(6)MHz 服务器平台能支持 43 000DPH 的 ArcGIS 服务器。入门级别的 ArcGIS Server AJAX 轻量级与 Xeon X5260 4 核(2 芯)3333(6)MHz 平台比两年前支持 ArcIMS 图像服务的 IntelXeon 3.8 GHz 服务器每小时多 17 000 次高峰地图事务。

Web 服务器平台规模估计：图 9-22 可用于确定 Web 服务器层的平台容量。采用 AJAX ArcGIS Server 应用开发框架组件的标准.NET 和 JAVA Web 应用服务器通常需要 1/3 容器机的处理容量。根据容器机 SDE 连接线来确定平台容量，再乘以 3 即为 Web 服务器的容量。REST API 的 Web 服务器规模估计大约是容器机处理容量的 10%。

平台选择标准

选择合适的硬件所需要考虑的因素如下。

平台性能：平台必须进行合理地配置以支持用户性能的需求。根据用户性能需求和 ESRI

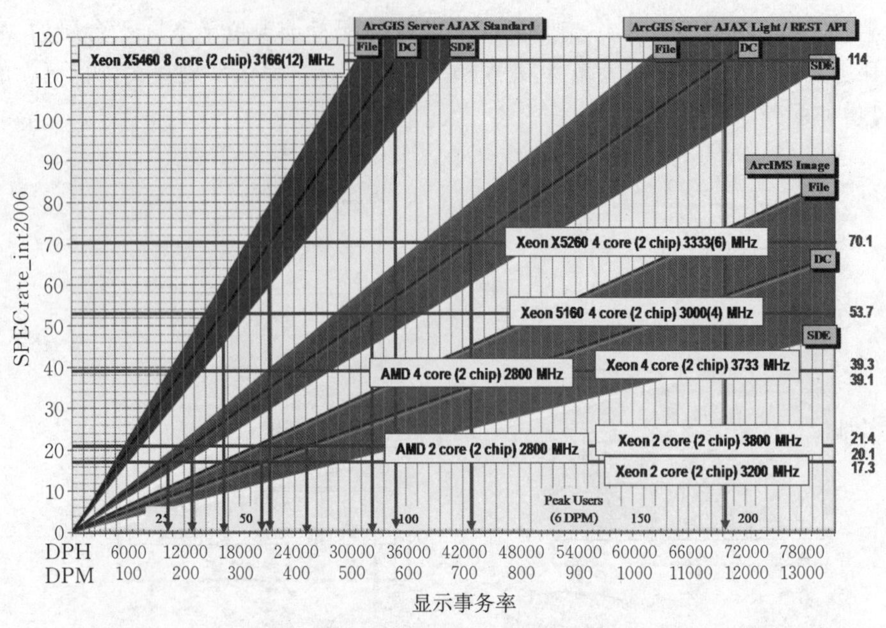

图 9-22 ArcGIS 服务器平台规模估计

注:服务器内存=2 GB/核。

设计模型来确定合适的平台配置是正确选择硬件平台的坚实基础。

购买价格:硬件成本取决于供应商和平台配置。价格根据对同样性能容量的硬件平台的测算。

系统支持:客户根据供应商的申明和以往对供应商技术的体验来评价系统的支持度。

供应商关系:当遇到复杂系统部署时,与硬件供应商的关系是重要考虑因素。

整个生命周期成本:系统的总成本取决于许多因素,包括相似硬件环境的现有管理、硬件可靠性和维护。根据以往对供应商技术的体验和对供应商总的所有权成本说明的估测来评价这些因素。

容量规划过程的主要目的是了解需要什么样的硬件来促进 GIS 生产性运行。平台性能是保证 GIS 成功部署的关键。硬件供应商并不知道提供什么样的平台性能,必须测算满足高峰处理需求的平台性能,并告诉硬件供应商所需的确切平台配置。

硬件供应商能提供购买价格、可靠性、对平台的支持以及对整个生命周期成本的估计。在最终决定购买前,对几个支持性能需求的设计选项进行重新审核是必要的。

在硬件资源选择的过程中,确立具体的硬件性能目标能大大提升正确决策的概率。正确的系统架构设计和正确的硬件选择可为成功的系统部署奠定基础。第 10 章将详细介绍容量规划工具,说明它如何运行以及如何使用。

第三部分

系统构建

第10章　容量规划

概　述

2006年1月，利用Microsoft Office Excel的电子表格，作者开始构建GIS的性能和扩展性基本关系的简单模型。电子表格非常适合处理简单的数据集成、用户显示和所需要的计算。开发客户能够修改的易于使用的接口，这个通用的用户接口允许系统架构师配置环境，输入用户需求，选择喜欢的供应商平台，并可查看结果，这是一项富于挑战的工作。

本章介绍经过努力开发出来的容量规划工具（capacity planning tool，CPT）：它如何工作，如何利用它规划企业GIS。本书中的系统架构设计方法在过去的20年中为ESRI用户部署了数千个成功的GIS。容量规划工具的两个基础模块采用了相同的系统架构设计方法，利用容量规划工具可以进行：

· 定义自己的工作流性能目标（或者使用标准的ESRI工作流模型）表达特定的GIS运行环境。

· 使用容量规划工具中的需求分析模块的模板确定高峰并发用户需求。

· 定义可用的网络带宽。

· 利用平台选择模块选择喜欢的硬件平台技术。

通过将用户工作流需求转换成具体的网络和平台容量需求，容量规划工具可完成系统设计分析。换句话说，在明确了系统的任务后，所有设计分析可由容量规划工具来完成。

容量规划工具允许用户预先尝试多种平台解决方案，以帮助在投资之前做出正确的技术决定。容量规划工具不仅是一个快速的计算方法，它是一个融入了超过15年的系统设计咨询经验和ESRI用户支持的工具。容量规划工具是一种能和标准ESRI工作流一同使用的自适应配置工具，或者，用户可根据意愿定义自己的性能目标。

为了使这个工具对各种用户都具有实用性，我们提供了用户能够根据自身情况进行修改的开放接口，这意味着用于创建工具的所有规则并没有在电子表格中被锁定，用户可以将自身的想法引入工具。电子表格是可以锁定的，但这会限制用户工作流和站点配置的适应性。有一点需要提醒的是：注意不要改变模型工作的规则。基本用户输入单元以白色标出，它们是输入用户需求的地方。这些单元的大多数都是下拉菜单，可为单元提供选择集。用户可以使用各自的工作手册标签或者在工程文件夹中保存多个工作手册文档来记录容量规划分析。对各自CPT2006查找标签或工作手册文档（硬件和工作流）的支持使容量规划工具适应性更强，并提高了应用控制和稳定性。

尽管容量规划工具看起来复杂，然而一旦掌握了诀窍，使用起来相当简单。学习使用这个工具很像学骑脚踏车，刚开始好像很困难，但很快就能自己掌握。

重温容量规划工具建模的基本知识，参见第7章，它反映了使用这个工具模拟现实世界背后的思想。将吞吐率和服务时间性能指标与平台利用率结合起来时，计算机机房中所见的平台利用率和工作场所计算机系统支持的高峰工作流之间存在一个非常简单的关系。这个简单的关系使现实世界中发生的事物和被模型化的事物之间建立起了更为显著的相关性，基于吞吐率和显示服务时间的性能模型表达了我们在现实世界中的所见，提供了一个比基于并发用户高峰负荷简单模型具有更好的精确性和适应性的模型。

很多用户都关注用户生产效率和显示响应时间。吞吐率、系统利用率和服务时间解答了容量规划和预算问题，但在讨论用户响应时间时还有更多因素需要考虑。了解排队理论的基本原理，并将随机到达时间运用到系统组件中，则是余下要做的事情。地图显示响应时间是系统中所有的服务时间加上排队时间（等待时间）的总和。显示服务时间和响应时间之间的重要关系已在第7章中作为性能基本知识的一部分讨论过了。

标准运筹学理论可解释我们所了解的关于性能和扩展性的大部分内容。多年来，作者已在《系统设计策略》技术参考文档中与大家分享了这些简单的关系，更新了有关技术的理解，并且在网络上公布了这些可利用的信息。一直以来，我们的挑战是：以综合而简单的方式记录和分享我们的所知，使系统负荷分析和平台规模估计计算能符合实际，并以一种清晰的方式为用户进行正确的技术决策，提供所需要理解的内容。我们迎接挑战的结果就是创建了容量规划工具。

本章介绍使用容量规划工具时所需用到的 Microsoft Office Excel 功能。在第11章中展示如何利用容量规划工具来完成系统设计的过程。像很多人一样，许多用户可能都已在工作中使用过 Excel 文档。Excel 中用来配置容量规划工具的功能和它在很多其他领域的使用功能相似，甚至完全相同，171～172页文字框定义的功能包括：

- 选择行。
- 复制行。
- 插入行。
- 删除行。
- 更新求和公式范围。
- 移动或复制表。
- 保存文档。

所有其余的分析功能都包括在容量规划工具中。用户任务是明确具体环境中的工作流，确定这些工作流的高峰用户负荷，决定平台的选择。容量规划工具可计算由此产生的性能和容量信息，根据用户的选择提供最终的系统设计结果。

容量规划工具的用户接口

让我们通过打开容量规划工具时的所见开始了解。容量规划工具的用户接口被设计成一个信息管理工具，为管理者提供了企业工作流需求、所选的平台解决方案和计算工作流性能的综合信息。当系统设计过程完成时，可将显示结果呈报给高层管理。为了得到结果，用户需要输入用户需求，选择供应商平台，然后容量规划工具完成余下的分析工作并显示解决方案。

图 10-1 展现了每个部署阶段的最终结果。人们通常利用不同的模块来陈述观点，当进行总结汇报时，每个模块展示于不同的幻灯片上。同样，在描述如何使用容量规划工具时，为了使文字说明生动可视，将容量规划工具分解为几个模块，并对特定的部分进行突出强调。容量规划工具包括需求分析(见图 10-2)和平台选择(见图 10-3)两个模块。在第 11 章中介绍罗马市时能看到这些模块。罗马市是我们在系统设计过程中使用的虚拟案例，我们在此使用这个案例以更好地理解如何查看使容量规划工具发挥作用的管理信息。

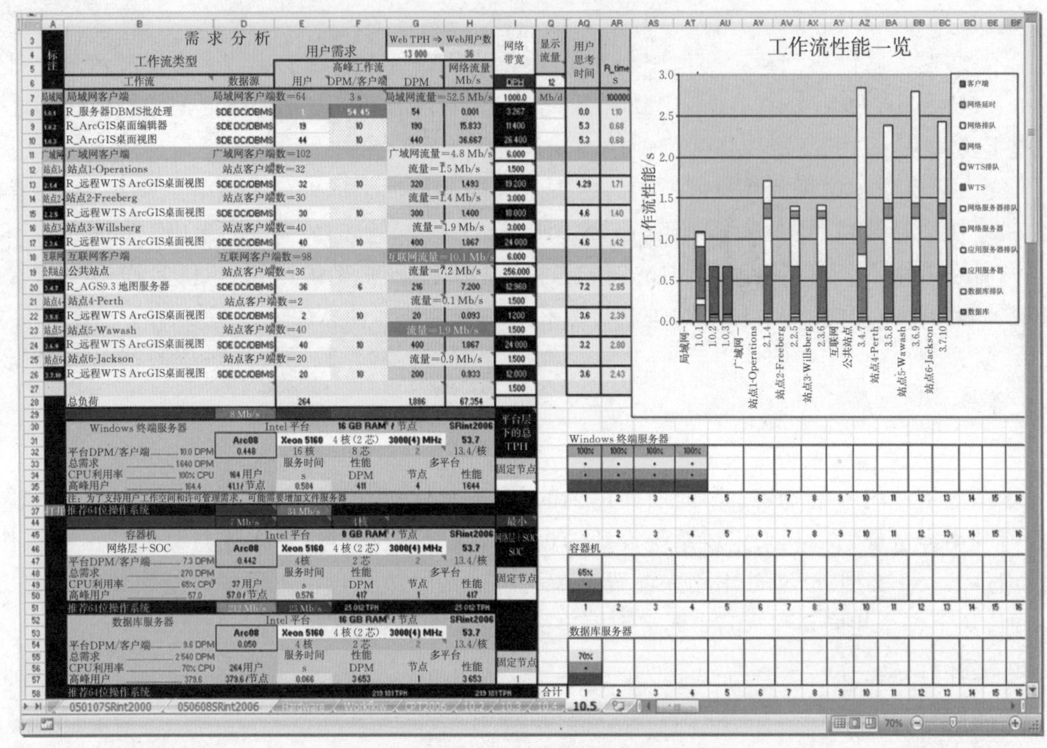

图 10-1　容量规划工具用户界面(样例)

图 10-1 说明如下：

图左是用户建立系统解决方法时会用到的 CPT 管理信息的视图。CPT 管理视图包括 Microsoft Excel 工作表的几个模型配置。基本模型包括电子表格上半部分的需求分析模型(5～28 行)和下半部分的平台选择模型(29～58 行)。这些模型的每一个都可提供一个信息产品(AQ 至 BF 列)。需求模型提供工作流性能一览表，而平台配置一览表由平台选择模型提供。

需求分析模型(5～28 行)包括用户工作流和数据源、高峰用户和生产效率、网络流量、响应时间以及每分钟的批量显示。工作流性能显示在工作流性能一览表中(AQ 至 BF 列)。这个模型位于 CPT2006 管理信息视图的上半部分。

平台配置模型(29～58 行)提供下拉菜单来选择供应商平台(E:G 列平台层中的白色单元)和一个转换器来选择 2～3 层的网络配置(容器机在 B46 的白色单元)。

推荐的平台配置(基于容量需求)显示在平台配置一览表的右下部分(AQ 至 BF 列)。

在本章后续部分，我们会对每个模型进行更详尽的讨论。

	A	B	D	E	F	G	H	I
3	标注	需求分析				Web TPH⇒	Web用户	网络带宽 Mb/s
4		工作流类型		用户需求		13 000	36	
5				高峰工作流			网络流量	
6		工作流	数据源	用户	DPM/客户端	DPM	Mb/s	DPH
7	局域网	本地客户端	局域网客户端数=64		3 s	局域网流量=52.5 Mb/s		1 000.0
8	1.0.1	R_服务器DBMS批处理	SDE DC/DBMS	1	60.94	61	0.001	3 656
9	1.0.2	R_ArcGIS桌面编辑器	SDE DC/DBMS	19	10	190	15.833	11 400
10	1.0.3	R_ArcGIS桌面视图	SDE DC/DBMS	44	10	440	36.667	26 400
11	广域网	广域网客户端	广域网客户端数=102			广域网流量=4.8 Mb/s		6.000
12	站点1	站点1-Operations	站点客户端数=32			流量=1.5 Mb/s		1.500
13	2.1.4	R_远程WTS ArcGIS桌面视图	SDE DC/DBMS	32	10	320	1.493	19 200
14	站点2	站点2-Freeberg	站点客户端数=30			流量=1.4 Mb/s		3.000
15	2.2.5	R_远程WTS ArcGIS桌面视图	SDE DC/DBMS	30	10	300	1.400	18 000
16	站点3	站点3-Willsberg	站点客户端数=40			流量=1.9 Mb/s		3.000
17	2.3.6	R_远程WTS ArcGIS桌面视图	SDE DC/DBMS	40	10	400	1.867	24 000
18	互联网	互联网客户端	互联网客户端数=98			互联网流量=10.1 Mb/s		6.000
19	公共站点	公共站点	站点客户端数=36			流量=7.2 Mb/s		256.000
20	3.4.7	R_AGS9.3 地图服务器	SDE DC/DBMS	36	6	216	7.200	12 960
21	站点4	站点4-Perth	站点客户端数=2			流量=0.1 Mb/s		1.500
22	3.5.8	R_远程WTS ArcGIS桌面视图	SDE DC/DBMS	2	10	20	0.093	1 200
23	站点5	站点5-Wawash	站点客户端数=40			流量=1.9 Mb/s		1.500
24	3.6.9	R_远程WTS ArcGIS桌面视图	SDE DC/DBMS	40	10	400	1.867	24 000
25	站点6	站点6-Jackson	站点客户端数=20			流量=0.9 Mb/s		1.500
26	3.7.10	R_远程WTS ArcGIS桌面视图	SDE DC/DBMS	20	10	200	0.933	12 000
27								1.500
28		总负荷		264		1 886	67.354	

SP0501　050107SRint2000　050608SRint2006　Hardware　Workflow　CPT

Calculate　100%

图 10-2　罗马市的用户需求分析

图 10-2 说明如下：

1. 表中给出了 CPT 用户（或工作流）需求分析模块的例子，它显示了两年期部署规划的高峰用户工作流（经部门管理者同意）。

2. 三个城市通信网络环境（局域网——第 7 行，广域网——第 11 行和互联网——第 18 行）用灰色标出。远程用户站点（Operations——第 12 行，Freeberg——第 14 行，Willsberg——第 16 行，Perth——第 21 行，Wawash——第 23 行和 Jackson——第 25 行）由绿色行表示，每个都放置在各自的城市网络环境中。最右边的第 I 组中，可以看到每个用户站点或位置的网络通信带宽（灰色行是数据中心带宽连接，绿色行是远程站点连接）。第 19 行为公共的互联网用户标出了另外的绿色公共位置；注意它们的网络带宽设置成高于互联网总流量的 50%，以便解释表达的多种用户连接。如果有估计公共用户响应时间的需要，可以添加一个单独的公共用户站点和适当的网络连接。

B 栏根据一个站点或位置命名用户工作流，为每个用户工作流标示出用户的最大数量（E 栏）。同时每个工作流要求的用户生产效率（F 栏）也被列出，以每个用户的 DPM 为单位。（在各自的工作流标签中提前定义了 CPT 分析使用的工作流显示的服务时间，185 页开始讨论 CPT 工作流标签。）

“客户端总和”是公式所使用的术语，该公式可以说明站点客户端和网络用户的累积效应。D 栏便是每个用户站点位置和网络的总和公式，如 D7 单元的公式是 SUM(E7:E11)；出于显示的目的，所有客户端总和位于 D 栏和 E 栏的中间。总和公式加入了每个网络或站点中标示的所有客户工作流的高峰用户。当添加新站点位置时，必须调整这些总和范围直到包括所有站点工作流。（171～172 页的文字框解释了如何调整这些用户总和范围。）

选择了用户工作流，并且输入了高峰用户和客户端的 DPM（用户生产效率的度量）之后，CPT 公式计算每个工作流总的 DPM（G 栏）和每个工作流的网络流量（每秒的兆位）（H 栏）。

每个用户站点位置都包括一个流量总和，这是在G栏每个网络和站点位置的总和公式（为了便于显示，流量合计总量——Mb/s，位于G栏和H栏的中间）。总和公式计算由每个网络或站点位置的所有客户端工作流所产生的流量之和。同样的，当添加新站点位置时，必须调整这些总和范围直到包括所有站点的工作流。

一旦设置了所有的流量总和范围，CPT生产效率和流量单元就会改变颜色，来强调CPT分析过程中的性能问题或结构限制。

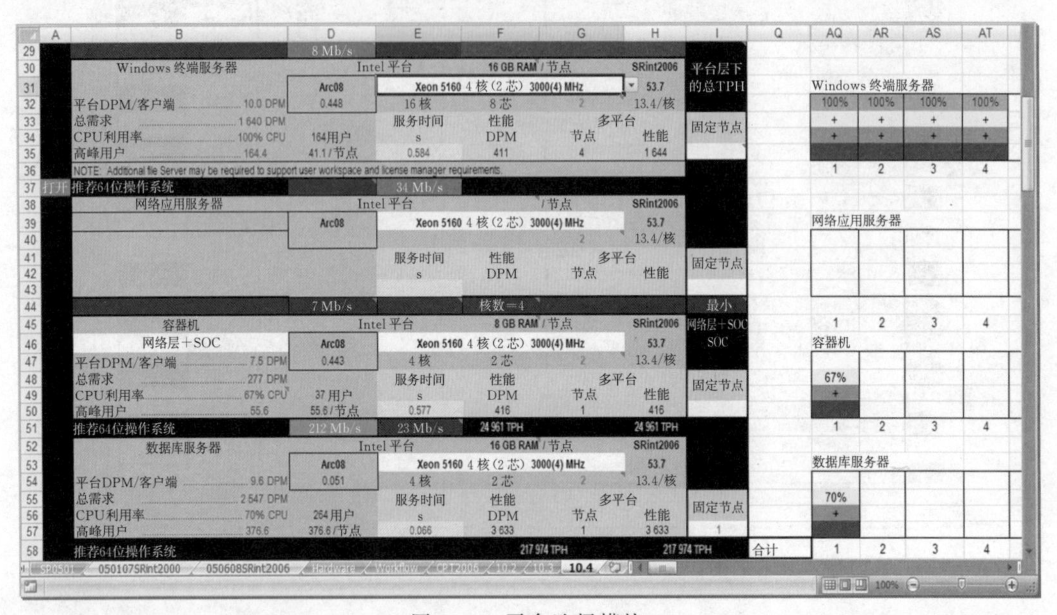

图 10-3 平台选择模块

图 10-3 说明如下：

CPT2006 的平台选择模块将数据中心服务器平台配置表达为一系列服务器层，与在数据中心服务器图中表达硬件平台的方法相同。在图中可以看到：基于所选平台配置性能的 CPT 概述。从下拉菜单中选择平台，该下拉菜单以白色块（E:G 栏）标识每个平台层。这些平台选择表达了现有的或规划的服务器配置。CPT 计算需要的服务器数量和服务器平台度量指标（CPU 利用率、吞吐率、服务时间、系统容量和服务器节点的数量）。

右侧的平台配置结果（Windows 终端服务器 AQ40：AT43、容器机 AQ47：AT50 和数据库服务器 AQ54：AT57）显示了支持需求分析模块中高峰用户时服务器节点数量和 CPU 利用率。（B 栏标示了每个平台层的高峰用户。）185 页讨论了各自工作流标签所支持的 CPT 使用的平台性能规范。

GIS 用户位于市政厅、设施运行部门和五个偏远地区办事处，同时有为公共用户访问而发布网络服务。图 10-4 显示，通过局域主干网、广域网和互联网通信，各个位置的用户分别连接到中央数据中心，计算机平台安置在市政厅中心信息技术部门的计算机设备中。

乍一看，容量规划工具只是被计算机自动化了的一张简单电子表格。但使用时，它就成为现实工作中问题的解决者、规划者和学习体验者。在容量规划工具中，由 17 年咨询工作经验总结开发的性能规模估计模型将需求分析与性能以及平台规模估计结果联系起来。除了平台规模估计和网络规模估计，容量规划工具还有多种用途。容量规划工具潜在作用的发挥取决于如何让模型模拟与现实情况高度吻合。作为管理者、顾问和 GIS 系统架构设计老师，作者的首要目标就是为管理者提供一种信息产品，这种产品可分享我们对于 ESRI 软件性能和扩

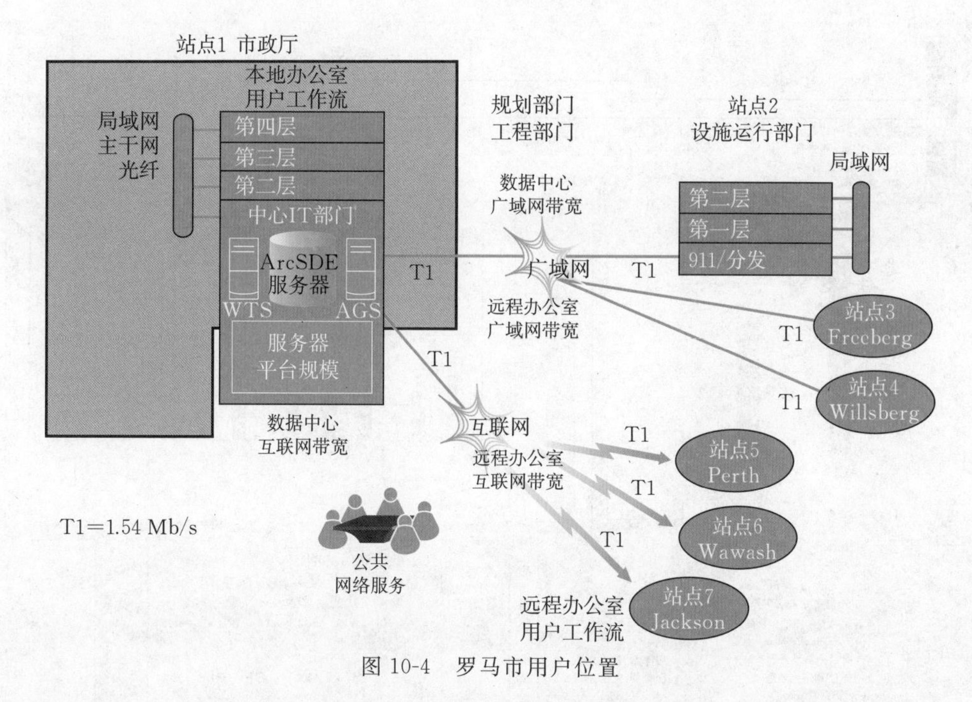

图 10-4　罗马市用户位置

展性的理解。由于不了解技术，很多用户不断地犯着同样的错误。将容量规划工具融入我们的咨询服务内容，为商业伙伴和分销商也提供相同的技术，以便使他们在支持我们的用户时能更加主动。作为老师，作者将容量规划工具作为“系统架构设计策略”培训课程的一部分，以便让学生学到将容量规划工具作为一个基础框架来使用的基本知识，并拓展他们对于技术的理解。

容量规划工具模型（容量规划工具的后台功能）在第 7 章讨论性能基本知识时已介绍。在理解性能因素以及它们的关联关系（表达在容量规划工具模型中，见图 10-5）后，对于如何确定和解决现实中运行性能问题提出了见解。当用户能够利用容量规划工具理解并解决他们自己的性能问题时，就开始有回报了。

容量规划工具的开发是一个发展的过程，它提供了表达我们对于技术理解的框架。利用容量规划工具能记录我们已知的内容，在现实环境中进行技术部署时模拟我们所希望的结果，并且能继续学习我们所不知道的内容。容量规划工具是一个自适应的模型，它以影响企业 GIS 运行的性能和扩展性的基本原则为基础。

图 10-5 及其注解展示了几个容量规划工具模型，它介绍了如何使用容量规划工具来定义多种不同的 GIS 环境，并且如何更改容量规划工具来反映用户自身的事务需求。花一些时间了解每个容量规划工具模块，并且学习如何配置容量规划工具来表达工作流需求。

需求分析模块

图 10-6 详细展现了与具体数据服务器环境相关联的工作流的需求分析模块。为每个中心数据库服务器环境配置各自的电子表格标签。根据工作流需求分析，从下拉菜单中选择工作流（B 列为工作流）。工作流按各自的工作流标签放置在查找列表中。

一旦配置完成需求分析的输入，容量规划工具就会更新网络适应性分析，更新是在平台选择模块输入用户需求（根据所选择的现有平台）时实时进行的，平台选择模块将在后面介绍。

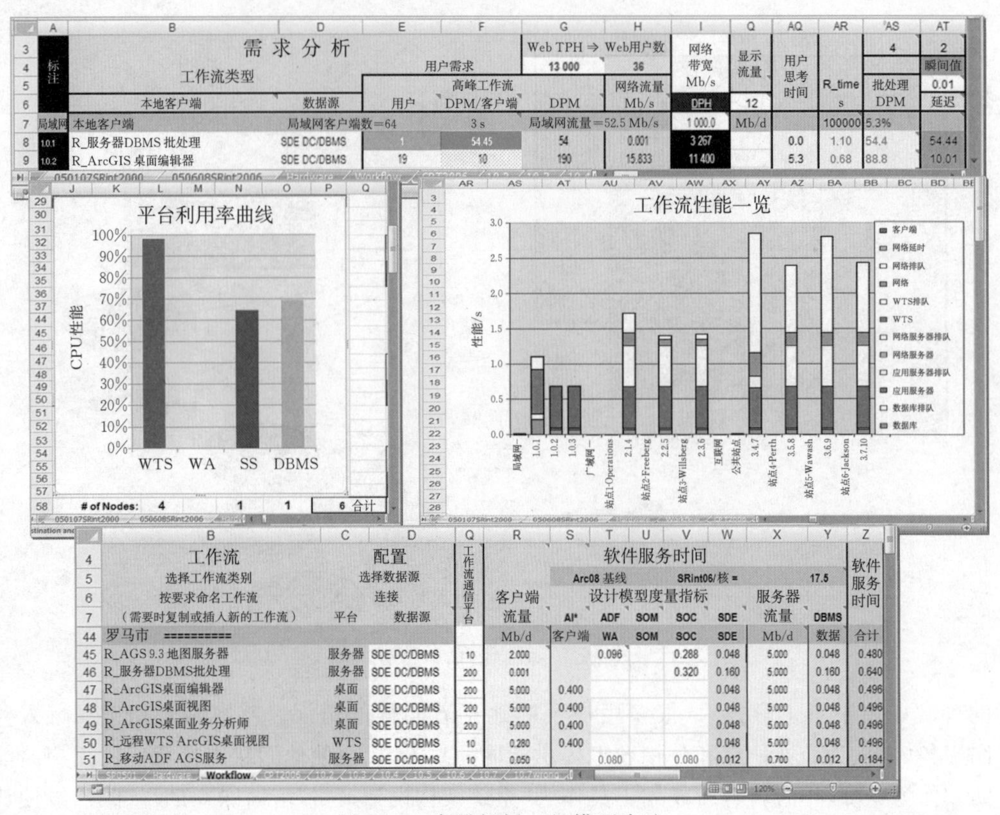

图 10-5　容量规划工具模型表达

图 10-5 说明如下：

图中左侧的模型表达了用户使用 CPT 工作的基本关系。工作流表达了用户需求(图的下部显示了为罗马市案例研究确立的软件的服务时间，这将在第 11 章讨论)。高峰用户和用户生产效率确定了如何在高峰工作期间使用这些工作流(图的上部显示了 ArcGIS 桌面编辑器工作流最大负荷，即 19 个并发用户 10DPM——支持 190DPM 的最大事务率)。按照软件组件服务时间定义工作流负荷，根据选择的配置策略(显示在工作流性能一览表中)将这些服务时间转换为平台服务时间。高峰负荷时的系统利用率在平台利用率概况中显示。

输入完成后，容量规划工具显示几个计算结果：响应时间表达了所有工作流服务时间加上排队时间的结果。排队时间是根据平台和网络利用率级别来计算的。第 7 章所讨论的排队时间模型在容量规划工具中有助于确定潜在的性能问题，并将平台服务时间转化为用户响应时间。数据中心的网络流量流(服务器平台网卡的带宽需求)将在后面的平台选择模块中处理。数据设备中的网络流量流尚未在模型中表达。

中心数据设备网络的适应性

远程客户网络传输竞争会引起一个比较微妙的性能问题。当网络流量超过了所选网络带宽的 50%时，网络传输竞争就开始影响性能，这种情况发生时网络流量单元会变成黄色。数据中心网络的适应性反映在网络图中(见图 10-7)，网络图显示了容量规划工具中表达相应的网络带宽设置。单个工作流的流量由容量规划工具计算，显示在黑色列的左边。每个网段的总流量显示在灰色网络标题行。

	A	B	D	E	F	G	H	I	Q	AQ	AR	AS	AT
3	标注	需求分析				Web TPH ⇒	Web用户数	网络带宽 Mb/s	显示流量	用户思考时间	R_time s	4	2
4		工作流类型		用户需求		13 000	36						瞬间值
5				高峰工作流			网络流量					批处理	0.01
6		本地客户端	数据源	用户	DPM/客户端	DPM	Mb/s	DPH	12			DPM	延迟
7	局域网	本地客户端	局域网客户端数=64		3 s	局域网流量=52.5 Mb/s		1 000.0	Mb/d		100000	5.3%	
8	1.0.1	R_服务器DBMS 批处理	SDE DC/DBMS	1	60.94	61	0.001	3 656		0.0	0.98	60.9	60.95
9	1.0.2	R_ArcGIS 桌面编辑器	SDE DC/DBMS	19	10	190	15.833	11 400		5.3	0.68	88.7	10.01
10	1.0.3	R_ArcGIS 桌面视图	SDE DC/DBMS	44	10	440	36.667	26 400		5.3	0.68	88.7	10.01
11	广域网	广域网客户端	广域网客户端数=102			广域网流量=4.8 Mb/s		6.000				0.79	
12	站点1	站点1-Operations	站点客户端数=322			流量=1.5 Mb/s		1.500				99.6%	
13	2.1.4	R_远程WTS ArcGIS桌面视图	SDE DC/DBMS	32	10	320	1.493	19 200		4.28	1.72	35.0	10.01
14	站点2	站点2-Freeberg	站点客户端数=30			流量=1.4 Mb/s		3.000				46.7%	
15	2.2.5	R_远程WTS ArcGIS桌面视图	SDE DC/DBMS	30	10	300	1.400	18 000		4.6	1.40	42.8	10.01
16	站点3	站点3-Willsberg	站点客户端数=40			流量=1.9 Mb/s		3.000				62.2%	
17	2.3.6	R_远程WTS ArcGIS桌面视图	SDE DC/DBMS	40	10	400	1.867	24 000		4.6	1.42	42.2	10.01
18	互联网	互联网客户端	互联网客户端数量=98			互联网流量=10.1 Mb/s		6.000				1.68	
19	公共站点	公共站点	站点客户端数=36			流量=7.2 Mb/s		256.000				2.8%	
20	3.4.7	R_AGS 9.3 地图服务器	SDE DC/DBMS	36	6	216	7.200	12 960		7.3	2.73	22.0	6.01
21	站点4	站点4-Perth	站点客户端数=2			流量=0.1 Mb/s		1.500				6.2%	
22	3.5.8	R_远程WTS ArcGIS桌面视图	SDE DC/DBMS	2	10	20	0.093	1 200		3.6	2.39	25.1	10.01
23	站点5	站点5-Wawash	站点客户端数=40			流量=1.9 Mb/s		1.500				124.4%	
24	3.6.9	R_远程WTS ArcGIS桌面视图	SDE DC/DBMS	40	10	400	1.867	24 000		3.2	2.80	21.4	10.01
25	站点6	站点6-Jackson	站点客户端数=20			流量=0.9 Mb/s		1.500				62.2%	
26	3.7.10	R_远程WTS ArcGIS桌面视图	SDE DC/DBMS	20	10	200	0.933	12 000		3.6	2.43	24.7	10.01
27								1.500					

Workflow / CPT2006 / 10.2 / 10.3 / 10.4 / 10.5 / 10.6 / 10.7 / 10.7wrong / 10.11 / 10.12 / 10.13-14 / 10

图 10-6 需求分析模块

图 10-6 说明如下：

这里能够进一步查看需求分析模块，它表达了与特定的数据服务器环境相关联的工作流。分开的电子表格标签由每个中心的数据库服务器环境进行配置。根据工作流需求分析，从下拉菜单（每个工作流的 B 栏）中选择工作流。工作流按 185 页讨论的分开的工作流标签的方法放置在查找表中。

标准容量规划工具模板假定在计算机设施中有三个网络（局域网——第 7 行，广域网——第 11 行和互联网——第 18 行）。在广域网和互联网的网络部分确定远程站点网络连接，由它们连接到数据中心的方式来决定远程站点网络连接。广域网环境中包括了三个远程站点（Operations——12 行，Freeberg——14 行和 Willsberg——16 行）。远程站点（Perth——21 行，Wawash——23 行和 Jackson——25 行）构成了互联网环境，同时包含了一个公共站点（19 行）以代表互联网 Web 客户端。

建立系统容量规划模型时，用户创建并标注每个远程网络连接，并且调整客户端和流量总和范围。同时用户从 I 栏的下拉菜单中为每个网络连接确定目前的带宽，带宽信息可从网络管理员获得。

用户的位置确定了在 CPT 需求模块中的何处表达工作流。用户通过局域网连接访问计算机设施归为"本地客户端"工作流（8～10 行）。用户通过广域网连接访问计算机设施归为"广域网客户端"工作流（12～17 行）。

用户通过互联网服务供应商连接访问计算机设施归为"互联网客户端"工作流（20～28 行）。

用户需要为每个工作流确定工作流名称（B 栏）、数据源（D 栏）、高峰用户（E 栏）和用户生产效率（F 栏）。首先用户需在工作流标签上明确实施的用户工作流（本章随后讨论）。用下拉菜单来选择工作流名称和数据源。选择的数据源为容量规划计算分配工作流软件组件服务时间到适当的硬件平台。（随后讨论工作流标签时会引入数据源选择的种类。）

一旦配置了需求分析输入，CPT 会更新网络适应分析。在平台选择模块中输入用户需求（根据目前的平台选择）时，就可实时进行更新，我们随后会讨论这一点。为每个工作流分别计算每分钟的高峰显示（G 栏）和最大网络流量（H 栏）。根据工作流服务时间计算显示响应时间（AR 栏）和用户思考时间（AQ 栏）（本章随后讨论确立工作流服务时间）。在 F7 单元设置最小思考时间。如果思考时间小于所确定的最小思考时间，每个工作流的 F 栏会变为黄色，如果没有思考时间（批处理）会变为红色。如果思考时间少于 0，需要降低工作流生产效率直到用户有足够的思考时间来支持用户需求（少于 0 便不是一个有效的工作流）。

为了自动建立一个批处理，可以将F栏和AT栏连接(在Excel的电子表格中循环计算——设置电子表格计算功能来自动计算批处理的生产效率值)。8行配置了一个示例的批处理。当用户生产效率在批处理生产效率的0.01之内时，高峰用户(E8单元)会变绿。批处理生产效率(F8单元)变红，标示着0思考时间。颜色模式确定了最终的批处理配置。如果批处理生产效率(F8单元)不等于DPM(AS8单元)，需要开始额外的Excel计算直到批处理收敛于适当的生产效率值。

每个网络站点连接行确定客户端的最大数量(D:E栏的中间)和总的网络流量(G:H栏的中间)。网络传输总量是每个确切的网络位置中所有工作流流量的总和。网络流量利用率的百分比显示在AS栏。当总流量超过了网络容量的50%时，总的网络流量单元会变成黄色，当总流量超过了网络容量的100%时会变成红色。当输入完成，CPT显示了几种计算：响应时间表示所有工作流服务时间加上排队时间。根据平台和网络利用率水平计算排队时间。(第7章讨论的排队时间模型在容量规划工具中帮助确定潜在的性能问题并将平台服务时间转换为用户响应时间。)如果工作流生产效率不能支持最小思考时间，DPM/客户端单元(F栏)会变成黄色(需要降低DPM/客户端生产效率以建立一个有效的用户工作流)。如果流量超过网络带宽的50%，灰色网络流量单元会变成黄色。可以在中间黑色栏(I栏)为每个网络指定可用的带宽。局域网网络带宽设置(Q6)的右侧单元允许添加下拉菜单中没有的网络带宽值(新的输入会出现在网络带宽下拉菜单列表的上部)。显示每个网络连接的高峰用户总量。数据中心的网络传输流(服务器平台网卡带宽需求)会随后在平台选择模块中说明。数据设备中的网络传输流目前并未在模型中表达。

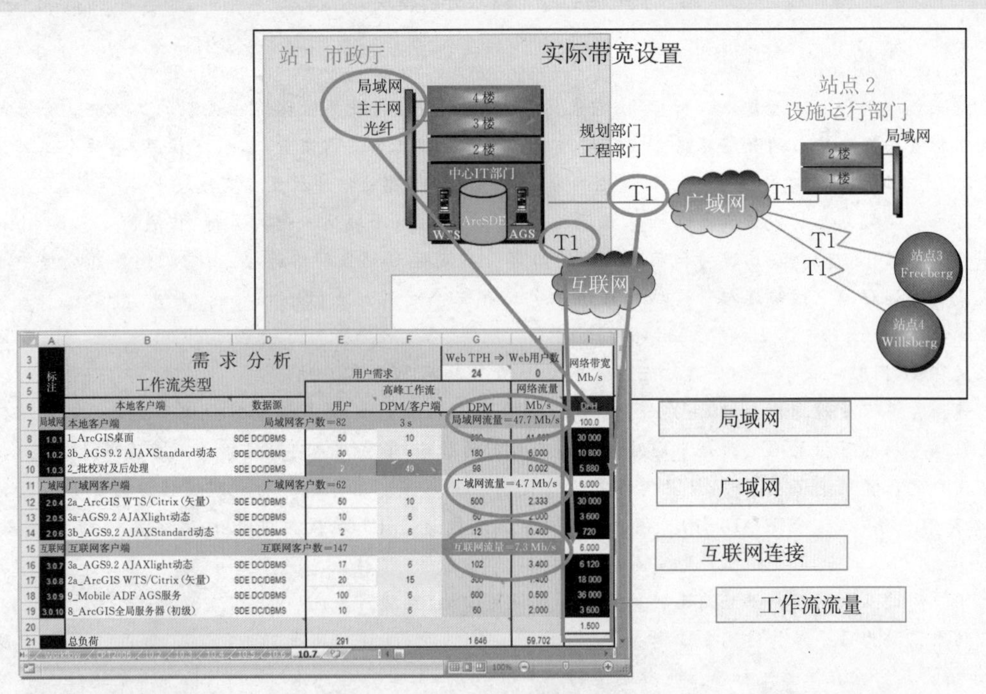

图10-7 数据中心网络的适应性

注：CPT中表达了显示通信网络带宽设置的网络表。CPT计算每个工作流的流量，并且在黑色栏的左侧展示了这个流量。灰色网络的标题行展示了每个网络部分的总流量。网络带宽最小值应维持在高峰网络流量的两倍。

最低限度的网络带宽应为高峰网络流量的两倍。在第3章中已介绍了网络传输的原则，第7章中阐述了性能特征：当流量超过带宽容量的50%，就要注意传输竞争(延迟)，在接近100%时，延时增加到与网络传输时间相等。数据包随机到达时间(数据包同时到达)引起了这些传输延迟，在等待访问共享网段时，传输延迟会累加。网络性能的影响反映在图10-8工作流性能一览中。

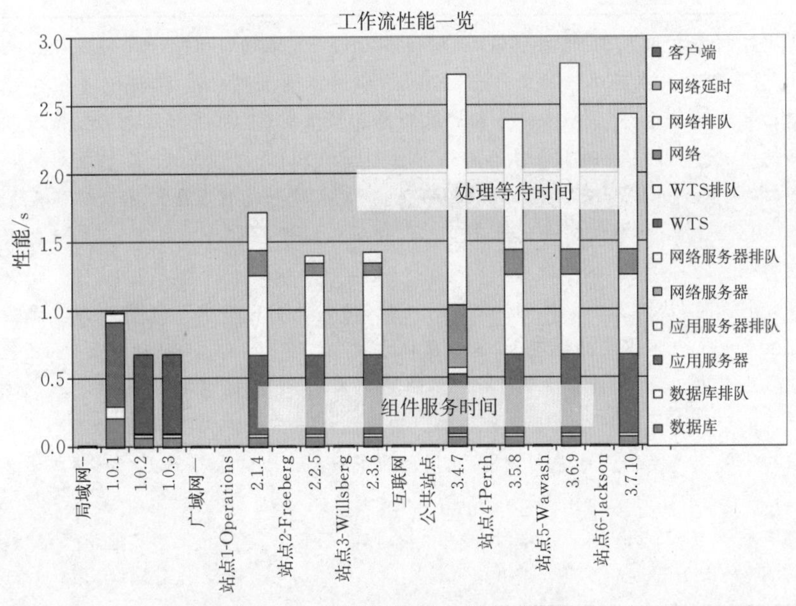

图 10-8　工作流性能一览表(样例)

图 10-8 说明如下：

CPT2006 标签包括位于需求分析模块右侧的工作流性能一览表(见图 10-5 的右上角)。工作流性能一览表显示了每个客户端工作流的组件运行时间、排队时间和响应时间，根据选择的工作流计算这些值，以高峰用户和用户生产效率值为衡量标志。(注意：上面的 CPT2006 涉及表述服务器性能的最近的 SPECrate_int2006 参照值，由 SPEC 于 2006 年引入。)

工作流性能一览表是在设计过程中用于支持平台和性能微调设计的工具。图形显示了每个工作流的平台服务时间和排队时间，以选择的平台配置为根据。每个平台层用不同颜色标注了服务时间(用灰色表示网络)，每个硬件组件上用白色直接显示相关的排队时间。和工作流标注一起，水平轴通过网络(局域网、广域网和互联网)和远程站点(站点 1，站点 2 等)标示了每个工作流。工作流标注中三个数字表示网络(1 为局域网，2 为广域网，3 为互联网)，站点位置(1，2，3 等)和工作流编号(1，2，3 等)。因此 2.2.5 指广域网中远程站点 2 的工作流 5。

容量规划工具的更改功能

容量规划工具 Microsoft Office Excel 用户功能

配置需求分析模块需要对 Microsoft Office Excel 功能有基本的了解。

为了表达 GIS 运行环境，容量规划工具更改功能主要包括：

• 选择行：为复制、插入或删除功能选择一个电子表格行。将鼠标放置于所选行上(鼠标指针指向右)，并选择鼠标左键(鼠标操作后凸显选择的行)。

• 复制行：复制行操作前先选择行。不改变指针位置，根据所选行执行复制功能。鼠标右键显示下拉菜单；选择复制功能来复制行(行的边界用点线凸显)。

• 插入行：在需要插入复制行位置的下面选择行。鼠标右键显示包括插入复制单元功能的下拉菜单。选择“插入复制单元”在所选位置的上面插入行。

• 删除行：选择删除的行。鼠标右键显示包括“删除”功能的下拉菜单。选择“删除”功能移除选择的行。

• 更新加和公式范围：Excel SUM 功能用来确定每个站点位置的总的并发用户和总的流量。每个站点行中灰色行代表中央数据中心的网络连接，包括局域网，广域网和互联网，绿色行代表远程站点位置。

每个站点位置行包括并发用户 SUM 功能(D 栏)和站点流量 SUM 功能(G 栏)。局域网、广域网和互联网 SUM 范围包含了所有分配在网络中的工作流(例如,广域网流量范围包括 H 栏的所有单元,包括广域网范围末端的空白互联网单元)。当插入一个新的远程站点位置时(利用底部绿色行的复制),需要手工扩展并发用户和网络流量 SUM 范围来计算站点值。通过选择 SUM 功能单元(D 栏或 G 栏),然后选择电子表格公式条(颜色框会在 E 栏或 H 栏显示 SUM 范围)完成这个过程。选定显示范围框的右下角,然后拖至其包括所有站点工作流(包括下面的站点单元以保证涵盖了所有的工作流)。本章随后讨论加入远程站点的过程实例。

• 移动或复制表格:这是 Excel 中一个普通的功能,用来复制现有电子表格的内容至另一个工作流标签。将鼠标放到电子表格下面的标签上,选择鼠标右键(出现一个包括“移动或复制”功能的菜单),选择“移动或复制”和菜单上的“创建副本”。指定想放置副本的位置(通常是列表的末尾)然后选择确定。这样就能在分离的标签上建立一个电子表格副本。使用鼠标凸显新的标签(双击标签),为分析需要给定新标题。运用这个功能可复制设计界点,利用新副本为下一个用户需求界点更新用户需求。这可以节省大量的工作,因为设计工作的大部分都是在创建初始的需求模块。

Office 2003 版本与 Office 2007 相比,这些用户功能略有不同。Office 2007 包括了帮助条目,帮用户在 Office 2007 中完成 Office 2003 的功能。

添加和删除工作流

需求分析模块被设计成适应于任何用户环境。通过工作流可以将用户组汇集在一起,工作流的数量可调整以支持自定义用户工作流需求。图 10-9 和图 10-10 描述了在需求分析模块中如何添加和删除工作流。

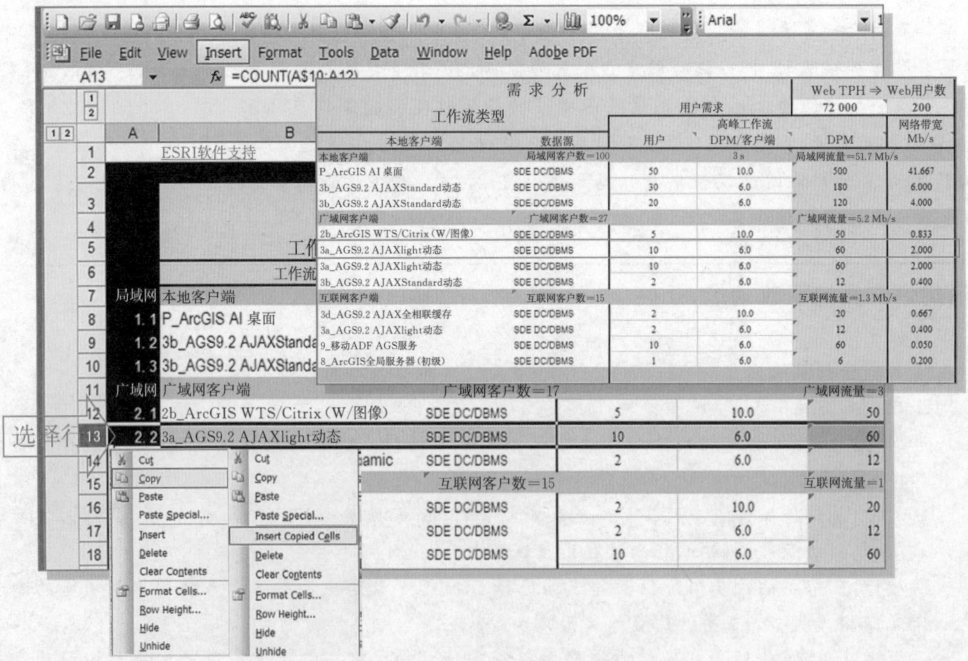

图 10-9 添加新的工作流

注:添加工作流,需要在要求的网络区域选择一个现有的工作流,复制这一行,选择在工作流行下面,想插入新工作流的地方,用“插入复制单元”插入新的工作流。每个新行的插入需要重复这个过程。在输入每个复制单元前,要确认所复制的完整工作流包括了所有需要的 CPT 公式(很多 CPT 公式隐藏在每个工作流行中)。

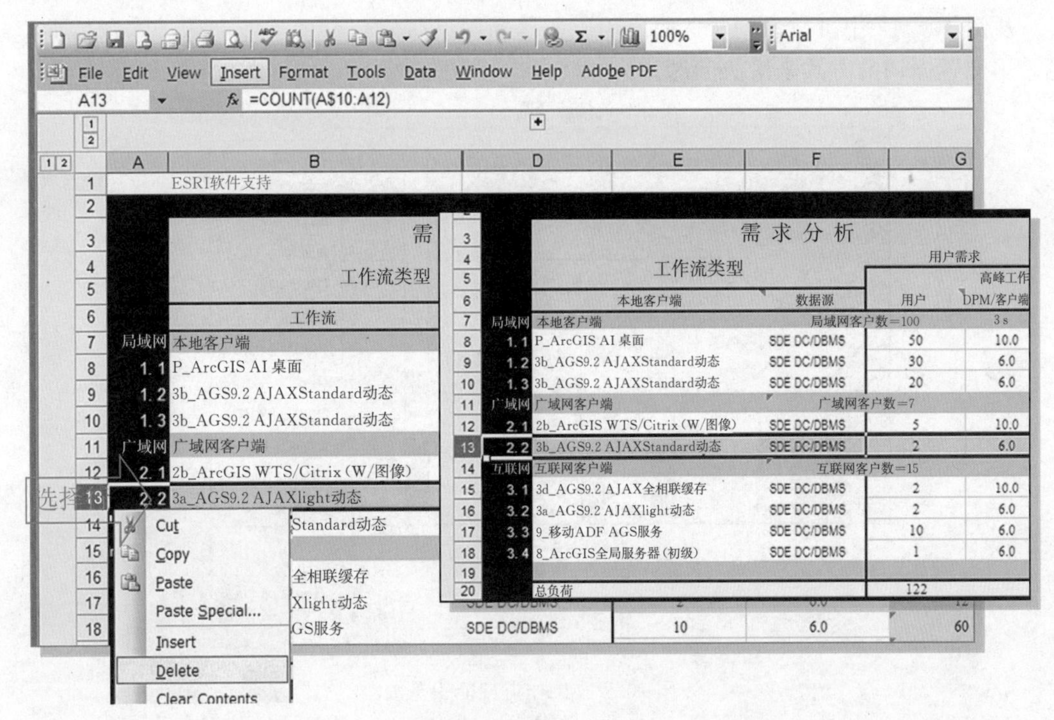

	工作流	数据源	用户	DPM/客户端
局域网	本地客户端	局域网客户数=100		3 s
1.1	P_ArcGIS AI 桌面	SDE DC/DBMS	50	10.0
1.2	3b_AGS9.2 AJAXStandard动态	SDE DC/DBMS	30	6.0
1.3	3b_AGS9.2 AJAXStandard动态	SDE DC/DBMS	20	6.0
广域网	广域网客户端	广域网客户数=7		
2.1	2b_ArcGIS WTS/Citrix(W/图像)	SDE DC/DBMS	5	10.0
2.2	3b_AGS9.2 AJAXStandard动态	SDE DC/DBMS	2	6.0
互联网	互联网客户端	互联网客户数=15		
3.1	3d_AGS9.2 AJAX全相联缓存	SDE DC/DBMS	2	10.0
3.2	3a_AGS9.2 AJAXlight动态	SDE DC/DBMS	2	6.0
3.3	9_移动ADF AGS服务	SDE DC/DBMS	10	6.0
3.4	8_ArcGIS全局服务器(初级)	SDE DC/DBMS	1	6.0
	总负荷		122	

图 10-10　删除工作流

注：选择完整行，右击，然后选择删除。不要删除网络部分中所有行（确保所有最大客户端——“用户”，是空的，并隐藏随后可能会打开的行）。隐藏功能在选择行后右击菜单。

图 10-11 展示了平台服务时间。Excel 可利用在模块中所确定的服务时间和显示流量来支持容量规划分析。

工作流性能一览表（前面提到过）中显示的工作流标注表达在黑色列 A 中。在确定了具体的性能界点后，再打开工作流服务时间表进行质量检查比较好。

工作流标注　　　　工作流平台服务时间

标注	工作流	数据源	用户	高峰工作流 DPM/客户端	DPM	网络流量 Mb/s	DPH	客户端 Mb/d	桌面客户端	桌面 WTS	网络 WA	服务器 SS	数据库 Mb/d	数据 DBMS
					Web TPH ⇒ 13 000	Web用户数 36		Arc08 4核(2芯)基线					BM/核	17.5
								9	11	12	13	14	15	16
局域网	局域网客户端	局域网客户端数=64		3 s	局域网流量=52.5 Mb/s		1 000.0							
1.0.1	R_服务器DBMS批理	SDE DC/DBMS	1	54.45	54	0.001	3 267	0.001				0.480	5.000	0.160
1.0.2	R_ArcGIS桌面编辑器	SDE DC/DBMS	19	10	190	15.833	11 400	5.000	0.448				5.000	0.048
1.0.3	R_ArcGIS桌面视图	SDE DC/DBMS	44	10	440	36.667	26 400	5.000	0.448				5.000	0.048
广域网	广域网客户端	广域网客户端数=102			广域网流量=4.8 Mb/s		6.000							
站点1	站点1 - Operations	站点客户端数=32			流量=1.5 Mb/s		1.500							
2.1.4	R_远程WTS ArcGIS桌面视图	SDE DC/DBMS	32	10	320	1.493	19 200	0.280		0.448			5.000	0.048
站点2	站点2 - Freeberg	站点客户端数=30			流量=1.4Mb/s		3.000							
2.2.5	R_远程WTS ArcGIS桌面视图	SDE DC/DBMS	30	10	300	1.400	18 000	0.280		0.448			5.000	0.048
站点3	站点3 - Willsberg	站点客户端数=40			流量=1.9 Mb/s		3.000							
2.3.6	R_远程WTS ArcGIS桌面视图	SDE DC/DBMS	40	10	400	1.867	24 000	0.280		0.448			5.000	0.048
互联网	互联网客户端	互联网客户端数=98			互联网流量=10.1 Mb/s		6.000							
公共站点	公共站点	站点客户端数=36			流量=7.2 Mb/s		256.000							
3.4.7	R_AGS9.3地图服务器	SDE DC/DBMS	36	6	216	7.200	12 960	2.000			0.096	0.336	5.000	0.048
站点4	站点4 - Perth	站点客户端数=2			流量=0.1 Mb/s		1.500							

从工作流标签中抽取

图 10-11　工作流平台服务时间

注：在 P 栏上有个小加号（＋），它可打开 J 栏到 O 栏，并显示平台服务时间。根据工作流选择从工作流标签中抽取出这些服务时间。

从图 10－12 中可以看到所选的应用服务器和网络带宽组件的性能问题。本章后面会讨论采用配置微调的方式来解决问题。

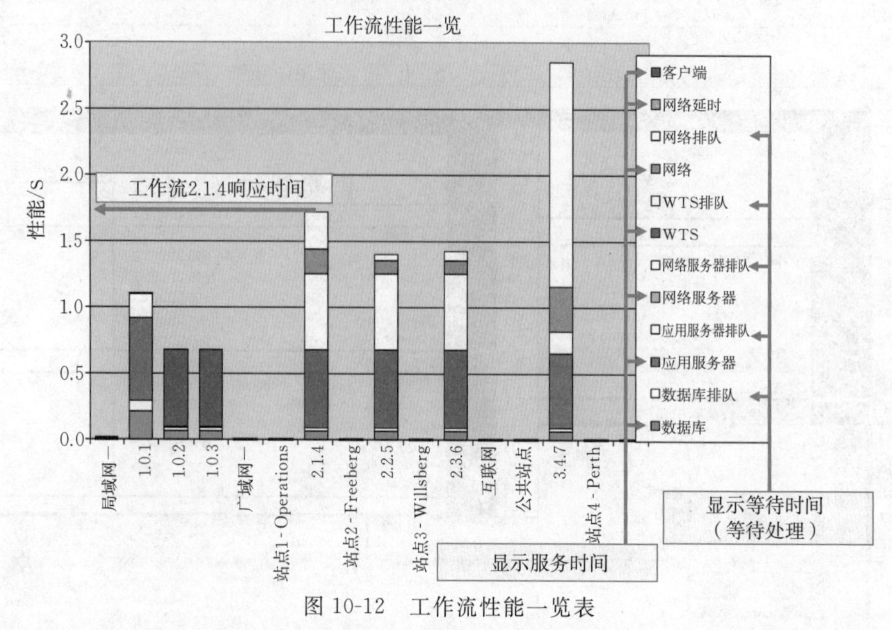

图 10-12　工作流性能一览表

图 10-12 说明如下：

工作流性能一览表，位于需求模块的右边，可以根据需要进行移动来支持显示。在工作流性能一览表中通过工作流显示了所有性能度量指标。图 10-11 中，根据 A 栏中的值将工作流标注到每个所选工作流的左侧。根据支持的网络（局域网、广域网和互联网）将工作流分组。在每个工作流工具栏（数据库、应用服务器、网络服务器、WTS、网络、客户端）中依次显示了每个组件平台服务时间。每个平台组件上面的白色空间显示了为该组件计算的排队时间。响应时间是堆栈顶部的性能值，包括所有服务时间和排队时间。这里标出的所选的应用服务器和互联网带宽组件的性能问题，可通过网络和平台配置调整来补救。

添加远程位置

每个网络上都可以包含远程位置。图 10-13 显示了如何在所选的网络中添加远程站点。

确定了远程站点的位置以后，对每个远程站点位置，可以调整工作流、高峰用户和 DPM/客户端的数量。在添加远程站点位置时，需要调整新站点 SUM 范围的设置。核查局域网、广域网和互联网 SUM 范围的设置有助于保证涵盖网络上的所有流量（这些范围体现了数据中心网络连接，应包含网络环境中所有的工作流）。

由需求分析完成用户需求配置。

远程站点带宽适应性

一旦在容量规划工具中完成了用户需求，其结果就可为进行网络适应性分析提供所需信息。要保证每个站点位置的可用网络带宽能被恰当地确定（从网络管理员可得到现有的网络带宽连接）。图 10-13 为数据中心广域网（单元 G11：H11）和互联网（单元 G21：H21）的带宽连接，以及远程站点 1（G12：H12）和远程站点 2（G15：H15）的远程网络连接明确了网络流量问题。红色单元表示网络流量超过了现有网络的带宽。

	A	B	D	E	F	G	H	I
3	标注	需求分析				Web TPH ⇒	Web用户数	网络带宽 Mb/s
4		工作流类型		用户需求		12 000	33	
5				高峰工作流			网络流量	
6		工作流	数据源	用户	DPM/客户端	DPM	Mb/s	DPH
7	局域网	本地客户端	本地客户端数=101		3 s	局域网流量=58.3 Mb/s		100.0
8	1.0.1	1_ArcGIS桌面	SDE DC/DBMS	50	10	500	41.667	30 000
9	1.0.2	3b_AGS9.2 AJAXStandard动态	SDE DC/DBMS	50	10	500	16.667	30 000
10	1.0.3	2_批核对及后处理	SDE DC/DBMS	1	44.54	45	0.001	2 672
11	广域网	广域网客户端	广域网客户端数=57			广域网流量=8.7 Mb/s		6.000
12	站点1	站点1	站点客户端数=25			流量=4.7 Mb/s		1.500
13	2.1.4	2b_ArcGIS WTS/Citrix(W/图像)	SDE DC/DBMS	10	10	100	1.667	6 000
14	2.1.5	3a_AGS9.2 AJAXlight动态	SDE DC/DBMS	15	6	90	3.000	5 400
15	站点2	站点2	站点客户端数=24			流量=3.3 Mb/s		1.500
16	2.2.6	2a_ArcGIS WTS/Citrix(矢量)	SDE DC/DBMS	9	6	54	0.252	3 240
17	2.2.7	3a_AGS9.2 AJAXlight动态	SDE DC/DBMS	15	6	90	3.000	5 400
18	站点3	远程站点3	站点客户端数=8			流量=0.7 Mb/s		1.500
19	2.3.8	2a_ArcGIS WTS/Citrix(矢量)	SDE DC/DBMS	5	6	30	0.140	1 800
20	2.3.9	3a_AGS9.2 AJAXlight动态	SDE DC/DBMS	3	6	18	0.600	1 080
21	互联网	互联网客户端	互联网客户端数=147			互联网流量=3.5 Mb/s		6.000
22	站点4	站点4	站点客户端数=147			流量=3.5 Mb/s		256.000
23	3.4.10	2a_ArcGIS WTS/Citrix(矢量)	SDE DC/DBMS	17	6	102	0.476	6 120
24	3.4.11	2a_ArcGIS WTS/Citrix(矢量)	SDE DC/DBMS	20	6	120	0.560	7 200
25	3.4.12	9_移动ADF AGS服务	SDE DC/DBMS	100	6	600	0.500	36 000
26	3.4.13	8_ArcGIS全局服务器(初级)	SDE DC/DBMS	10	6	60	2.000	3 600
27								1.500

10.4　10.5　10.6　10.7　10.11　10.12　10.13-14

Calculate　100%

图 10-13　添加远程站点位置

图 10-13 说明如下：

复制底部的绿色行(27 行)用来确定远程站点位置。在网络部分选择上部的行(12 行)插入第一个远程站点。通过重复上面的步骤来添加另外的远程站点(需要在插入复制单元之前为每个插入复制行)。一旦行被插入,必须标注新的远程站点(B 栏)。复制每个站点名至 A 栏,用于确定工作流性能一览表中的工作流。用户需要为每个远程站点更新站点 SUM 范围。对于新插入的站点行,站点客户端的 SUM 范围功能在 D 栏,站点流量的 SUM 功能在 G 栏。可以选择 SUM 功能位置(如 D12 单元)并选择公式条(这里未显示),然后看到 E12 单元中会出现一个颜色框(这是 SUM 功能范围)。选择 SUM 范围框的右下角拖至包括所有站点 1 的工作流(范围 E12:E15)。对 G 栏的站点流量功能进行同样的操作;流量 SUM 范围应扩展至支持所有站点 1 的工作流流量(范围 H12:H5)。

图 10-14 显示了网络带宽过小对性能的影响,如果不修正的话这个问题会很严重。图 10-15 显示了带宽更新,由此所带来的性能提升显示在图 10-16 中。

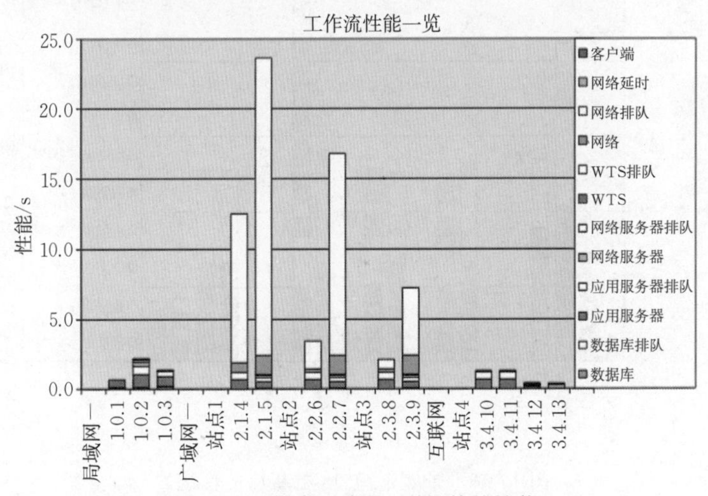

图 10-14　带宽适应性(更新前的性能)

图 10-14 说明如下：

在灰色网络服务时间上确定的网络排队时间(白色)表明了网络流量超过了带宽的容量。

网络带宽瓶颈可通过更新网络带宽至流量的两倍来解决。推荐的网络更新包括以下内容：增加广域网(单元 I11)带宽至 45 Mb/s，远程站点 1(I12)带宽至 12 Mb/s，以及增加远程站点 2(I15)至 9 Mb/s。表中显示的带宽更新用于网络性能调整，带宽更新后会产生性能提升(见图 10-16)。一旦进行了带宽的调整，CPT 会实时更新网络需求分析。

网络传输性能问题随着网络更新得到解决。

	A	B	D	E	F	G	H	I	Q	AQ	AR	AS	AT
3	标注	需求分析				Web TPH ⇒	Web用户数	网络带宽 Mb/s	显示流量	用户思考时间		4	2
4				用户需求		12 000	33						瞬间值
5		工作流类型			高峰工作流		网络				R_time	批	0.01
6		工作流	数据源	用户	DPM/客户端	DPM	Mb/s	DPH	9		s	DPM	延迟
7	局域网	本地客户	局域网客户=101		3 s	局域网流量=58.6 Mb/s		100.0	Mb/d		100000	58.3%	
8	1.0.1	1_ArcGIS桌面	SDE DC/DBMS	50	10	500	41.667	30 000		5.3	0.72	83.3	10.01
9	1.0.2	3b_AGS9.2 AJAXStandard动态	SDE DC/DBMS	50	10	500	16.667	30 000		3.9	2.14	28.0	10.01
10	1.0.3	2_批核对及后处理	SDE DC/DBMS	1	44.54	45	0.001	2 672		0.0	1.35	44.5	44.53
11	广域网	广域网客户	广域网客户=57			广域网流量=8.7 Mb/s		45.000				0.19	
12	站点1	站点1	站点客户端数=25			流量=4.7 Mb/s		12.000				38.9%	
13	2.1.4	2b_ArcGIS WTS/Citrix(W/图像)	SDE DC/DBMS	10	10	100	1.667	6 000		4.68	1.32	45.6	10.01
14	2.1.5	3a_AGS9.2 AJAXlight动态	SDE DC/DBMS	15	6	90	3.000	5 400		8.77	1.23	48.9	6.01
15	站点2	站点2	站点客户端数=24			流量=3.3 Mb/s		9.000				36.1%	
16	2.2.6	2a_ArcGIS WTS/Citrix(矢量)	SDE DC/DBMS	9	6	54	0.252	3 240		8.7	1.26	47.5	6.01
17	2.2.7	3a_AGS9.2 AJAXlight动态	SDE DC/DBMS	15	6	90	3.000	5 400		8.72	1.28	46.8	6.01
18	站点3	站点3	站点客户端数=8			流量=0.7 Mb/s		1.500				49.3%	
19	2.3.8	2a_ArcGIS WTS/Citrix(矢量)	SDE DC/DBMS	5	6	30	0.140	1 800		8.6	1.42	42.3	6.01
20	2.3.9	3a_AGS9.2 AJAXlight动态	SDE DC/DBMS	3	6	18	0.600	1 080		7.61	2.39	25.1	6.01
21	互联网	互联网客户	互联网客户=147			互联网流量=3.5 Mb/s		6.000				0.59	
22	站点4	站点4	站点客户端数=147			流量=3.5 Mb/s		256.000				1.4%	
23	3.4.10	2a_ArcGIS WTS/Citrix(矢量)	SDE DC/DBMS	17	6	102	0.476	6 120		8.7	1.29	46.6	6.01
24	3.4.11	2a_ArcGIS WTS/Citrix(矢量)	SDE DC/DBMS	20	6	120	0.560	7 200		8.7	1.29	46.6	6.01
25	3.4.12	9_移动ADF AGS服务	SDE DC/DBMS	100	6	600	0.500	36 000		9.6	0.42	142.1	6.01
26	3.4.13	8_ArcGIS全局服务器(初级)	SDE DC/DBMS	10	6	60	2.000	3 600		9.6	0.40	148.6	6.01
27								1.500					

10.13-14　Calculate

图 10-15　网络性能调整

注：现在进行推荐的网络更新，更新包括：增加广域网(单元 I11)带宽至 45 Mb/s，远程站点 1(I12)带宽至 12 Mb/s，以及远程站点 2(I15)至 9 Mb/s。完成了这些调整后，局域网和互联网稍超过了所选带宽(G7：H7 和 G21：H21)的 50%。这些性能的影响很小，如图 10-16 所显示的那样。监测网络上的流量以确保符合目标性能值。

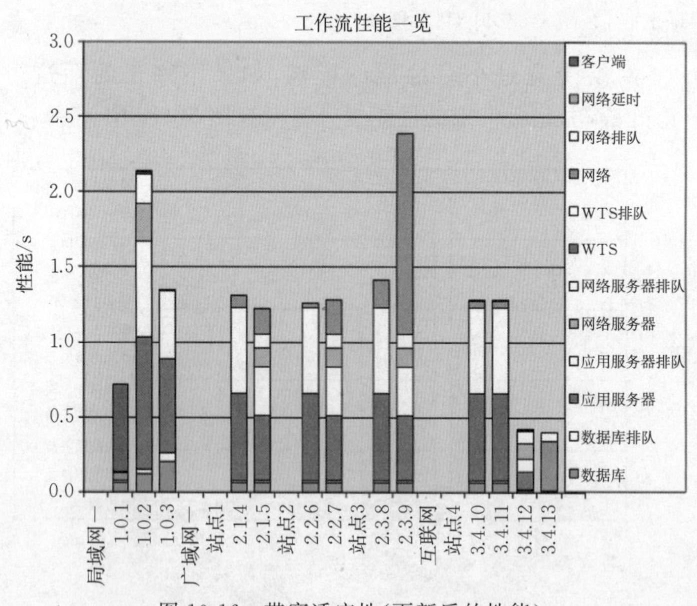

图 10-16　带宽适应性(更新后的性能)

注：如何更新带宽以提高性能。

平台选择模块

这部分内容展示了容量规划工具的平台选择模块的各个方面。为了支持高可用性或满足高峰系统工作流需求，可用同样的方式配置一组服务器来组成平台层。容量规划工具模型表达了几个平台层。图 10-17 中平台选择模块左上方的四个主要层中每一层都包括几个服务器平台或节点，这取决于系统配置。图 10-18 凸显了平台选择模块中的中心行，其描述了每个平台层所提供的有关性能的信息。性能信息根据平台的选择来计算。所有这些计算都是依据第 7 章中所讨论的性能和扩展性的基本原理。

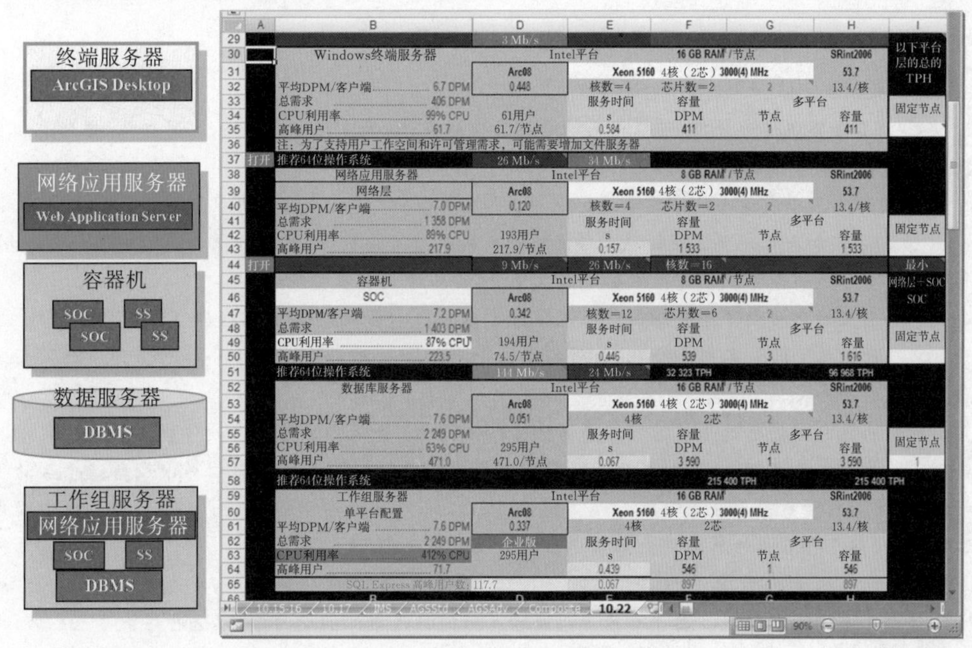

图 10-17　平台层设计

图 10-17 说明如下：

1. 在平台选择模块的左侧是容量规划工具中表达的平台层。

2. 在配置右侧平台的时候，最好的方案是现在推荐的应用服务器。然而在这种情况下，我们会使用 Xeon 51604 4 核(2 芯) 3000(4)MHz 平台。上面电子表格的左侧提供的服务器平台图可使容量规划工具中表达的平台层可视化。尽管每块中包含了大量的性能信息，但图中确定的平台层配置与在平台配置图中的差不多。每个平台层可以表达几个服务器平台或节点，这取决于系统配置。一个平台层是一组配置相同的服务器，用来支持高可用性或高峰系统工作流需求。标准 GIS 配置通常包括 Windows 终端服务器(桌面客户端)、网络或容器机应用服务器(2 层或 3 层网络服务配置)和一个数据服务层(中央地理空间数据库服务器配置)。平台配置模型包括四个主要平台层，分别代表 Windows 终端服务器、网络应用服务器、容器机和中央地理空间数据库中的数据服务层。为了方便，容量规划工具假定一个本地客户端工作站平台(不是数据中心服务器环境的一部分)具有像 Windows 终端服务器一样的每核性能配置。底层提供了一个额外的工作组服务器，该层可以在单平台支持网络和数据管理系统软件时用来制定服务器标准。这个平台层还可用来制定带有 SQL Express 数据库的 ArcGIS Server 工作组授权标准，如果容量超过了授权限制，红色的企业单元高亮，表示需要一个企业授权。如果计划采用企业授权，用户可以在这个平台上使用任何数据库。

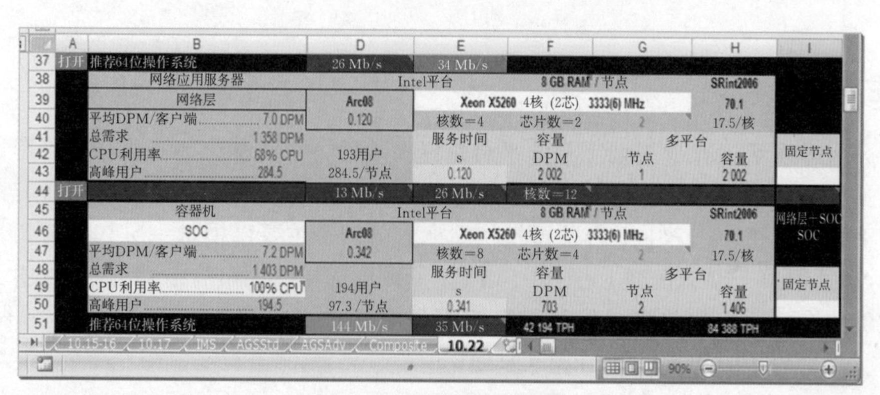

图 10-18 平台层性能因素

图 10-18 说明如下：

1. 在平台选择模块这部分中，可根据设计的性能选择硬件（网络应用服务器、容器机）。每个平台层显示都提供了大量的基本性能信息。

2. 容量规划工具中有两个地方需要进行选择：硬件平台的选择（网络应用服务器——E39:G39，和容器机——E46:G46）和决定想要 2 层还是 3 层网络配置的简单交换机（B46）。如果已选择了倾向的平台，就可进行下一步。已为高峰系统工作流配置了需求模块，其负荷就在容量规划工具中。

每个平台层显示都提供了很多基本的性能信息。根据平台和网络层配置选择可生成显示性能信息。来自用户需求的平均 DPM/客户端（B40）和总的需求 DPM（B41）被分配到这个平台层上。平台服务时间基线由工作流选择来提供（D40）。

其余的性能信息根据所选平台进行计算。平台 SRint2006 性能基准值来自硬件标签的查找表以及平台选择可用的核和芯片数量。SPEC 基准用于将容量规划工具性能基线服务时间转换成所选平台的服务时间（E43）。平台容量由平台服务时间计算得到。通过比较平台容量和总的需求 DPM（需求模块提供要求的容量）来计算平台节点的总数量。然后由节点数目和平台容量计算总的层容量（H43）。通过比较总的需求 DPM 和总容量来计算 CPU 利用率（B42）。网络平台的内存需求（F38）依据核的数量而定。Windows 终端服务器和数据服务器平台内存以高峰并行用户连接的数量为根据（这内存推荐值已经计算，请不要改变这些规则）。其他感兴趣的计算包括每个节点的高峰用户（D43），由高峰用户计算而得。节点数量和总用户，由总的需求 DPM 除以平均 DPM/客户端（D42）来计算。用户也可以指定固定的节点数量（I43）。如果提供了固定节点的规范，节点可改变成用户所指定的，并且所有计算值都根据设置的节点值而得。所有这些计算都很简单，都依据第 7 章中讨论的基本性能和可扩展性功能。

图 10-19 显示了如何从下拉菜单中选择硬件。然后，根据平台利用率得到选择结果的电子表格显示在平台选择模型右边（见图 10-20）。当准备进行下一步配置性能调整时，以图表形式查看平台规模估计分析结果是很有用的。

配置性能调整

从图 10-21 至图 10-23 展示了使用容量规划工具估算、调整所选择的平台配置的过程。在这个例子中，根据特定的平台配置评估工作流性能以揭示过长的排队时间会降低用户显示性能。更新互联网带宽（见图 10-22）可解决网络性能延迟的问题。图 10-23 展示了重新配置服务器可减少容器机层上的负荷。

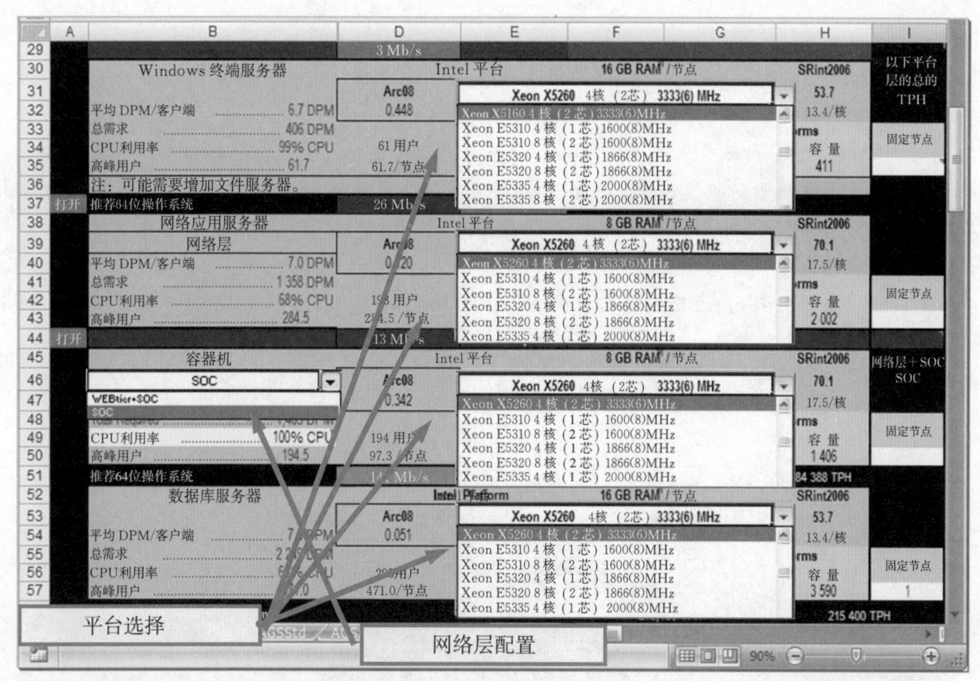

图 10-19　选择硬件平台

图 10-19 说明如下：

1. 图中展示了 CPT 中的平台配置选择。

2. 平台配置的选择——硬件选择，由下拉菜单进行(E:G 栏平台层的白色单元)。硬件标签上提供了硬件列表(随后讨论)。网络层配置有两种选择(SOC 或网络层+SOC)。SOC 的选择支持网络层上的网络应用服务器。网络层+SOC 的选择支持容器机层上的网络应用。网络平台性能的计算遵循所选软件的任务分配。

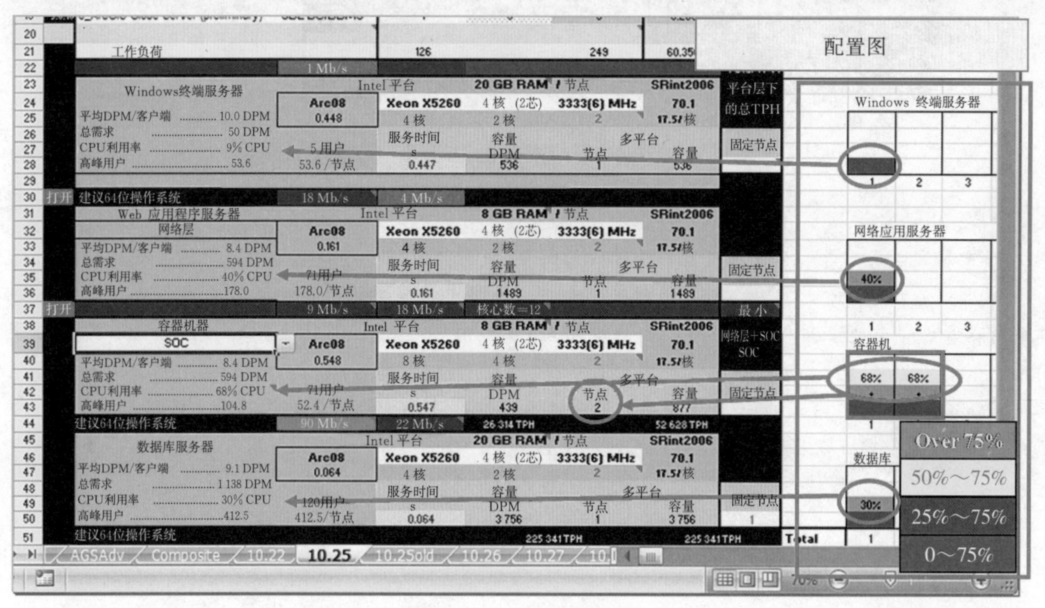

图 10-20　平台配置图

图 10-20 说明如下：

1. 本图展示了平台规模分析的结果，其结果反映在平台选择模块右侧的电子表格中。平台配置图显示了平台模块中的计算内容。

2. 平台图中的每个平台服务器节点都由一套四个单元组所支持。单元颜色根据平台利用率变化。底部的单元变蓝表明需要平台节点支持配置。当平台利用率超过容量的 25%时第二个单元变绿。当平台利用率超过容量的 50%时第三个单元变黄。当平台利用率超过容量的 75%时第四个单元变红。平台利用率的百分比展示在颜色单元的顶部。

平台图仅出于显示的目的；没有模型是根据这些显示的值计算的。容量规划分析展示了一个利用率为 19%的 Windows 终端服务器；一个利用率为 40%的网络应用服务器；两个利用率为 68%的容器机，以及一个利用率为 30%的数据库服务器。

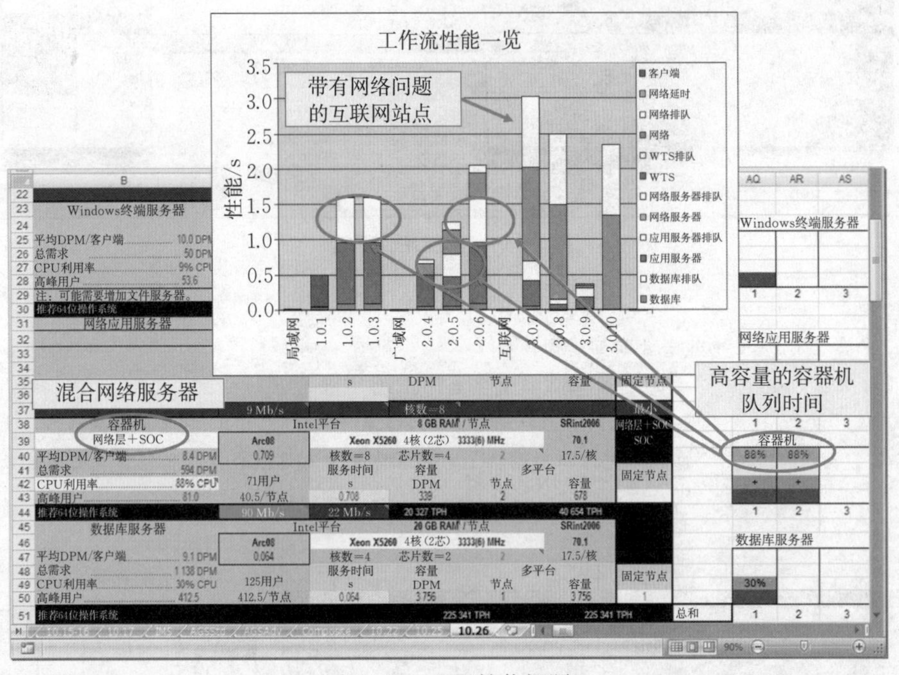

图 10-21　配置性能问题

图 10-21 说明如下：

1. 使用容量规划工具来发现可能影响性能的问题，为用户提供一个提前进行性能调整的机会。

2. 本图展示了平台配置和工作流性能一览表。从上图中的 3 层的网络配置转变为 2 层网络配置，可以看到容器机的平台利用率现在达到了容量的 88%，在利用率超过 75%时，CPU 利用率，B42 单元，变为黄色。

工作流性能一览表显示了一个互联网流量和容器机应用服务器的大量排队时间。根据下降的用户显示性能，工作流性能一览表提供了排队时间的耗费估计。

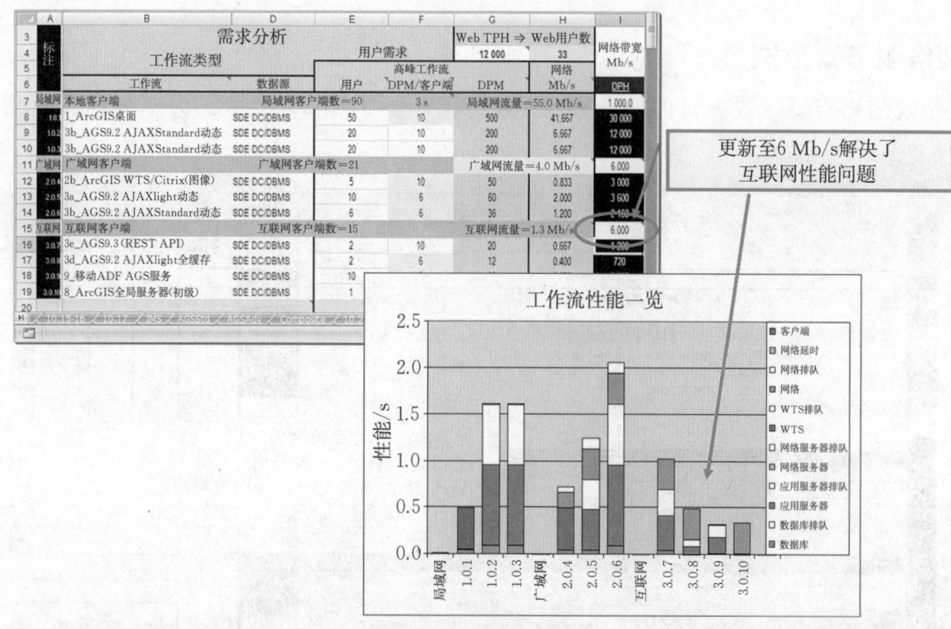

图 10-22　网络性能调整

注：将互联网带宽由 1.5 Mb/s 更新至 6 Mb/s 可解决网络性能延迟。互联网带宽单元由黄色重新变回灰色。注意广域网流量单元仍然是黄色，因为流量略高于容量的 50%。因没有看到性能的损失，所以此时不需要更新广域网。

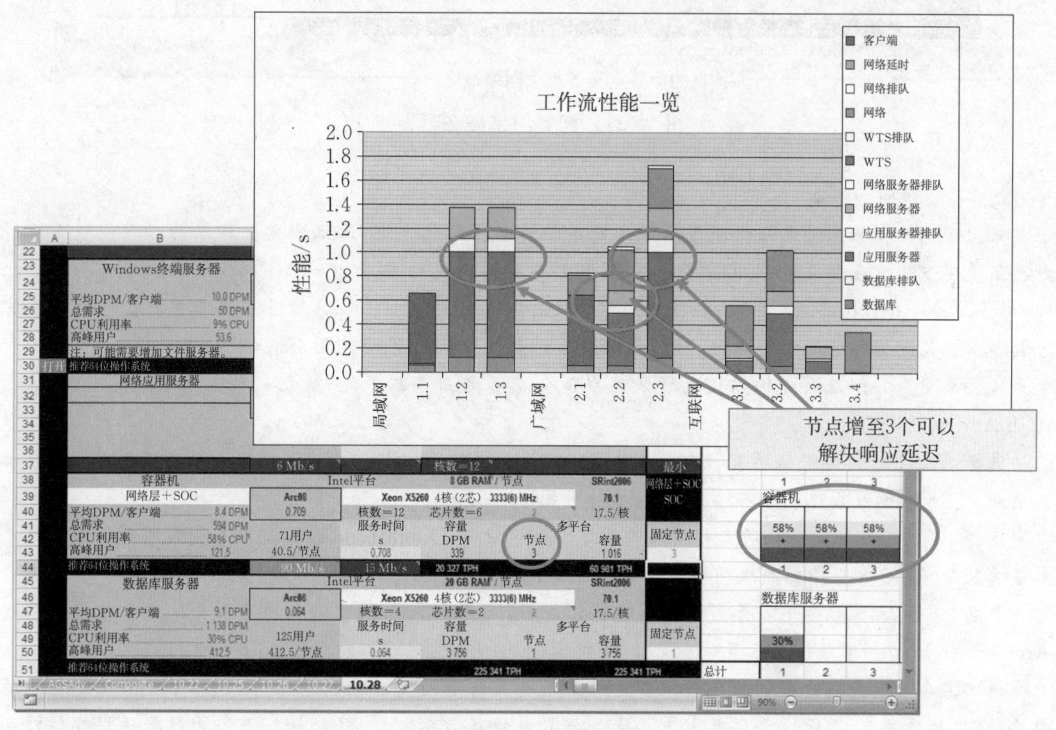

图 10-23　平台性能调整

注：通过增加容器机节点的数量减少该层的平台容量。这种情况下，在拥有 3 个容器机的该层上可支持 2 个网络服务器。通过配置服务器以使 ArcGIS SOM 组件能平衡容器机层上的负荷。额外的容器机将平台利用率减至容量的 58%，这只带来性能的微弱下降(在工作流性能一览表中可看到少量的排队时间)。

配置网络服务器范围

有时候用户需要配置各自的服务器组，图 10-24 至图 10-26 显示了为三种配置所做的平台推荐。

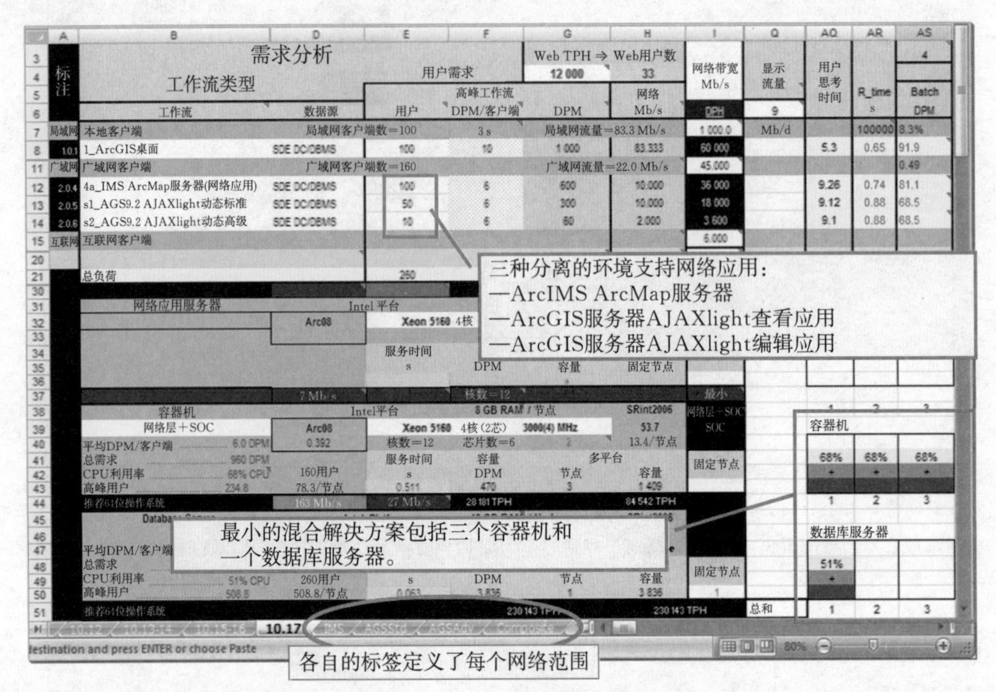

图 10-24 配置网络服务器范围

图 10-24 说明如下：

采用下面的步骤来为各自的服务器组开发不同的配置可选方案，比试图更改标准的容量规划工具设计要简单得多。首先配置系统就像将所有东西都安放到所有的盒子中一样。在这个例子中，有 100 个 Desktop、100 个 ArcIMS、50 个 ArcGIS 服务器标准用户以及 10 个 ArcGIS 服务器高级用户。一旦配置完包括了所有用户工作流的整个系统，就可复制混合的表格(使用“移动或复制表格”功能)到一个各自的标签或文件夹中。按照前面详细描述的步骤生成混合标签的三个副本，并标记新的电子表格为 AGS Std、AGS Adv 和 IMS。

选择 AGS Std 标签并从所有行中移走除了 AGS9.2AJAXlightDyn 标准工作流外的所有用户。这个标签将明确 ArcGIS 服务器标准网络服务器配置(见图 10-25)。

选择 AGS Adv 标签并从所有行中移走除了 AGS9.2AJAXlightDyn 高级工作流外的所有用户。这个标签将明确 ArcGIS 服务器高级网络服务器配置(见图 10-26)。

最后，选择 IMS 标签并从所有行中移走除了 ArcIMS ArcMa 工作流外的所有用户。这个标签将明确 ArcIMS ArcMap 网络服务器配置，如图 10-27 所示。

返回混合标签完成配置。加和支持各自网络服务器配置所要求的所有平台，包括 Fix 节点单元中的数字(在这种情况下，需要 4 个服务器来支持 3 个各自的网络环境)。混合标签可用于数据库规模估计和网络流量分析。这个标签上的应用服务器能被共享，因此工作流性能可能不精确。如图 10-28 所示。

图 10-24 显示了一个有三组服务器的例子(ArcIMS ArcMap 服务器、ArcGIS 服务器标准用户和 ArcGIS 服务器高级用户)。如果在同一组网络服务器上配置所有这些软件，那么所有

这些网络服务器都需要企业高级授权，因此需要在各自的服务器组最小化授权的代价。这可能就是在任何一个层上都配置多个服务器组的另一个原因。图 10-24 中的标题描述了步骤，也说明了这些配置的类型。尽管可能需要更多的创意，但按照这个步骤就可以配置混合的平台服务器环境。

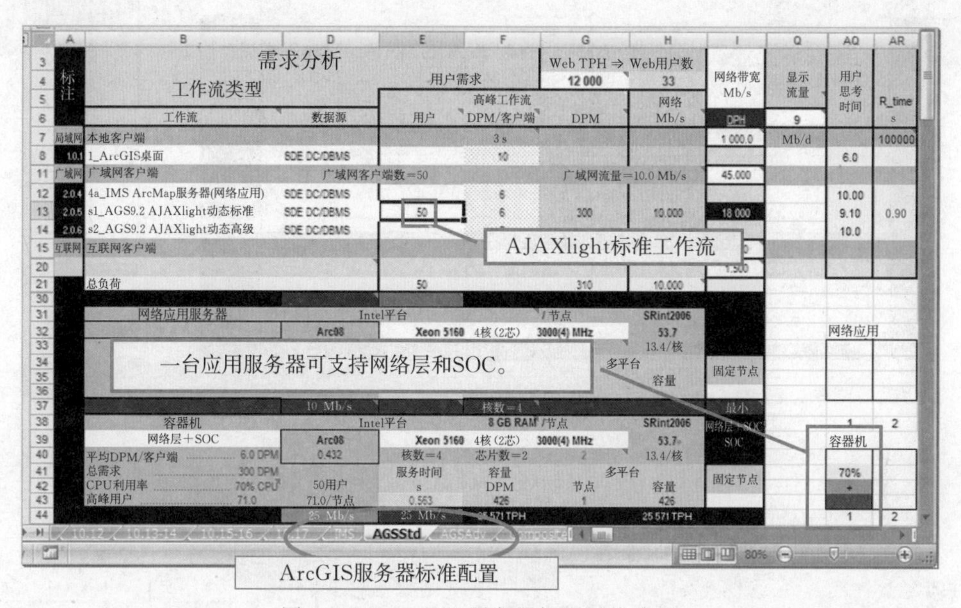

图 10-25　ArcGIS 服务器标准网络范围

注：AGS Std 标签明确了 ArcGIS 服务器标准网络服务器配置的平台推荐方案。(忽略数据库配置，因为它在混合标签中确定。)

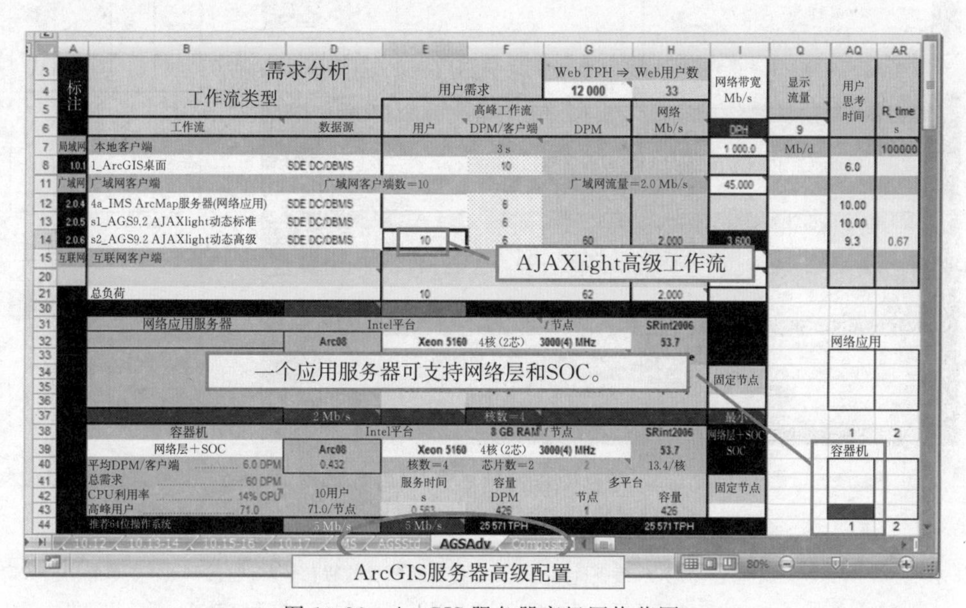

图 10-26　ArcGIS 服务器高级网络范围

注：选择 AGS Adv 标签并从所有行中移走除了 AGS9.2AJAXlightDyn 高级工作流外的所有用户，这样能确定 ArcGIS 服务器高级配置平台推荐方案。

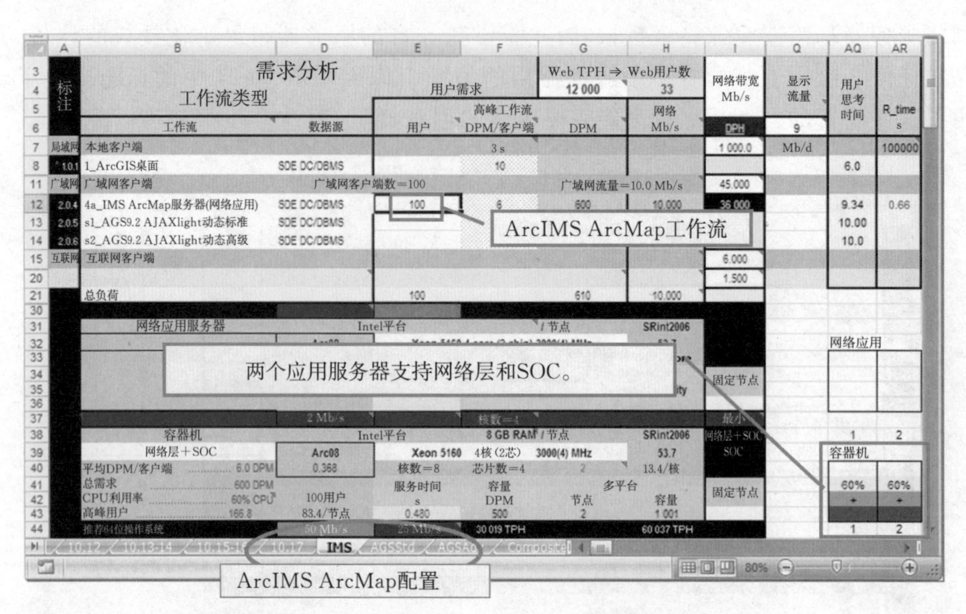

图 10-27　ArcIMS ArcMap 服务器网络范围

注：选择 IMS 标签并从所有行中移走除 ArcIMS ArcMap 工作流外的所有用户，这样能为 ArcGIS 网络服务器配置确定平台推荐方案。

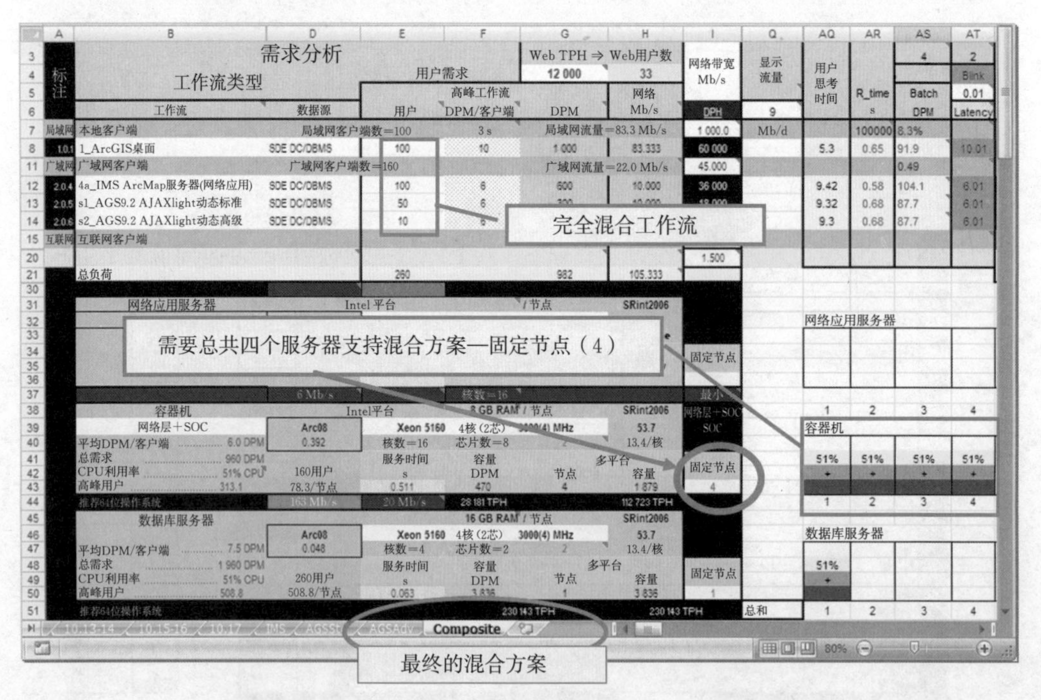

图 10-28　混合配置

注：返回混合标签以完成配置。加和支持各自网络服务器配置所要求的所有平台，包括 Fix 节点单元中的数字（在这种情况下，需要 4 个服务器支持 3 个分离的网络环境）。混合标签可用于数据库规模估计和网络流量分析。标签上的应用服务器可被共享，所以工作流性能可能不精确。结果如图所示。

工作流标签

图 10-29 和图 10-30 展现了工作流模块。在配置容量规划工具需求分析模块之前，必须完成工作流评估并确定能最好地反映用户环境的工作流。工作流模块包括支持容量规划工具中容量规划功能的所有工作流查找表。

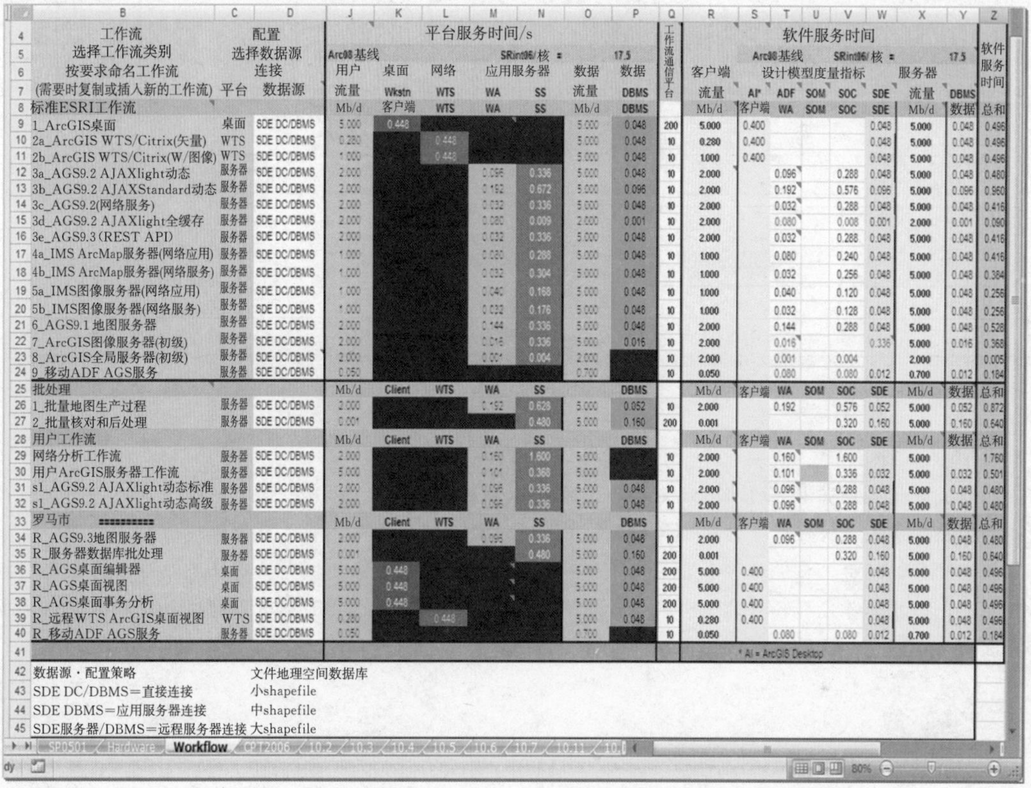

	B	C	D	J	K	L	M	N	O	P	Q
4	工作流	配置		平台服务时间/s							工作流通信平台
5	选择工作流类别	选择数据源		Arc08基线			SRint06/核 =			17.5	
6	按要求命名工作流	连接		用户	桌面	网络	应用服务器		数据	数据	
7	(需要时复制或插入新的工作流)	平台	数据源	流量	Wkstn	WTS	WA	SS	流量	DBMS	
8	标准ESRI工作流			Mb/d	客户端	WTS	WA	SS	Mb/d	DBMS	
9	1_ArcGIS桌面	桌面	SDE DC/DBMS	5.000	0.448				5.000	0.048	200
10	2a_ArcGIS WTS/Citrix(矢量)	WTS	SDE DC/DBMS	0.280		0.448			5.000	0.048	10
11	2b_ArcGIS WTS/Citrix(W/图像)	WTS	SDE DC/DBMS	1.000		0.448			5.000	0.048	10
12	3a_AGS9.2 AJAXlight动态	服务器	SDE DC/DBMS	2.000			0.096	0.336	5.000	0.048	10
13	3b_AGS9.2 AJAXStandard动态	服务器	SDE DC/DBMS	2.000			0.192	0.672	5.000	0.096	10
14	3c_AGS9.2(网络服务)	服务器	SDE DC/DBMS	2.000			0.032	0.336	5.000	0.048	10
15	3d_AGS9.2 AJAXlight全缓存	服务器	SDE DC/DBMS	2.000			0.080	0.009	2.000	0.001	10
16	3e_AGS9.3(REST API)	服务器	SDE DC/DBMS	2.000			0.032	0.336	5.000	0.048	10
17	4a_IMS ArcMap服务器(网络应用)	服务器	SDE DC/DBMS	1.000			0.080	0.288	5.000	0.048	10
18	4b_IMS ArcMap服务器(网络服务)	服务器	SDE DC/DBMS	1.000			0.032	0.304	5.000	0.048	10
19	5a_IMS图像服务器(网络应用)	服务器	SDE DC/DBMS	1.000			0.040	0.168	5.000	0.048	10
20	5b_IMS图像服务器(网络服务)	服务器	SDE DC/DBMS	1.000			0.032	0.176	5.000	0.048	10
21	6_AGS9.1 地图服务器	服务器	SDE DC/DBMS	2.000			0.144	0.336	5.000	0.048	10
22	7_ArcGIS图像服务器(初级)	服务器	SDE DC/DBMS	2.000			0.016	0.336	5.000	0.016	10
23	8_ArcGIS全局服务器(初级)	服务器	SDE DC/DBMS	2.000			0.001	0.004	2.000		10
24	9_移动ADF AGS服务	服务器	SDE DC/DBMS	0.050					0.700		10
25	批处理			Mb/d	Client	WTS	WA	SS		DBMS	
26	1_批量地图生产过程	服务器	SDE DC/DBMS	2.000			0.192	0.628	5.000	0.052	10
27	2_批量核对和后处理	服务器	SDE DC/DBMS	0.001				0.480	5.000	0.160	200
28	用户工作流			Mb/d	Client	WTS	WA	SS		DBMS	
29	网络分析工作流	服务器	SDE DC/DBMS	2.000			0.160	1.600	5.000		10
30	用户ArcGIS服务器工作流	服务器	SDE DC/DBMS	5.000			0.101	0.368	5.000		10
31	s1_AGS9.2 AJAXlight动态标准	服务器	SDE DC/DBMS	2.000			0.096	0.336	5.000	0.048	10
32	s1_AGS9.2 AJAXlight动态高级	服务器	SDE DC/DBMS	2.000			0.096	0.336	5.000	0.048	10
33	罗马市　==========			Mb/d	Client	WTS	WA	SS		DBMS	
34	R_AGS9.3地图服务器	服务器	SDE DC/DBMS	2.000			0.096	0.336	5.000	0.048	10
35	R_服务器数据库批处理	服务器	SDE DC/DBMS	0.001				0.480	5.000	0.160	200
36	R_AGS桌面编辑器	桌面	SDE DC/DBMS	5.000	0.448				5.000	0.048	200
37	R_AGS桌面视图	桌面	SDE DC/DBMS	5.000	0.448				5.000	0.048	200
38	R_AGS桌面事务分析	桌面	SDE DC/DBMS	5.000	0.448				5.000	0.048	200
39	R_远程WTS ArcGIS桌面视图	WTS	SDE DC/DBMS	0.280		0.448			5.000	0.048	10
40	R_移动ADF AGS服务	服务器	SDE DC/DBMS	0.050					0.700		10
41											
42	数据源・配置策略		文件地理空间数据库								
43	SDE DC/DBMS＝直接连接		小shapefile								
44	SDE DBMS＝应用服务器连接		中shapefile								
45	SDE服务器/DBMS＝远程服务器连接		大shapefile								

	R	S	T	U	V	W	X	Y	Z
4	软件服务时间								软件服务时间
5		Arc08基线		SRint06/核 =				17.5	
6	客户端	设计模型度量指标					服务器		
7	流量	AI*	ADF	SOM	SOC	SDE	流量	DBMS	
8	Mb/d	客户端	WA	SOM	SOC	SDE	Mb/d	数据	总和
9	5.000	0.400				0.048	5.000	0.048	0.496
10	0.280	0.400				0.048	5.000	0.048	0.496
11	1.000	0.400				0.048	5.000	0.048	0.496
12	2.000		0.096		0.288	0.048	5.000	0.048	0.480
13	2.000		0.192		0.576	0.096	5.000	0.096	0.960
14	2.000		0.032		0.288	0.048	5.000	0.048	0.416
15	2.000		0.080		0.008	0.001	2.000	0.001	0.090
16	2.000		0.032		0.288	0.048	5.000	0.048	0.416
17	1.000		0.080		0.240	0.048	5.000	0.048	0.416
18	1.000		0.032		0.256	0.048	5.000	0.048	0.384
19	1.000		0.040		0.120	0.048	5.000	0.048	0.256
20	1.000		0.032		0.128	0.048	5.000	0.048	0.256
21	2.000		0.144		0.288	0.048	5.000	0.048	0.528
22	2.000		0.016			0.336	5.000	0.016	0.368
23	2.000		0.001		0.004		2.000		0.005
24	0.050		0.080		0.080	0.012	0.700	0.012	0.184
25	Mb/d	客户端	WA	SOM	SOC	SDE	Mb/d	数据	总和
26	2.000		0.192		0.576	0.052	5.000	0.052	0.872
27	0.001				0.320	0.160	5.000	0.160	0.640
28	Mb/d	客户端	WA	SOM	SOC	SDE	Mb/d	数据	总和
29	2.000		0.160		1.600		5.000		1.760
30	2.000		0.101		0.336	0.032	5.000	0.032	0.501
31	2.000		0.096		0.288	0.048	5.000	0.048	0.480
32	2.000		0.096		0.288	0.048	5.000	0.048	0.480
33	Mb/d	客户端	WA	SOM	SOC	SDE	Mb/d	数据	总和
34	2.000		0.096		0.288	0.048	5.000	0.048	0.480
35	0.001				0.320	0.160	5.000	0.160	0.640
36	5.000	0.400				0.048	5.000	0.048	0.496
37	5.000	0.400				0.048	5.000	0.048	0.496
38	5.000	0.400				0.048	5.000	0.048	0.496
39	0.280	0.400				0.048	5.000	0.048	0.496
40	0.050		0.080		0.080	0.012	0.700	0.012	0.184
41	* AI = ArcGIS Desktop								

SP0501　Hardware　Workflow　CPT2006　10.2　10.3　10.4　10.5　10.6　10.7　10.11　10.

图 10-29　定义工作流

注：1. 明确哪一个工作流能代表用户环境。

2. 本图是包含在工作流标签工作表中的模块的概述。工作流标签支持几种 CPT 需求分析模块所使用的查找表。配置 CPT 需求分析模块之前，完成工作流评估并明确采用哪个工作流来代表用户环境。

标准 ESRI 工作流

CPT 是一种能和标准 ESRI 工作流一同工作的自适应的配置工具，或者如果愿意，用户也可以定义自己的性能目标。根据每种软件技术配置的相对性能，图 10-31 至图 10-35 显示了从标准 ESRI 工作流选项的概况到 ArcGIS 桌面和 ArcGIS 服务器工作流(或其他)的比较。

在工作流标签中可使用标准的 ESRI 工作流作为容量规划的基线参考。在第 9 章中的平台规模估计图表中使用了相同的标准工作流模型，并进行了详细的介绍。在此使用“标准”这一术语是指这些工作流遵循平台规模估计规则，在系统设计咨询中一直被 ESRI 所采纳。随着时间的推移，标准工作流模型进行了发展和修正，它们也被称为“性能规模估计模型”，并且根据实际应用的反馈每年进行更新。

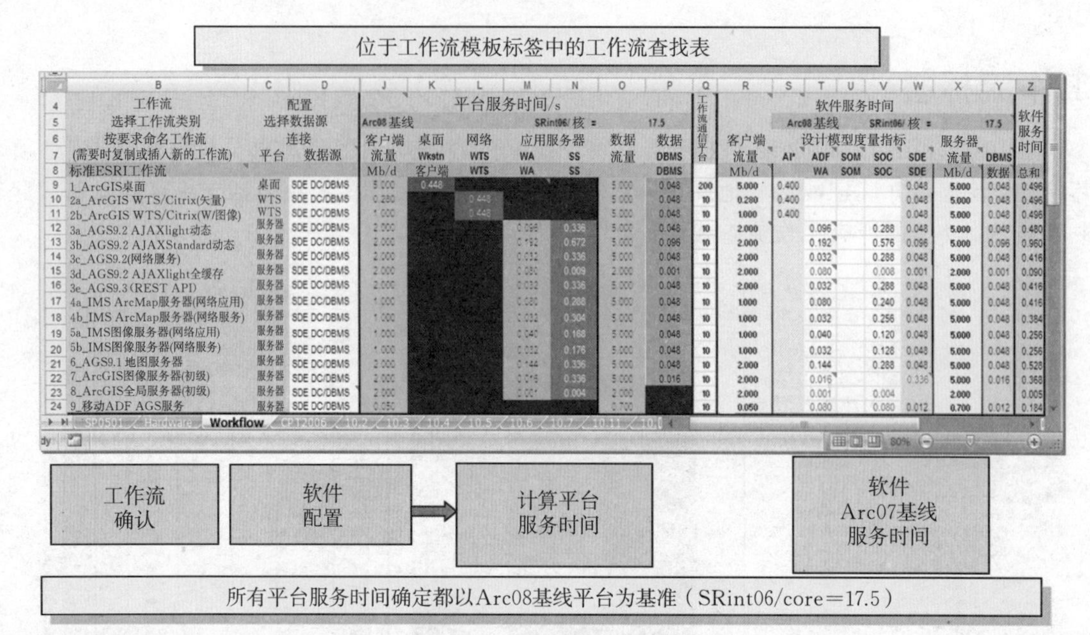

图 10-30 工作流模块布局

图 10-30 说明如下：

工作流查找表中有唯一的工作流名称和工作流软件显示服务时间，包含客户端流量。为每个工作流选择的数据源决定了软件服务时间如何分配以支持平台服务时间。本图是工作流模块的概况。

平台服务时间由工作流标签和容量规划工具生成，二者都是根据数据源的选择直接从软件服务时间中生成。包含在工作流标签中的平台服务时间仅是出于显示的目的，CPT 标签上的值也是从软件服务时间计算而来，它们在 CPT 规模估计模型中使用。

	B	C	D	Q	R	S	T	U	V	W	X	Y	Z
4	工作流	配置		工作流通信平台		软件服务时间							
5	选择工作流类别	选择数据源				Arc08 基线		SRint06/核 =				17.5	软件服务时间
6	按要求命名工作流	连接			客户端	设计模型度量指标					服务器		
7	(需要时复制或插入新的工作流)	平台	数据源		流量	AI*	ADF	SOM	SOC	SDE	流量	DBMS	
8	标准ESRI工作流				Mb/d	Client	WA	SOM	SOC	SDE	Mb/d	数据	总和
9	1_ArcGIS桌面	桌面	SDE DC/DBMS	200	5.000	0.400				0.048	5.000	0.048	0.496
10	2a_ArcGIS WTS/Citrix(矢量)	WTS	SDE DC/DBMS	10	0.280	0.400				0.048	5.000	0.048	0.496
11	2b_ArcGIS WTS/Citrix(W/图像)	WTS	SDE DC/DBMS	10	1.000	0.400				0.048	5.000	0.048	0.496
12	3a_AGS9.2 AJAXlight动态	服务器	SDE DC/DBMS	10	2.000		0.096		0.288	0.048	5.000	0.048	0.480
13	3b_AGS9.2 AJAXStandard动态	服务器	SDE DC/DBMS	10	2.000		0.192		0.576	0.096	5.000	0.096	0.960
14	3c_AGS9.2(网络服务)	服务器	SDE DC/DBMS	10	2.000		0.032		0.288	0.048	5.000	0.048	0.416
15	3d_AGS9.2 AJAXlight全缓存	服务器	SDE DC/DBMS	10	2.000		0.080		0.008	0.001	2.000	0.001	0.090
16	3e_AGS9.3(REST API)	服务器	SDE DC/DBMS	10	2.000		0.032		0.288	0.048	5.000	0.048	0.416
17	4a_IMS ArcMap服务器(网络应用)	服务器	SDE DC/DBMS	10	1.000		0.080		0.240	0.048	5.000	0.048	0.416
18	4b_IMS ArcMap服务器(网络服务)	服务器	SDE DC/DBMS	10	1.000		0.032		0.256	0.048	5.000	0.048	0.384
19	5a_IMS图像服务器(网络应用)	服务器	SDE DC/DBMS	10	1.000		0.040		0.120	0.048	5.000	0.048	0.256
20	5b_IMS图像服务器(网络服务)	服务器	SDE DC/DBMS	10	1.000		0.032		0.128	0.048	5.000	0.048	0.256
21	6_AGS9.1 地图服务器	服务器	SDE DC/DBMS	10	2.000		0.144		0.288	0.048	5.000	0.048	0.528
22	7_ArcGIS图像服务器(初级)	服务器	SDE DC/DBMS	10	2.000		0.016			0.336	5.000	0.016	0.368
23	8_ArcGIS全局服务器(初级)	服务器	SDE DC/DBMS	10	2.000		0.001		0.004		2.000		0.005
24	9_移动ADF AGS服务	服务器	SDE DC/DBMS	10	0.050		0.080		0.080	0.012	0.700	0.012	0.184

图 10-31 标准 ESRI 工作流

图 10-31 说明如下：

1. 工作流标签中包含了多个标准 ESRI 工作流。

2. 这些作为容量规划参照基线的标准 ESRI 工作流，也可以作为建立用户特定工作流模型的源。多年来，根据用户采用 ESRI 核心技术的实施经验，我们规定了标准平台规模估计指南，这些标准规模估计指南保证了系统设计咨询和 ESRI 产品销售的一致性。根据 ESRI 用户实施的反馈，这些性能规模估计模型每年进行更新。标准 ESRI 工作流和 CPT，引导了未来系统的标准平台规模估计。

ArcGIS 服务器 9.3 发布时，标准工作流选择的数量已经增加，并且有望随着用户更多种技术的实践而继续扩展。大多数用户使用标准 ESRI 工作流来建立性能目标，因为这些工作流负荷是针对真实用户的经验估算的。根据早期的性能评估或用户经验提炼的这些标准工作流，提供了较为保守的性能目标。

工作流性能模型是根据软件服务时间来定义的。图 10-32 显示了软件服务时间会根据配置时所选择的数据源自动进行更改。因此，在这部分无需也不应更改标准 ESRI 工作流服务时间。在随后的“自定义工作流”中，图表显示了如何利用标准 ESRI 工作流的副本来建立一个自定义工作流，用户可以按照自己的性能目标更改工作流。利用所提供的因子进行规划，直到确认估测为止。

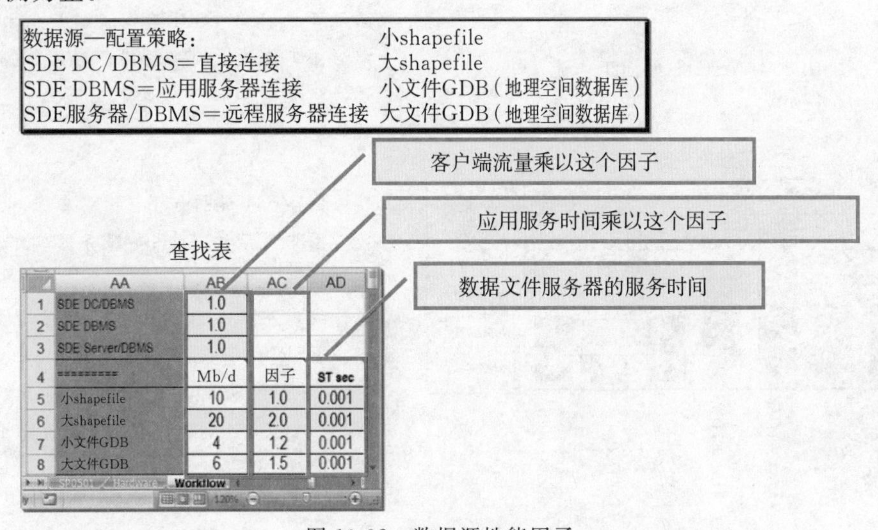

图 10-32　数据源性能因子

图 10-32 说明如下：

根据所选择的数据源利用数据源选择更改软件服务时间。数据源选项在配置选项下确认，性能因子由位于工作流标签(Y1:AB8 单元范围)中的查找表所支持。查找表包括网络流量和性能因子，它们可用来更改有关 SDE 的性能。模型中使用的因子是保守的；通过现在技术对 ArcGIS 9.3 进行测试的结果表明这些因子可减少。推荐使用这些因子进行规划，直到确认自己的估测。(了解 shapefile 大小的不同，请看本页及下一页。)

处理性能根据数据源文件的大小和显示地图的复杂性而变化。在确立恰当的性能目标时，即根据特定的工作流环境调整服务时间，对于大的和小的文件类型都可使用基线模型。关于我们所说的“小”(或“大”)的 shapefile 文件和 GDB 文件以及它们之间的不同，下面有一些基本定义：

· 小的 shapefile 文件：使用 ESRI 优化的要素符号的区域地块层(20 MB 的文件有 20 000 个要素)。

·大的 shapefile 文件:使用 ESRI 优化的要素符号的县地块层(130 MB 文件有 130 000 个要素)。

·小的 Geodatabase 文件:使用 ESRI 优化的要素符号的区域地理空间数据库(140 MB 文件有 150 000 个要素)。

·大的 Geodatabase 文件:使用 ESRI 优化的要素符号的县地理空间数据库(1.17 GB 文件有 1 000 000 个要素)。

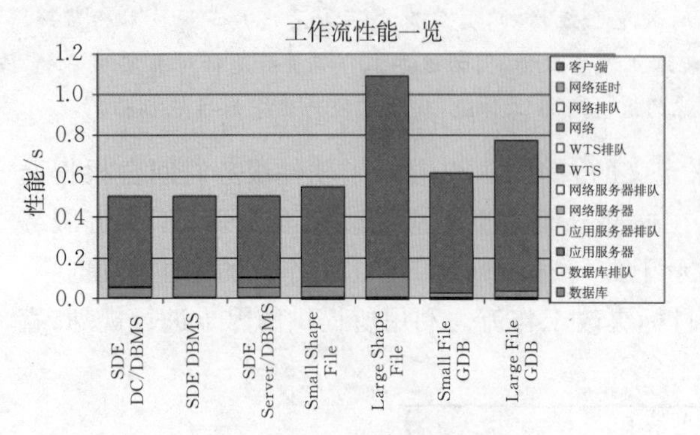

图 10-33 ArcGIS 桌面工作流

图 10-33 说明如下:

这是 ArcGIS 桌面工作流(产生相同地图显示输出)的工作流性能一览表,它展现了每种软件技术配置的相对性能。工作流性能一览表显示了平台服务时间和计算的排队时间的叠加性能剖面。平台服务时间是基于前面讨论的标准 ESRI 工作流,平台排队时间(右侧每个硬件组件后标示)是根据第 7 章讨论的随机到达延迟。所显示的标准 ESRI 工作流容量少于 50%,所以这些工作流没有产生排队时间(这是理想的性能状况)。

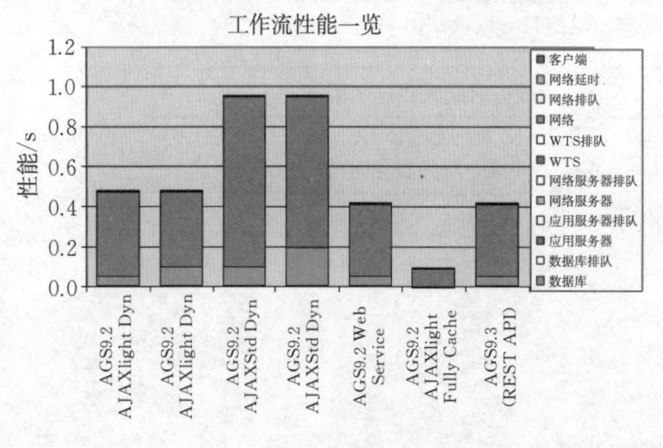

图 10-34 ArcGIS 服务器工作流

图 10-34 说明如下:

图中展示了 ArcGIS 服务器工作流的工作流性能一览表。这个表显示了支持相同高峰工作流以及产生相同的地图显示输出的这些标准 ESRI 工作流的相对性能。(注意图中的 ArcGIS 9.2 StdDyn 表示较高质量的地图显示,是 ArcGIS 9.2 AJAX-light 显示的处理工作量的两倍。)

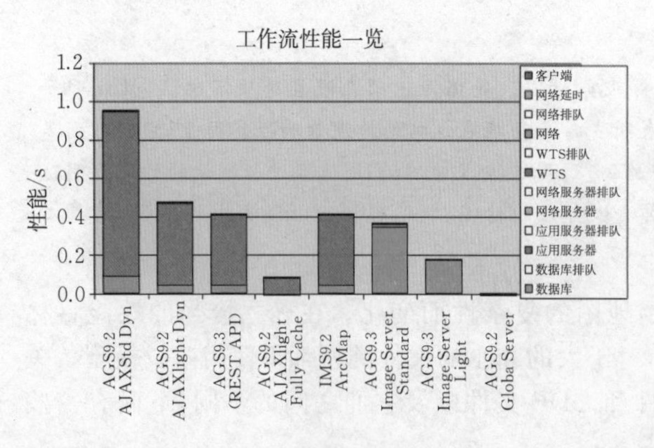

图 10-35 另外的标准工作流

图 10-35 说明如下:

这是余下的标准 ESRI 工作流的集合,如 ArcGIS 服务器、ArcIMS、图像服务器以及全球服务器工作流,每种都支持了相同的单用户负荷并产生了相同的地图显示输出。

通过配置想要对比的工作流,并且 CPT 需求分析模块中的每个工作流都包含单用户,用户可生成自己的工作流性能一览表。改变 x 轴标注来显示数据源;通过右击工作流性能一览表,选择数据源和系列标签,然后重定义 x 轴的范围来显示数据源栏(这只有高级的 Excel 用户可操作)。

自定义工作流

在完成容量规划之前，需要进行工作流需求分析。工作流需求分析应包括工作流负荷的评估，以及它们与标准 ESRI 工作流的比较。第 8 章中讨论了软件性能和一些影响软件处理时间的因素，以及它们对软件性能影响的例子。进行工作流分析需从软件性能开始思考。将地图显示和标准 ESRI 工作流进行比较的最好方法就是进行一些简单的测试。自定义的地图显示和标准工作流显示之间相对性能的不同能够为工作流模型的更改提供所需的信息。例如，如果支持平均地图显示的处理时间是 CPT 中标准工作流的两倍（在修正了所有平台性能的差异之后），用户就可建立一个 CPT 标准 ESRI 工作流两倍地图服务时间的自定义工作流。通过在工作流标签的查找范围内复制标准工作流到另一个地方，自定义工作流可通过标准 ESRI 工作流来定义。

构建混合工作流

如今，很多网络应用都由多个组件服务所支持。很多图像服务器或缓存图像服务的实施可能也包括了一些动态操作层的叠置。被多种服务或数据源所支持的工作流能够组合成可用于 CPT 需求分析的混合工作流。混合工作流能够提供较简单的系统设计分析，在说明系统设计推荐方案时，更容易阐述清楚。

	B	C	D	Q	R	S	T	U	V	W	X	Y	Z
4	工作流	配置		工作流通信平台		软件服务时间							软件服务时间
5	选择工作流类别	选择数据源				Arc08 基线			SRint06/核 =			17.5	
6	按要求命名工作流	连接			客户端		设计模型度量指标				服务器		
7	（需要时复制或插入新的工作流）	平台	数据源		流量	AI*	ADF	SOM	SOC	SDE	流量	DBMS	
8	标准ESRI工作流				Mb/d	客户端	WA	SOM	SOC	SDE	Mb/d	数据	总和
9	1_ArcGIS桌面	桌面	SDE DC/DBMS	200	5.000	0.400				0.048	5.000	0.048	0.496
10	2a_ArcGIS WTS/Citrix(矢量)	WTS	SDE DC/DBMS	10	0.280	0.400				0.048	5.000	0.048	0.496
11	2b_ArcGIS WTS/Citrix(W/图像)	WTS	SDE DC/DBMS	10	1.000	0.400				0.048	5.000	0.048	0.496
12	3a_AGS9.2 AJAXlight动态	服务器	SDE DC/DBMS	10	2.000		0.096		0.288	0.048	5.000	0.048	0.480
13	3b_AGS9.2 AJAXStandard动态	服务器	SDE DC/DBMS	10	2.000		0.192		0.576	0.096	5.000	0.096	0.960
14	3c_AGS9.2(网络服务)	服务器	SDE DC/DBMS	10	2.000		0.032		0.288	0.048	5.000	0.048	0.416
15	3d_AGS9.2 AJAXlight全缓存	服务器	SDE DC/DBMS	10	2.000		0.080		0.008	0.001	2.000	0.001	0.090
16	3e_AGS9.3(REST API)	服务器	SDE DC/DBMS	10	2.000		0.032		0.288	0.048	5.000	0.048	0.416
17	4a_IMS ArcMap服务器(网络应用)	服务器	SDE DC/DBMS	10	1.000		0.080		0.240	0.048	5.000	0.048	0.416
18	4b_IMS ArcMap服务器(网络服务)	服务器	SDE DC/DBMS	10	1.000		0.032		0.256	0.048	5.000	0.048	0.384
19	5a_IMS图像服务器(网络应用)	服务器	SDE DC/DBMS	10	1.000		0.040		0.120	0.048	5.000	0.048	0.256
20	5b_IMS图像服务器(网络服务)	服务器	SDE DC/DBMS	10	1.000		0.032		0.128	0.048	5.000	0.048	0.256
21	6_AGS9.1 地图服务器	服务器	SDE DC/DBMS	10	2.000		0.144		0.288	0.048	5.000	0.048	0.528
22	7a_ArcGIS图像服务器(初级)	服务器	SDE DC/DBMS	10	2.000		0.008			0.168	5.000	0.008	0.184
23	7b_ArcGIS图像服务器(初级)	服务器	SDE DC/DBMS	10	2.000		0.016			0.336	5.000	0.016	0.368
24	8_ArcGIS全局服务器(初级)	服务器	SDE DC/DBMS	10	2.000		0.001		0.004		2.000		0.005
25	9_移动ADF AGS服务	服务器	SDE DC/DBMS	10	0.050		0.080		0.080	0.012	0.700	0.012	0.184
26	批处理				Mb/d	客户端	WA	SOM	SOC	SDE	Mb/d	数据	总和
27	1_批量地图生产过程	服务器	SDE DC/DBMS	10	2.000		0.192		0.576	0.052	5.000	0.052	0.872
28	2_批量核对和后处理	服务器	SDE DC/DBMS	200	0.001				0.320	0.160	5.000	0.160	0.640
29	波特兰工作流　==========				Mb/d	客户端	WA	SOM	SOC	SDE	Mb/d	数据	总和
30	P_ArcGIS AI桌面	桌面	SDE DC/DBMS	200	5.000	0.400				0.048	5.000	0.048	0.496
31	P_ArcGIS AE桌面	桌面	SDE DC/DBMS	200	5.000	0.400				0.048	5.000	0.048	0.496
32	P_ArcGIS AV桌面	桌面	SDE DC/DBMS	200	5.000	0.400				0.048	5.000	0.048	0.496
33	P_ArcGIS AI WTS/Ctrix(矢量)	WTS	SDE DC/DBMS	10	0.280	0.400				0.048	5.000	0.048	0.496
34	P_ArcGIS AE WTS/Ctrix(矢量)	WTS	SDE DC/DBMS	10	0.280	0.400				0.048	5.000	0.048	0.496
35	P_ArcGIS AV WTS/Ctrix(矢量)	WTS	SDE DC/DBMS	10	0.280	0.400				0.048	5.000	0.048	0.496
36	P_AGS9.2地图服务器(AJAX应用)	服务器	SDE DC/DBMS	10	2.000		0.096		0.288	0.048	5.000	0.048	0.480
37					* AI = ArcGIS Desktop								

SP0501　050107SRint2000　050608SRint2006　Hardware　Workflow　CPT20

波特兰工作流部分示例

图 10-36　示例工作流部分

注：1. 在 CPT 配置一个方案之前，应定义一个自定义工作流。

2. 这是包含在工作流标签中的城市系列自定义工作流示例。

	B	C	D	Q	R	S	T	U	V	W	X	Y	Z
4	工作流	配置		工作流通信平台		软件服务时间							软件服务时间
5	选择工作流类别	选择数据源				Arc98 基线			SRint96/核 =			17.5	
6	按要求命名工作流	连接			客户端	设计模型度量指标					服务器		
7	(需要时复制或插入新的工作流)	平台	数据源		流量	AI*	ADF	SOM	SOC	SDE	流量	DBMS	
8	标准ESRI工作流				Mb/d	客户端	WA	SOM	SOC	SDE	Mb/d	数据	总和
9	1_ArcGIS桌面	桌面	SDE DC/DBMS	200	5.000	0.400				0.048	5.000	0.048	0.496
10	2a_ArcGIS WTS/Citrix(矢量)	WTS	SDE DC/DBMS	10	0.280	0.400				0.048	5.000	0.048	0.496
11	2b_ArcGIS WTS/Citrix(W/图像)	WTS	SDE DC/DBMS	10	1.000	0.400				0.048	5.000	0.048	0.496
12	3a_AGS9.2 AJAXlight动态	服务器	SDE DC/DBMS	10	2.000		0.096		0.288	0.048	5.000	0.048	0.480
13	3b_AGS9.2 AJAXStandard动态	服务器	SDE DC/DBMS	10	2.000		0.192		0.576	0.096	5.000	0.096	0.960
14	3c_AGS9.2(网络服务)	服务器	SDE DC/DBMS	10	2.000		0.032		0.288	0.048	5.000	0.048	0.416
15	3d_AGS9.2 AJAXlight全缓存	服务器	SDE DC/DBMS	10	2.000		0.080		0.008	0.001	2.000	0.001	0.090
16	3e_AGS9.3(REST API)	服务器	SDE DC/DBMS	10	2.000		0.032		0.288	0.048	5.000	0.048	0.416
17	4a_IMS ArcMap服务器(网络应用)	服务器	SDE DC/DBMS	10	1.000		0.080		0.240	0.048	5.000	0.048	0.416
18	4b_IMS ArcMap服务器(网络服务)	服务器	SDE DC/DBMS	10	1.000		0.032		0.256	0.048	5.000	0.048	0.384
19	5a_IMS图像服务器(网络应用)	服务器	SDE DC/DBMS	10	1.000		0.040		0.120	0.048	5.000	0.048	0.256
20	5b_IMS图像服务器(网络服务)	服务器	SDE DC/DBMS	10	1.000		0.032		0.128	0.048	5.000	0.048	0.256
21	6_AGS9.1 地图服务器	服务器	SDE DC/DBMS	10	2.000		0.144		0.288	0.048	5.000	0.048	0.528
22	7a_ArcGIS图像服务器(初级)	服务器	SDE DC/DBMS	10	2.000		0.008			0.168	5.000	0.008	0.184
23	7b_ArcGIS图像服务器(初级)	服务器	SDE DC/DBMS	10	2.000		0.016			0.336	5.000	0.016	0.368
24	8_ArcGIS全局服务器(初级)	服务器	SDE DC/DBMS	10	2.000		0.001		0.004		2.000		0.005
25	9_移动ADF AGS服务	服务器	SDE DC/DBMS	10	0.050		0.080		0.080	0.012	0.700	0.012	0.184
26	批处理				Mb/d	客户端	WA	SOM	SOC	SDE	Mb/d	数据	总和
27	1_批量地图生产过程	服务器	SDE DC/DBMS	10	2.000		0.192		0.576	0.052	5.000	0.052	0.872
28	2_批量核对和后处理	服务器	SDE DC/DBMS	200	0.001				0.320	0.160	5.000	0.160	0.640
29	自定义工作流				Mb/d	客户端	WA	SOM	SOC	SDE	Mb/d	数据	总和
30	新ArcGIS桌面轻量级	桌面	SDE DC/DBMS	200	5.000	0.200				0.024	5.000	0.024	0.248
31	波特兰工作流 ##########				Mb/d	客户端	WA	SOM	SOC	SDE	Mb/d	数据	总和
32	P_ArcGIS AI桌面	桌面	SDE DC/DBMS	200	5.000	0.400				0.048	5.000	0.048	0.496
33	P_ArcGIS AE桌面	桌面	SDE DC/DBMS	200	5.000	0.400				0.048	5.000	0.048	0.496
34	P_ArcGIS AV桌面	桌面	SDE DC/DBMS	200	5.000	0.400				0.048	5.000	0.048	0.496
35	P_ArcGIS AI WTS/Ctrix(矢量)	WTS	SDE DC/DBMS	10	0.280	0.400				0.048	5.000	0.048	0.496
36	P_ArcGIS AE WTS/Ctrix(矢量)	WTS	SDE DC/DBMS	10	0.280	0.400				0.048	5.000	0.048	0.496
37	P_ArcGIS AV WTS/Ctrix(矢量)	WTS	SDE DC/DBMS	10	0.280	0.400				0.048	5.000	0.048	0.496
38	P_AGS9.2地图服务器(AJAX应用)	服务器	SDE DC/DBMS	10	2.000		0.096		0.288	0.048	5.000	0.048	0.480
39					* AI = ArcGIS Desktop								

SP0501 050107SRint2000 050608SRint2006 Hardware

Average: 12.98494118 Workstation Count: 21 Sum: 220.744 Workstation 80%

图 10-37 构建自定义工作流部分

图 10-37 说明如下：

本图显示了如何构建自定义工作流来体现用户服务，例如，用于用户的容量规划分析中。通过利用灰色"城市"行来重新标注这行为自定义工作流，以构建一个新的工作流区域，就像上面显示那样。然后从上面复制一个相似的标准 ESRI 工作流，再插入到新的自定义工作流区域。同时必须为自定义工作流给定新的名称。

现在，可以在 CPT 需求分析(CPT2006 标签)中选择新的工作流。需要为每个设计的实施定义自定义工作流，特别是在系统实施期间，如果想使用 CPT 作为性能工具。工作流名称应与具体的用户要求相匹配，要在用户的企业设计方案中确认工作流。

如果不能确定工作流服务时间，那就使用标准 ESRI 工作流模型。可以改变工作流的服务时间使其能表达用户特有的解决方案，服务时间越长就越保守，服务时间越短就越激进。过去的 15 年，作者一直在研究标准工作流模型服务时间的设置，作者提醒要小心激进。否则可能在预算会议上看起来都很好，但如果自定义方案不能在实施时满足高峰运行工作流要求，那就完了。

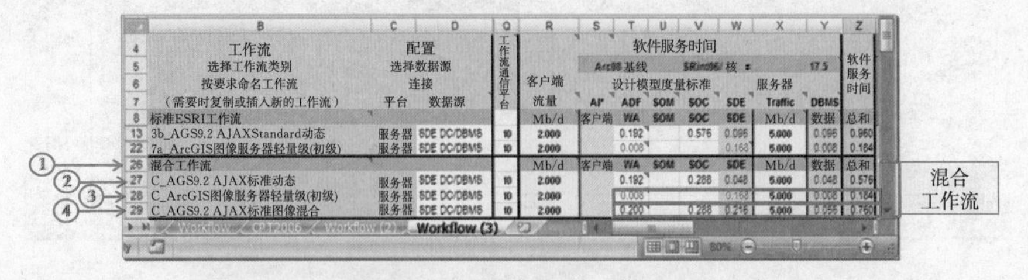

	B	C	D	Q	R	S	T	U	V	W	X	Y	Z
4	工作流	配置		工作流通信平台		软件服务时间							软件服务时间
5	选择工作流类别	选择数据源				Arc98 基线			SRint96/核 =			17.5	
6	按要求命名工作流	连接			客户端	设计模型度量标准					服务器		
7	(需要时复制或插入新的工作流)	平台	数据源		流量	AI*	ADF	SOM	SOC	SDE	Traffic	DBMS	
8	标准ESRI工作流				Mb/d	客户端	WA	SOM	SOC	SDE	Mb/d	数据	总和
13	3b_AGS9.2 AJAXStandard动态	服务器	SDE DC/DBMS	10	2.000		0.192		0.576	0.096	5.000	0.096	0.960
22	7a_ArcGIS图像服务器轻量级(初级)	服务器	SDE DC/DBMS	10	2.000		0.008			0.168	5.000	0.008	0.184
26	混合工作流				Mb/d	客户端	WA	SOM	SOC	SDE	Mb/d	数据	总和
27	C_AGS9.2 AJAX标准动态	服务器	SDE DC/DBMS	10	2.000		0.192		0.288	0.048	5.000	0.048	0.576
28	C_ArcGIS图像服务器轻量级(初级)	服务器	SDE DC/DBMS	10	2.000		0.008			0.168	5.000	0.008	0.184
29	C_AGS9.2 AJAX标准图像混合	服务器	SDE DC/DBMS	10	2.000		0.200		0.288	0.216	5.000	0.056	0.760

图 10-38 构建混合工作流

图 10-38 说明如下：

这是一个混合工作流的例子。混合工作流利用 ArcGIS 服务器 9.2 访问由 ArcGIS 图像服务器提供的图像背景层服务，进行事务层的矢量重叠来完成发布的显示。

按下面的步骤创建混合工作流：

(1)在 CPT 工作流标签上建立各自的混合工作流部分。确保这个部分位于底部粉色行之上使它出现在 CPT 工作流查找表中。参见图 10-37 的 39 行。

(2)从标准 ESRI 工作流中复制 7_ArcGIS 图像服务器(预备的)。插入混合工作流部分并提供唯一的名字(C_ArcGIS 图像服务器)。

(3)从标准 ESRI 工作流中复制 3b_AGS9.2 AJAXStandard 动态工作流行。插入混合工作流部分并提供唯一的名字(C_AGS9.2 AJAXStandard 动态,仅对矢量)。

- 估计 ArcGIS 服务器矢量服务时间作为标准服务时间的 50%。
- WA、SOC、SDE 和 DBMS 服务时间减至 50%来提供更改的负荷状况。

(4)新的混合工作流通过添加支持服务的单个服务时间来确定。假定没有额外的处理要求组成(融合)这些服务。有唯一的名称的新的混合工作流(AGIS 9.2 AJAXStandard 图像组件),被用于支持 CPT 设计分析。

上面的分析说明了构建混合工作流的逻辑。一旦理解了这一逻辑,新的混合工作流就能用于支持 CPT 系统设计分析。如果有人希望解释自定义工作流的逻辑,可以利用工作流标签,追踪基本的假设,并逻辑返回到标准 ESRI 工作流模型。

硬件标签

图 10-39 是硬件标签用于 CPT 中的平台性能查找表。硬件供应商在 SPEC 网站上提供平台基准信息,我们在模型中可使用这些性能参数。20 多年来,一直使用这些 SPEC 基准,帮助成千上万的用户进行硬件选择。为支持 ESRI 客户的容量规划需求,在表述有关平台计算性能方面,SPEC 基准发挥了重要作用。

	A	B	C	D	E	F	G	H	I
7		# of	核	SPECint_Rate2000		SPECint_Rate2006		芯片	处理器
8	==== 候选服务器 ====	Core	/芯	Rate 2000	Per Core	Rate 2006	Per Core	总数	平台
9									
54	Xeon 5160 2 核 (1 芯) 3000(4)MHz	2	2	60.0	30.0	28.6	14.3	1	Intel
55	Xeon 5160 4 核 (2 芯) 3000(4)MHz	4	2	120.0	30.0	53.7	13.4	2	Intel
56	Xeon X5260 4 核 (2 芯) 3333(6)MHz	4	2	147.2	36.8	70.1	17.5	2	Intel
65	Xeon X5355 4 核 (1 芯) 2666(8)MHz	4	4	109.0	27.3	44.4	11.1	1	Intel
66	Xeon X5355 8 核 (2 芯) 2666(8)MHz	8	4	200.0	25.0	80.9	10.1	2	Intel
67	Xeon X5365 4 核 (1 芯) 3000(8)MHz	4	4	121.0	30.2	57.6	14.4	1	Intel
68	Xeon X5365 8 核 (2 芯) 3000(8)MHz	8	4	206.0	25.8	98.1	12.3	2	Intel
71	Xeon X5450 8 核 (2 芯) 3000(12)MHz	8	4	226.8	28.4	108.0	13.5	2	Intel
72	Xeon X5460 4 核 (1 芯) 3166(12)MHz	4	4	130.4	32.6	62.1	15.5	1	Intel
73	Xeon X5460 8 核 (2 芯) 3166(12)MHz	8	4	239.4	29.9	114.0	14.3	2	Intel
74	Xeon X7350 16 核 (4 芯) 2933(8)MHz	16	4	373.8	23.4	178.0	11.1	4	Intel
92	AMD 8220 8 核 (4 芯) 2800 MHz	8	2	186.9	23.4	89	11.1	4	AMD
93	AMD 8220SE 8 核 (4 芯) 2800 MHz	8	2	183.1	22.9	87.2	10.9	4	AMD
94	AMD 8222SE 4 核 (2 芯) 3000 MHz	4	2	105.8	26.5	50.4	12.6	2	AMD
95	AMD 8222SE 8 核 (4 芯) 3000 MHz	8	2	201.8	25.2	96.1	12	4	AMD
96	AMD 8356 8 核 (2 芯) 2300 MHz	8	4	186.5	23.3	88.8	11.1	2	AMD
97	AMD 8356 16 核 (4 芯) 2300 MHz	16	4	336.0	21.0	160	10	4	AMD
98	====Exercise Candidat======								
99	Arc08 2 核 (1 芯) Baseline	2	2	73.5	36.8	35.0	17.5	1	Intel
100	Arc08 4 核 (4 芯) Baseline	4	2	147.0	36.8	70.0	17.5	2	Intel
101	Arc08 6 核 (3 芯) Baseline	6	2	220.5	36.8	105.0	17.5	3	Intel
102	Arc08 8 核 (4 芯) Baseline	8	2	294.0	36.8	140.0	17.5	4	Intel
128	==== Sun Candidate======								
129	Sun EM4000 8 核 (4 芯) 2150 MHz	8	2	144.1	18.0	68.6	8.6	4	Sun SPARC
130	Sun EM5000 16 核 (8 芯) 2150 MHz	16	2	281.4	17.6	134.0	8.4	8	Sun SPARC
131	Sun EM8000 32 核 (16 芯) 2400 MHz	32	2	625.8	19.6	298.0	9.3	16	Sun SPARC
132	Sun EM9000 48 核 (24 芯) 2400 MHz	48	2	893.6	18.6	425.5	8.9	24	Sun SPARC
133	Sun EM9000 64 核 (32 芯) 2400 MHz	64	2	1 161.3	18.1	553.0	8.6	32	Sun SPARC
134	Sun EM9000 96 核 (48 芯) 2400 MHz	96	2	1 747.2	18.2	832.0	8.7	48	Sun SPARC
135	Sun EM9000 124 核 (64 芯) 2400 MHz	128	2	2 333.1	18.2	1 111.0	8.7	64	Sun SPARC
160	====HP Candidate======								
161	ltanium 2 核 (2 芯) 1600 MHz	3	1	35.5	11.8	16.9	5.6	3	Itanium
162	ltanium 4 核 (4 芯) 1600 MHz	4	1	72.5	18.1	34.5	8.6	4	Itanium
163	ltanium 8 核 (8 芯) 1600 MHz	8	1	134.0	16.8	63.8	8.0	8	Itanium
174	====IBM Candidate======								
175	IBM P6 2 核 (1 芯) 4700 MHz	2	2	111.7	55.9	53.2	26.6	1	IBM pSeries
176	IBM P6 4 核 (2 芯) 4700 MHz	4	2	222.6	55.7	106.0	26.5	2	IBM pSeries
177	IBM P6 8 核 (4 芯) 4700 MHz	8	2	432.6	54.1	206.0	25.8	4	IBM pSeries
178	IBM P6 16 核 (8 芯) 4700 MHz	16	2	861.0	53.8	410.0	25.6	8	IBM pSeries
190									

050107SRint2000　050608SRint2006　Hardware

Ready　100%

图 10-39　硬件标签

图 10-39 说明如下：

已通过 ESRI 软件测试和认证的平台在硬件标签下列出。可以发现这一长列的平台清单都是过去几年里我们在分析中使用过的。CPT 并不知道哪些平台被支持，所以用户必须判断选择已经通过测试和认证能支持软件需求的平台。用户可在 ESRI 支持中心上，即 http://support.esri.com/index.cfm?fa=software.gateway，找到每一款 ESRI 软件产品的支持平台。

硬件标签并不包括所有可用的供应商平台；还有很多用户可能感兴趣的潜在的平台配置。作者已经在 CPT 中包含了单独的标签，以显示 SPEC 发布的基准，这点随后讨论。

硬件查找表中列的布局

所有 CPT 需要的性能信息都可在硬件查找表中找到。每个硬件平台都有两组列，一组列提供了 SPECCrate_int2000 基准值，另一组列给出 SPECCrate_int2006 结果。从图 10-40、图 10-41 中的两个矩形框可看到两组列。

	A	B	C	D	E	F	G	H	I
7		# of	核	SPECint_Rate2000		SPECint_Rate2006		芯片	处理器
8	==== 候选服务器 ====	Core	/芯	Rate 2000	Per Core	Rate 2006	Per Core	总数	平台
9									
54	Xeon 5160 2 核 (1 芯) 3000(4)MHz	2	2	60.0	30.0	28.6	14.3	1	Intel
55	Xeon 5160 4 核 (2 芯) 3000(4)MHz	4	2	120.0	30.0	53.7	13.4	2	Intel
56	Xeon X5260 4 核 (2 芯) 3333(6)MHz	4	2	147.2	36.8	70.1	17.5	2	Intel
65	Xeon X5355 4 核 (1 芯) 2666(8)MHz	4	4	109.0	27.3	44.4	11.1	1	Intel
66	Xeon X5355 8 核 (2 芯) 2666(8)MHz	8	4	200.0	25.0	80.9	10.1	2	Intel
67	Xeon X5365 4 核 (1 芯) 3000(8)MHz	4	4	121.0	30.2	57.6	14.4	1	Intel
68	Xeon X5365 8 核 (2 芯) 3000(8)MHz	8	4	206.0	25.8	98.1	12.3	2	Intel
71	Xeon X5450 8 核 (2 芯) 3000(12)MHz	8	4	226.8	28.4	108.0	13.5	2	Intel
72	Xeon X5460 4 核 (1 芯) 3166(12)MHz	4	4	130.4	32.6	62.1	15.5	1	Intel
73	Xeon X5460 8 核 (2 芯) 3166(12)MHz	8	4	239.4	29.9	114.0	14.3	2	Intel
74	Xeon X7350 16 核 (4 芯) 2933(8)MHz	16	4	373.8	23.4	178.0	11.1	4	Intel
92	AMD 8220 8 核 (4 芯) 2800 MHz								
93	AMD 8220SE 8 核 (4 芯) 2800MHz								
94	AMD 8222SE 4 核 (2 芯) 3000MHz								
95	AMD 8222SE 8 核 (4 芯) 3000MHz								
96	AMD 8356 8 核 (2 芯) 2300MHz								
97	AMD 8356 16 核 (4 芯) 2300MHz								
98	====Exercise Candidates======								
99	Arc08 2 核 （1 芯）Baseline	2	2	73.5	36.8	35.0	17.5	1	Intel
100	Arc08 4 核 （4 芯）Baseline	4	2	147.0	36.8	70.0	17.5	2	Intel
101	Arc08 6 核 （3 芯）Baseline	6	2	220.5	36.8	105.0	17.5	3	Intel
102	Arc08 8 核 （4 芯）Baseline	8	2	294.0	36.8	140.0	17.5	4	Intel
128	==== Sun Candidates ======								
129	Sun EM4000 8 核 (4 芯) 2150MHz	8	2	144.1	18.0	68.6	8.6	4	Sun SPARC
130	Sun EM5000 16 核 (8 芯) 2150MHz	16	2	281.4	17.6	134.0	8.4	8	Sun SPARC
131	Sun EM8000 32 核 (16 芯) 2400MHz	32	2	625.8	19.6	298.0	9.3	16	Sun SPARC
132	Sun EM9000 48 核 (24 芯) 2400MHz	48	2	893.6	18.6	425.5	8.9	24	Sun SPARC
133	Sun EM9000 64 核 (32 芯) 2400MHz	64	2	1 161.3	18.1	553.0	8.6	32	Sun SPARC
134	Sun EM9000 96 核 (48 芯) 2400MHz	96	2	1 747.2	18.2	832.0	8.7	48	Sun SPARC
135	Sun EM9000 124 核 (64 芯) 2400MHz	128	2	2 333.1	18.2	1 111.0	8.7	64	Sun SPARC
160	====HP Candidates======								
161	Itanium 2 核 （2 芯）1600 MHz	3	1	35.5	11.8	16.9	5.6	3	Itanium
162	Itanium 4 核 （4 芯）1600 MHz	4	1	72.5	18.1	34.5	8.6	4	Itanium
163	Itanium 8 核 （8 芯）1600 MHz	8	1	134.0	16.8	63.8	8.0	8	Itanium
174	====IBM Candidates======								
175	IBM P6 2 核 （1 芯）4700 MHz	2	2	111.7	55.9	53.2	26.6	1	IBM pSeries
176	IBM P6 4 核 （2 芯）4700 MHz	4	2	222.6	55.7	106.0	26.5	2	IBM pSeries
177	IBM P6 8 核 （4 芯）4700 MHz	8	2	432.6	54.1	206.0	25.8	4	IBM pSeries
178	IBM P6 16 核 （8 芯）4700 MHz	16	2	861.0	53.8	410.0	25.6	8	IBM pSeries
190									

通用的基准转换

SRint2006=SRint2000/2.1

SRint2000　050107SRint2000　050608SRint2006　Hardware

Ready　100%

图 10-40　硬件查找列布局

图 10-40 说明如下：

查找标签来自图 10-5。CPT2006 标签使用 SRint2006 列。SRint2000 基准为每个老服务器平台提供了相对性能值。所有新平台的性能由 SRint2006 基准发布（www.spec.org）。一些老的处理器技术（双核 3.2 GHz 平台）的新硬件配置，其性能基准只发布在 SRint2000 网站，所以需要转换这些值才能用于 CPT2006 的分析中。将发布的基线 SPECrate_int2000 值除以 2.1 来估算 SRint2006 的等价值，以供 CPT 使用。两个值都包含在硬件标签中。

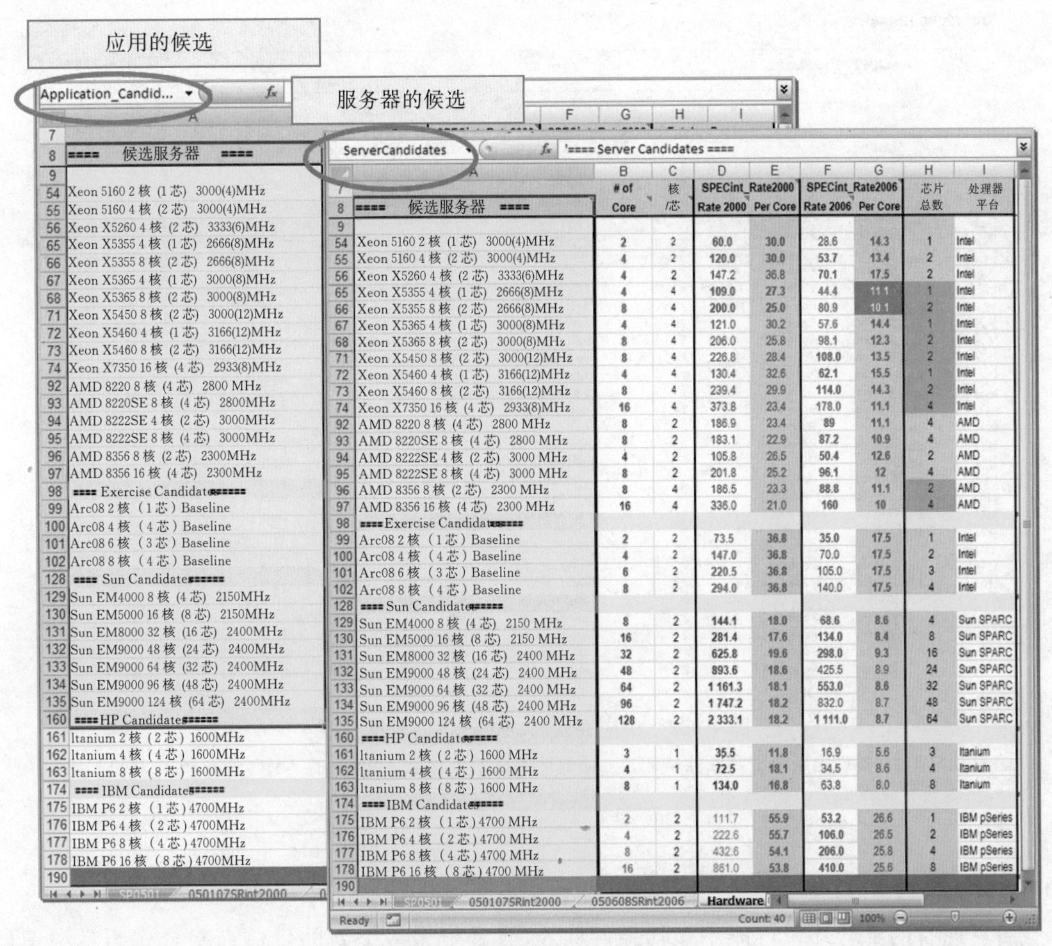

	A	B	C	D	E	F	G	H	I
7		# of	核	SPECint_Rate2000		SPECint_Rate2006		芯片	处理器
8	==== 候选服务器 ====	Core	/芯	Rate 2000	Per Core	Rate 2006	Per Core	总数	平台
9									
54	Xeon 5160 2 核 (1 芯) 3000(4)MHz	2	2	60.0	30.0	28.6	14.3	1	Intel
55	Xeon 5160 4 核 (2 芯) 3000(4)MHz	4	2	120.0	30.0	53.7	13.4	2	Intel
56	Xeon X5260 4 核 (2 芯) 3333(6)MHz	4	2	147.2	36.8	70.1	17.5	2	Intel
65	Xeon X5355 4 核 (1 芯) 2666(8)MHz	4	4	109.0	27.3	44.4	11.1	1	Intel
66	Xeon X5355 8 核 (2 芯) 2666(8)MHz	8	4	200.0	25.0	80.9	10.1	2	Intel
67	Xeon X5365 4 核 (1 芯) 3000(8)MHz	4	4	121.0	30.2	57.6	14.4	1	Intel
68	Xeon X5365 8 核 (2 芯) 3000(8)MHz	8	4	206.0	25.8	98.1	12.3	2	Intel
71	Xeon X5450 8 核 (2 芯) 3000(12)MHz	8	4	226.8	28.4	108.0	13.5	2	Intel
72	Xeon X5460 4 核 (1 芯) 3166(12)MHz	4	4	130.4	32.6	62.1	15.5	1	Intel
73	Xeon X5460 8 核 (2 芯) 3166(12)MHz	8	4	239.4	29.9	114.0	14.3	2	Intel
74	Xeon X7350 16 核 (4 芯) 2933(8)MHz	16	4	373.8	23.4	178.0	11.1	4	Intel
92	AMD 8220 8 核 (4 芯) 2800 MHz	8	2	186.9	23.4	89	11.1	4	AMD
93	AMD 8220SE 8 核 (4 芯) 2800 MHz	8	2	183.1	22.9	87.2	10.9	4	AMD
94	AMD 8222SE 4 核 (2 芯) 3000 MHz	4	2	105.8	26.5	50.4	12.6	2	AMD
95	AMD 8222SE 8 核 (4 芯) 3000 MHz	8	2	201.8	25.2	96.1	12	4	AMD
96	AMD 8356 8 核 (2 芯) 2300 MHz	8	4	186.5	23.3	88.8	11.1	2	AMD
97	AMD 8356 16 核 (4 芯) 2300 MHz	16	4	336.0	21.0	160	10	4	AMD
98	====Exercise Candidates=====								
99	Arc08 2 核 （1 芯）Baseline	2	2	73.5	36.8	35.0	17.5	1	Intel
100	Arc08 4 核 （4 芯）Baseline	4	2	147.0	36.8	70.0	17.5	2	Intel
101	Arc08 6 核 （3 芯）Baseline	6	2	220.5	36.8	105.0	17.5	3	Intel
102	Arc08 8 核 （4 芯）Baseline	8	2	294.0	36.8	140.0	17.5	4	Intel
128	==== Sun Candidates=====								
129	Sun EM4000 8 核 (4 芯) 2150 MHz	8	2	144.1	18.0	68.6	8.6	4	Sun SPARC
130	Sun EM5000 16 核 (8 芯) 2150 MHz	16	2	281.4	17.6	134.0	8.4	8	Sun SPARC
131	Sun EM8000 32 核 (16 芯) 2400 MHz	32	2	625.8	19.6	298.0	9.3	16	Sun SPARC
132	Sun EM9000 48 核 (24 芯) 2400 MHz	48	2	893.6	18.6	425.5	8.9	24	Sun SPARC
133	Sun EM9000 64 核 (32 芯) 2400 MHz	64	2	1 161.3	18.1	553.0	8.6	32	Sun SPARC
134	Sun EM9000 96 核 (48 芯) 2400 MHz	96	2	1 747.2	18.2	832.0	8.7	48	Sun SPARC
135	Sun EM9000 124 核 (64 芯) 2400 MHz	128	2	2 333.1	18.2	1 111.0	8.7	64	Sun SPARC
160	====HP Candidates=====								
161	Itanium 2 核（2 芯）1600 MHz	3	1	35.5	11.8	16.9	5.6	3	Itanium
162	Itanium 4 核（4 芯）1600 MHz	4	1	72.5	18.1	34.5	8.6	4	Itanium
163	Itanium 8 核（8 芯）1600 MHz	8	1	134.0	16.8	63.8	8.0	8	Itanium
174	==== IBM Candidates=====								
175	IBM P6 2 核 （1 芯）4700 MHz	2	2	111.7	55.9	53.2	26.6	1	IBM pSeries
176	IBM P6 4 核 （2 芯）4700 MHz	4	2	222.6	55.7	106.0	26.5	2	IBM pSeries
177	IBM P6 8 核 （4 芯）4700 MHz	8	2	432.6	54.1	206.0	25.8	4	IBM pSeries
178	IBM P6 16 核 （8 芯）4700 MHz	16	2	861.0	53.8	410.0	25.6	8	IBM pSeries
190									

图 10-41 硬件查找平台列表

图 10-41 说明如下：

该表协调校正了位于硬件标签的 CPT2006 平台选择查找表。候选应用服务器(ASC)包括表中黄色 HP 候选线以上的所有平台(这使应用服务器查找较短)。ASC 用于配置 Windows 终端服务器和网络服务器。列表中包括了 Sun Solaris 平台。如果需要列表中包含 HP 或 IBM Unix 平台，则需将感兴趣的平台插入到该线以上。数据库服务器候选列(DSC)包括全部列表。CPT 中使用的性能查找会审核这个表；只有 ASC 平台选择的下拉菜单提供少于全列表的内容。如果选择了查找表中的平台，CPT 就能找到性能基准值。

CPT 使用 SPEC 基准、核数、芯片数和每核的基准值来进行模型计算。

供应商发布的硬件性能标签

SPEC 发布的 SRint2000(CINT2000 Rate)和 SRint2006(CINT2006 Rate)可下载到 CPT 中各自的标签里。这些标签仅作为参考，以便易于访问网络搜寻信息。标签里包含的日期可明确最后的更新时间。若用户需要更多的最新信息，可访问 SPEC 网站，并创建更新用户自己的工作表。图 10-42 提供了 SPEC 参考标签概况(www.specbench.org)。

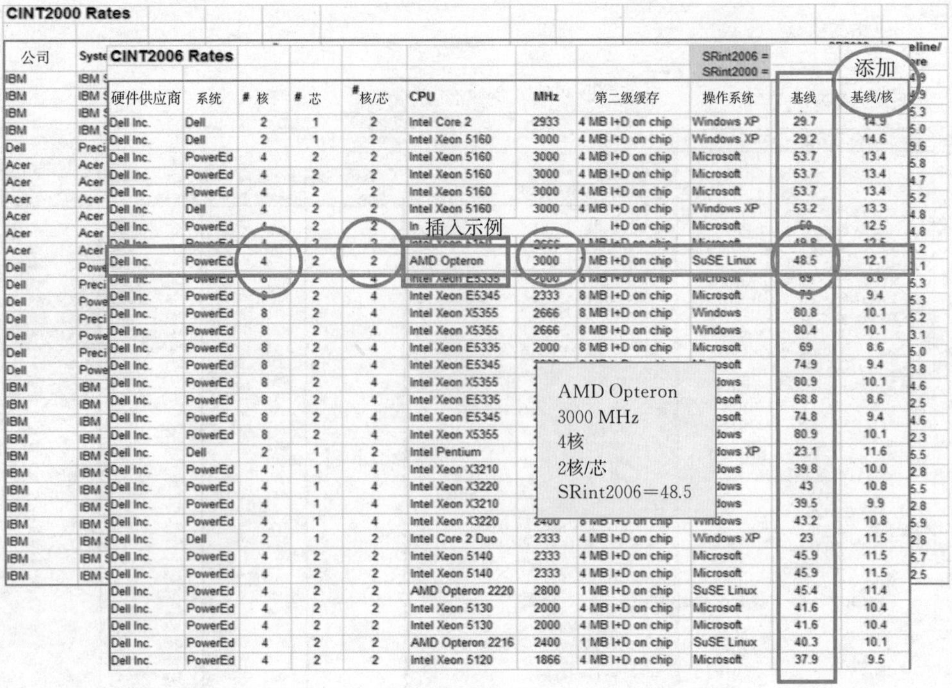

CINT2000 Rates

CINT2006 Rates　　SRint2006 =　SRint2000 =

硬件供应商	系统	# 核	# 芯	# 核/芯	CPU	MHz	第二级缓存	操作系统	基线	基线/核
Dell Inc.	Dell	2	1	2	Intel Core 2	2933	4 MB I+D on chip	Windows XP	29.7	14.9
Dell Inc.	Dell	2	1	2	Intel Xeon 5160	3000	4 MB I+D on chip	Windows XP	29.2	14.6
Dell Inc.	PowerEd	4	2	2	Intel Xeon 5160	3000	4 MB I+D on chip	Microsoft	53.7	13.4
Dell Inc.	PowerEd	4	2	2	Intel Xeon 5160	3000	4 MB I+D on chip	Microsoft	53.7	13.4
Dell Inc.	PowerEd	4	2	2	Intel Xeon 5160	3000	4 MB I+D on chip	Microsoft	53.7	13.4
Dell Inc.	Dell	4	2	2	Intel Xeon 5160	3000	4 MB I+D on chip	Windows XP	53.2	13.3
Dell Inc.	PowerEd	[illegible]	2	2	In[illegible]	[illegible]	I+D on chip	Microsoft	50	12.5
[illegible]	[illegible]	[illegible]	[illegible]	[illegible]	[illegible]	2666	[illegible]	[illegible]	[illegible]	[illegible]
Dell Inc.	PowerEd	4	2	2	AMD Opteron	3000	1 MB I+D on chip	SuSE Linux	48.5	12.1
[illegible]	[illegible]	8	2	4	Intel Xeon E5335	2000	8 MB I+D on chip	Microsoft	69	8.6
Dell Inc.	PowerEd	[illegible]	2	4	Intel Xeon E5345	2333	8 MB I+D on chip	Microsoft	75	9.4
Dell Inc.	PowerEd	8	2	4	Intel Xeon X5355	2666	8 MB I+D on chip	Windows	80.8	10.1
Dell Inc.	PowerEd	8	2	4	Intel Xeon X5355	2666	8 MB I+D on chip	Windows	80.4	10.1
Dell Inc.	PowerEd	8	2	4	Intel Xeon E5335	2000	8 MB I+D on chip	Microsoft	69	8.6
Dell Inc.	PowerEd	8	2	4	Intel Xeon E5345	[illegible]	[illegible]	[illegible]osoft	74.9	9.4
Dell Inc.	PowerEd	8	2	4	Intel Xeon X5355	[illegible]	[illegible]	[illegible]dows	80.9	10.1
Dell Inc.	PowerEd	8	2	4	Intel Xeon E5335	[illegible]	[illegible]	[illegible]osoft	68.8	8.6
Dell Inc.	PowerEd	8	2	4	Intel Xeon E5345	[illegible]	[illegible]	[illegible]osoft	74.8	9.4
Dell Inc.	PowerEd	8	2	4	Intel Xeon X5355	[illegible]	[illegible]	[illegible]dows	80.9	10.1
Dell Inc.	Dell	2	1	2	Intel Pentium	[illegible]	[illegible]	[illegible]dows XP	23.1	11.6
Dell Inc.	PowerEd	4	1	4	Intel Xeon X3210	[illegible]	[illegible]	[illegible]dows	39.8	10.0
Dell Inc.	PowerEd	4	1	4	Intel Xeon X3220	[illegible]	[illegible]	[illegible]dows	43	10.8
Dell Inc.	PowerEd	4	1	4	Intel Xeon X3210	[illegible]	[illegible]	[illegible]dows	39.5	9.9
Dell Inc.	PowerEd	4	1	4	Intel Xeon X3220	2400	8 MB I+D on chip	Windows	43.2	10.8
Dell Inc.	Dell	2	1	2	Intel Core 2 Duo	2333	4 MB I+D on chip	Windows XP	23	11.5
Dell Inc.	PowerEd	4	2	2	Intel Xeon 5140	2333	4 MB I+D on chip	Microsoft	45.9	11.5
Dell Inc.	PowerEd	4	2	2	Intel Xeon 5140	2333	4 MB I+D on chip	Microsoft	45.9	11.5
Dell Inc.	PowerEd	4	2	2	AMD Opteron 2220	2800	1 MB I+D on chip	SuSE Linux	45.4	11.4
Dell Inc.	PowerEd	4	2	2	Intel Xeon 5130	2000	4 MB I+D on chip	Microsoft	41.6	10.4
Dell Inc.	PowerEd	4	2	2	Intel Xeon 5130	2000	4 MB I+D on chip	Microsoft	41.6	10.4
Dell Inc.	PowerEd	4	2	2	AMD Opteron 2216	2400	1 MB I+D on chip	SuSE Linux	40.3	10.1
Dell Inc.	PowerEd	4	2	2	Intel Xeon 5120	1866	4 MB I+D on chip	Microsoft	37.9	9.5

添加

插入示例

AMD Opteron
3000 MHz
4核
2核/芯
SRint2006＝48.5

图 10-42　供应商发布的硬件性能基准标签

注：使用 SPEC 标签确定新的平台性能基准。上面的例子是 SRint2006＝48.5 的 AMD Operation 3000 MHz 4 核，每芯 2 核的平台。

插入新的硬件平台

用户现有的平台环境可能不包括硬件标签，或者想将一个新的供应商平台作为系统设计的候选，这两种情况，都需要知道如何将新的硬件平台插入硬件标签(见图 10-43)。

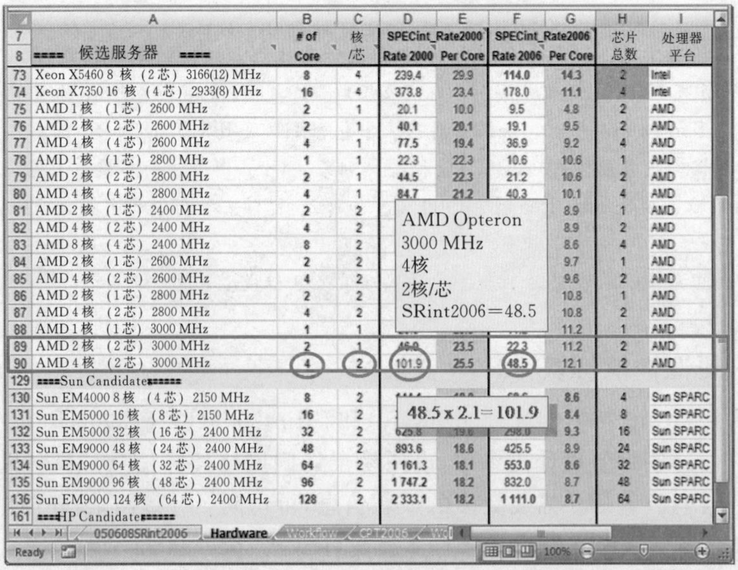

	A	B	C	D	E	F	G	H	I
7/8	==== 候选服务器 ====	# of Core	核/芯	SPECint_Rate2000 Rate 2000	Per Core	SPECint_Rate2006 Rate 2006	Per Core	芯片总数	处理器平台
73	Xeon X5460 8 核 （2 芯） 3166(12) MHz	8	4	239.4	29.9	114.0	14.3	2	Intel
74	Xeon X7350 16 核 （4 芯） 2933(8) MHz	16	4	373.8	23.4	178.0	11.1	4	Intel
75	AMD 1 核 （1 芯） 2600 MHz	2	1	20.1	10.0	9.5	4.8	2	AMD
76	AMD 2 核 （2 芯） 2600 MHz	2	1	40.1	20.1	19.1	9.5	2	AMD
77	AMD 4 核 （4 芯） 2600 MHz	4	1	77.5	19.4	36.9	9.2	4	AMD
78	AMD 1 核 （1 芯） 2800 MHz	1	1	22.3	22.3	10.6	10.6	1	AMD
79	AMD 2 核 （2 芯） 2800 MHz	2	1	44.5	22.3	21.2	10.6	2	AMD
80	AMD 4 核 （4 芯） 2800 MHz	4	1	84.7	21.2	40.3	10.1	4	AMD
81	AMD 2 核 （1 芯） 2400 MHz	2	2	[illegible]	[illegible]	[illegible]	8.9	1	AMD
82	AMD 4 核 （2 芯） 2400 MHz	4	2	[illegible]	[illegible]	[illegible]	8.9	2	AMD
83	AMD 8 核 （4 芯） 2400 MHz	8	2	[illegible]	[illegible]	[illegible]	8.6	4	AMD
84	AMD 2 核 （1 芯） 2600 MHz	2	2	[illegible]	[illegible]	[illegible]	9.7	1	AMD
85	AMD 4 核 （2 芯） 2600 MHz	4	2	[illegible]	[illegible]	[illegible]	9.6	2	AMD
86	AMD 2 核 （1 芯） 2800 MHz	2	2	[illegible]	[illegible]	[illegible]	10.8	1	AMD
87	AMD 4 核 （2 芯） 2800 MHz	4	2	[illegible]	[illegible]	[illegible]	10.8	2	AMD
88	AMD 1 核 （1 芯） 3000 MHz	1	1	[illegible]	[illegible]	[illegible]	11.2	1	AMD
89	AMD 2 核 （2 芯） 3000 MHz	2	1	46.0	23.5	22.3	11.2	2	AMD
90	AMD 4 核 （2 芯） 3000 MHz	4	2	101.9	25.5	48.5	12.1	2	AMD
129	====Sun Candidate======								
130	Sun EM4000 8 核 （4 芯） 2150 MHz	8	2	[illegible]	[illegible]	[illegible]	8.6	4	Sun SPARC
131	Sun EM5000 16 核 （8 芯） 2150 MHz	16	2	[illegible]	[illegible]	[illegible]	8.4	8	Sun SPARC
132	Sun EM5000 32 核 （16 芯） 2400 MHz	32	2	625.8	19.6	298.0	9.3	16	Sun SPARC
133	Sun EM9000 48 核 （24 芯） 2400 MHz	48	2	893.6	18.6	425.5	8.9	24	Sun SPARC
134	Sun EM9000 64 核 （32 芯） 2400 MHz	64	2	1 161.3	18.1	553.0	8.6	32	Sun SPARC
135	Sun EM9000 96 核 （48 芯） 2400 MHz	96	2	1 747.2	18.2	832.0	8.7	48	Sun SPARC
136	Sun EM9000 124 核 （64 芯） 2400 MHz	128	2	2 333.1	18.2	1 111.0	8.7	64	Sun SPARC
161	====HP Candidate======								

AMD Opteron
3000 MHz
4核
2核/芯
SRint2006＝48.5

48.5 x 2.1＝101.9

050608SRint2006　Hardware　Workflow　CPT2006

Ready　100%

图 10-43　插入新的硬件平台

图10-43说明如下：

首先要明确新平台的SPEC基准标签(新平台是在CPT SRint2006标签上或是SPEC网络站点上)。如果没有可用的基准信息,就需要与供应商合作从发布的基准值估计相对性能。对于这个插入示例,我们使用SRint2006＝48.5的AMD Opteron 3000 MHz 4核,每芯2核的平台,在SRint2006标签上(见图10-38)。

找到与新选择的平台相似的平台(本例中在CPT硬件标签中找到AMD 2核(2芯)3000 MHz平台)。选择行,复制,再插入复制的行。本例中所生成的86行副本,可按新平台规范进行更新。给定唯一的平台名称(AMD 2核(2芯)3000 MHz平台)。根据新基准信息更新该行为白色。在SRint2006列(F90)插入SRint2006基准的基线值。输入将SRint2006值乘以2.1(D90)得到的SRint2000基准估计值。核查所有列以保证核与每核性能(B90＝4,C90＝2)值已明确。使用这个平台进行设计分析时,CPT会用到这些值。

自2006年1月以来,CPT已经走过了很长的一段路程。标准的Microsoft Office Excel 2003模块支持所有的编程。在Microsoft Office Excel 2007上进行了CPT测试,结果表明CPT工作正常,2007版本的更多功能使CPT未来的版本更强大。提供灵活性以适应技术的变化,CPT能帮助许多人更好地理解和管理他们企业GIS的运行。利用一个例子来说明CPT的运用,第11章以虚拟的罗马市为例,介绍系统设计过程中CPT的应用以及CPT所依据的基本原理。

第11章　系统设计

概　述

本章利用一个虚拟的研究案例——罗马市来介绍实际的系统设计过程。既然用户对技术和性能模型已有了基本的了解，下面就可利用容量规划工具来设计自己的系统。本章将介绍系统设计过程的步骤，即如何像拼图游戏一样，一点一点地将板块拼接在一起，系统设计之前的任何一项工作就像是拼图中的一个板块。第1章至第6章进行了有关技术的综述（每一章看上去就像是大象的一部分），第二部分介绍了这些组件如何协同运行，以及它们所依据的一些基本原理。容量规划工具的所有功能都以第7章的性能基本知识为基础，软件性能在第8章介绍，第9章是平台的性能。第10章阐述了如何运用Excel功能来修改容量规划工具，以获得在系统设计过程中自定义容量规划工具所需的信息。

容量规划是一个工具，它是一个可以用来支持任何系统设计的软件产品。罗马市就是一个如何使用容量规划工具的例子，罗马市也是罗杰·汤姆林森在《地理信息系统规划与实施》一书中用来描述规划过程的研究案例。《地理信息系统规划与实施》一书中的第10章和第11章都介绍了用于大多数的企业GIS设计研究的标准模板。然而在本书中，我们将利用容量规划工具来模拟用户需求，为未来三年城市的扩张与发展进行规划。利用容量规划工具，我们可以根据对系统性能和可扩展性理论（第7章有详细介绍）的理解来对网络和平台进行优化调整。使用容量规划工具来确定最小的平台和网络需求，完成网络和平台性能的调整过程，并生成最终的设计说明书。

另一种描述系统设计过程的方法是一体化事务需求评估。作者在此再次强调这种系统架构设计方法的前提是用户需求评估。本章中系统设计过程的目的是确定所需要的硬件和网络带宽，以满足GIS用户的性能和网络通信要求。如果不明白所需要满足的需求或者没有对需求进行量化，那怎么能够得到必需的硬件规格的正确结论呢？然而，许多机构在没有明确他们的用户需求的情况下就开始为GIS的实施进行采购，这是一个高代价的风险之举，也不是系统架构设计。

系统设计过程可根据明确的事务需求估测对硬件的要求。在开始进行本章所描述的设计过程时，用户团队将遵循罗杰·汤姆林森《地理信息系统规划与实施》一书中所介绍的方法进行GIS规划。如果用户这样做了，不仅能明了所在机构的真正需求，而且还可以确定生成所需信息产品的具体GIS应用，直至工作流运行的细节。根据一些应用于系统设计的物理和工程原理，通过这些细节可得到系统需求，进而得到用户GIS所需的硬件规格和网络带宽。容量规划工具可以自动完成这个过程，但是其结果不可能比用户根据自身情况输入信息得到的结果好。换句话说，用户必须做好相应的准备工作，否则，这个工作链中最薄弱的环节就会是用户自己。

应用需求评估应该由能从 GIS 信息产品中获益的事务机构来完成，并且需求评估应在实施者的支持下由机构内部的 GIS 员工来负责。用户可能在专业 GIS 顾问的帮助下完成这个规划过程，但是所有的决策还是来自于机构的管理者和决策的制定者。规划是非常关键的，它可以评估 GIS 所需要的投入，为企业 GIS 实施提供框架，以及确保在整个过程中能得到上级管理层的支持。事实上，好的系统设计文档，作为一个一体化事务需求评估的产品，是 GIS 项目最终获得批准以及进行下一步实施和采购的先决条件，也是 GIS 成功运行的先决条件，因为系统设计（作为核心的用户需求评估）是一个持续的过程，无论何时，每次新的技术进行部署或更新前，所有的需求都必须重新进行评估。

大多数 GIS 部署随着这些年技术的不断改进而演化，实施规划通常进行两年或三年的计划，以确保预算能够按照预期的部署需求。因此在本章的研究案例中，我们将运用容量规划工具进行一年、两年和三年的规划。

如果没有阅读本书前面的内容而直接跳到本章（要知道，作者期望很少人这么做），那么在顺利进入本章的研究案例前需要做些什么呢？从第 1 章开始我们就没有讨论过这一点，在此我们也不会过多的叙述，因为罗杰·汤姆林森的书中已详细地介绍了应该如何做。但开始系统设计之前必须要做的是：花时间来完成一个用户需求评估，以便明确所在机构希望从系统中得到什么，同时，还必须花些时间来建立工作流性能目标。

开始系统设计之前，假定用户已经完成了用户需求评估，但万一没有做到这点，那本章就从通向成功 GIS 所必须要做的开始说起。首先回顾用户需求分析过程中信息的收集，然后确定高峰用户负载时收集数据所使用的模板。在系统架构设计过程中，采用标准设计模板的例子包括在容量规划工具中，用户可以利用例子和工具，也可单独使用容量规划工具。

GIS 用户需求评估

在着手进行系统设计过程之前，必须了解几个基本的用户需求。为了设计一个有效的 GIS，必须认真对待三个基本要素，它们是系统架构需求评估（又称一体化事务需求评估，或简称用户需求评估）的重点。这些需求构成了系统架构需求评估：明确与相关的数据源（站点位置）有关联的 GIS 用户的位置；为了连接用户站点与 GIS 数据源，哪些网络通信可以使用；每个用户位置的高峰用户工作流需求是什么。图 11-1 展示了系统架构需求评估的概况。

GIS 用户位置

所有需要访问 GIS 应用和数据源的用户位置都必须明确，包括在高峰工作时段每个可能需要访问系统的用户。因此，“用户位置”这一术语包含了本地用户，广域网上的远程用户，以及互联网用户（内部网和公共网络）。

企业的基础设施必须要能够支持高峰用户工作流。知道用户所在的位置，了解他们工作所需要的应用，明确作为系统设计分析基础的所需的数据源的位置。

GIS用户位置
• 用户部门 • 站点位置
网络通信
• 局域网标准 • 广域网带宽
GIS用户类型
• ArcGIS（ArcInfo、ArcEditor、ArcView） • Web服务（Web信息产品、项目报告） • 并发批量处理（例如：协调、发布，在线压缩，数据加载，在线备份，复制，以及其他在高峰生产工作流期间重负荷的地理处理）

图 11-1 系统架构需求评估

网络通信

在系统设计评估中，必须确定不同的用户位置和数据中心之间网络通信带宽。在制定软件技术解决方案时，网络带宽可以作为通信限制来考虑。最终的技术解决方案可能需要随着网络通信基础设施而更新。考虑到 GIS 流量必须与其他所有的网络流量(邮箱、视频会议、文件管理、数据备份服务等。)一起被支持，什么样的带宽对 GIS 运行有效的？是否能满足每一个用户？

用户工作流

高峰系统工作流负载与高峰用户数和工作流平台服务时间相关，见第 10 章。这些决定了计算机处理和网络容量需求。传统的容量规划采用简单的工作流模型来进行，对 GIS 桌面工作流，Web 服务和批处理分别采用不同的模型。建立平台规模估计模型帮助选择正确的服务器平台技术。采用通用的网络设计准则解决网络通信的适用性。这些简单的平台规模估计模型和网络设计准则说明了一个恰当设计的价值，以确保成功的企业 GIS 的实现。容量规划工具是在 2006 年提出的(见第 10 章)，它为更多粒化工作流模型提供了一个机会。容量规划工具中包含了在过去 16 年中我们所开发的所有平台规模估计模型，只有我们添加进去的模型才是新的。现在它对将高峰用户工作流服务时间的负载量转换成具体的硬件平台和网络基础设施解决方案的任务，提出了基本性能和可扩展性关系的更广范围。这个工具对设计的可替代方案的动态模拟能力，为完成技术方案提供了一个自适应、集成和管理的视图。

在构建这样一个系统性能模型时，存在简易性和复杂性之间的权衡。简易性是指易于理解，简单地量化，能够进行较广泛的验证，有助于量化商业风险，为商业决策提供有价值的信息。这是商业解决方案的一万英尺模型。复杂性可能就更为精确，能为最终的实施提供更全面的表现形式，并可能形成更详尽的结果。然而对复杂模型的理解会更困难，更难以量化，更难以验证，并隐含着一些风险。这是商业解决方案的一千英尺模型。在规划阶段，最好用简单模型来表达技术解决方案，并进行正确的商业决策。一个最好的简单模型是突出了机构想利用 GIS 做什么(想从 GIS 中得到什么)与所需技术(软件和硬件购置决定)之间的关系。

规划应该确立在整个系统实施阶段能够进行管理的性能目标。在规划期间所使用的容量规划工具模型基于其他人能够使用这项技术来工作。用户可以根据具体的基础设施限制和运行需要，利用容量规划工具模型来建立自己的系统性能目标。本章将介绍如何建立自己的解决方案，根据第 8 章中描述的原则来实现用户自己的性能目标。在整个 GIS 实施阶段必须监控和验证是否达到了这些目标。

罗马市用户需求分析

虚构的罗马市代表了一种典型的机构形式，作为一个研究案例展现在系统设计过程中如何使用容量规划工具。在为这个城市规划 GIS 时，我们将为未来两年、三年进行规划，就像我们为一年的 GIS 实施进行计划一样。市政府的确是可作为企业 GIS 例子的典型机构，特别是没人会对它的扩展产生质疑。开始启动 GIS 时，设计什么，何时设计系统的基础设施，我们所设计的是一个可扩展的系统，它将随着机构需求的增长而扩大。幸运的是，硬件组件现在也以增量的方式发展，购买一台大型机器并希望它能持续工作五年或十年的时代已经过去了。购买还不需要的硬件得不到任何好处。然而，前瞻两年或三年甚至五年，可为未来的购置和更新进行计划，当需要利用这些硬件时就能够满足需要。因此我们的系统设计除了考虑未来一年外，还考虑到未来的两年和三年。

让我们从了解罗马市政府的现状，以及机构和员工期望如何利用 GIS 开始。罗马市有 580 多位员工需要 GIS 信息来帮助他们进行日常工作处理(信息产品)。这些员工分布在全市的规划部门、工程部门、警察局和业务部门。通过发布的 Web 应用(服务)，公众也能受惠于标准的 GIS 信息产品的部署。每个部门都在城市的网站上提供与公众共享的 Web 服务。

图 11-2 为在整个运行环境中确定用户的位置提供了一个样本格式。这是对在系统设计时需要解决的设施位置和网络通信的概述，重点展示如何通过可利用的网络容量(这里是 T1 线路，1.54 Mb/s 的带宽)将每个用户位置连接到数据中心(局域网、广域网、互联网)。

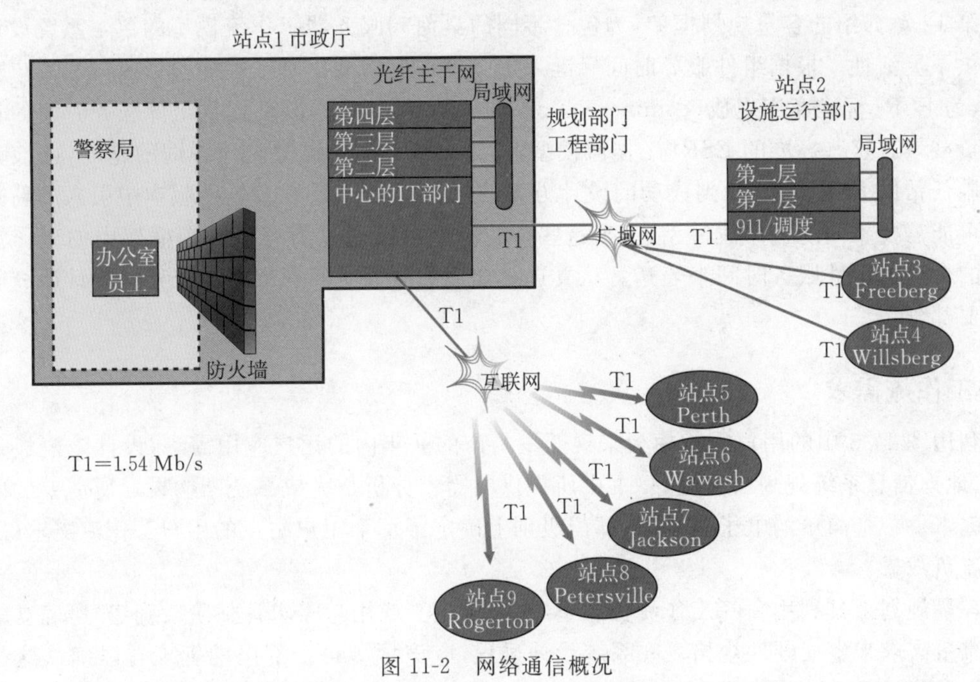

图 11-2　网络通信概况

GIS 用户类型

GIS 用户可分为三种基本类型。ArcGIS 桌面用户需要桌面应用进行 GIS 处理。Web 用户由 ArcGIS Server 的 Web 应用所支持。第三类用户是用来支持备份服务和标准的管理批处理服务(协调与提交、在线备份等)的附加的批处理。

ArcGIS 桌面:这类用户包括进行各种常用的空间查询和分析研究的 ArcGIS 桌面专家,简单的地图制作,一般用途的查询和分析操作,包含所有的 ArcEditor 和 ArcView 客户端。对于支持具体事务需求的自定义事务解决方案和自定义 ArcGIS 引擎客户端也包含在这一类中。

对于该研究,ArcGIS 桌面编辑器和浏览器被视为独立的工作流,这种单独的工作流也包含在 ArcGIS Desktop Business Analyst 中。最初的桌面工作流采用发布的标准 ESRI 工作流模型。如果需要,这些工作流可以按照初始的应用测试进行修改,通过测试来确认容量规划性能的目标是否实现。

Web 服务:ESRI 的 ArcGIS Server 软件为互联网浏览器客户端提供了基于事务的地图产品,并支持远程移动客户端的同步服务。Web 动态地图服务由 ArcGIS Server 9.2 AJAX 轻量级的工作流支持,而移动客户端由 ArcGIS Server Mobile ADF 工作流支持,初始规划时,采用标准 ESRI 工作流。如有需要,这些工作流可以按照初始的应用测试进行修改,以验证是否达到了容量规划的性能目标。

批处理:设计中包含批处理工作量描述,以说明在高峰处理时段所规划的管理批处理工作流。它们包括在线备份、复制服务、协调与提交服务等。确立平台利用描述来表达批处理模型的负载量(这个描述取决于潜在的批处理需求),它担负着系统管理的责任,在高峰处理负载量时段,确保并发的批处理数量不超过最大限制。

第 12 章介绍的容量规划框架,为包含不同的桌面和服务器工作流模型的单个系统设计评估提供了灵活性。根据组件服务时间标准来定义工作流模型。基于性能验证测试和用户反馈情况,为 ESRI 标准商用现成(commercial off-the-shelf,COTS)软件提供组件服务时间的目标性能负载量。这些标准的 ESRI 工作流模型,作为 ESRI 系统架构设计咨询的基准,已被证实能够胜任帮助 ESRI 客户找到成功的设计方案的任务。ArcGIS 9.3 软件版本中引入的新技术选项可能需要不同的工作流模型,未来这些新的模型可以通过为容量规划框架中的工作流所确定的合适的组件服务时间来表达。认真选择合适的服务时间标准是系统架构设计研究的一个重要部分。

用户工作流需求

利用图 11-3 中的用户需求模板来说明罗马市的一年内的用户应用需求,设计该模板是为了将《地理信息系统规划与实施》一书中所提供的需求分析与完成系统架构设计所需要的内容集成起来。一个简单的电子表格,从部门级别上确定了每个用户站点的用户工作流需求(高峰工作流负载量)。

容量规划工具利用高峰工作流负载量(在需求定义或用户需求评估阶段确定)所确立的处理和流量需求来生成硬件规格。在系统设计过程,应该拜访每个部门的管理者以确认这些高峰用户负载量是否估算准确。硬件选择的最后协商应该重点考虑这些高峰用户工作流需求。

罗马市—第一年				用户总数	高峰工作流负载量		
					桌面（用户）		服务器（需求数/小时）
部门	工作流	IPD	用户类型		ArcInfo	ArcView	AGS
站点1—市政厅							
规划部门	规划分区	1	规划人员	20		8	
		1.1	Web 服务				2 600
	规划审核	1.2	检查人员	20		10	
		1.3	鉴定人员	15	8		
		1.4	监督人员	2		2	
		1.5	Web 服务				600
工程部门	下水管网回水	2.1	工程师	4		3	
		2.2	Web 服务				800
	电力中断	2.3	电力工程师	13	6		
		2.4	监督员	2	1		
		2.5	Web 服务				600
	道路维修	2.6	现场工程师	10		4	
		2.7	合同	4		4	
市政厅总数				90	15	31	
IT 部门	公众		Web 服务				5 800
站点2—运行部门							
操作	清除程序	3.1	操作人员	4		2	
操作总数				4	0	2	0
远程现场办公室（广域网）							
站点 3-Freeberg	检查	4.1	现场工程师	40		30	
站点 4-Willsberg	检查	4.1	现场工程师	30		20	
现场办公室	检查	4.2	Web 服务				1 200
远程总数				70	0	50	
城市总数				164	15	83	0

图 11-3　罗马市第一年的工作流需求规划

注：高峰互联网用户＝每分钟的高峰请求数/6DPM。

容量规划工具利用高峰用户工作流需求来生成系统负载量（上面提到的处理和流量需求），并决定最终的硬件和网络解决方案。

图表中的各列分别表示如下含义。

部门：本案例研究中最基础的机构单元。

工作流：部门所从事或涉及的工作类型。

信息产品描述（information product description，IPD）：它是用户需求评估中，为相关工作流确定信息产品的关键。一种信息产品是 GIS 生成的有用信息，通常是地图，有时是表或清单。信息产品由 GIS 应用生成，需要哪些应用，何时用，将它们组合起来就成为一个工作流。

用户类型：由工作名称或用户所需的支持其工作流的具体 GIS 应用类型所确定。

用户总数：部门中 GIS 应用用户的总数。

高峰工作流负载量：它表示同时使用系统的最大用户数。ArcGIS 桌面用户由产品的类别（ArcInfo、ArcEditor、ArcView）来确定。Web 服务由估测的高峰用户数来表示（高峰用户数是根据每小时估计的高峰地图显示次数计算得到的）。高峰用户负载量在系统设计分析中，用来确定系统负载的需求。

Web 服务从 IT 部门的数据中心向公共互联网站点发布（在本案例中，各部门不能从内部网访问 Web 服务）。

此外，每个部门管理者负责确认最终的工作流需求，在系统实施的每个阶段都要确定工作流需求。图 11-4、图 11-5 分别表示了罗马市第二年和第三年的工作流需求。

罗马市—第二年				用户总数	高峰工作流负载量			
					桌面（用户）		服务器（需求数/小时）	
部门	工作流	IPD	用户类型		ArcInfo	ArcView	Map	Mobile
站点1—市政厅								
规划部门	规划分区	1	规划人员	25		15		
		1.1	Web 服务				2 600	
	规划审核	1.2	检查人员	25		15		
		1.3	鉴定人员	20	10			
		1.4	监督人员	5	2			
		1.5	Web 服务				900	
工程部门	下水管网回水	2.1	工程师	5		3		
		2.2	Web 服务				1 000	
	电力中断	2.3	电力工程师	13	6			
		2.4	监督员	2	1			
		2.5	Web 服务				1 900	
	道路维修	2.6	现场工程师	11		7		
		2.7	合同	4		4		
市政厅局域网总数				110	19	44		
IT 部门	公众		Web 服务				12 900	
警局（防火墙）	巡逻调度	5.1	管理人员	10		3		
		5.2	Web 服务					100
	犯罪分析	5.3	探员	10	5			
	特殊事件	5.4	交通	10		3		100
远程巡逻	巡逻	5.5	巡逻人员	20				
警局网络总数				50	5	6		100
站点2—运行部门								
操作	清除程序	3.1	操作人员	4		2		
911	响应	3.2	电务员	50		30		
		3.3	Web 服务				4 000	
远程车辆	分派	3.4	驾驶员	30				
操作总数				84	0	32		
远程现场办公室（广域网）								
站点 3-Freeberg	检查	4.1	现场工程师	45		30		
站点 4-Willsberg	检查	4.1	现场工程师	60		40		
WAN 现场办公室	检查	4.2	Web 服务				1 200	
远程现场办公室（广域网）总数				105	0	70		
远程现场办公室（互联网）								
站点 5-Perth	检查	4.3	现场工程师	10		2		
站点 6-Wawash	检查	4.3	现场工程师	50		40		
站点 7-Jackson	检查	4.3	现场工程师	60		20		
互联网远程办公室	检查	4.2	Web 服务				1 300	
远程现场办公室（互联网）总数				120	0	62		
城市总数（除警局内网外）				419	19	208	12 900	

图 11-4　罗马市第二年的工作流需求规划

注：高峰互联网用户＝每分钟的高峰请求数/6DPM。

罗马市—第三年				用户总数	高峰工作流负载量				
					桌面（用户）			服务器（需求数/小时）	
部门	工作流	IPD	用户类型		ArcInfo	ArcView	Bus. Analy	Map	Mobile
站点1—市政厅									
规划部门	规划分区	1	规划人员	25		15			
		1.1	Web 服务					2 600	
	规划审核	1.2	检查人员	25		15			
		1.3	评估人员	20	10				
		1.4	监督人员	5	2				
		1.5	Web 服务					900	
工程部门	下水管网回水	2.1	工程师	5		3			
		2.2	Web 服务					1 000	
	电力中断	2.3	电力工程师	13	6				
		2.4	监督员	2	1				
		2.5	Web 服务					1 900	
	道路维修	2.6	现场工程师	11		7			
		2.7	合同	4		4			
	工作清单	2.8	管理人员	4		3			
	工作报告	2.9		10		2			
业务部门	遗址和自然保护	6.1	规划人员	10			8		
发展部门	FMA 泛洪区，设施用地	6.2	规划人员	10			8		
	紧急响应，时间等	6.3	规划人员	2			2		
	Web 服务	6.4						2 000	
市政厅局域网总数				146	19	49	18		
IT 部门	公众		Web 服务					17 600	
警局（防火墙）	巡逻调度	5.1	管理人员	10		3			
		5.5	Web 服务						200
	犯罪分析	5.2	刑侦人员	20	15				
	特殊事件	5.3	交通	10		3			
远程巡逻	警察派遣	5.4	交通	10		3			
	巡逻及路径选线	5.6	巡逻人员	20					200
警局网络总数				70	15	9			200
站点2—运行部门									
操作	清理程序	3.1	操作人员	4		2			
911	响应	3.2	话务人员	50		30			
		3.3	Web 服务					4 000	
远程车辆	消防车和救护车派遣	3.4	调度人员	30		30			
	路径	3.5	驾驶员	30					
清除积雪	调度	3.6	工程师	4		4			
	扫雪车	3.7	驾驶员	100					
操作总数				218	0	66			
远程现场办公室（广域网）									
站点 3-Freeberg	检查	4.1	现场工程师	45		30			
站点 4-Willsberg	检查	4.1	现场工程师	60		40			
WAN 现场办公室	检查	4.2	Web 服务					1 200	
远程现场办公室（广域网）总数				105	0	70			
远程现场办公室（互联网）									
站点 5-Perth	检查	4.3	现场工程师	10		2			
站点 6-Wawash	检查	4.3	现场工程师	50		40			
站点 7-Jackson	检查	4.3	现场工程师	60		20			
站点 8-Petersville	检查	4.3	现场工程师	80		60			
站点 9-Rogerton	检查	4.3	现场工程师	80		60			
互联网现场办公室	检查	4.2	Web 服务					4 000	
远程现场办公室（互联网）总数				120	0	62			
城市总数目（除警局内网外）				589	19	367	18	0	

图 11-5　罗马市第三年的工作流需求规划

注：高峰互联网用户＝每分钟的高峰请求数/6DPM。

第二年包括了一个独立的用来支持警察局运行的安全网络的实施。警察局网络是一个独立的设计，地理空间数据库备份服务为城市网络与警察局网络之间提供通信。新的移动 ADF 应用通过拨号连接利用后台通信来保持与 ArcGIS Server 移动应用的同步，以支持警察巡逻。

第二年城市网络部署根据新的派遣操作和三个新增远程现场办公室(Perth、Wawash 和 Jackson)的实施，在运行部门内增加了 911 服务。后文的图 11-15 显示了所有这些变化如何影响网络的容量规划工具分析。

第三年包括了新的事务分析(Business Analyst)和任务跟踪(JTX)工作次序管理应用的部署。为了便于扫雪车的调度，本案例配置了跟踪服务器的实施，两个新的远程现场办公室被添加到系统中。警察局增加了一个针对 20 个警察巡逻的警察派遣和执行跟踪工作器解决方案。

了解了模板上的全部内容后，下面的任务就是明确为了支持这些新的工作流所需要的基础设施。换句话说，设计系统必须进行 GIS 用户需求分析。进行合适的用户需求分析是一项困难的工作。机构的员工必须相互合作来确定工作流过程，并在事务需求上达成一致。对每个用户工作流所估测的高峰用户数是事务运行的基础部分，一旦高峰用户数被确定，它将影响人员配备和软件授权，以及支持这些工作流的硬件和基础设施成本方面的决策。是否理解和正确地做到这一点，将会对用户生产效率和系统的成功产生很大影响。

罗马市系统架构设计回顾

在选择系统设计时，对于维护分布式的计算机系统解决方案，人员的技能和经验是重要的考虑因素。分布式计算机环境的维护是选择合适的供应商解决方案的一个关键因素。机构对于具体的计算机环境的维护已经有了哪些实践经验和培训经历？对这个问题的答案可能决定了最适合这个机构的具体设计方案。在确定合适的设计方案前，必须对图 11-6 中所列的考虑因素进行分析和理解。

平台和网络环境

无论是自己设计还是与设计顾问进行合作，都应该回顾一下目前为机构提供维护的供应商平台和网络环境。硬件的使用经验、维护关系以及员工的培训表示了机构的相当大的投资。建议性的 GIS 设计方案应该会利用好从与知名的平台和网络环境的合作中所获取的工作经验。

硬件的政策和标准

机构制定支持他们的硬件投资决策的政策和标准。了解管理优先权和相关的供应商关系将有助于我们深入研究能够为机构提供最佳支持的系统解决方案。

操作约束和优先级别

了解 GIS 解决方案所支持的操作类型将可以识别系统对容错、安全和应用性能的需求，以及适合于这些操作的客户机—服务器结构的类型。

系统管理员经验

系统支持人员的技能和经验将会为最终的系统解决方案提供依据。了解网络管理和硬件支持的经验，以及支持人员对未来管理决策的倾向，将有助于引导设计顾问设计一个兼容的硬件供应商解决方案。

经济因素

最终的设计必须要保证能够承担费用。机构将不会实施一个超出其经济能力的解决方案。在系统设计中，成本是由系统性能和可靠性决定的。如果成本是一个考虑因素，那系统设计就必须在应用性能、系统可靠性，以及成本之间取得折中。设计顾问必须在预算限制内确定一个可以提供最佳的性能和可靠性的硬件解决方案。

图 11-6　系统设计通常考虑的因素

当前的技术可以在整个企业环境中将 GIS 解决方案分布到客户端，但任何的分布式计算机系统设计都存在一些局限性。清楚地了解实际的 GIS 用户需求，与系统支持人员讨论能满足这些需求的可选方案，对确定投资效益最佳的解决方案十分重要。为了确定和建立最佳的实施策略，有必要对多种软件工作流和各种系统部署可选方案进行审核。

第一年　容量规划

图 11-7 显示了罗马市第一年的实施策略。第一年的系统设施，在中央 IT 数据中心部署一个基于服务器的构架。服务器平台将包括支持远程的 ArcGIS 桌面用户的 Windows 终端服务器场，支持公共 Web 服务的 ArcGIS 服务器，以及支持企业地理空间数据库的中央 GIS 数据服务器。

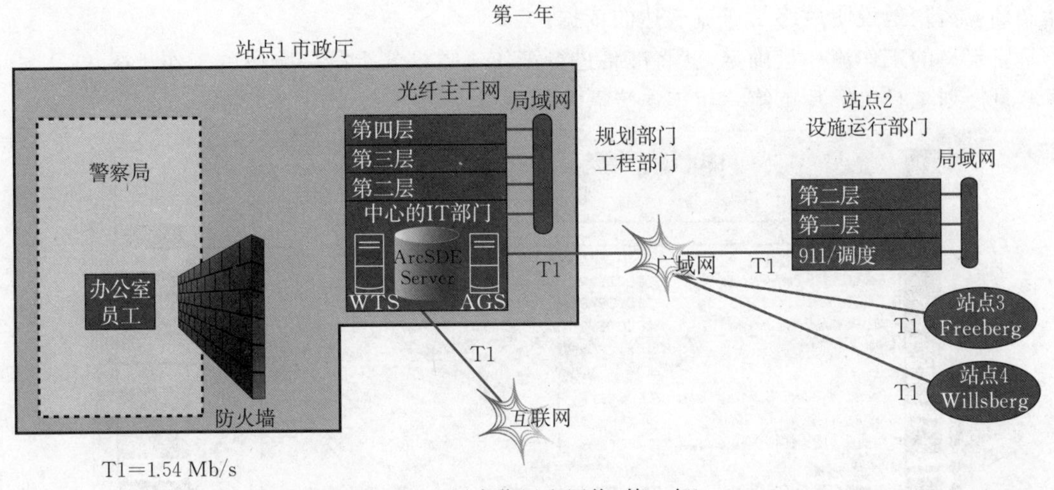

图 11-7　用户位置和网络(第一年)

第一年　工作流需求分析

容量规划工具支持系统架构设计过程。后文的图 11-13 中确定的工作流需求规划被用来进行工作流分析。对于有些机构，在利用容量规划工具收集工作流需求并完成需求分析时，不使用这样单独的工作流需求模板，机构采用适合他们设计需求的方法。前面介绍过的那些模板，电子表格中插入工作流需求规划，提供了最完整的用户需求表达，并为验证显示在容量规划工具中的这个较简单的工作流表达建立了适当的文档。

系统设计过程的第一步是在容量规划工具工作流标签中为罗马市创建自定义的 GIS 工作流。创建自定义工作流的步骤已在第 10 章中介绍，其中，采用标准的 ESRI 工作流模板(包含在容量规划工具工作流标签中)来建立自定义工作流。工作流合并简化了需求分析的显示，但是用户工作流只有当它们由同样的软件技术所支持并且具有相同的软件服务时间时才能被合并。可以利用容量规划工具中大量单独的工作流，然而保持合理的工作流数目将有利于清楚地表达。通过假设所有的 ArcGIS 桌面工作流都是相似的并能利用通用的生产效率来表示，罗马市的例子简化了分析显示。如果需要详尽的分析，可以通过汇总表中更详细的标签来实现。图 11-8 显示了为罗马市的系统设计而建立的自定义工作流。

	B	C	D	Q	R	S	T	U	V	W	X	Y	Z
4	工作流	配置		工作流通信平台	软件服务时间								软件服务时间
5	选择工作流类别	选择数据源				Arc08基线		SRint06/核＝			17.5		
6	按要求命名工作流	连接			客户	设计模型度量指标					服务器		
7	(需要时复制或插入新的工作流)	平台	数据源		流量	AI*	ADF	SOM	SOC	SDE	流量	DBMS	
31	罗马域工作流　==========				Mb/d	客户	WA	SOM	SOC	SDE	Mb/d	数据	总和
32	R_ArcGIS9.2 AJAX Map Server	Server	SDE DC/DBMS	200	2.000		0.096		0.288	0.048	5.000	0.048	0.480
33	R_Server DBMS Batch Process	Server	SDE DC/DBMS	200	5.000		0.101		0.336	0.032	5.000	0.032	0.501
34	R_ArcGIS Desktop Editor	Desktop	SDE DC/DBMS	200	5.000	0.400				0.048	5.000	0.048	0.496
35	R_ArcGIS Desktop Viewer	Desktop	SDE DC/DBMS	10	0.280	0.400				0.048	5.000	0.048	0.496
36	R_ArcGIS Desktop Business Analyst	Desktop	SDE DC/DBMS	10	0.280	0.400				0.048	5.000	0.048	0.496
37	R_Remote WTS ArcGIS Desktop Viewer	WTS	SDE DC/DBMS	10	0.280	0.400				0.048	5.000	0.048	0.496
38	R_Mobile ADF AGS Services	Server	SDE DC/DBMS	10	2.000		0.080		0.080	0.012	0.700	0.012	0.184
39					* AI = ArcGIS Desktop								

图 11-8　罗马市自定义工作流

每个机构有不同的解决方案。在最终的表达形式收集到容量规划工具中之前，系统设计过程中必须要做出几个决定。形成最终设计的过程和讨论应该记录下来以支持设计过程，设计文档应清楚地说明最终工作流表达的依据。

自定义的工作流一旦确定，就将准备进行工作流需求分析第一阶段的工作。图 11-9 显示了容量规划工具对罗马市第一年工作流需求的分析。

	A	B	D	E	F	G	H	I
3	标注	城市网络：第一年				Web TPH ⇒	Web用户数	网络带宽 Mb/s
4				用户需求		12 000	33	
5		工作流类型		高峰工作流			网络	
6		工作流	数据来源	用户数	DPM/客户端	DPM	Mb/s	DPH
7	局域网	本地(局域网)客户		局域网客户数＝47	3 s	局域网流量＝23.8 Mb/s		1 000.0
8	1.0.1	R_Server DBMS Batch Process	SDE DC/DBMS	1	118.8	119	9.900	7 128
9	1.0.2	R_ArcGIS Desktop Editor	SDE DC/DBMS	15	10	150	12.500	9 000
10	1.0.3	R_ArcGIS Desktop Viewer	SDE DC/DBMS	31	10	310	1.447	18 600
11	广域网	广域网客户		广域网客户数＝52		广域网流量＝2.4 Mb/s		1.500
12	操作	站点2-操作		站点客户数＝2		流量＝0.1 Mb/s		1.500
13	2.1.4	R_Remote WTS ArcGIS Desktop Viewer	SDE DC/DBMS	2	10	20	0.093	1 200
14	reeberg	站点3-Freeberg		站点客户数＝30		流量＝1.4 Mb/s		1.500
15	2.2.5	R_Remote WTS ArcGIS Desktop Viewer	SDE DC/DBMS	30	10	300	1.400	18 000
16	'illsberg	站点4-Willsberg		站点客户数＝20		流量＝0.9 Mb/s		1.500
17	2.3.6	R_Remote WTS ArcGIS Desktop Viewer	SDE DC/DBMS	20	10	200	0.933	12 000
18	互联网	互联网客户		互联网客户数＝16		互联网流量＝3.2 Mb/s		1.500
19	Public	公众		站点客户数＝16		流量＝3.2 Mb/s		256.000
20	3.4.7	R_ArcGIS9.2 AJAX Map Server	SDE DC/DBMS	16	6	96	3.200	5 760
21								1.500
22		工作负荷总量		115			29.473	

图 11-9　工作流需求分析(第一年)

容量规划工具工作流需求分析包括所有在规划过程中确定的工作流。记住，通用的工作流在每个站点进行合并以简化显示。容量规划工具工作流必须追踪到单个用户的工作流需求表达(见图 11-3)。在容量规划工具中配置了用户需求和用户站点，并更新站点流量总和(SUM)的范围使其包含所有通过网络连接的站点工作流流量(这些容量规划工具配置步骤见第 10 章)后，容量规划工具就完成了性能分析任务。工作流网络流量从总的工作流需求[(DPM×Mb/s)/60 s]中计算得出。

第一年　工作流组件服务时间验证

在容量规划工具中，ESRI 的标准工作流服务时间作为配置规划的起点。工作流模板表示应用软件的目标性能界点。通过打开容量规划工具的第 J～P 列，可以找到工作流平台组件服务时间，它们在容量规划分析中被配置工具利用。验证容量规划工具中工作流服务时间的表达是否正确，以及用来支持工作流分析而建立的自定义工作流是否合理，是必要的。图 11-10 提供了用于罗马市分析的工作流组件服务时间。

	B	D	E	F	G	H	I	J	K	L	M	N	O	P
3	城市网络：第一年				Web TPH⇒	Web用户数	网络带宽 Mb/s	平台服务时间/s						
4	工作流类型		用户需求		12 000	33		Arc08 4核 基准					BM/Core	17.5
5				高峰工作流		网络		客户端	桌面	桌面	Web	服务器	DB	数据
6	工作流	数据来源	用户数	DPM/客户	DPM	Mb/s	DPH	Mb/d	客户	WTS	WA	SS	Mb/d	DBMS
7	本地(局域网)客户	局域网客户数=47		3 s	局域网流量=23.8 Mb/s		1 000.0	9	11	12	13	14	15	16
8	R_Server DBMS Batch Process	SDE DC/DBMS	1	118.8	119	9.900	7 128	5.000			0.101	0.368	5.000	0.032
9	R_ArcGIS Desktop Editor	SDE DC/DBMS	15	10	150	12.500	9 000	5.000	0.448				5.000	0.048
10	R_ArcGIS Desktop Viewer	SDE DC/DBMS	31	10	310	1.447	18 600	0.280	0.448				5.000	0.048
11	广域网客户	广域网客户数=52			广域网流量=2.4 Mb/s		1.500							
12	站点2-操作	站点客户数=2			流量=0.1 Mb/s		1.500							
13	R_Remote WTS ArcGIS Desktop Viewer	SDE DC/DBMS	2	10	20	0.093	1 200	0.280		0.448			5.000	0.048
14	站点3-Freeberg	站点客户数=30			流量=1.4 Mb/s		1.500							
15	R_Remote WTS ArcGIS Desktop Viewer	SDE DC/DBMS	30	10	300	1.400	18 000	0.280		0.448			5.000	0.048
16	站点4-Willsberg	站点客户数=20			流量=0.9 Mb/s		1.500							
17	R_Remote WTS ArcGIS Desktop Viewer	SDE DC/DBMS	20	10	200	0.933	12 000	0.280		0.448			5.000	0.048
18	互联网客户	互联网客户数=16			互联网流量=3.2 Mb/s		1.500							
19	公众	站点客户数=16			流量=3.2 Mb/s		256.000							
20	R_ArcGIS9.2 AJAX Map Server	SDE DC/DBMS	16	6	96	3.200	5 760	2.000			0.096	0.336	5.000	0.048
21							1.500							
22	工作负荷总量		115			29.473			0.448	0.448	0.099	0.354		0.046

图 11-10　工作流组件服务时间验证(第一年)

一旦用户工作流需求在容量规划工具中被配置，就能对网络带宽需求进行快速评估。网络图表(见图 11-7)中表示的网络带宽连接应该加入到容量规划工具中(见图 11-9)。

数据中心网络连接(用灰色行表示)：

局域网：Cell I7

广域网：Cell I11

互联网：Cell I18

远程站点网络连接：

站点 2—Operations：Cell I12

站点 3—Freeberg：Cell I14

站点 4—Willsberg：Cell I16

公共互联网客户端：Cell I19(这表示多个站点，应设定为高带宽——互联网总流量的两倍以上，这样就不会影响分析。)

对于广域网，服务提供商(如电话公司)对每个连接到广域网的云，根据高峰带宽需求提供服务。中央数据中心的连接通常比每一个远程办公室的连接要多。互联网服务提供商也根据峰值高峰带宽需求，提供访问互联网的带宽。

网络流量的总和应该要进行核查，以确保站点访问流量总和(SUM)范围的正确性。数据中心站点的范围应包括灰色行的每个网络工作流(局域网、广域网、互联网)。远程站点的范围应该包括站点内的所有的工作流，包含每个绿色行。确认这些范围的正确性以保证容量规划工具计算的合理。

第一年　网络带宽的适应性

一旦确定了网络连接并确认了流量总和范围，容量规划工具就可以确定潜在的流量瓶颈。这些瓶颈在工作流性能一览表中用彩色的网络流量合计单元格和网络排队时间来表示。后者可查看图 11-11，它显示了图 11-9 中工作流需求分析时由容量规划工具所确定的性能问题。

在图 11-10 中，当流量超过现有网络带宽的 50%时，网络流量的合计单元格变成黄色，当流量超过现有网络带宽时则变成红色。每个工作流的网络排队时间(network queue,NWQ)由工作流性能一览表上部的网络服务时间标示。

对于第一年,广域网和互联网流量远远超过了现有的带宽容量。工作流性能一览表显示了在网络竞争的影响下,即在高峰负载时,互联网应用显示响应时间(工作流 3.4.7)超过了 12 s——期望的显示响应时间。工作流性能一览表是一个由容量规划工具生成的强有力的信息产品,在第 10 章中有详细的描述(见图 10-12)。每个组件平台和网络服务时间在主键中标识,同时,对于每一个平台和网络组件来说,相应的排队时间由每个柱状条上部的白色来反映。每个工作流(由容量规划工具中第 A 列的标识码来确定)显示在用户需求模块中每个工作流的左侧。对于每个工作流,可视化显示了服务时间和总体响应时间(所有服务时间和排队时间的总和)。完成用户需求配置以后,工作流性能一览表根据平台选择模块中所选的硬件进行动态更新。

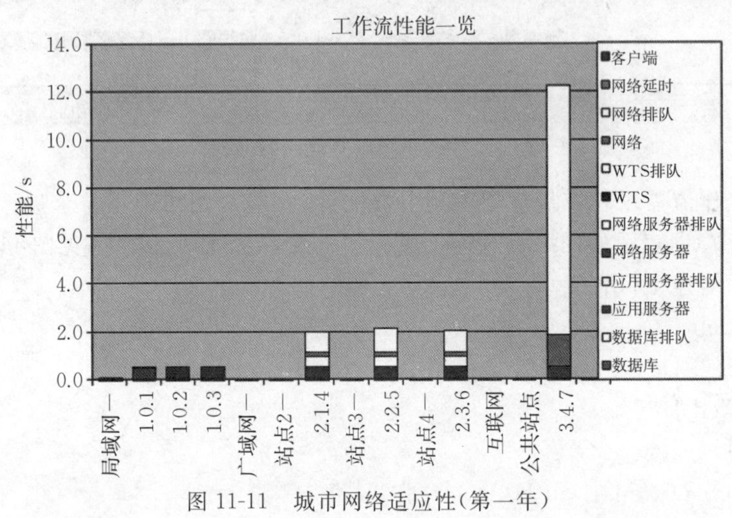

图 11-11　城市网络适应性(第一年)

第一年　网络性能调整

确定了网络性能瓶颈之后,可以调整容量规划工具来解决一些特殊的性能问题。标准推荐是网络带宽配置至少为计划的高峰流量需求的两倍。

注意,在这个分析中我们仅显示了 GIS 流量,广域网和互联网连接在整个机构中与其他用户进行共享,其他用户的需求也应该在这个分析中表示出来。因此,可能包括一个附加的工作流来反映其他的网络流量——当性能很重要的时候,这种做法是明智的。

罗马市决定将数据中心广域网和互联网连接升级至 6 Mb/s,将站点 3(Freeberg)和站点 4(Willsberg)连接升级至 3 Mb/s。图 11-12 显示了按照推荐的网络带宽进行升级的工作流性能一览表。现在公众工作流 3.4.7 的显示响应时间少于 1 s。

合理的网络带宽升级可以在容量规划工具中表现出来,网络流量单元格的颜色和工作流性能总结图将会对这一适当的调整作出回应。这应该与网络管理员进行协商,网络管理员可以确定其他的网络流量需求,将其他的网络流量需求纳入分析中,并确认网络升级的可能性。

一旦容量规划工具得到了合理的配置,就可以将高峰网络带宽(由工作流分析工具提供)与现有的带宽连接进行比较。然后就可确定所需要升级的流量,如果可能的话,在系统设计中推荐它们。

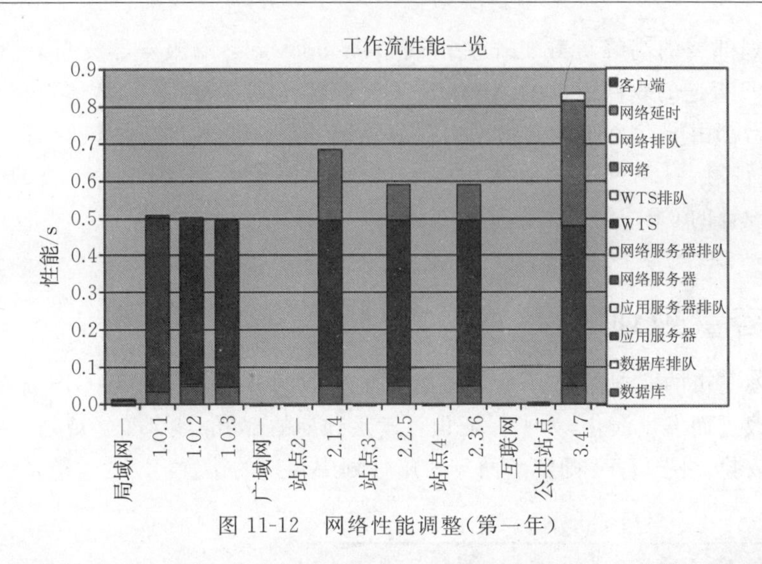

图 11-12 网络性能调整(第一年)

罗马市第一年的实施包括四个位置上的用户。市政厅包括一个内部网连接和一个互联网网络,前者能够与远程办公室进行广域网通信,后者用于传输发布的公共 Web 地图服务。每个远程办公室都有一个与城市广域网连接的路由器。工作流分析网络流量(第 H 列)中表示了每个用户工作流的流量需求,如图 11-9 和图 11-10 所示。

第一年 硬件平台配置

将第一年的高峰用户工作流需求输入到容量规划工具的用户需求分析模块后,就可以利用容量规划工具平台配置模块进行最终的平台选择并完成系统配置推荐方案。容量规划工具融入了第 7 章讨论过的性能模型,以及第 9 章的供应商平台性能基准。容量规划工具利用已明确的高峰用户工作流需求和与供应商相对性能基准来生成处理高峰工作流负载所需的平台节点的数量。最终的配置方案可从多种供应商平台中进行选择。

图 11-13 中的硬件平台配置是由 Xeon X5260 4 核(2 芯)3333(6)MHz 硬件平台(2008 年中期,它们是最受人们青睐的应用服务器平台)所支持。这些平台代表了 ESRI 2008 的平台性能基准。

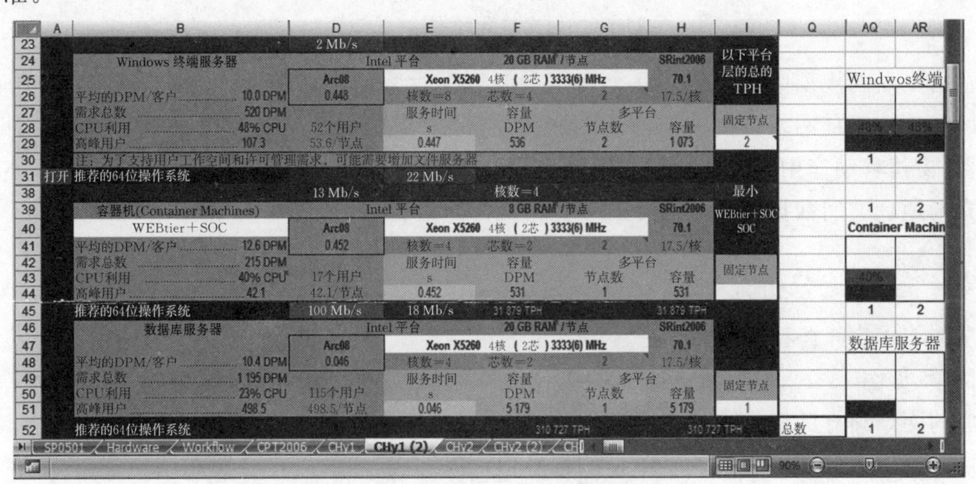

图 11-13 硬件平台解决方案(第一年)

第一年规划部署的高峰负载工作流由两个 Windows 终端服务器支持，一个支持 ADF、SOC 和 ArcSDE 直连的软件组件的 ArcGIS 服务器容器机，以及一个 Windows 数据库平台。所有的硬件平台都由配有 20 GB 的物理内存(RAM)的 Xeon X5260 4 核(2 芯)3333(6)MHz 硬件平台支持(注意：对 Web 服务器来说，8 GB 的 RAM 是足够的)。为推荐的平台解决方案中的每一层所设计的 CPU 利用率也显示在图 11-13 中。

第二年　容量规划

对第二年罗马市的实施需进行一个与第一年相似的分析。大多数 GIS 部署都随着几年来技术的不断改进而发生演化，为了保证预算满足预期的部署需求，实施规划一般只制定两年或三年的进程安排。图 11-14 确定了两年实施计划中用户的位置。

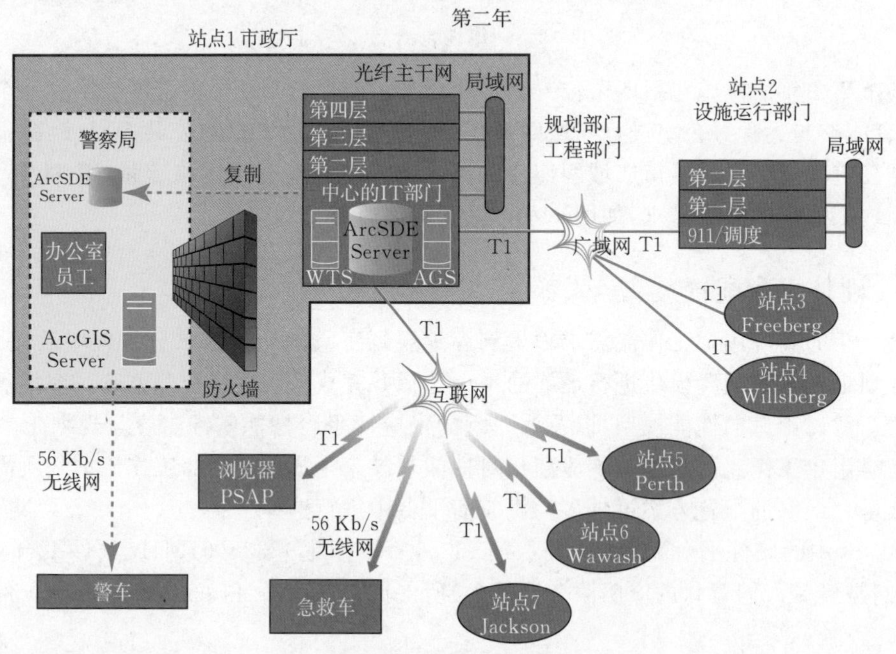

图 11-14　用户位置和网络(第二年)

在第二年的规划中将会包括几个新增的互联网远程站点，911 紧急调度部署和初始的警察局网络。警察局网络将由一个独立的服务器环境(支持地理空间数据库的 ArcSDE DBMS 服务器，支持移动应用开发框架警察巡逻应用的 ArcGIS Server。利用地理空间数据库备份进行警察局地理空间数据库的数据更新)来支持。城市网络运行仍由 IT 数据中心进行管理。

第二年　工作流分析

从图 11-15 可查看容量规划工具中显示的第二年城市网络工作流分析的结果。在用户需求评估中(见图 11-4)，需要将已明确的工作流需求转换到配置工具中的工作流分析模块，必须完成的两个独立的容量规划工具标签，分别为城市网络和警察局网络。在容量规划工具中，通过复制第一年的工作表到一个单独的标签中，并插入新增的用户位置和用户工作流，城市网络第二年的工作表就可以进行更新，以完成用户需求分析。第一年的网络带宽升级数作为第

	A	B	D	E	F	G	H	I
3	标注	城市网络：第二年				Web TPH⇒	Web用户数	网络带宽 Mb/s
4		工作流类型		用户需求		12 000	33	
5				高峰工作流			网络	
6		工作流	数据来源	用户数	DPM/客户端	DPM	Mb/s	DPH
7	局域网	本地(局域网)客户	局域网客户数=64		3 s	局域网流量=23.8 Mb/s		1 000.0
8	1.0.1	R_Server DBMS Batch Process	SDE DC/DBMS	1	102.11	102	8.509	6 127
9	1.0.2	R_ArcGIS Desktop Editor	SDE DC/DBMS	19	10	190	15.833	11 400
10	1.0.3	R_ArcGIS Desktop Viewer	SDE DC/DBMS	44	10	440	2.053	26 400
11	广域网	广域网客户	广域网客户数=102			广域网流量=4.8 Mb/s		6.000
12	操作	站点2-操作	站点客户数=32			流量=1.5 Mb/s		1.500
13	2.1.4	R_Remote WTS ArcGIS Desktop Viewer	SDE DC/DBMS	32	10	320	1.493	19 200
14	eeberg	站点3-Freeberg	站点客户数=30			流量=1.4 Mb/s		3.000
15	2.2.5	R_Remote WTS ArcGIS Desktop Viewer	SDE DC/DBMS	30	10	300	1.400	18 000
16	llsberg	站点4-Willsberg	站点客户数=40			流量=1.9 Mb/s		3.000
17	2.3.6	R_Remote WTS ArcGIS Desktop Viewer	SDE DC/DBMS	40	10	400	1.867	24 000
18	互联网	互联网客户	互联网客户数=98			互联网流量=10.1 Mb/s		6.000
19	Public	公众	站点客户数=36			流量=7.2 Mb/s		256.000
20	3.4.7	R_ArcGIS9.2 AJAX Map Server	SDE DC/DBMS	36	6	216	7.200	12 960
21	-Perth	站点5-Perth	站点客户数=2			流量=0.1 Mb/s		1.500
22	3.5.8	R_Remote WTS ArcGIS Desktop Viewer	SDE DC/DBMS	2	10	20	0.093	1 200
23	'awash	站点6-Wawash	站点客户数=40			流量=1.9 Mb/s		1.500
24	3.6.9	R_Remote WTS ArcGIS Desktop Viewer	SDE DC/DBMS	40	10	400	1.867	24 000
25	ckson	站点7-Jackson	站点客户数=20			流量=0.9 Mb/s		1.500
26	3.7.10	R_Remote WTS ArcGIS Desktop Viewer	SDE DC/DBMS	20	10	200	0.933	12 000
27								1.500
28		工作负荷总量		264			41.249	

CPT2006　CHy1　CHy1 (2)　CHy2　CHy2 (2)　CHy2 (3)　80%

图 11-15　城市网络工作流需求分析(第二年)

二年分析的一个起点被包括进来。

第二年的实施包括三个新增的访问数据中心互联网网络的远程站点。在网络图(见图 11-14)中显示了由容量规划工具工作流需求分析显示所确定的新远程站点网络带宽连接。具体如下。

站点 5—Perth:1.5 Mb/s(Cell I21)

站点 6—Wawash:1.5 Mb/s(Cell I23)

站点 7—Jackson:1.5 Mb/s(Cell I25)

互联网网络浏览器 PSAP 和急救车辆包含在公共的 Web 服务中。

网络流量总和应该进行检核,以确保流量总和范围得到更新(远程站点的范围应包括绿色框的站点工作流,中央数据中心的范围应该包括整个灰色范围的每个网络——局域网、广域网、互联网)。确认这些范围是否正确以保证容量规划工具计算结果的合理。

图 11-16 显示了第二年警察局网络需求分析的结果。将在用户需求评估中确定的工作流需求转换到配置工具工作流分析模块,需要在一个单独的容量规划工具工作表标签中完成第二年的警察局网络用户需求,并输入到警察局网络工作流需求分析。

	A	B	D	E	F	G	H	I
3	标注	警察局网络：第二年				Web TPH⇒	Web用户数	网络带宽 Mb/s
4		工作流类型		用户需求		12 000	33	
5				高峰工作流			网络	
6		工作流	数据来源	用户数	DPM/客户端	DPM	Mb/s	DPH
7	局域网	本地(局域网)客户	局域网客户数=11		3 s	局域网流量=4.4 Mb/s		1 000.0
8	1.0.1	R_ArcGIS Desktop Editor	SDE DC/DBMS	5	10	50	4.167	3 000
9	1.0.2	R_ArcGIS Desktop Viewer	SDE DC/DBMS	6	10	60	0.280	3 600
10	广域网	广域网客户	广域网客户数=20			广域网流量=0.1 Mb/s		1.500
11	2.0.3	9_Mobile ADF AGS Services	SDE DC/DBMS	20	6	120	0.100	7 200
20								1.500
21		工作负荷总量		31			4.547	

PDy2　100%

图 11-16　警察局网络工作流需求分析

第二年的警察局网络的实施包括本地网络客户端和远程移动警察巡逻车。每个警察巡逻通信由专用拨号电话连接提供支持(因无须对网络适应性进行评估,所以带宽设置为 1.5 Mb/s,远超过总连接带宽的两倍)。

第二年 网络适应性

一旦定义了网络连接和确认了流量总和范围,容量规划工具就可以确定潜在的流量瓶颈。这些瓶颈在工作流性能一览表中显示为彩色的网络流量合计单元格和的网络排队时间。城市网络工作流需求分析(见图 11-15)显示了超过 50%容量的四个站点连接(City WAN、Operationa、Willsberg 和 Jackson)以及超过带宽容量的两个站点连接(City Internet 和 Wawash)。图 11-17 显示了城市网络第二年的工作流性能一览表,每个工作流的网络排队时间在图的上部以网络服务时间来标示。广域网和互联网流量远远超过了现有的带宽容量。工作流性能一览表显示了在网络竞争的影响下,Wawash(站点 4 工作流 3.6.9)浏览器显示响应时间超过 2 s——期望的显示响应时间。

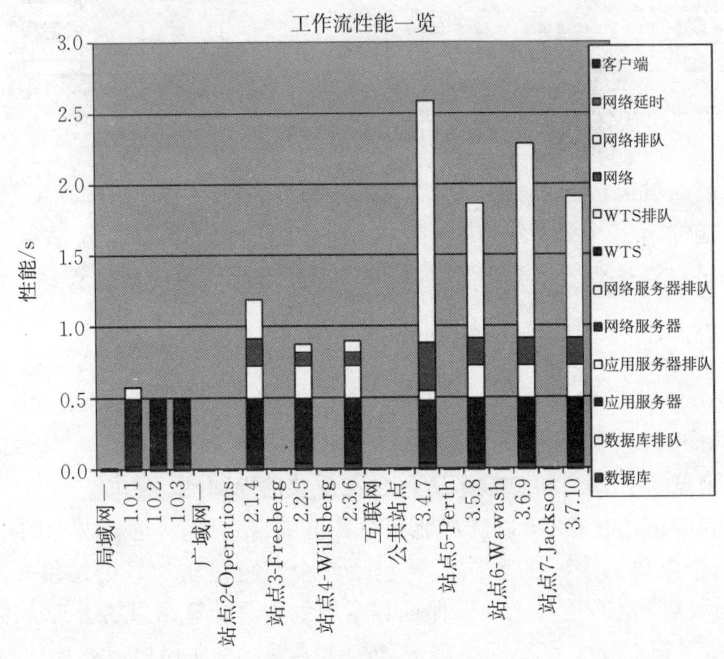

图 11-17 城市网络适应性(第二年)

第二年 网络性能调整

一旦网络性能瓶颈得到确定,可调整容量规划工具来解决所确定的性能问题。标准的原则是将网络带宽配置为计划高峰流量需求的至少两倍。网络管理员需要考虑其他的网络流量负载,最终的推荐方案应该满足企业的总体流量需求。

罗马市决定将 Operations、Freeberg 和 Wawash 的网络连接升级至 3 Mb/s,将 Willsberg、城市广域网和城市互联网的网络连接分别升级至 6 Mb/s、12 Mb/s 和 45 Mb/s。图 11-18 显示了推荐的网络带宽调整的结果。

将合理的网络带宽升级输入到容量规划工具中,网络流量单元格的颜色和工作流性能一览表将会对这一适当的调整作出响应。其他的流量需求包括在分析中,因此有必要与管理员进行讨论,搞清楚其他流量是多少,并确认所推荐的网络升级方案能够得到支持。

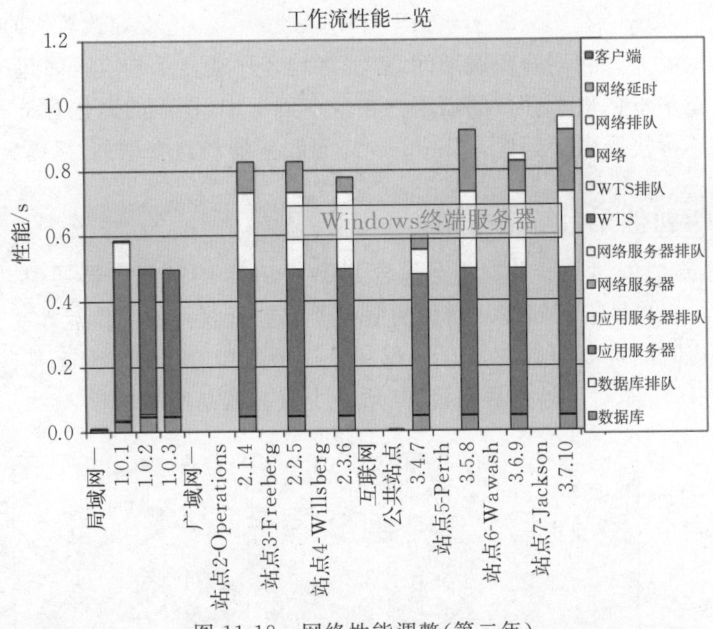

图 11-18　网络性能调整(第二年)

第二年　硬件选择与性能核查

利用容量规划工具来进行第二年的平台配置选择。容量规划工具显示(见图 11-19)说明了当采用 Xeon X52604 核(3 芯)3333(6)MHz 平台时,第二年城市网络所推荐的平台解决方案的最小值。完成了用户需求和平台选择以后,容量规划工具就可以提供平台配置需求。图 11-19 显示了容量规划工具平台配置。

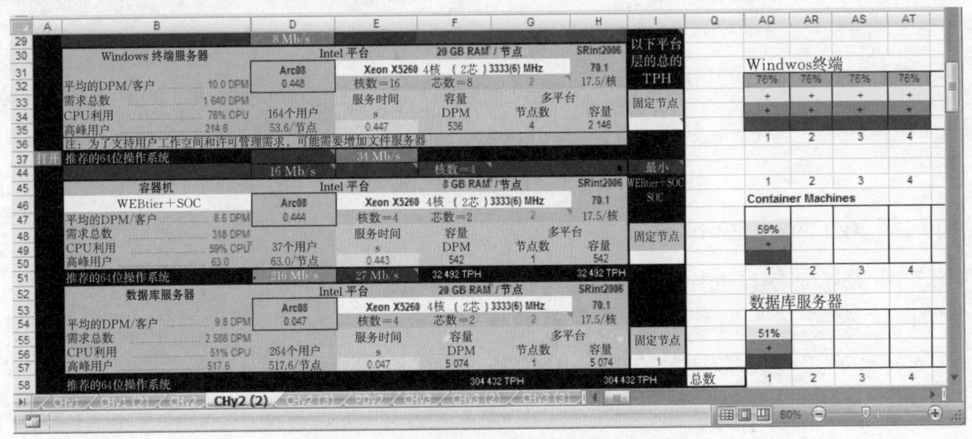

图 11-19　硬件选择和性能核查(第二年)

第二阶段的城市网络工作流需求由四台 Windows 终端服务器、一台 Web 服务器(容器机)以及一台选定平台配置的数据库服务器所支持。

工作流性能概要被用来为选定的配置核查用户响应时间。位于每个硬件组件上方的处理排队时间表示平台处理的等待时间(排队时间模型已在第 7 章中讨论)。当平台容量超过 50%的利用率时,用户性能将会降低。图 11-18 确定了目前高容量配置的工作流响应时间:在高峰负载期间，Windows 终端服务器的 CPU 利用率为 76%，这将导致较长的工作流排队时间并降低用户的显示性能。在高峰负载期间，远程终端客户端显示响应时间超过 0.9 s。

可接受的性能水平取决于客户的需求。在这个例子中，性能的退化对于 Windows 终端服务器配置来说是不可接受的。因此，Windows 终端服务器场将会增加，以提高用户的生产率。

城市网络第二年硬件平台解决方案

第二年，一个新增的服务器节点将会包含到 Windows 终端服务器层中，以提高高峰用户性能的水平。图 11-20 显示了期望从增加的服务器节点所获得的工作流性能提高。远程终端客户端的显示响应时间提高至 0.8 s 以下（每一个显示减少 0.1 s）。对于某些机构而言，小幅的性能提高并不显著，而对另外一些来说，新增一个服务器是明智的投入。

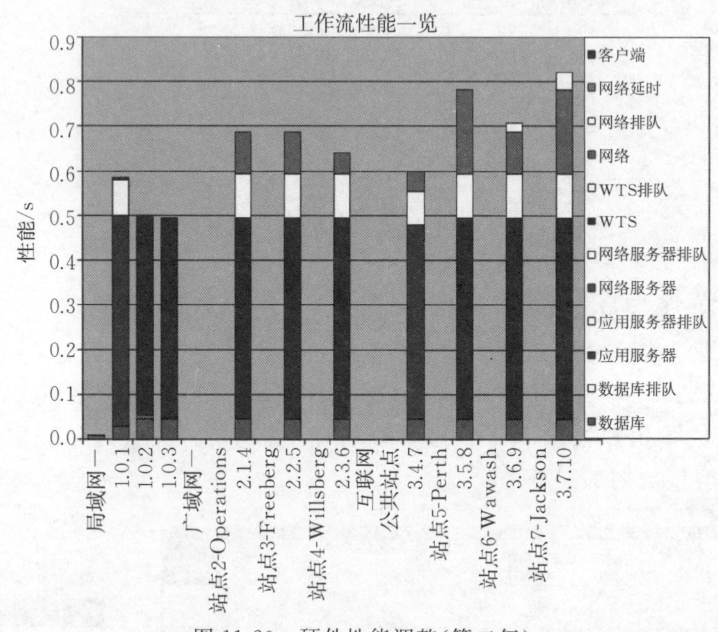

图 11-20 硬件性能调整（第二年）

警察局网络第二年平台解决方案

图 11-21 显示了警察局网络平台配置需求，上面的容量规划工具界面由下面的工作流性能总结图所支持（为了方便显示，将位于容量规划工具中的图拖动至目前的位置）。罗马市的第二年，支持高峰工作流负载所需要的 ArcGIS 桌面用户的数目是 11 个。如果高峰工作流需求减少 1 个桌面用户的话，新的 ESRI 工作组服务器就能够支持多达 10 个并行的 ArcGIS 桌面连接，并可用以支持警察局网络的需求。作为一个潜在的成本减少问题可在设计评估阶段进行讨论，高峰负载量没有被过高估测十分重要。在容量规划工具标签中，ESRI 的工作组服务器被作为一个独立的数据库层下面的平台层。这个平台层用来支持小的工作组环境（如警察局网络），它包括对具有 ESRI 软件授权的 SQL Server Express 数据库的规模估计。利用单芯片服务器（2 核）处理高峰工作流需求能够满足高峰警察局网络容量需求。

容量规划工具工作组服务器也可用于企业级服务器的配置，这种配置支持所有单平台上的 Web 和数据库。对工作流性能一览表的核查能够确定性能瓶颈。

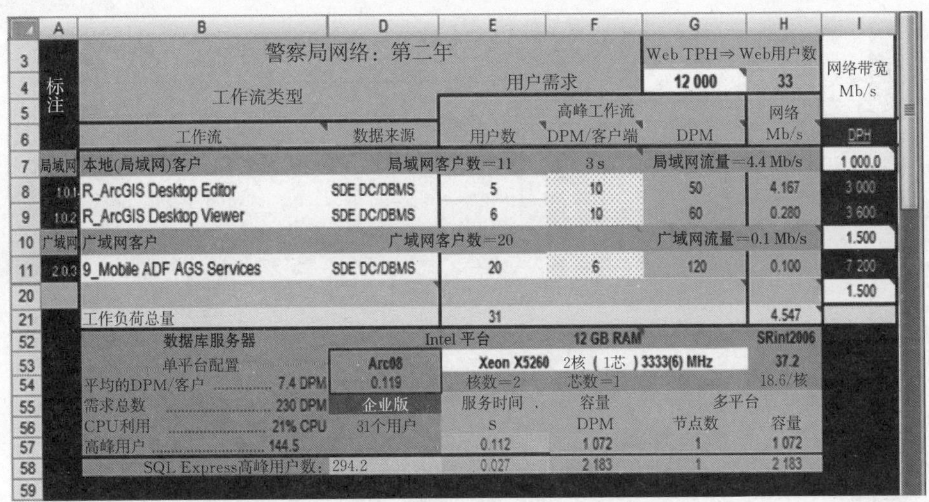

图 11-21　警察局网络硬件平台需求(第二年)

第三年　容量规划

第三年的规划包括两个新的区域办公室站点的部署，利用 GIS 技术的市政厅部门和工作流数目的增加，以及用来监视移动车辆运行(包括在冬季暴风雪时多达 100 台的扫雪机)的跟踪分析的引入。图 11-22 表示了第三年的用户位置。

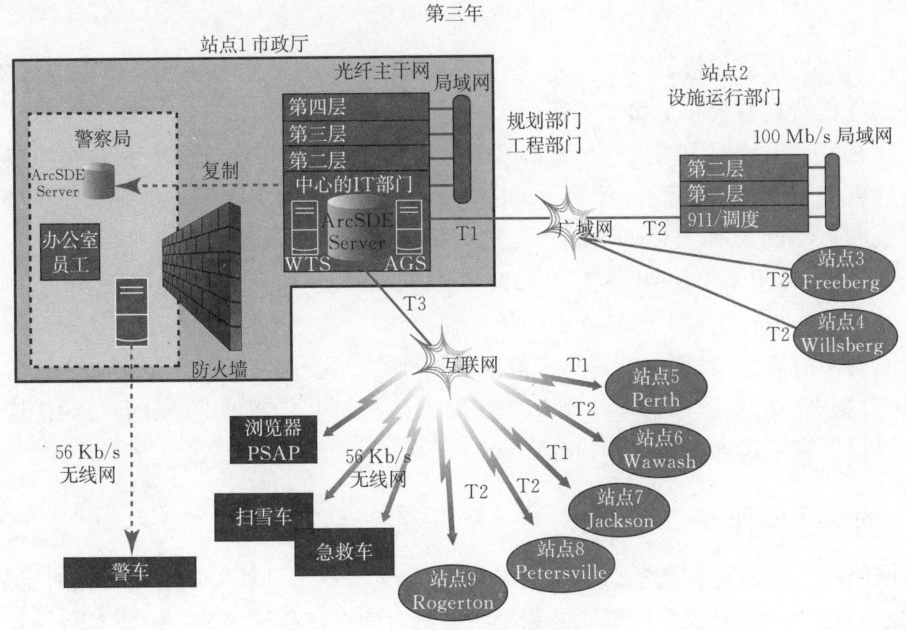

图 11-22　用户位置和网络(第三年)

第三年　工作流分析

图 11-23 显示了第三年工作流分析的结果。在用户需求评估(见图 11-5)中确定的工作流需求被转换成工作流需求模块的配置工具。从 Excel 形式的容量规划工作表，生成城市网络

行	A	B	D	E	F	G	H	I
3	标注	城市网络：第一年				Web TPH⇒Web用户数		网络带宽 Mb/s
4		工作流类型		用户需求		12 000	33	
5				高峰工作流			网络	
6		工作流	数据来源	用户数	DPM/客户端	DPM	Mb/s	DPH
7	局域网	本地(局域网)客户	局域网客户数=87		3 s	局域网流量=27.5 Mb/s		1 000.0
8	1.0.1	R_Server DBMS Batch Process	SDE DC/DBMS	1	102.1	102	8.508	6 126
9	1.0.2	R_ArcGIS Desktop Editor	SDE DC/DBMS	19	10	190	15.833	11 400
10	1.0.3	R_ArcGIS Desktop Viewer	SDE DC/DBMS	49	10	490	2.287	29 400
11	1.0.4	R_ArcGIS Desktop Business Analyst	SDE DC/DBMS	18	10	180	0.840	10 800
12	广域网	广域网客户	广域网客户数=136			广域网流量=6.3 Mb/s		12.000
13	操作	站点2 - 操作	站点客户数=66			流量=3.1 Mb/s		3.000
14	2.1.5	R_Remote WTS ArcGIS Desktop Viewer	SDE DC/DBMS	66	10	660	3.080	39 600
15	reeberg	站点3 - Freeberg	站点客户数=30			流量=1.4 Mb/s		3.000
16	2.2.6	R_Remote WTS ArcGIS Desktop Viewer	SDE DC/DBMS	30	10	300	1.400	18 000
17	'illsberg	站点4 - Willsberg	站点客户数=40			流量=1.9 Mb/s		6.000
18	2.3.7	R_Remote WTS ArcGIS Desktop Viewer	SDE DC/DBMS	40	10	400	1.867	24 000
19	互联网	互联网客户	互联网客户数=261			互联网流量=19.7 Mb/s		45.000
20	Public	公众	站点客户数=49			流量=9.8 Mb/s		256.000
21	3.4.8	R_ArcGIS9.2 AJAX Map Server	SDE DC/DBMS	48.9	6	293	9.780	17 604
22	- Perth	站点5 - Perth	站点客户数=2			流量=0.1 Mb/s		1.500
23	3.5.9	R_Remote WTS ArcGIS Desktop Viewer	SDE DC/DBMS	2	10	20	0.093	1 200
24	Vawash	站点6 - Wawash	站点客户数=40			流量=1.9 Mb/s		3.000
25	3.6.10	R_Remote WTS ArcGIS Desktop Viewer	SDE DC/DBMS	40	10	400	1.867	24 000
26	ackson	站点7 - Jackson	站点客户数=170			流量=0.9 Mb/s		1.500
27	3.7.11	R_Remote WTS ArcGIS Desktop Viewer	SDE DC/DBMS	20	10	200	0.933	12 000
28	ersville	站点8 - Petersville	站点客户数=60			流量=2.8 Mb/s		1.500
29	3.8.12	R_Remote WTS ArcGIS Desktop Viewer	SDE DC/DBMS	60	10	600	2.800	36 000
30	ogerton	站点9 - Rogerton	站点客户数=574			流量=4.2 Mb/s		1.500
31	3.9.13	R_Remote WTS ArcGIS Desktop Viewer	SDE DC/DBMS	90	10	900	4.200	54 000
32								1.500
33		工作负荷总量		484			53.488	

CHy1 / CHy1 (2) / CHy2 / CHy2 (2) / CHy2 (3) / PDy2 / CHy3 / CHy3 (2)old　90%

图 11-23　城市网络工作流负载分析(第三年)

和警察局网络的工作流模板,来完成站点配置,即将第二年的工作表复制到单独的标签中,并插入新增的远程站点位置和工作流更新。

第三年在城市局域网中增加一个新的事务分析员工作流,在数据中心互联网连接中增加了两个新的远程站点(Petersville 和 Rogerton)。远程站点的网络带宽连接显示在容量规划工具显示的最右边(第 I 列),具体如下。

站点 8—Petersville:1.5 Mb/s(Cell I28)

站点 9—Rogerton:1.5 Mb/s(Cell I30)

核查总的网络流量,以确保流量总和范围的正确性(远程站点的范围包括绿色行的站点工作流,中央数据中心的范围包括每种网络的全部——局域网、广域网、互联网)。确认这些范围的正确性以保证容量规划工具计算的合理。

第三年　网络适应性

一旦网络连接被确定和流量总和范围被确认,容量规划工具就可以确定潜在的流量瓶颈。这些瓶颈以彩色的网络流量合计单元格和网络排队时间在工作流性能一览表显示。容量规划工具(见图 11-23)显示了超过 50%带宽容量的三个站点连接(Wawash、Jackson 和城市广域网),以及超过 100%带宽容量的三个站点连接(Operations、Petersville 和 Rogerton)。图 11-24 展现了城市网络第三年的工作流性能一览表。

每个工作流的网络排队时间由在工作流性能一览表上部的网络服务时间来标示。广域网和互联网流量都远远超过了现有的带宽容量。对 Rogerton 站点(工作流 3.9.13)的 ArcGIS

用户,终端客户端的显示响应时间超过了 3 s。在生产效率为 10DPM 时,剩下的用户思考时间不到 3 s。

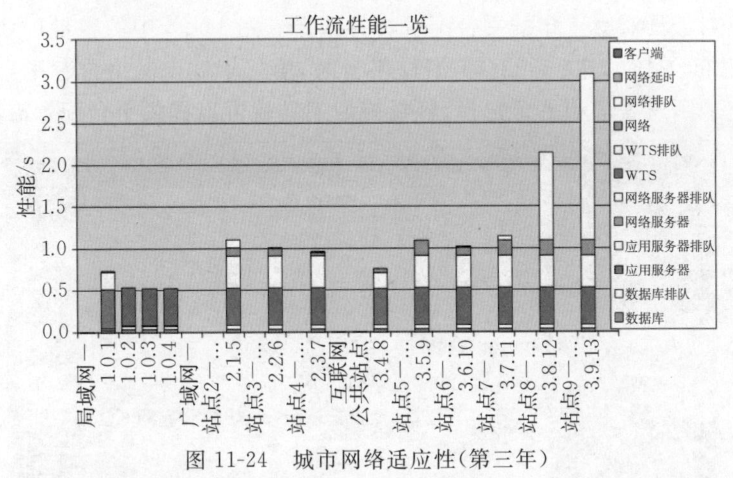

图 11-24　城市网络适应性(第三年)

第三年　网络性能调整

确定了网络性能瓶颈以后,可以对容量规划工具进行调整,以解决所确定的性能问题。标准的推荐方案网络带宽的配置至少为计划的高峰流量需求的两倍。罗马市网络管理员赞同第三年网络升级如下:

City WAN(Cell I12)——45 Mb/s;

Operations(Cell I13)、Wawash(Cell I4)、Petersville(Cell I28)和 Rogerton(Cell I30)——6 Mb/s。

图 11-25 显示了扩展的网络带宽调整结果。

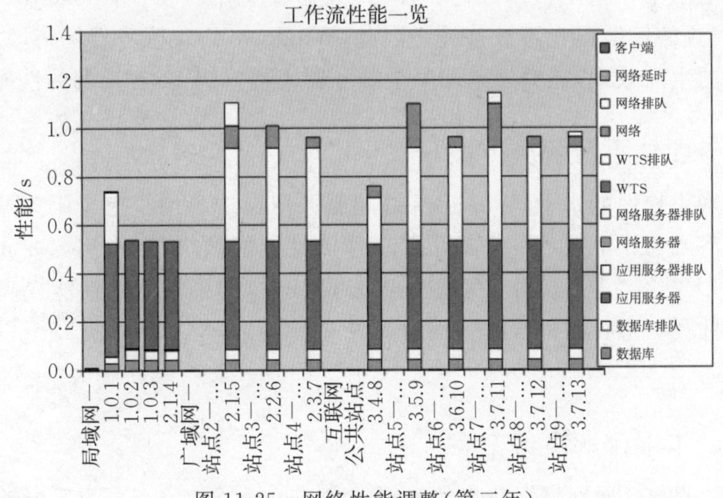

图 11-25　网络性能调整(第三年)

在容量规划工具中可表达恰当的网络带宽升级,工作流性能一览表会对合适的调整作出响应。同样,调整分析只考虑了 GIS 流量,因此需要与网络管理员讨论所包括的其他流量需求问题。利用代表现有的流量负载的自定义工作流来估测这些需求,因此它们很容易被纳入分析中。

第三年　硬件选择和性能核查

利用容量规划工具对第三年的平台配置进行选择。图 11-26 中的容量规划工具界面表示了采用 Xeon X5260 4 核(2 芯)3333(6)MHz 平台时，第三年城市网络推荐平台解决方案的最小值。只要完成了用户需求和平台选择，容量规划工具就可以提供平台配置需求。

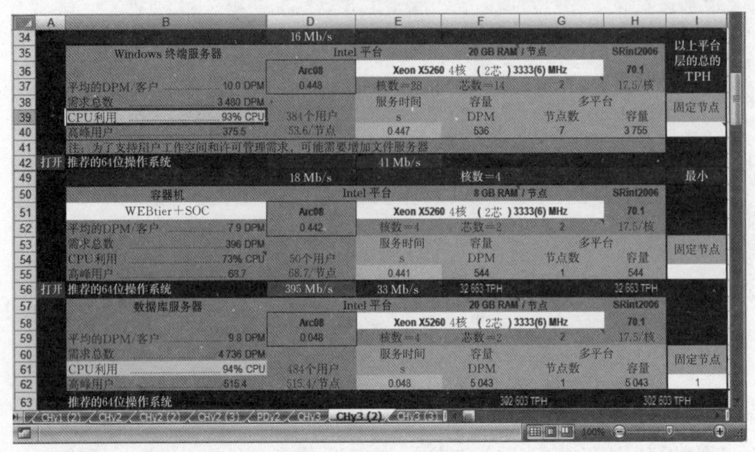

图 11-26　硬件选择和性能核查(第三年)

利用图 11-25 的工作流性能一览表对已选择的配置检核用户响应时间。进程排队时间表示在每个硬件组件的上方，以确定平台处理的等待时间(排队时间模型已在第 7 章介绍)。当平台容量超过 50%的利用率时，响应时间将会增加。在这个解决方案中，Windows 终端服务器平台占用 93%的容量(Cell B39)，ArcGIS 服务器容器机占用 73%的容量(Cell B54)，二者均超过了 50%的利用率。

可接受的性能水平依赖于具体机构的需求，然而在这个例子中，Windows 终端服务器和 ArcGIS 服务器配置的性能退化不被接受。因此，Windows 终端服务器场将增加至 10 台服务器用来提高用户的生产效率，还另外添加一个服务器来提升 Web 客户端的性能。

城市网络第三年硬件平台解决方案

为了提高高峰用户性能水平，Windows 终端服务器层中新增了三个服务器的节点。一个新增服务器支持容器机层。图 11-27 显示了工作流性能的改进(工作流 2.2.6 的显示响应时间从 1.0s 减少到大约 0.75 s)。对于某些顾客来说，这样的小幅度的性能提高还不足以证明值得对硬件和软件授权进行附加投入。而对另外一些而言，增加硬件提高用户生产效率是明智的投入。

警察局网络第三年平台解决方案

图 11-28 显示了警察局网络第三年的配置需求。单插槽的服务器配置能够继续满足容量需求。高峰负载量虽然可以继续由 SQL Server Express 数据库来支持，但是高峰桌面用户连接已经增加到总数为 24 个 ArcGIS 桌面用户，这需要一个企业级 ArcGIS 服务器的授权。

图 11-27 显示了所推荐的系统设计解决方案的优越性能。

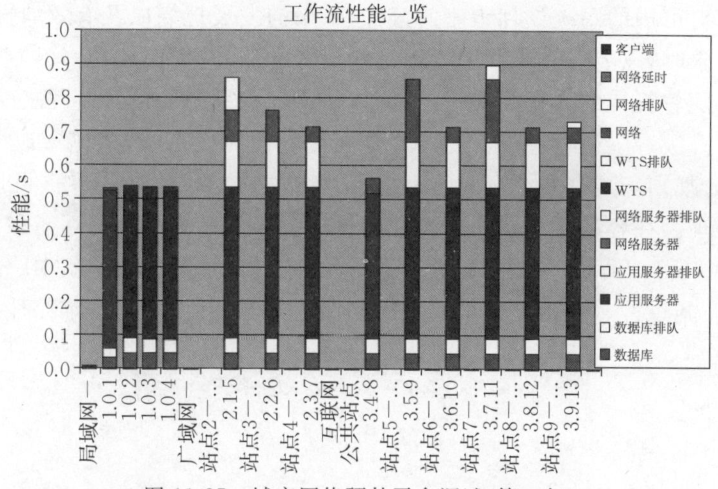

图 11-27　城市网络硬件平台调试(第三年)

	A	B	D	E	F	G	H	I
3	标注	警察局网络：第三年				Web TPH	Web用户数	网络带宽 Mb/s
4		工作流类型		用户需求		12 000	33	
5				高峰工作流			网络	
6		工作流	数据来源	用户数	DPM/客户端	DPM	Mb/s	DPH
7	局域网	本地(局域网)客户	局域网客户数=11		3 s	局域网流量=12.9 Mb/s		1 000.0
8	1.0.1	R_ArcGIS Desktop Editor	SDE DC/DBMS	15	10	150	12.500	9 000
9	1.0.2	R_ArcGIS Desktop Viewer	SDE DC/DBMS	9	10	90	0.420	5 400
10	广域网	广域网客户	广域网客户数=20			广域网流量=0.1 Mb/s		1.500
11	2.0.3	9_Mobile ADF AGS Services	SDE DC/DBMS	20	6	120	0.100	7 200
20								1.500
21		工作负荷总量		44			13.020	
52		工作组服务器	Intel 平台		12 GB RAM		SRint2006	
53		单平台配置	Arc08	Xeon X5260 2核 (1芯) 3333(6) MHz			37.2	
54		平均的DPM/客户 .... 8.2 DPM	0.093	核数=2	芯数=1		17.5/核	
55		需求总数 .... 360 DPM	企业版	服务时间	容量	多平台		
56		CPU利用 .... 26% CPU	44个用户	s	DPM	节点数	容量	
57		高峰用户 167.0		0.088	1 367	1	1 367	
58		SQL Express 高峰用户数：216.5		0.034	1 771	1	1 771	
59							H	

图 11-28　警察局网络硬件平台需求(第三年)

选择系统配置

对于一个机构，最佳的解决方案取决于用户群体的分布和所用的数据类型。用户需求决定了必需的机器数量(支持运行环境)，所要求的内存量(支持各种应用)，以及所需的磁盘空间大小(支持系统解决方案)。系统设计模型提供了辅助容量规划的目标指标。容量规划工具融合了代表规模估计模型的标准模板，并提供了一个易管理的界面以帮助进行企业级容量规划。在利用用户需求评估的结果时，容量规划工具能提供很大的帮助。

先理解然后才能应用，面对用户需求评估的结果，理解和应用的基本要素都是确定用户的类型和所需的平台性能，以支持所要求的事务功能。为了从用户需求评估中获得真正有用的结果，需要了解有关一个机构的许多信息——其目标与实际情况。所需的信息包括系统用户的数量、每个用户使用 GIS 应用的时间百分比、用户目录(工作空间)的大小、系统上其他应用的大小和类型以及用户的性能需求。其他还需考虑的因素包括数据文件在系统中的存放位置、用户怎样访问数据以及需要多大的磁盘空间来存储数据。同样，了解设计布局和可用的网络通信，以及评估潜在性能瓶颈的环境也十分重要。还有一些其他的因素包括现有设备的说明、机构的政策、对可用的系统设计策略的偏好、未来的发展规划以及有效的投资预算。

评估用户需求时，以上所有这些因素都是应该考虑的，它们是成功 GIS 规划的基石。

用户需求会随着机构的改变而变化，因此评估不仅在系统的设计过程之前，而且它还是一个持续的过程。升级、部署新的解决方案、调整和优化性能，每一步实施或改变都像一次新的启动，都需要进行规划。规划提供了建立性能界点的机会，利用这些界点可以对成功的 GIS 实施过程进行管理。在容量规划中所用的性能目标能够为最终系统的性能和可扩展性的验证提供目标里程碑。第 12 章是有关如何进行系统设计：讨论系统集成的基本原理和一些好的实践，引导成功的实施过程。无论是首次还是周期性的部署，所运用的基本原理都是一样的。

第 12 章　系统实现

概　述

系统架构设计为系统实施规划的制定提供了一个框架。在第 11 章中，我们根据用户需求，利用容量规划工具来估测满足这些需求所必需的，能支持高峰工作流的平台规模。平台规模明确后才能完成系统设计。一旦最终的设计方案被批准，就要根据设定的性能目标来实施设计方案。利用本章所介绍的项目管理、人员配置、进度安排以及测试的标准推荐方案，就可完成系统的部署。本章及本书以能保障事务持续运行的系统调整和规划的最终推荐方案来结束。在第 11 章中重点强调如何将 GIS 规划过程与年度事务计划进行整合来对技术的变化进行管理。每一年，技术都在快速发展，并且各种迹象都表明这种趋势还将继续并且还有可能加速。因此必须遵循战略规划，始终切实理解硬件的需求，进行明智的决策才能保持领先的状态。

随着 ArcGIS 服务器的出现，GIS 正快速地从部门级上升到企业级。这些年来，我们所支持的大多数系统实施都涉及将 GIS 与现有的系统、地理信息或其他方面的内容进行整合。许多现有的工作流程都已运行了很长时间，GIS 是一个能够帮助这些流程更好地运行的新技术。通常，GIS 都是由机构内部的团队来管理系统设计过程、进行用户需求评价、雇用 GIS 人员以及实施系统应用功能和解决方案，并以维护最终的系统，并在定期的升级计划中融入新技术来结束。尽管 GIS 是一种独特的技术，但用户仍将 GIS 看作机构持续运行发展过程的一部分，事实也确实如此。

企业 IT 环境是各种供应商技术（软件、硬件、网络等）的集成。IT 环境中的互操作性标准是自发的，这就意味不能保证各个部分能够协同工作（集成出现问题时通常认为是“他人的错”）。即使是最简单的集成（集成过程的每一步）也必须证实所涉及的相关技术能够协同工作。

多年来，随着接口标准的成熟，计算机各项技术的集成已经变得更容易。同时，分布式环境也变得更庞大更复杂，这使得实现这些技术集成并不容易。企业级系统部署的复杂性和风险性是与支持最终集成方案所需的各种供应商组件直接相关联的。单个数据库的集中式解决方案是最容易实现和支持的环境。

另一方面，对分布式计算机系统的部署和支持是非常复杂和困难的，因为这在很大程度上取决于用什么来集成和维护同一个数据库的所有分布式副本。以地方市政府为例，其不仅拥有一个中央地理空间数据库，而且还有一些独立的部门级数据库环境。保持来自不同数据源的所有信息产品的完整性十分困难，因为几个数据库中每天所进行的成百上千次的变化并不同步。许多企业机构采取合并数据资源和应用处理环境的方法来减少实施风险并简化管理支持。例如，许多政府机构在州或联邦数据中心整合其 GIS 的运行，而不是继续依靠实地办公室的分布式数据环境。

无论系统环境的规模和类型，充分理解系统每一部分的集成实施策略十分重要。成功的系统实施需要好的领导和周密的计划。

GIS 人员配置

好的领导始于合理的人员配置。成功的 GIS 企业部署通常由事务执行者以及负责向高级管理层汇报的 GIS 管理者所支持。理想的状况是团队在系统实施之前就已经准备就绪，为 GIS 实施制定好了计划。团队的一些成员在系统实施过程中开展工作，或者成为 GIS 管理的组成部分。

图 12-1 显示了传统的 GIS 组织结构。在企业级 GIS 运行的顶层是一个有影响力的执行委员会，代表用户群体进行财政与政策决策。技术协调委员会负责提供技术方向和技术指导。通常按技术领域划分工作组来处理机构的问题，汇报系统的状态。在审核会议上，GIS 用户群体包括最终用户和主干用户（开发者）。

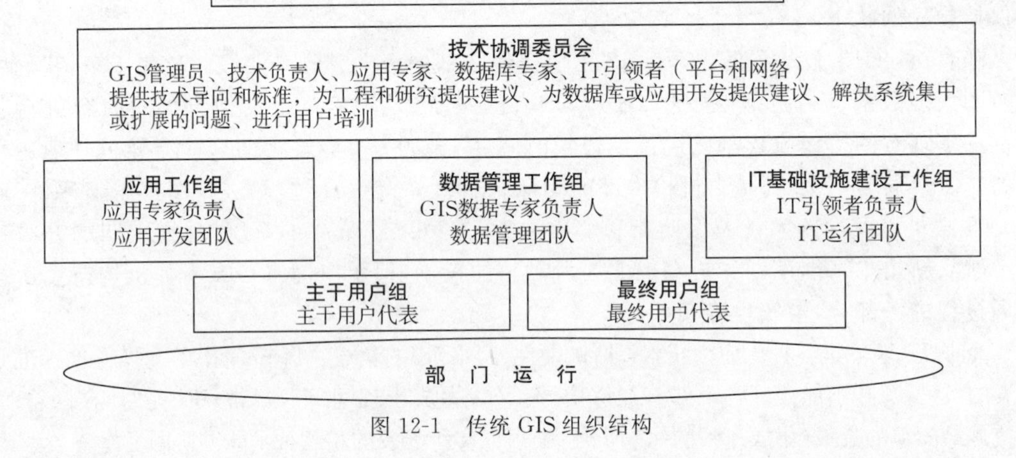

图 12-1　传统 GIS 组织结构

正规的组织体系为建立和维护一个成功企业 GIS 运行所需的支持和领导提供了一个框架。支撑这个体系的基本管理概念适用于管理小或大的机构，并且同样类型的体系对协调行业 GIS 运行也适用。

实现成功的 GIS 运行涉及多个技术领域。GIS 人员包括 GIS 管理者、GIS 分析师、数据库管理员、应用和网络程序员以及整个机构内的 GIS 用户。尽管每个机构都需要不同领域不同层次的支持，但他们职责的复杂性因每个 GIS 实施的规模和范围而不同。

培养合格的人员

培训对培养合格的员工以及提高 GIS 用户的效率是很有效的。机构应该确保他们的团队成员都接受过培训。为了保持领先地位，即使专家也需要不时地进行培训。ESRI 培训和教育网站（http://training.esri.com/gateway/index.cfm）为 GIS 人员培训提供了建议，为个人培训计划的进行提供了工具。《地理信息系统规划与实施》一书中也有一个有关 GIS 工作和培训信息的附录A。工作的名称和描述随着机构对所需技能理解的不同而不同，但培训是必要的，通过培训才能培养成功GIS所需的合格人员。

系统架构部署策略

规划是进行成功系统部署的第一步。系统设计团队总结当前的GIS、硬件系统技术和用户需求，并基于用户工作流需求确立系统架构设计。一旦系统设计被通过，设计人员就进入正式的实施开发阶段。如图12-2所示的部署进度表确立了整个系统实施的界点。这些界点是系统分阶段实施策略的组成部分，是进行技术部署和应对相关风险的最好方法。

目前计算机技术继续以惊人的速度在发展，风险也随之而来，因此必须加以管理。每天都有新的想法被引入市场，而其中只有相当小的一部分发展成为可靠的长期产品解决方案。集成化标准随着技术的发展而不断变化，有时还不能支持当前的系统部署。分阶段实施策略可以显著地减少实施风险。由于变化频率大幅度地加快，如今，传统的瀑布模型操作起来更像是螺旋式的一系列全年有计划的递增更新。坚持确保成功所需的基本规则比以前任何时候都重要。下面所示的最佳实践战略方法在系统最终运行前，都要将测试和验证等步骤落实到位。

三个实施阶段的命名不同，但基本思想是一样的。首先，需要确保技术协同工作。然后，确保能在真实的环境中部署和支持新的技术。最后，运行新技术来支持整个产品的生成。一些关于如何做好以上步骤的最佳实践见下文的讨论。

实现企业GIS的最佳实践

以下是推荐用来支持一个成功企业GIS实现的最佳实践。

试点阶段

- 描述最终系统解决方案的所有重要计划的硬件成分。
- 采用被证明的低风险技术方案来支持整个系统实施。
- 进行减少不确定性和系统实施风险的测试工作。
- 为初始产品阶段确定硬件解决方案。

初始产品阶段

- 在试点阶段最终被认可之前不要开始此阶段。
- 部署初始产品环境。
- 在试点阶段采用合格的技术方案。
- 证明GIS方案初步的成功和回报。
- 确认机构的准备情况和支持能力。
- 确认开始的训练项目和用户操作。
- 对于最终系统实施的合理先进的解决方案。

最终实施阶段。

- 在初始产品阶段最终被认可之前不开始此阶段。
- 为分解问题计划一个阶段性的合理放松。
- 在先前的阶段采用合理的技术方案。
- 优先排序时间表来支持之前的成果。

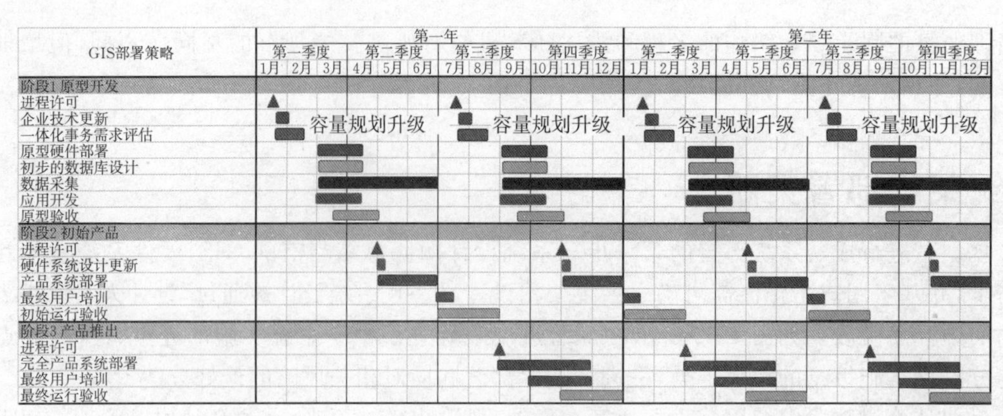

图 12-2　GIS 系统部署策略

数据中心架构

如今,信息技术(information technology,IT)是大多数事务机构的一个组成部分,并且正是信息技术人员(如系统管理员等)担负着企业信息化基础设施建设的责任。企业中 GIS 应用越来越普遍,维持和支持企业系统运行从传统意义上来说是信息技术人员的基本任务。企业的管理是压倒一切的重任,对互联网的访问和网络技术的依赖正在增强,面临的挑战也在扩大。同时,业务的竞争更激烈,在快速变化的环境中,机构必须寻求提高生产力和降低成本的方法。毫无疑问,趋势倾向于集中化,因为集中化操作提供了成本最低的运行环境。简化数据中心管理和降低企业安全风险的意识正驱动着机构向支持安全数据中心架构的通用策略迈进。构成这个不断发展的通用或标准的企业 IT 架构的平台层如图 12-3 所示。

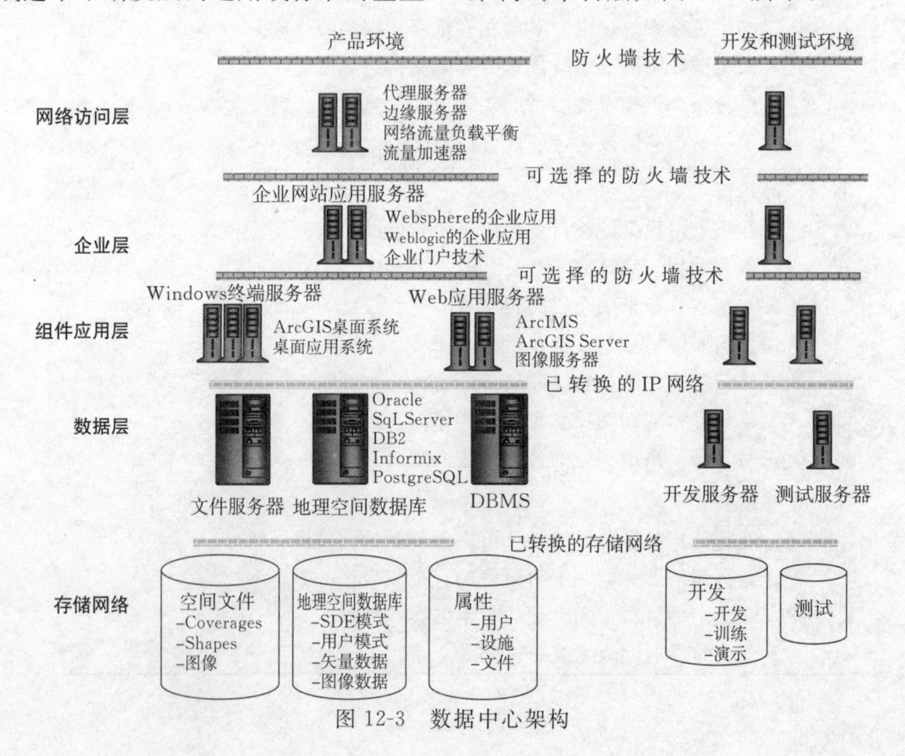

图 12-3　数据中心架构

对所有事务的运行，分层设计正发展成为一种标准的架构策略。在多层结构中，每个单独的层都有特定的功能职责，并且对网络访问、企业应用、组件应用（事务功能）、数据和存储都有着不同的安全管理需求，如下所述：

· **网络访问层。** 进入市场的商业网络访问产品越来越多，包括传输加速器、反向代理服务器、网络流量载荷平衡功能、数据缓冲以及各种安全措施在内的解决方案正在强化和保护网络访问。保持高性能的网络访问和紧锁的企业安全是一个与日俱增的挑战。通过通用的企业访问策略，采用简化管理和降低复杂性的方法来面对企业安全标准和通用网络层方案的挑战。

· **企业应用层。** 面向服务的架构为构建企业事务应用提供了最高级别的安全和自适应性。从事务功能服务组件中抽取的企业应用提供了一个适应性更强、更安全的企业解决方案。市场上已有了一些企业级网络应用服务的解决方案，包括 IBM WebSphere 以及 BEA WebLogic 的网络应用 开发框架。

· **组件应用层。** 高性能事务应用为基本的事务运行提供了基础的技术。这些紧耦合的技术解决方案能够保障核心的事务功能，即那些直接与数据库层接口的大量的核心应用和服务。就像在 Windows 终端服务器、ArcGIS 服务器网络应用、地理空间服务以及 ArcGIS 图像服务器上的 ArcGIS Desktop 和 ArcEngine 的一样，这些解决方案包括桌面应用和软件。

· **数据服务层。** 数据管理的广义范围包括地理空间数据库、设施管理系统、财务系统、工作管理系统、文件管理系统、缓冲图像数据源以及其他许多内容。

· **存储网络层。** 随着数据采集技术的成熟，用户对丰富的可视化以及地理数据显示的需求已成为常规，数据源正以不断提高的速度在增加。随着时间推移，对临时数据和数据分析的需求要求在网络上维护大量的数据以提供实时访问和数据共享。这些大量数据资源的安全性和有效性的维护需要专门的网络存储架构的管理优势。针对这种需要，很多供应商的解决方案已经进入了市场。

这些技术趋势推动着数据中心设计向一个共同的方向发展。随着技术的成熟，在我们整合新的企业技术解决方案时，对于这些趋势的理解可以让我们在市场上找到我们所需要的。

系统测试

进行合理的测试可以促成系统实施的成功。对新技术而言，在系统部署的初始试点阶段，要进行功能组件和系统集成测试，但性能测试要延迟到初始产品阶段。对计划和进行系统功能测试的最佳实践如 226 页文字框所示。在产品部署前进行一个特别标注来完成原型集成测试。在产品环境下（配置控制）进行测试。确切地列出所有功能需求以及所要求的测试程序，以验证是否成功。

对于所有将集成到产品系统中的新技术，都需要完成系统功能的测试。要制定一个明确的测试要求，确立配置控制（软件版本、操作系统环境），详细说明测试步骤的测试计划。采用将在实际产品环境中部署的软件版本和操作系统进行系统测试，并要求在产品部署前完成系统测试。

要注意与系统性能测试相关的一般缺陷。这些缺陷以及避免这些缺陷的最佳实践如 227 页文字框所示。性能测试可能是昂贵的，并且结果有可能是误导性的。测试环境很少能完全复制正常状态的企业运行，因为现实世界的用户工作流环境很难进行模拟。这就是为什么不能依靠初始的系统部署来完成最终性能目标的原因。但是可以根据在容量规划工具中采用的假设工作流服务时间设置一些初始的性能目标。如果达到了那些性能指标，也可以进行早期的估测。初始部署期间或之后，将进行系统的调节和优化。然而早期的应用开发将主要集中在功能的需求，对于性能调节通常到系统最终版本时才完成。

系统功能测试最佳实践
测试计划 · 完成风险分析：确定需要测试的功能。 · 明确测试目的并建立配置控制方案。 · 确定测试的硬件和软件配置。 · 开发测试程序。
测试实现 · 确定实施团队并制定实施进度表。 · 购置硬件和软件并发布安装计划。 · 执行测试计划并验证功能效果。 · 采集测试性能参数(CPU、内存、网络流量等)。
测试结果及文档 · 记录测试结果。 · 包括需测试的具体硬件、软件、网络组件。 · 包括安装和测试程序、测试异常以及最终决定。 · 完成功能需求明确验证的兼容矩阵。
· 在系统实施期间公布测试结果以作参考。

对于直接适用于系统性能测试的最佳实践，就像小学里进行科学活动的科学方法一样简单，其基本原理如下：

· 性能测试只用来证明一个假设(你认为你知道的东西)。

· 性能测试的基本目的是验证一个假设(证明你知道的东西)。

· 只有当假设被证明，测试才是成功的(测试并不告诉你不知道的东西)。

· 如果测试的结果没有证实假设，那么在接受测试结果前问为什么并回答为什么十分重要。

初始性能测试的结果通常不能支持测试的假设。根据进一步的分析和调查，可以确定配置的瓶颈或不恰当的设想，不恰当的设想可能会改变假设，也可能会改变结果。只有在测试结果验证了测试假设的情况下，才能相信性能测试结果。

最好的性能验证可以在初始产品部署期间进行。在这个阶段，根据实际系统中的产品软件和数据，真实用户的实际工作流将构成最逼真的用户环境。在初始部署期间，对关键的系统组件进行监测，以便确定处理瓶颈，并解决系统冲突。初始部署的接受认可包括验证工作流性能目标的实现以及用户需求的满足。

性能测试	
性能测试缺陷	性能测试最佳实践
安全的错误理解： · 通过分析接受测试结果的趋势。 · 问题 1：测试结果是输入参数的一个函数，而这个函数往往没有被理解。 · 问题 2：测试中的系统瓶颈会导致错误的结论。 模拟的加载测试往往不代表真实世界： · 载荷量很少能代表真实的用户环境。 · 载荷量和真实世界的关系很少被理解。 · 一些系统配置的不同可能会导致测试结果的反常。	· 模型化系统组件和返回参数。 · 基于真实世界用户负载测试的有效模型。 · 在测试前从模型(假设)中预测测试结果。 · 对比模型和原始假设来评价测试结果。 · 更新模型和假设，并且反复测试直至达到一致。 一个用来处理性能测试的同时采取最佳时间的最好习惯，就是把保持对以下三个相关的道理的认识放在首位： 1. 只在认为已经知道答案的情况下测试。 2. 测试只证实已经知道的。 3. 测试不能告知不知道的。

管　理

正如前面所提到的，下面所述的基本项目管理实践可促进系统实施的成功：

· 建立项目团队。

· 指定团队每个人的具体职责。

· 将实施计划分解为一个任务计划。

· 开发配置控制计划和一个变化的控制过程。

· 发布实施进度表，为每位成员设定项目部署的界点。

在最终系统设计选定硬件供应商解决方案之后，就要着手准备制定实施计划。图 12-4 展示了一个典型的系统部署计划表，包括根据主要工作成果的决策界点。负责实施的项目主管应该确保所有的任务分工明确，并且让每个成员都清楚他们的职责。保证尽早地明确和解决集成的问题，为每一项实施任务建立一系列明确的验收标准，并遵循正规的验收程序。

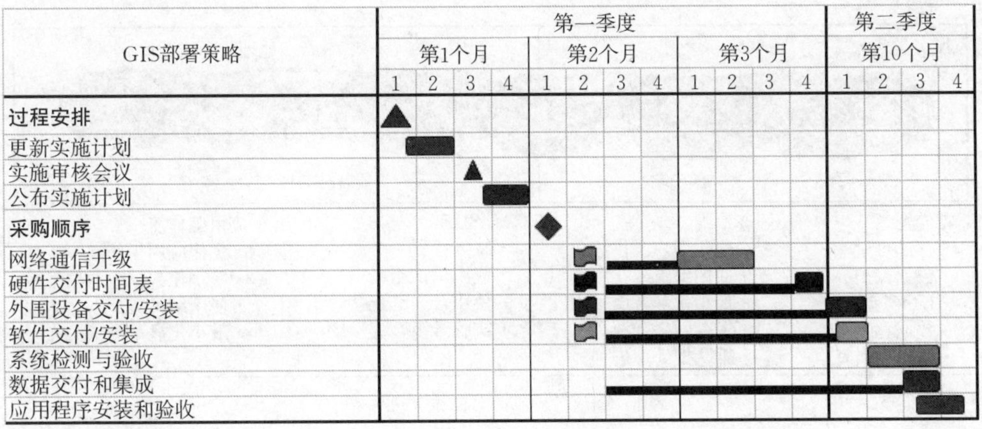

图 12-4　系统集成管理

系统调整

系统性能调整是最终系统集成和部署的重要部分。在解决设计问题时，始终萦绕在脑海中的系统性能现在走到了前台。采用初始系统设计时(以容量规划模型中的工作流来表达)制定的性能指标作为最终的系统性能目标。尽早地检查围绕这些目标的进展情况，以便开始进行系统调试。如果没有达到性能目标，现在正是进行调整的时机。下面这些因素要符合性能目标：

· 通过一个独立的批处理队列，将大量批处理工作与交互的用户工作流分离。
· 计划在非高峰用户流期间，进行系统的备份和大批量工作量的处理。
· 定期监测系统组件的性能指标，特别是在高峰工作流期间。
· 利用监测进程来确定性能的瓶颈并处理系统的缺陷。

为优化性能所做的各种努力开始于早期的规划阶段，并且作为 GIS 管理的一部分而持续。为实现所有的系统组件，依照规划中的最佳实践可减少开支并提高效率，但仍需继续努力，绝不能停止。通过注意处理影响各组件的每个因素，尤其是在图 12-5 中组件标题下列出的，来保持一个高效率的环境。在一个企业环境中，任何一个组件都有可能在总体性能中引入薄弱环节。原因很简单，设计不够详细，就像图 12-5 中的基本概述在第 1 章图 1-2 中的表达。系统的设计过程(第 11 章)介绍了利用容量规划工具帮助确定每个系统组件的规格，以选择正确的软件和硬件技术。不仅如此，购置并安装了系统后，仍有很多工作要做：必须确保每个组件都支持已设定的性能目标。根据性能调整与优化，当系统集成完成，图 12-5 中所定义的性能因素可作为标准。

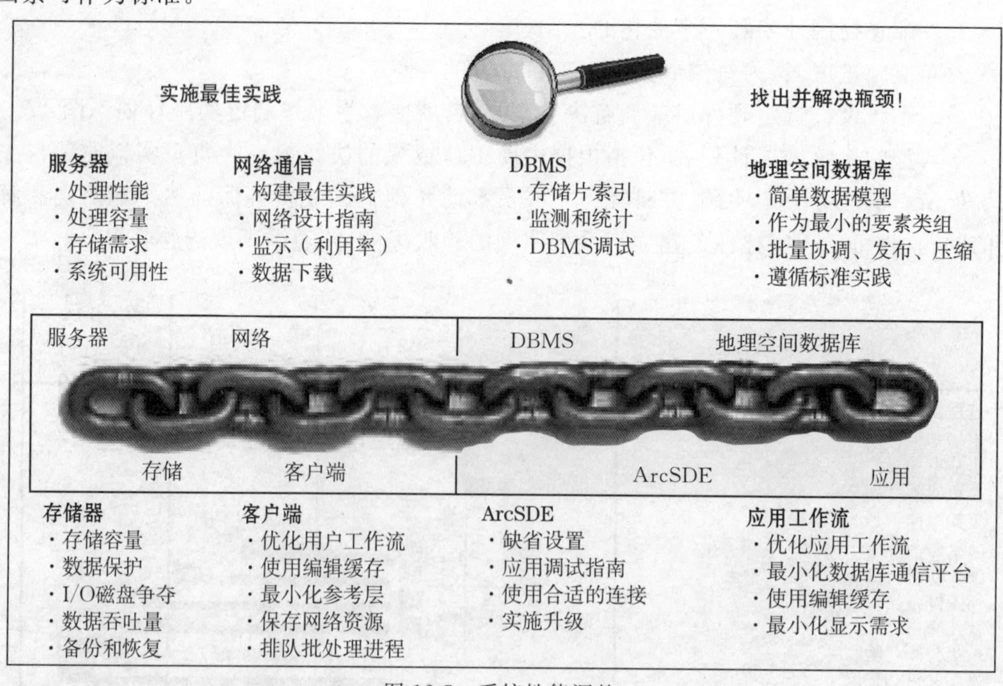

图 12-5　系统性能调整

事务持续运转规划

每一个机构都应该仔细分析其系统环境的潜在不足，以保护重要的事务资源不受其影响。企业 GIS 环境在 GIS 数据资源方面需要大量的投入，如果发生系统失效或物理故障，必须保护好这些数据源。应该制定事务恢复计划以弥补所有潜在的不足。图 12-6 显示了不同系统的备份策略。制定一个事务持续运转规划以确保在系统失效时，机构能持续运行，或者从故障中恢复。

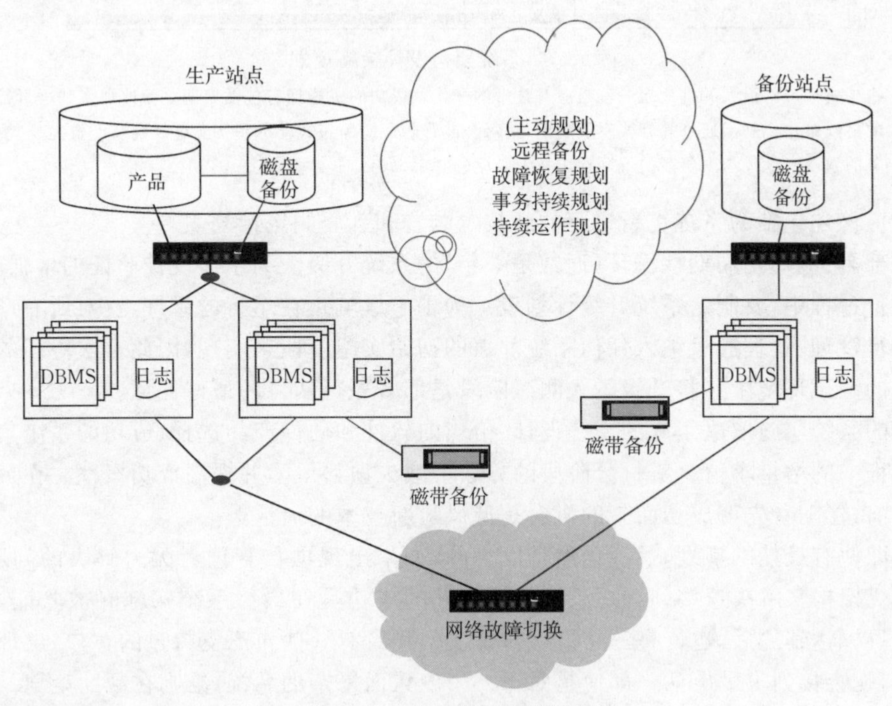

图 12-6　事务持续运转规划

技术变化的应对

企业 GIS 运行需要战略计划和持续技术投入的结合。技术的变化非常迅速，未能及时应对变化的机构将会在效率和运行成本管理方面落伍。应对技术变化是信息技术面临的重要挑战。

企业运行应包括调整系统部署的周期性循环。规划和技术评价应比技术部署早一个循环周期来进行，应整理这些成果以支持运行的部署需要。图 12-7 显示了一个应对技术变化的概念性系统架构规划和部署策略。

规划和评价：在循环周期内建立规划活动，并与机构运行和预算计划相协调。根据多年部署策略定期更新战略规划，并定期（如每年）发布。

规划和评价过程包括一个需求评估（战略规划更新）、技术更新（培训和研究）、需求分析（过程和需求审核）、测试与评价（评价新技术可替代方案）以及原型验证（试点测试程序）。计

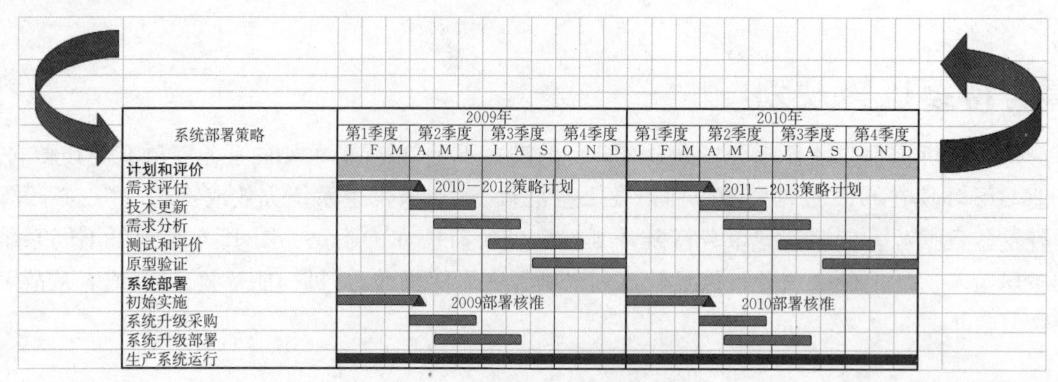

图 12-7　系统架构设计策略规划

注：目前机构所面对的最大的挑战之一就是应对技术的变化。成功的机构拥有包括定期更新计划表和增量部署计划表的最新策略规划。通过螺旋式发展周期，对每个部署阶段的瀑布式任务坚持实施规则及配置控制，支持企业事务的发展。今天与十年前的不同在于技术变化的频率。

划和评价应该还包括为系统更新进行的新技术购置和部署制定计划表。

系统部署：应规划周期性循环（通常是一年）的系统升级。为了实现被验证的增强能力，在规划和评价过程中，要制定系统升级计划表。为了不影响正在运行的系统，要对所有产品的系统升级进行管理，管理通过纳入任何系统部署的初始实施阶段来实现，因此首次更新的实现只能在运行的测试环境中。将升级纳入测试阶段是部署赢得认可的最好保证。

成功的系统实施取决于好的系统设计、恰当的软件和硬件产品选择、成功的系统集成以及在安装过程中的增量求值。实行分阶段的方法可减少项目风险并提高成功概率。在最终的系统交付之前，伴随着先期成功而来的机会是低风险新技术的灵活融入。

然而即使有最佳的规划，挑战仍然是巨大的，如果出现项目管理者无力解决的问题，那么就需要系统架构来解决这些问题。系统架构设计的成功是在最终系统实施时被验证，在所有性能界点目标达到之后，也许是三年以后被证实。作者有一些再三支持过的客户，出现性能问题时，我们就会接到求助电话。即使是对于一个庞大而复杂的系统，准则在帮助策划一个成功的系统设计时也是非常有用的（见第 8 章）。

本书的主要目的是为项目管理者提供一个支持系统成功部署的工具。这些工具所涉及的基本概念非常重要。理解这门技术、了解性能需求，合理的系统实施管理可以带领你踏上成功之路。

在已交付的实施系统中，本书所介绍的方法已经成功地被使用了很多次。

完成系统设计是过程的开始，系统实施是余下的工作。作为 GIS 规划系列丛书的第一部著作，罗杰·汤姆林森的著作以系统实施的视角来结束。作为该系列丛书的第二部，作者这本书对同一主题从另一个角度来阐述。这两本书都详细地介绍了 GIS 系统实施规划的必要部分。然而，关于 GIS 的管理，等待该系列丛书的第三部来继续这个问题。

附录 A

系统性能的历史沿革

在过去 20 年中，很多技术都发生了巨大的变化，它们提升了用户生产效率和性能。图 A-1 向我们展示了随着客户对新技术的运用，显示性能是如何随时间而变化的。在这幅 20 世纪 90 年代的系统性能变化图中，可以看到性能的提升源自于一系列硬件的投入。所有的投入都有助于提高用户桌面的生产效率。

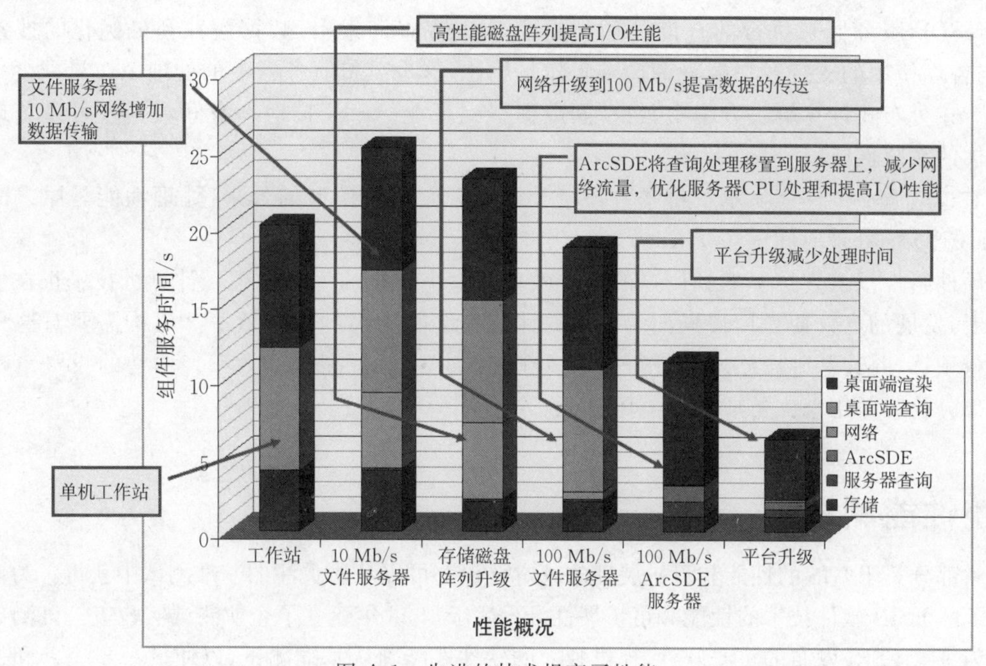

图 A-1　先进的技术提高了性能

图 A-1 中，左起第一个柱体反映了支持典型的 GIS 运行的单机工作站的性能(如要求在用户屏幕上显示一幅新地图的范围)。经验表明 GIS 应用趋向于计算密集型和输入、输出密集型。这就意味着 GIS 应用要求计算机处理，并且所产生的网络流量大到足以使其成为系统设计中的重要因素。单机 GIS 工作站大约一半的处理时间都花在了数据访问(查询)上，其他一半时间用于计算处理(显示的渲染)。

左起第二个柱体显示了从本地磁盘上的网络文件服务器访问 GIS 数据时的系统性能状况。这种分布式解决方案包括附加的网络数据传输的服务时间。由于数据的传输次数，附加的系统组件(网卡、网络交换机、共享的网络带宽等)延长了整个用户显示响应时间。通过 10 Mb/s 的网络文件服务器访问数据会使用户显示响应时间延长 30%。为了获得更佳的性能，GIS 用户会将工作空间保留在本地磁盘上，但这已是过去的事情了，网络带宽的发展改变了这一切(参见下面有关第四个柱体的描述)。

第三个柱体显示了将文件服务器上的简单磁盘捆绑(just a bunch of disks,JBOD)配置升级到高性能的独立冗余磁盘阵列(redundant array of independent disk,RAID)存储方案的结果。高性能的独立冗余磁盘阵列存储方案将磁盘访问性能提升了50%。

第四个柱体展现了网络带宽从10 Mb/s增加到100 Mb/s所产生的效果,数据传输时间因此缩短了90%。随着高带宽网络的高性能磁盘访问所提供的更优性能,用户可以通过将用户工作空间保留在远程文件服务器上而非本地磁盘上来提高生产效率。

第五个柱体显示了将空间数据移到数据库服务器(地理空间数据库)的结果。地理空间数据库服务器可改善在多个区域中进行查询的性能。DBMS服务器技术将查询处理移置到服务器平台,可减少多达50%的客户端处理需求。当被ArcSDE数据库所支持时,空间数据可被压缩30%至70%,这样就另外减少了50%的网络流量。DBMS也可过滤掉被请求的数据层,所以只有被请求的地图层范围将会通过网络发送到客户端,这就进一步减少了网络流量。由ArcSDE服务器来执行的查询处理利用了DBMS查询索引、数据缓冲和最优化的搜索函数,与曾经使用的支持客户端查询请求工作量相比,这也可将服务器上的处理工作量减少一半以上。在分布式计算解决方案中,将空间数据移到企业ArcSDE地理空间数据库可显著地提高整体的系统性能。

右边最后一个柱体显示了将平台环境升级到更通用的模型的效果,处理性能是原来的两倍,而CPU的处理时间缩短了50%。

硬件组件投入直接影响到用户的生产效率和整个机构的生产效率。计算机技术正在快速地发展,发展的产物便是用户桌面端更优的性能和不断提高的生产效率。机构需要对这种发展进行预算,并在基础设施方面进行投入以在其工作中保持高生产效率。明智的投资策略是将大部分的收益用来支持成功的GIS运行。

系统性能测试

大部分关于GIS的性能和可扩展性的基本认识都可以从所关注的基准测试中获得。为了更好地了解ESRI软件技术的性能和可扩展性,ESRI于1998年建立了企业测试实验室。该测试实验室为每款ESRI发布的核心软件,提供独立的软件性能确认基准测试,以便进一步完善和提高对ESRI技术的认识。多年以来,性能模型已得到改进并支持ESRI技术的成功部署。

著名的ArcInfo(1997年发布ArcINFO)系列性能测试于1998年7月在马萨诸塞州Westborough的数据综合发展实验室进行,同时还引入了Microsoft Windows终端服务器4.0版本。这个测试是对ESRI在1993年完成的ARC/INFO性能测试的升级。该性能测试为系统架构设计规模估计模型奠定了早期基础,并确认了该模型在系统架构设计咨询服务中的应用。

ESRI系统性能模型基于计算机平台如何对数量渐增的并发ArcInfo批处理工作量进行响应的理解。ArcInfo性能基准用来评价平台对增加的用户工作量的响应。每个服务器平台上(每个CPU 2～4 GB)配置了多余的内存以避免在测试期间可执行文件的内存调页和交换(推荐物理内存需求由支持每一个应用处理所进行的独立测试所估测分配的内存确定)。

每个基准测试系列都被扩展到评价支持每个CPU处理四个批进程所用的平台。ArcInfo规模估计模型极少用来确认每个CPU超过两个并行批处理的性能预期。规模估计模型在这些测试系列的低端范围内运用良好。

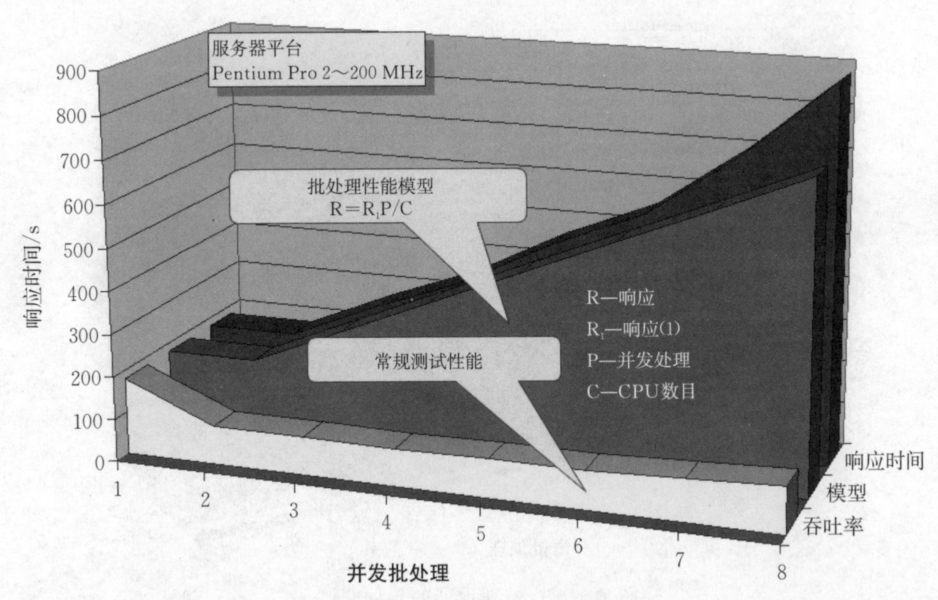

图 A-2 双核处理器的早期测试

注:通过对双核处理器的 Pentium Pro 200 Windows 终端服务器进行测试,以一幅图来说明 ArcInfo 基准测试结果。(注意下列所有的图都假设一个批处理占用一个 CPU。)为每个并行处理配置(1～8)都进行一次单独的测试。图中第三行标绘了衡量每个并行处理测试运行的平均响应时间。第一行显示了服务器平台处理 ArcInfo 指令时的速率。中间一行展现了一幅并行 ArcInfo 批处理规模估计模型图。测试结果验证了 ArcInfo 设计模型并论证了此平台配置下优良的 Windows 终端服务器扩展性能。(注意图中的测试都是在 1998 年进行的。)

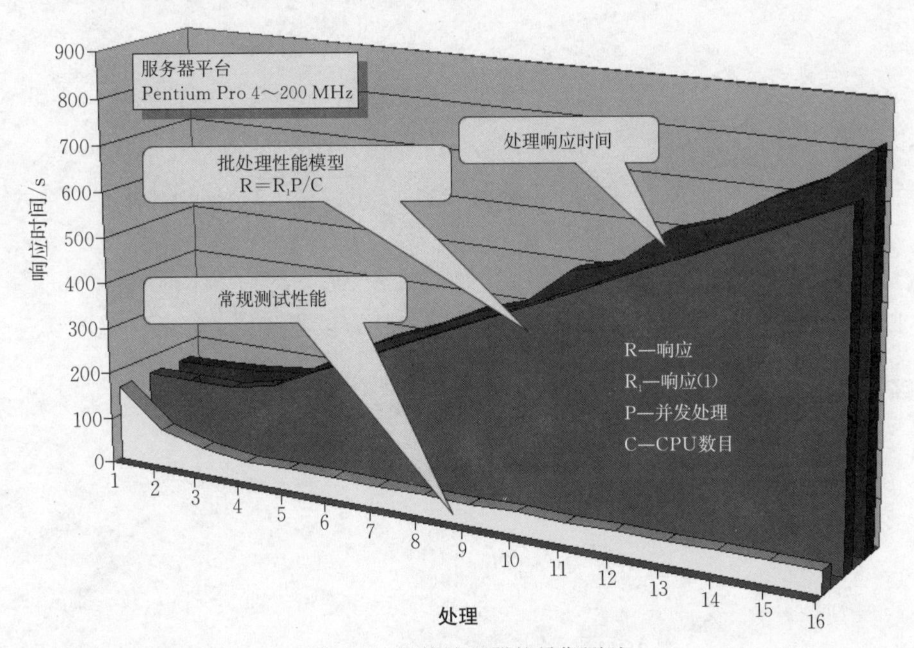

图 A-3 四核处理器的早期测试

注:通过对四核处理器的 Pentium Pro 200 Windows 终端服务器进行的测试,概述了 ArcInfo 基准测试的结果。为每个并行处理配置(1～16)都进行一次单独测试。测试结果验证了 ArcInfo 设计模型并论证了在此平台配置下优良的 Windows 终端服务器扩展性能。

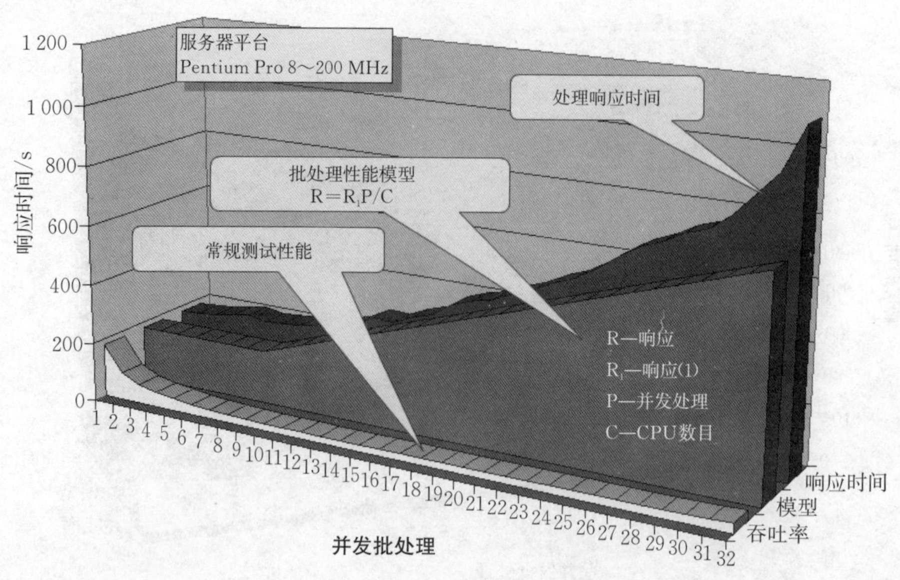

图 A-4 八核处理器的早期测试

注：通过对八核处理器的 Pentium Pro 200 Windows 终端服务器进行测试，概述了 ArcInfo 基准测试的结果。为每个并行处理配置(1～32)进行一次单独测试。测试结果显示，较大型的机器配置会降低性能，建议优化的应用服务器配置应该由多台 2CPU 或 4CPU 的机器所组成的终端服务器场来支持，而不是使用更昂贵的 8CPU 平台来支持大量的并发用户。

附录 B

COTS 安全性术语和程序

利用安全封装保护措施来防止安全政策应用或基础系统中的意外情况，即由应用设计、开发或部署中的缺陷而导致的攻击。自定义应用的安全性和控制程序的开发是基于微软 Windows 操作系统、ArcGIS、DBMS 和 HTTP 协议所提供的商用现成功能。

· Windows 访问控制列表（access control list，ACL）提供了基于角色的访问控制，将许可权限分配给角色，而又将角色分配给用户。

· 对于文件系统访问控制入口（access control entries，ACE），详细的访问控制列表可针对具体的系统对象，如应用、进程或文件等的集体权限进行定义。这些权限或许可明确了具体的访问权力，例如用户是否可以读取、写入、执行或删除一个对象。

· 对 ArcGIS 客户端或网络应用进行控制的机制是既可通过 ArcGIS 即开即用配置，利用 ArcObjects 的自定义应用增强来实现，又可通过 ArcGIS 网络客户端来执行。

· 自定义控制扩展可被用于执行诸如识别管理（identify management，IM）和访问控制之类的技术。ArcGIS 自定义控制扩展模块利用 ArcObjects 开发接口进行开发。ArcGIS 赋予用户限制 ArcGIS 客户端操作（编辑、拷贝、保存、打印）的能力，或者基于用户的角色控制用户访问各种数据资源。

· 地理标识语言（geography markup language，GML）是一种可扩展标记语言（extensible markup language，XML）模式，用于建模、传输和存储地理信息。利用地理标识语言和 DBMS 的存储功能，ArcObjects 为 ArcGIS 多用户地理空间数据库环境中的审核控制提供了框架和方法。GIS 工作流活动的详细历史记录可被记录在地理标识语言结构中并存储于 DBMS 中。除了可记录谁执行了编辑外，还可以补充一些包含注释和注解的活动，以提供一个可追踪的文件化的包含了编辑前、编辑后和编辑理由等历史过程的活动日志。

· 集成操作系统认证和单点登录（single sign-on，SSO）是可被 ArcObjects 应用所利用的两项安全基础设施，使用在集中区域管理的用户名及密码进行身份验证并连接到 ArcGIS 产品。这个区域可以是一个加密文件、一个 DBMS 表和一个轻量级目录访问协议（lightweight directory access protocol，LDAP），或者是 DBMS 表与轻量级目录访问协议服务器的结合，其基本目的就是将用户与用户身份验证相隔离。这种技术依赖于用户进入桌面工作站的认证（集成操作系统认证）或机构的单点登录基础设施。

· ArcSDE 和 DBMS 的本地认证：通过使用本地认证在 ArcGIS 和系统组件之间建立强认证控制，允许下游系统对用户进行授权。利用直接连接架构的 ArcGIS 支持从 ArcGIS 客户端连接到 DBMS 的本地窗口认证。这种直接连接配置允许 ArcGIS 客户端利用 DBMS 的连接功能。部署了已配置 DBMS 安全套接层传输层的双层 ArcSDE 架构，本地认证在可信的操作系统与 DBMS 之间提供了加密的通信渠道。

· 安全套接层是一个通过使用公钥加密在网络上交流的协议。安全套接层在客户端和服务器之间建立了一个安全的通信渠道。关系 DBMS 的加密功能将明码通信转换为通过网络传输的密码文本。每个在关系 DBMS 和客户端之间启动的会话都会生成一个新的公开密钥，提供增强保护。在直接连接配置中利用 ArcSDE，可通过将 ArcSDE 功能从服务器移到 ArcGIS 客户端来摒弃对 ArcSDE 应用层的使用。这样可以创建一个动态链接库，通过关系 DBMS 客户端软件，客户端应用可直接与关系 DBMS 进行通信。在与关系 DBMS 进行通信之前，ArcSDE 解释可在客户端运行。这就为客户端应用提供了利用由关系 DBMS 客户端所支持的网络加密控制的能力。

· 互联网协议安全协议(internet protocol security，IPSec)是一系列保障 ArcGIS 客户端与关系 DBMS 服务器之间 IP 级别上进行数据包交换安全的协议。互联网协议安全协议使用两个协议来提供 IP 通信安全控制：认证头(authentication header，AH)和封装安全有效载荷(encapsulation security payload，ESP)。认证头提供完整性和数据来源认证。封装安全有效载荷协议提供保密性。

· 对 ArcGIS 用户来说入侵检测是有效的：基于网络的入侵检测可通过网络分析网络数据包流；或者软件可在特定的主机上提供一个基于主机的入侵检测操作。

· 特征级别的安全性与 ArcSDE 同时实施，例如，允许数据维护小组在特征级别上指定权限，限制地理空间数据库对象间的数据访问。关系 DBMS 特征级别的安全性是基于为特定行指定了敏感性水平的表中添加一列，以该列中的值为基础，根据已建立的原则，关系 DBMS 决定提出请求的用户是否能够访问那个信息。如果敏感性水平符合，关系 DBMS 将允许访问数据，否则，将拒绝访问。

· 数据文件加密可被 ArcGIS 直接连接架构所利用，即在关系 DBMS 中使用一个“添加到”数据加密技术。作为数据存储、自定义 ArcObjects 应用以及利用 ArcSDE C 和 Java APIs 访问非版本化数据的基于非 ESRI 技术的自定义应用，数据文件加密与 ArcGIS 产品访问关系 DBMS 相互合作。

· 关系 DBMS 特权：关系 DBMS 分配选择、更新、插入和删除等特权给用户或角色。ArcSDE 命令行和 ArcCatalogs 支持关系 DBMS 特权指定功能并提供一个接口允许管理员来指定特权。

· HTTP 认证是一种通过利用某种方法可核实用户身份的机制。与 ArcGIS 网络应用相结合的 HTTP 认证标准方法是基本的、摘要式的、表格的以及客户端证书方法。基本认证涉及对 HTTP 资源的保护，它要求客户端提供用户名和密码以浏览该资源。摘要式身份验证也同样要求客户端提供用户名和密码证书从而保护 HTTP 资源，但是摘要式机制将用户向服务器提供的密码进行了加密。基于表格的认证与基本认证是一样的，只是应用程序员利用标准 HTML 表格来提供认证界面。客户端证书是最安全的认证方法，它利用机构的公钥基础设施(public key infrastructure，PKI)环境向客户端和服务器提供和认证数字证书。